职业教育**数字媒体应用**
人才培养系列教材

3ds Max 动画制作实例教程

3ds Max 2020
·微课版·第2版·

王瑶 罗俊岭◎主编 骆哲 董婉婕 齐福利◎副主编

人民邮电出版社
北京

图书在版编目（CIP）数据

3ds Max动画制作实例教程 : 3ds Max 2020 : 微课版 / 王瑶，罗俊岭主编. -- 2版. -- 北京 : 人民邮电出版社，2024.4
职业教育数字媒体应用人才培养系列教材
ISBN 978-7-115-63743-7

Ⅰ. ①3… Ⅱ. ①王… ②罗… Ⅲ. ①三维动画软件－职业教育－教材 Ⅳ. ①TP391.414

中国国家版本馆CIP数据核字(2024)第035006号

内 容 提 要

本书全面、系统地介绍3ds Max 2020的基本操作方法和动画制作技巧，包括3ds Max 2020概述、创建常用的几何体、创建二维图形、编辑修改器、复合对象的创建、材质与贴图、创建灯光和摄影机、动画制作技术、粒子系统、常用的空间扭曲、环境特效动画、高级动画设置和综合设计实训等内容。

本书以课堂案例为主线，通过案例操作，学生可以快速熟悉软件功能。书中的软件功能解析部分可以帮助学生深入学习软件操作技能；课堂练习和课后习题部分可以帮助学生拓宽动画设计思路，提高实际应用能力；综合设计实训部分提供4个商业设计项目，旨在使学生学以致用，达到实战水平。

本书适合作为高等职业院校数字媒体类专业3ds Max课程的教材，也可作为3ds Max初学者的参考书。

◆ 主　　编　王　瑶　罗俊岭
副 主 编　骆　哲　董婉婕　齐福利
责任编辑　王亚娜
责任印制　王　郁　焦志炜
◆ 人民邮电出版社出版发行　　北京市丰台区成寿寺路11号
邮编　100164　　电子邮件　315@ptpress.com.cn
网址　https://www.ptpress.com.cn
大厂回族自治县聚鑫印刷有限责任公司印刷
◆ 开本：787×1092　1/16
印张：15.75　　2024年4月第2版
字数：395千字　　2024年4月河北第1次印刷

定价：69.80元

读者服务热线：(010)81055256　印装质量热线：(010)81055316
反盗版热线：(010)81055315
广告经营许可证：京东市监广登字20170147号

PREFACE 前言

3ds Max 2020 是由 Autodesk 公司开发的三维制作软件。它功能强大、易学易用，深受三维动画设计人员的喜爱。目前，我国很多高等职业院校的数字媒体艺术专业都将 3ds Max 作为一门重要的专业课程。为了帮助职业院校的教师全面、系统地讲授这门课程，使学生能够熟练地使用 3ds Max 进行动画设计，我们几位长期在职业院校从事 3ds Max 教学的教师共同编写了本书。

本书全面贯彻落实党的二十大精神，以社会主义核心价值观为引领，传承中华优秀传统文化，坚定文化自信，使内容更好地体现时代性、把握规律性、富于创造性。我们对本书的编写体系做了精心的设计，重点内容按照“课堂案例—软件功能解析—课堂练习—课后习题”这一思路进行编排。在内容选取方面，本书力求细致全面、重点突出；在文字叙述方面，本书言简意赅、通俗易懂；在案例设计方面，本书强调案例的针对性和实用性。

为方便教师教学，本书提供书中所有案例的素材和效果文件，并配备微课视频、PPT 课件、教学大纲、教案等丰富的教学资源，任课教师可到人邮教育社区（www.ryjiaoyu.com）免费下载。本书的参考学时为 64 学时，其中实训环节为 34 学时，各章的参考学时参见下页的学时分配表。

章	课程内容	学时分配/学时	
		讲授	实训
第 1 章	3ds Max 2020 概述	2	—
第 2 章	创建常用的几何体	2	2
第 3 章	创建二维图形	2	2
第 4 章	编辑修改器	2	2
第 5 章	复合对象的创建	2	2
第 6 章	材质与贴图	2	2
第 7 章	创建灯光和摄影机	2	2
第 8 章	动画制作技术	2	2
第 9 章	粒子系统	4	4
第 10 章	常用的空间扭曲	4	4
第 11 章	环境特效动画	2	4
第 12 章	高级动画设置	2	4
第 13 章	综合设计实训	2	4
学时总计		30	34

由于编者水平有限，书中难免存在不足之处，敬请广大读者批评指正。

编者

2023 年 11 月

教学资源列表

资源类型	数量	资源类型	数量
教学大纲	1 份	PPT 课件	13 个
电子教案	1 套	微课视频	51 个

微课视频列表

章节	微课视频	章节	微课视频
第 2 章 创建常用的几何体	制作墙上的置物架模型	第 7 章 创建灯光和摄影机	室内场景布光
	制作几何壁灯模型		创建静物灯光
	制作沙发模型	第 8 章 动画制作技术	创建关键帧动画
	制作星球吊灯模型		制作水面上的皮艇动画
	制作笔筒模型		制作掉落的枫叶动画
第 3 章 创建二维图形	制作中式屏风模型		制作摇晃的木马动画
	制作镜子模型	第 9 章 粒子系统	制作被风吹散的文字动画
	制作铁艺招牌模型		制作星球爆炸效果
	制作扇形画框模型		制作下雪动画
第 4 章 编辑修改器	制作花瓶模型		制作气泡动画
	制作石膏线模型	第 10 章 常用的空间扭曲	制作旋风中的树叶动画
	制作铁艺床头柜模型		制作掉落的玻璃球动画
	制作果盘模型		制作风中的气球动画
	制作中式案几模型		制作飘动的窗帘动画
第 5 章 复合对象的创建	制作灯笼吊灯模型	第 11 章 环境特效动画	制作壁炉火效果
	制作花篮模型		制作水面雾气效果
	制作蜡烛模型		制作光效
第 6 章 材质与贴图	制作多维/子对象材质		制作烛火效果
	制作金属和木纹材质	第 12 章 高级动画设置	制作风铃动画
	制作布料材质		制作蜻蜓动画
	制作大理石材质		制作小狗动画
第 7 章 创建灯光和摄影机	创建台灯光效	第 13 章 综合设计实训	制作小雏菊盆栽模型
	创建天光		制作绽放的荷花动画
	创建室内体积光		制作亭子模型
	卫浴场景布光		制作房子漫游动画

CONTENTS 目录

目录 CONTENTS

CONTENTS 目录

目录 CONTENTS

CONTENTS 目录

第 1 章 3ds Max 2020 概述

3ds Max 2020 拥有强大的功能，且它的操作界面比较复杂。本章主要围绕三维动画和 3ds Max 2020 的操作界面进行介绍，同时介绍 3ds Max 2020 的基本操作方法，帮助读者尽快熟悉 3ds Max 2020 的操作界面及基本操作。

学习目标

- 了解三维动画的基本概念和应用。
- 了解用 3ds Max 2020 制作效果图的流程。
- 掌握更改视口的方法。

技能目标

- 熟练掌握 3ds Max 2020 的操作界面。
- 掌握 3ds Max 2020 常用工具的使用方法和技巧。

素养目标

- 培养学生的自学能力。
- 提高学生的计算机操作水平。

1.1 三维动画

三维动画制作是近年来随着计算机技术的发展而产生的一项新兴技术。三维动画制作软件在计算机中建立一个虚拟的三维世界，设计师在这个虚拟的三维世界中按照要表现的对象的形状、尺寸建立模型和场景，再根据要求设定模型、虚拟摄影机的运动轨迹和其他动画参数，最后按要求为模型赋予特定的材质，并打上灯光。这一切工作完成后就可以让计算机自动运算，生成最终的效果。

1.1.1 认识三维动画

动画是通过连续播放一系列静止画面，在视觉上形成连续变化的图画；如图 1-1、图 1-2 所示。

它与电影、电视一样，利用了视觉暂留原理。医学家已经证明，人眼具有“视觉暂留”的特性，也就是说人的眼睛看到一个画面或一个物体后，即使画面或物体变化或者消失，其视觉影像在1/24s内也不会消失。利用这一原理，在一个画面在人眼中还没有消失前播放出下一个画面，就会给人一种流畅的视觉感受。因此，电影采用了每秒24个画面的速度拍摄和播放，电视采用了每秒25个（PAL制式）画面或30个（NSTC制式）画面的速度拍摄和播放。如果以低于每秒24个画面的速度拍摄和播放，观者就会感觉画面卡顿。

从制作技术和手段来看，动画可分为以手工绘制为主的传统动画和以计算机绘制为主的计算机动画；从空间的视觉效果来看，动画则可以分为平面动画和三维动画。

图1-1

图1-2

如果将二维定义为一张纸，那三维就是一个盒子，三维中所涉及的透视则是一门几何学，它可以将一个空间或物体准确地表现在一个二维平面上。

观察看一下大家生活和工作的环境空间，你眼前的显示器、键盘、书桌，以及喝水的杯子、手中拿着的书等，你会发现你们都是存在于同一个三维空间中的，人们可以生动形象地将它们描绘出来。比如一个抬手的动作，如果使用三维动画技术进行制作，则只需要两三个简单的步骤。首先在软件中创建手的模型，然后进行材质调整并将材质赋予手的模型，再设置灯光和摄影机，最后设置手的模型的运动路径并进行渲染就可以了。利用三维动画技术制作出的较专业的效果图如图1-3、图1-4所示。

图1-3

图1-4

1.1.2 三维动画的应用

随着科技的发展、计算机硬件系统性能的提高，三维动画制作软件的功能日益强大，使用这些软件制作出的三维动画更加逼真，同时其应用领域也越来越广。一般来说，三维动画应用在以下7个领域。

1. 节目包装

突出品牌概念已经成为电视节目制作中非常重要的因素，而电视节目包装是提升电视节目品牌形象的有效手段。三维动画凭借自身的特点，在制作金属、玻璃、文字、光线、粒子等电视节目片头常用效果方面表现出色，如图1-5所示。

图 1-5

2. 影视特效

随着数字特效技术在电影中的运用越来越广泛，三维动画技术在影视特效领域得到了大量应用和极大发展。许多影视制作公司在制作影视特效时都会结合三维动画技术，如图 1-6 所示。

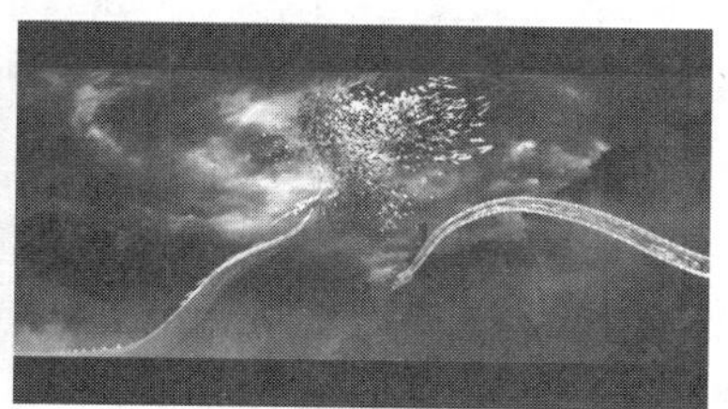

图 1-6

3. 工业设计

随着社会的发展，人们的各种生活需求不断增大，同时人们对产品精密度的要求日益提高，工业设计已经逐步成为一个成熟的领域。一些设计公司开始运用三维动画技术进行工业设计，并且取得了良好的效果，如图 1-7 所示。

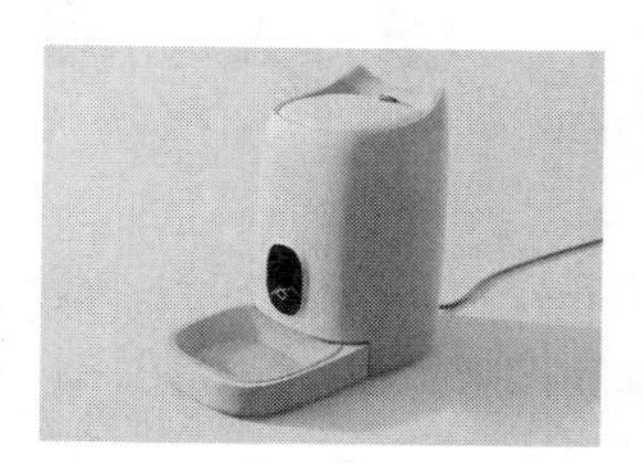

图 1-7

4. 建筑可视化

建筑可视化是指借助数字图像技术，将建筑设计理念通过逼真的视觉效果呈现出来，其呈现方式包括室内效果图、建筑表现图及建筑动画。运用三维动画技术可以让设计人员轻松地完成这些具有挑战性的设计任务，如图 1-8 所示。

图 1-8

5. 生物化学

生物化学领域较早地引入了三维动画技术（见图 1-9），用于研究生物分子的结构组成。此外，遗传工程利用三维动画技术对 DNA 分子进行结构重组，模拟产生新的化合物的过程，给研究工作带来了极大的帮助。

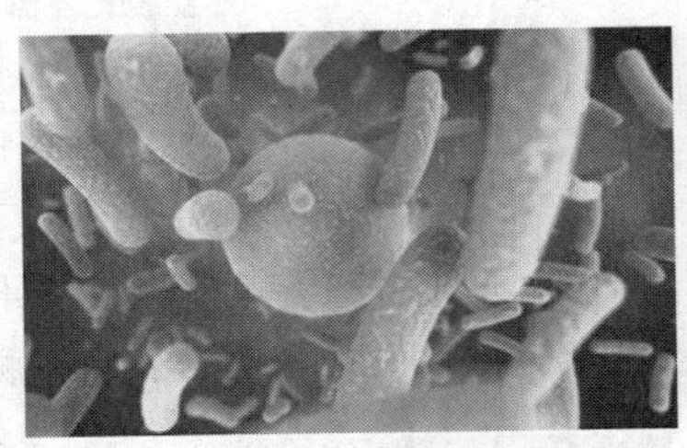
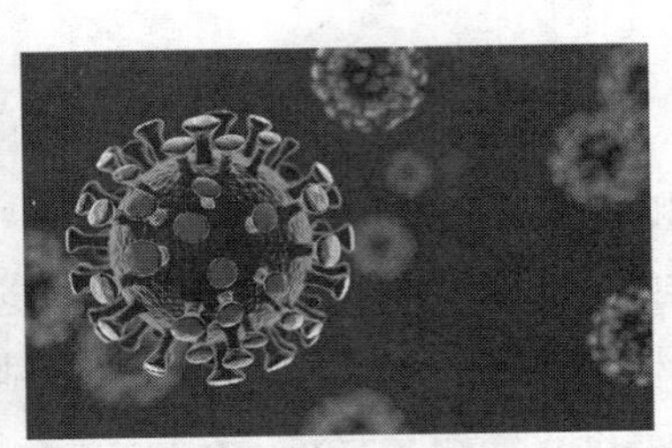

图 1-9

6. 医疗卫生

三维动画可以形象地演示人体内部组织的细微结构和变化，给学术交流和教学演示带来了极大的便利。利用三维动画技术还可以将手术细节放大显示到屏幕上，便于医护人员观察学习，这对医疗事业具有重大的现实意义，如图 1-10 所示。

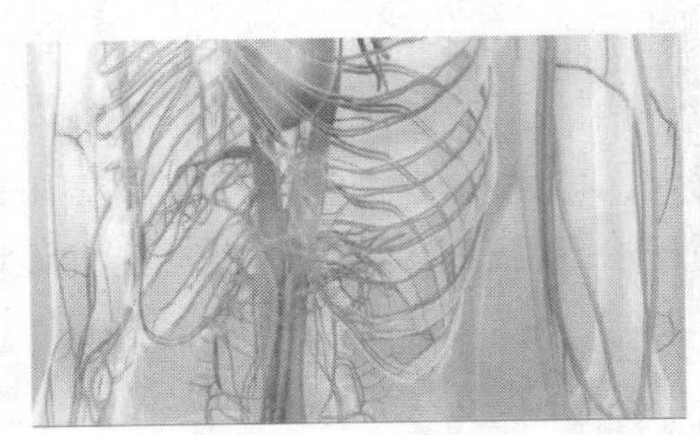
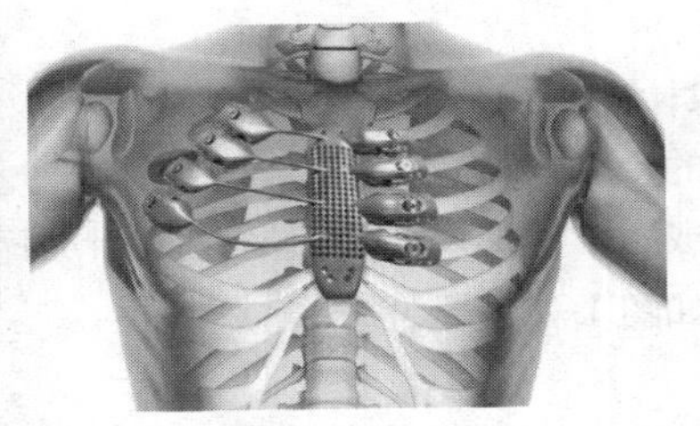

图 1-10

7. 军事科技

三维动画可以使飞行训练更加安全，也可用于导弹弹道的动态研究、爆炸后的爆炸强度分析及碎片轨迹研究等，还可以用来模拟战场环境，进行军事部署和演习，如图 1-11 所示。

图 1-11

1.2 3ds Max 2020 的操作界面

在学习 3ds Max 2020 之前，要了解它的操作界面，并熟悉各功能区的用途和使用方法，这样才能在建模过程中得心应手地使用各种工具和命令，以节省大量的工作时间。下面对 3ds Max 2020 的操作界面进行介绍。

3ds Max 2020 的操作界面如图 1-12 所示，重点区域介绍如下。

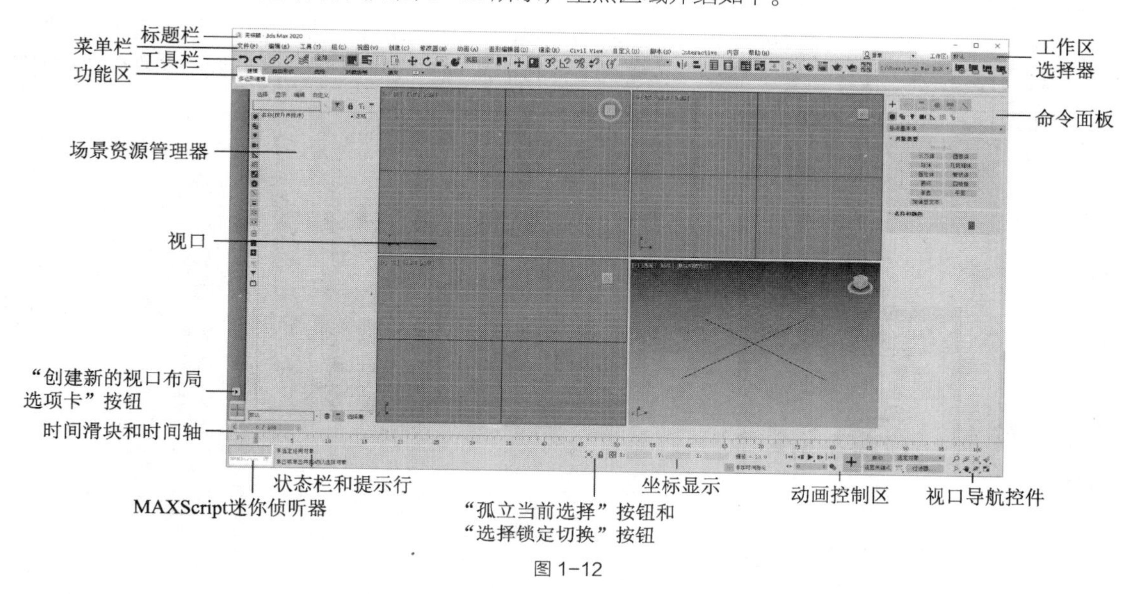

图 1-12

（1）标题栏：位于 3ds Max 2020 的操作界面的顶部，显示软件图标、场景文件名称和软件版本；右侧的 3 个按钮可以将窗口最小化、最大化和关闭。

（2）菜单栏：位于标题栏下面，每个菜单的名称表明了该菜单中命令的用途。单击菜单名时，会弹出菜单。

（3）工具栏：可以快速选择 3ds Max 2020 中很多常用的工具。

（4）功能区：可以在水平或垂直方向上停靠，也可以在垂直方向上浮动。

可以通过工具栏中的（切换功能区）按钮隐藏和显示功能区，功能区通常以最小化的形式显示在工具栏的下方。单击功能区右上角的按钮，可以选择以“最小化为选项卡”“最小化为面板标题”“最小化为面板按钮”“循环浏览所有项”4 种形式显示功能区。图 1-13 所示为以“最小化为面板标题”形式显示的功能区。

图 1-13

（5）视口、（创建新的视口布局选项卡）按钮：在 3ds Max 2020 中，视口位于窗口的中间，占据了窗口的大部分区域，是 3ds Max 2020 的主要工作区域。（创建新的视口布局选项卡）按钮用于在不同的视口布局之间切换。

通过视口，可以从不同的角度来观看所建立的场景。在默认状态下，系统显示了“顶”视口、“前”视口、“左”视口和“透视”视口 4 个视口。其中，“顶”视口、“前”视口和“左”视口中的画面相当于物体在相应方向的平面投影或沿相应的轴所看到的场景，而“透视”视口中的画面则是从某个角度所看到的场景。因此，“顶”视口、“前”视口和“左”视口又被称为正交视口。在正交视口中，系统仅显示物体的平面投影；而在“透视”视口中，系统不仅显示物体的空间形体，而且显示物体的颜色。所以，正交视口通常用于进行物体的创建和编辑，而“透视”视口则用于观察效果。

可以选择默认配置之外的布局。要选择不同的布局，可以单击或右击常规视口标签（[+]），然后从常规视口标签菜单中选择“配置视口”，如图1-14所示。在“视口配置”对话框中切换到“布局”选项卡来选择其他布局，如图1-15所示。

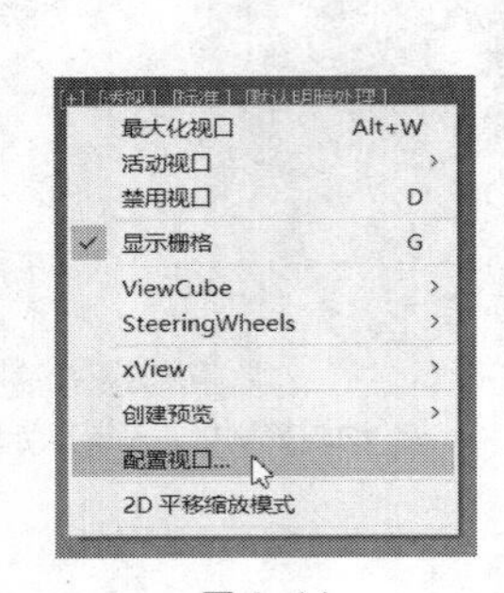

图1-14

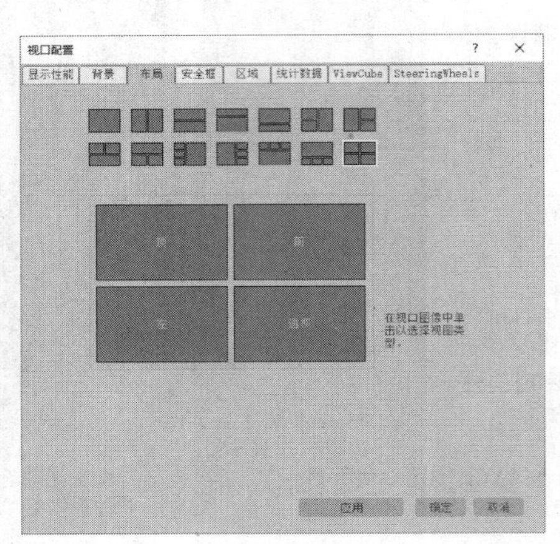

图1-15

（6）状态栏和提示行：位于视口的下部偏左位置，状态栏显示了所选对象的数目、对象的锁定状态、当前鼠标指针的位置以及当前使用的栅格距等，提示行显示了当前使用的工具的提示文字。

（7）（孤立当前选择）按钮：孤立当前选择可防止在处理单个选定对象时选择其他对象。可以专注于需要看到的对象，无须为周围的环境分散注意力，也可以减少在视口中显示其他对象而造成的性能开销。如果想要退出孤立当前选择模式，取消激活该按钮即可。

（8）（选择锁定切换）按钮：可启用或禁用选择锁定。锁定选择可防止在复杂场景中意外选择其他内容。

（9）坐标显示：显示鼠标指针的位置或变换的状态，并且可以输入新的变换值。变换（变换工具包括移动工具、旋转工具和缩放工具）对象的方法是直接在“坐标显示”中输入坐标值，可以在“绝对”或“偏移”这两种模式下进行此操作。

（10）动画控制区：位于3ds Max 2020的操作界面的下方，包括时间滑块和时间轴，主要用于在制作动画时，进行动画的记录、动画帧的选择、动画的播放以及动画时间的控制等。

（11）视口导航控件：位于3ds Max 2020的操作界面的右下角，根据当前激活视口的类型，视口调节工具会略有不同。选择一个视口调节工具时，相应的按钮呈黄色显示，表示对当前激活视口来说该按钮是激活的，在激活视口中右击可退出激活状态。

（12）命令面板：3ds Max 2020的核心部分，默认状态下位于操作界面的右侧。命令面板由6个用户界面面板组成。使用这些面板可以访问3ds Max 2020的大多数建模功能，以及一些动画功能和其他工具。每次只有一个面板可见，默认状态下打开的是（创建）命令面板。

在命令面板顶部单击不同的按钮即可切换至不同的命令面板，如图1-16所示，从左至右依次为（创建）按钮、（修改）按钮、（层次）按钮、（运动）按钮、（显示）按钮和（实用程序）按钮。

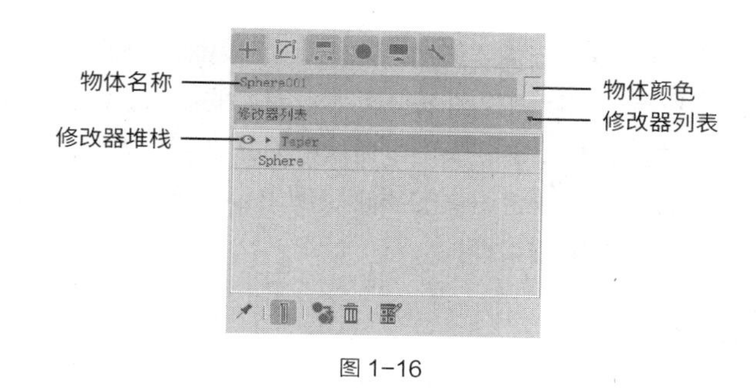

图 1-16

1.3 用 3ds Max 2020 制作效果图的流程

在现实生活中建造高楼大厦，首先要有一个合适的场地，接着将砂、石、砖、钢筋等建筑材料运到场地的周围，然后用这些建筑材料将楼房的框架建立起来，再用水泥、涂料等装饰材料进行内外墙装饰，最终完成后将其呈现给人们。用 3ds Max 2020 制作效果图的过程与建筑流程相似，首先用三维对象或二维线形建立一个地面，用来模拟现实中的场地，然后依次建立模型的各部分，并赋予相应的材质（材质模拟实际用到的建筑材料），为模型设置摄影机和灯光，再渲染成图片，最后用 Photoshop 等软件添加一些配景，比如人物、植物及装饰物等，达到理想的效果。

1.3.1 建立模型阶段

建立模型是制作效果图的第 1 步，设计人员首先要根据已有的图纸或自己的设计意图在脑海中勾勒出大体框架，并在计算机中制作出它的雏形，然后利用材质、光源对其进行修饰、美化。模型的好坏直接影响到效果图最终的效果。

建立模型大致有两种方法。第 1 种是直接使用 3ds Max 2020 建立模型。一些初学者用此方法建立起的模型常会比例失调，这是因为没有掌握好 3ds Max 2020 中的单位与捕捉等工具的使用方法。第 2 种是在 Auto CAD 等软件中绘制出平面图和立面图，然后将其导入 3ds Max 2020 中，再以导入的线形作为参考建立起三维模型。此方法是一些设计院或作图公司最常使用的方法，因此也将其称为“专业作图模式”。

无论采用哪种方法建模，最重要的是先做好构思，做到胸有成竹，在未正式开始制作之前脑海中应该已有模型的基本形象。开始制作后必须注意模型在空间中的比例关系，先设置好系统单位，再按照图纸上标出的尺寸建立模型，以确保建立的模型不会出现比例失调等问题。

1.3.2 设置摄影机阶段

设置摄影机主要是为了模拟现实中人们从某种方向与角度观察建筑物，得到一个理想的观察角度。设置摄影机比较简单，但是想要得到一个理想的观察角度，必须了解 3ds Max 2020 中摄影机的各项参数与设置技巧。

1.3.3 赋予材质阶段

通过 3ds Max 2020 默认的创建模式所建立的模型如果不进行处理，其所表现出来的状态就如同建筑的毛坯、框架。要想让建筑更美观，就需要通过一些外墙涂料、瓷砖、大理石来对它进行修饰。3ds Max 2020 中的模型也是这样，建完模型后需要辅以材质来表现它的效果。给模型赋予材质是为了呈现更真实的质感。当模型建立完成后，视口中的模型以色块的方式显示，如同用积木搭建起的楼房，无论怎么看都不真实，只有赋予其材质才能将逼真的质感表现出来。例如，大理石地面、玻璃幕墙、哑光不锈钢、塑料等都可以通过材质编辑器来模拟。

1.3.4 设置灯光阶段

设置灯光是效果图制作中最重要的一步，也是最具技巧性的。灯光及它产生的阴影将直接影响到场景中模型的质感，以及整个场景中模型的空间感和层次感。材质虽然有自己的颜色与纹理，但还会受到灯光的影响。室内灯光的设置要比室外灯光的设置复杂，因此设计人员需要提高各方面的综合能力，包括对 3ds Max 2020 灯光的了解、对现实生活中光源的了解、对真实世界光的分析等。

制作效果图的过程中，设置灯光最好与赋予材质同步进行，这样会使看到的效果更接近真实效果。

1.3.5 渲染阶段

无论是在制作效果图的过程中，还是已经制作完成，都要通过渲染来看制作的效果是否理想。但这里有一个问题，初学者有可能建立一个模型就想要渲染一下看看，这样会花费很多时间，工作效率会受到影响。在现代激烈的商业竞争中，这样做可能将很多机会白白地让给其他的商家。那么什么时候渲染才合适呢？

（1）建立好基本结构框架时。

（2）建立好内部构件时（有时为了观察局部效果，也会进行多次局部放大渲染）。

（3）整体模型制作完成时。

（4）摄影机设置完成时。

（5）赋予材质与设置灯光时（这时可能也要进行多次渲染以便观察具体的变化）。

（6）一切就绪准备出图时（这时应确定一个合理的渲染尺寸）。

在不同阶段进行的渲染是不一样的。在建模初期常进行整体渲染，只看大效果；到细部刻画阶段只进行局部渲染，以便看清具体细节。

渲染可以用专业渲染软件 VRay 进行，其效果比用 3ds Max 2020 自带的渲染器好很多，本书会对 VRay 进行详细的讲述。

1.3.6 后期处理阶段

后期处理主要是指通过图像处理软件为效果图添加符合其透视关系的配景和光效等，以使场景显得更加真实、生动。配景主要包括装饰物、植物、人物等。配景的添加不能过多或过于随意，过多会给人一种拥挤的感觉，过于随意会给人一种不协调的感觉。这一阶段的工作量一般不大，但要想让效果图有更好的表现效果也是不容易的，因为这是一项很感性的工作，需要设计人员本身有较高的审美素养和较强的想象力，知道加入什么样的元素是合适的，处理不好会画蛇添足。所以，这一阶段的工作不可小视，也是必不可少的。

常用的后期处理软件包括 Photoshop、CorelDRAW 等。本书使用 Photoshop 进行后期处理，后面将以实例的形式进行讲述。

1.4 常用的工具

本节将介绍 3ds Max 2020 中的常用工具的使用方法。

1.4.1 选择工具

使用选择工具可以选择需要编辑的对象。

1. 选择对象的基本方法

选择对象的基本方法包括单击（选择对象）按钮和单击（按名称选择）按钮。单击（按名称选择）按钮，弹出“从场景选择”对话框，如图 1–17 所示。

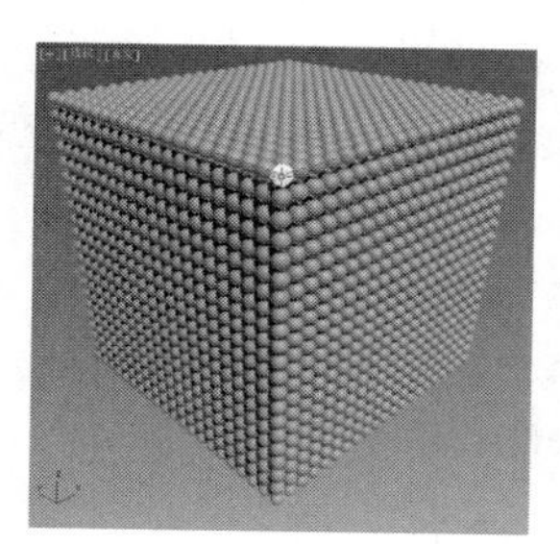

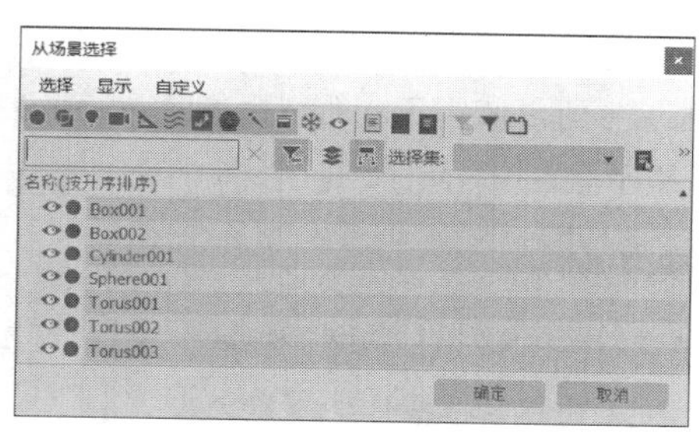

图 1–17

按住“Ctrl”键在该对话框的列表中单击可选择多个对象，按住“Shift”键单击可选择连续的多个对象，然后可按一定顺序对其进行排序。列表中列出的类型包括几何体、图形、灯光、摄影机、辅助对象、空间扭曲、组/集合、外部参考和骨骼。单击任意类型后，可在列表中隐藏该类型的对象。

2. 区域选择

区域选择可通过单击工具栏中的（矩形选择区域）按钮、（圆形选择区域）按钮、（围栏选择区域）按钮、（套索选择区域）按钮、（绘制选择区域）按钮实现。

（1）单击（矩形选择区域）按钮后，在视口中拖动鼠标，然后释放鼠标，开始拖动的位置是矩形选区的一个角，释放鼠标的位置是相对的角，如图 1–18 所示。

（2）单击（圆形选择区域）按钮后，在视口中拖动鼠标，然后释放鼠标，开始拖动的位置是圆形选区的圆心，释放鼠标的位置与圆心共同定义了圆形选区的半径，如图 1–19 所示。

（3）单击（围栏选择区域）按钮后，在视口中拖动鼠标绘制多边形，可创建多边形选区，如图 1–20 所示。

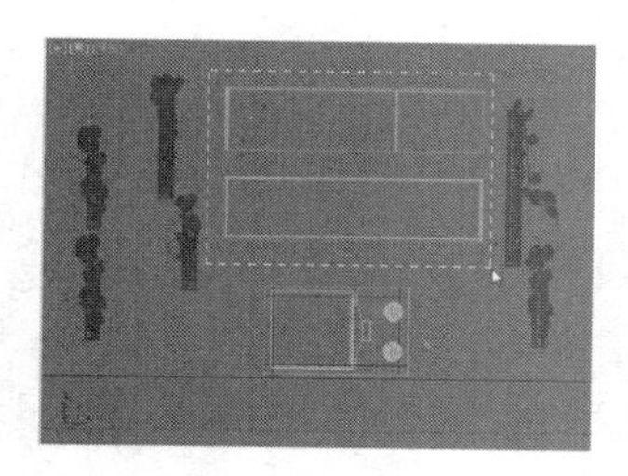

图 1–18

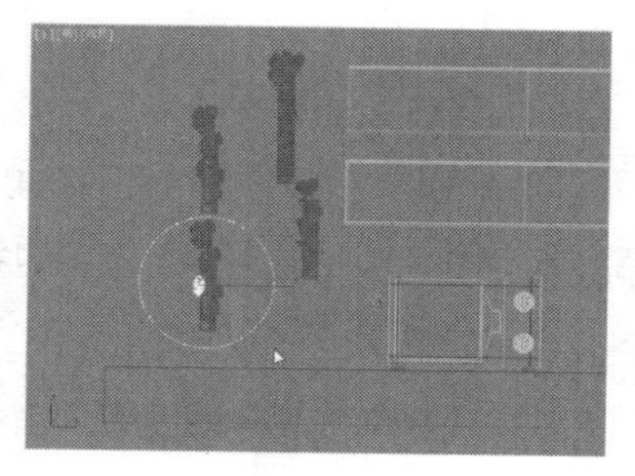

图 1–19

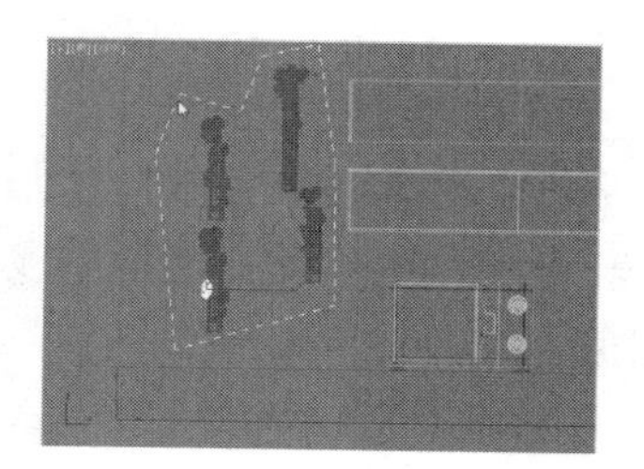

图 1–20

（4）单击 （套索选择区域）按钮，围绕要选择的对象拖动鼠标以绘制图形，图形闭合后释放鼠标即可创建选区，如图 1-21 所示。要取消创建选区，在释放鼠标前右击即可。

（5）单击 （绘制选择区域）按钮，将鼠标指针移至对象上，然后拖动鼠标选择，鼠标指针周围将会出现一个以笔刷大小为半径的圆，释放鼠标即可创建选区，如图 1-22 所示。

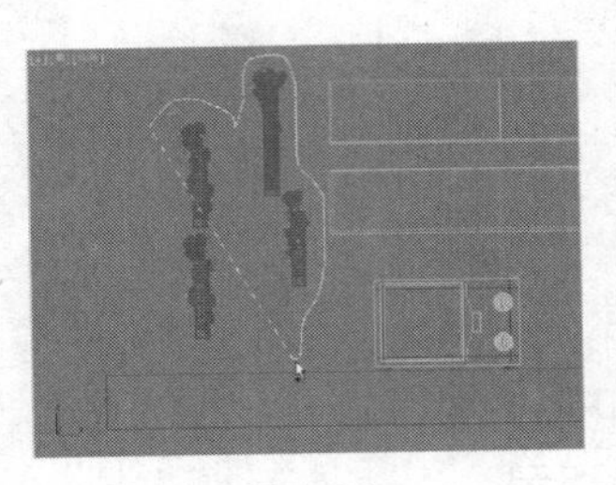

图 1-21

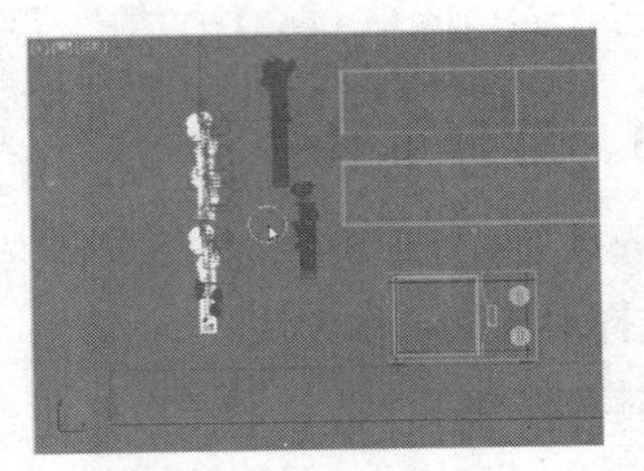

图 1-22

3. “编辑”菜单选择

在“编辑”菜单中可以使用不同的选择方式对场景中的对象进行选择，如图 1-23 所示。

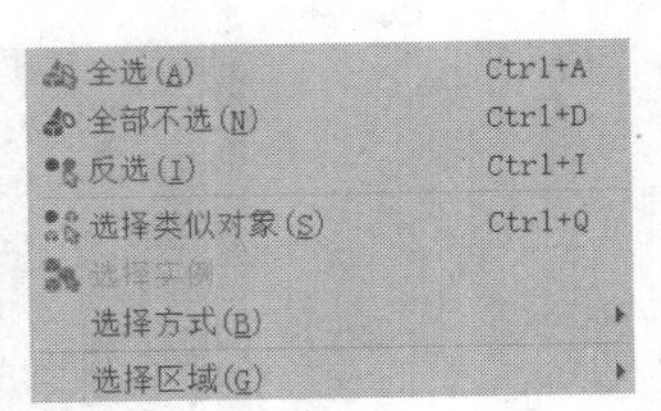

图 1-23

1.4.2 变换工具

对象的变换包括对象的移动、旋转和缩放，这 3 项操作几乎在每一次建模中都会用到，也是建模操作的基础。

1. 移动对象

选择对象并选择移动工具，将鼠标指针移动到对象的坐标轴（如 x 轴）上，鼠标指针会变成 ✥ 形状，并且坐标轴会变成亮黄色，表示可以移动，如图 1-24 所示。此时拖动鼠标，对象就会跟随鼠标指针一起移动。

利用移动工具可以使对象沿两个轴同时移动。观察对象的坐标轴，会发现每两个坐标轴之间都有共同区域，将鼠标指针移动到此区域，此区域会变黄，如图 1-25 所示。此时拖动鼠标，对象就会跟随鼠标指针一起沿两个轴移动。

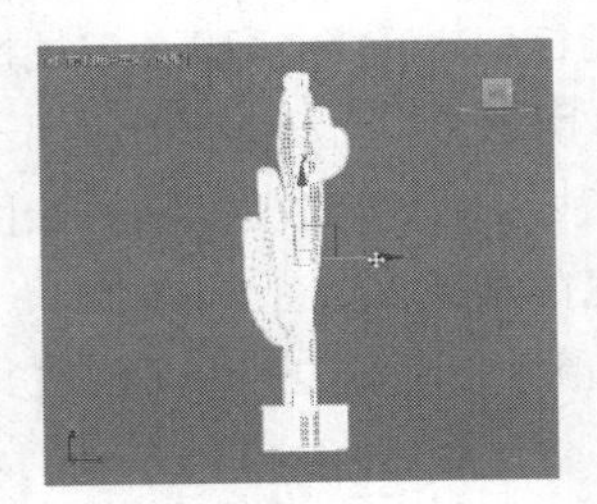

图 1-24

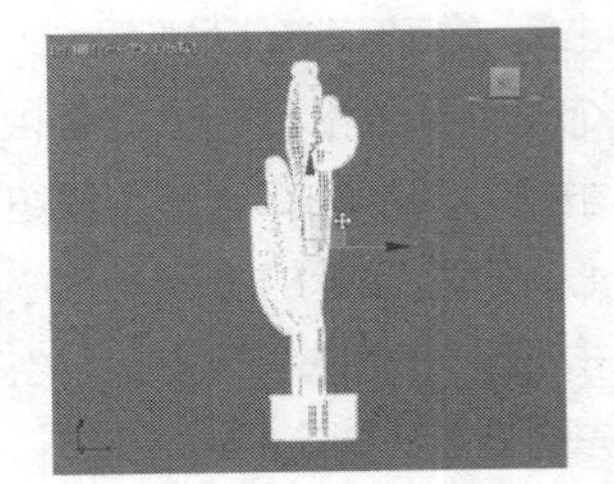

图 1-25

2. 旋转对象

选择对象并选择旋转工具，将鼠标指针移动到对象的旋转轴上，鼠标指针会变为 形状，旋转轴会变成亮黄色，如图 1-26 所示。此时拖动鼠标，对象会随鼠标指针的移动而旋转。这种操作只用于单方向旋转。

使用旋转工具可以改变对象在视口中的方向。熟悉各旋转轴的方向很重要。

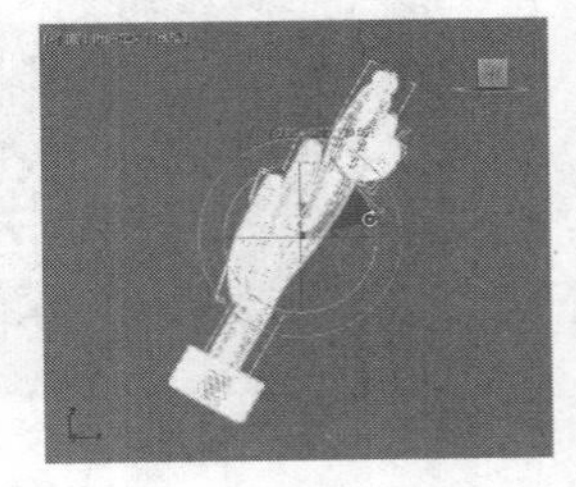

图 1-26

3. 缩放对象

单击工具栏中的（选择并均匀缩放）按钮可以缩放对象。3ds Max 2020 提供了 3 种方式对对象进行缩放，即单击（选择并均匀缩放）按钮、单击（选择并非均匀缩放）按钮和单击（选择并挤压）按钮。

（选择并均匀缩放）按钮：只改变对象的体积，不改变形状，因此坐标轴向对它不起作用。

（选择并非均匀缩放）按钮：在指定的轴向上对按钮进行二维缩放（不等比例缩放），对象的体积和形状都发生变化。

（选择并挤压）按钮：在指定的轴向上使对象发生缩放变形，对象的体积保持不变，但形状会发生变化。

选择对象并选择缩放工具，将鼠标指针移动到缩放轴上，鼠标指针会变成形状。此时拖动鼠标，即可对对象进行缩放。使用缩放工具可以同时在两个或 3 个轴向上缩放对象，操作方法和移动工具相似，如图 1–27 所示。

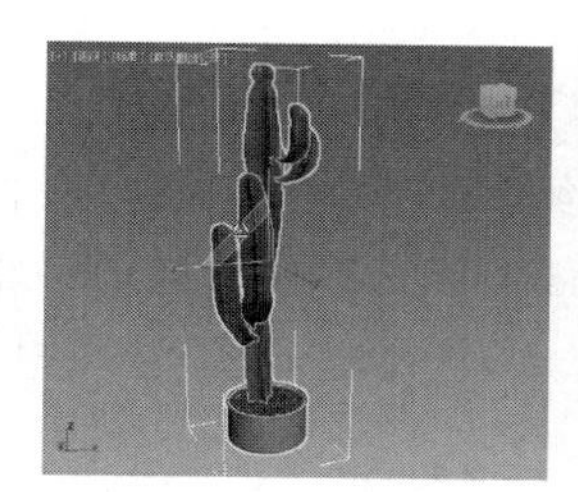

图 1–27

1.4.3 轴心控制

轴心点用来定义对象在旋转和缩放时的中心点，使用不同的轴心点会让变换操作产生不同的效果。对象的轴心控制包括 3 种方式，分别为（使用轴点中心）、（使用选择中心）、（使用变换坐标中心）。

1. 使用轴点中心

把被选择对象自身的轴心点作为旋转、缩放的中心。如果选择了多个对象，则以每个对象各自的轴心点为中心进行变换操作。图 1–28 所示为 3 个圆柱体围绕自身的轴心点旋转。

2. 使用选择中心

把被选择对象的公共轴心点作为旋转和缩放的中心。图 1–29 所示为 3 个圆柱体围绕一个共同的轴心点旋转。

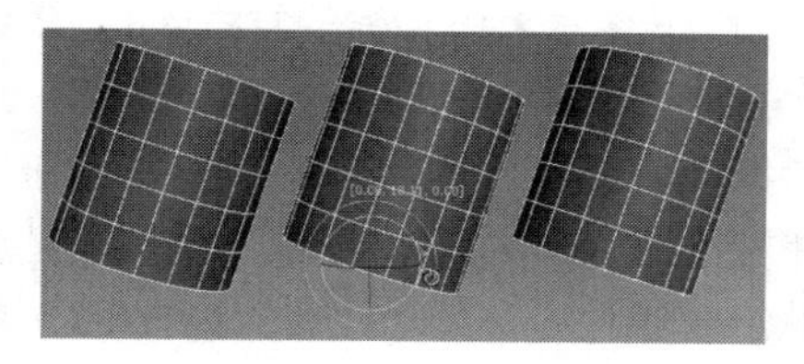

图 1–28

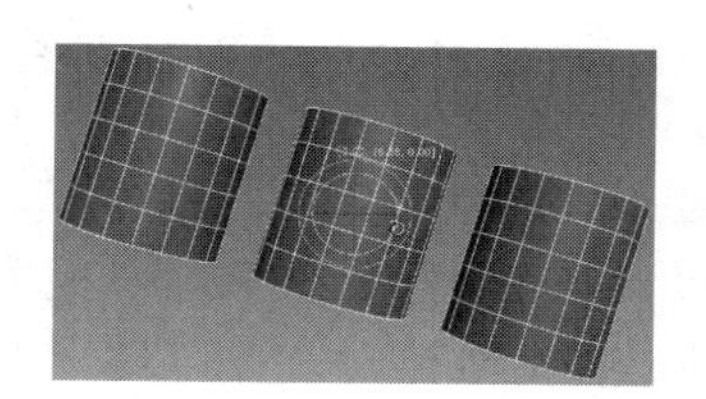

图 1–29

3. 使用变换坐标中心

把被选择对象所使用的当前坐标系的中心点作为旋转和缩放的中心。例如，可以通过“拾取”参考坐标系拾取对象，把被拾取对象的坐标中心作为旋转和缩放的中心。

下面通过 3 个圆柱体进行介绍，操作步骤如下。

（1）框选右侧的两个圆柱体，然后选择“参考坐标系”下拉列表中的“拾取”，如图 1-30 所示。

（2）单击左侧的圆柱体。

（3）对右侧的两个圆柱体进行旋转，会发现这两个圆柱体的旋转中心是被拾取的左侧圆柱体的坐标中心，如图 1-31 所示。

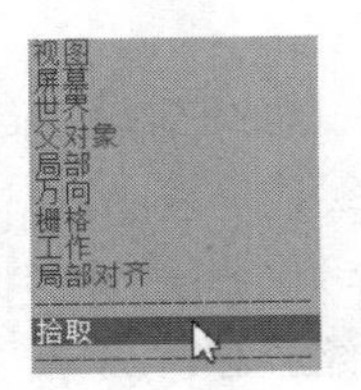

图 1-30

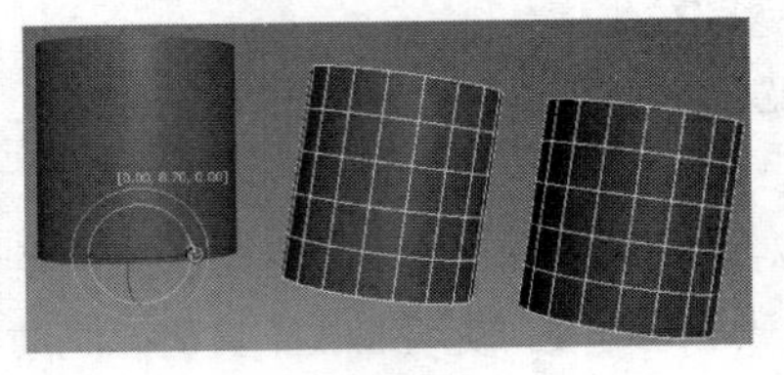
图 1-31

1.4.4 捕捉工具

在建模过程中为了精确定位，使建模更精准，经常会用到捕捉控制器。捕捉控制器由 4 种捕捉工具组成，分别为（捕捉开关）工具、（角度捕捉切换）工具、（百分比捕捉切换）工具和（微调器捕捉切换）工具，如图 1-32 所示。下面介绍常用的 3 种捕捉工具。

图 1-32

1. 3 种捕捉工具

（1）捕捉开关

（捕捉开关）工具用于在三维空间中锁定需要的位置，以便进行旋转、创建、编辑等操作。在创建和变换对象或子对象时，使用该捕捉工具可以帮助用户捕捉几何体的特定部分，还可以捕捉栅格点、切点、中点、轴心、中心面等其他元素。

单击（捕捉开关）按钮（关闭动画设置）后，旋转和缩放操作会在捕捉点周围进行。例如，开启“顶点捕捉”功能后，对一个立方体进行旋转操作，在使用变换坐标中心的情况下，可以让该立方体围绕自身顶点进行旋转；当开启动画设置后，无论是进行旋转操作还是进行缩放操作，捕捉工具都无效，对象只能围绕自身轴心点进行旋转或缩放。捕捉分为相对捕捉和绝对捕捉。

关于捕捉设置，系统提供了 3 个空间，包括三维空间、二维空间和二点五维空间，它们的按钮设置在一起，在按钮上按住鼠标左键不放，可以在它们之间进行切换。在按钮上右击，可以打开“栅格和捕捉设置”窗口，如图 1-33 所示。在该窗口中可以选择捕捉的类型，还可以控制捕捉的灵敏度。如果捕捉到了对象，会以蓝色（颜色可以更改）显示一个 15 像素 × 15 像素的方格及相应的线。

（2）角度捕捉切换

（角度捕捉切换）工具用于设置进行旋转操作时的间隔角度。不使用该捕捉工具对于细微调节有帮助，但对于整角度的旋转很不方便。事实上，我们经常要进行 90°、180° 等整角度的旋转。单击（角度捕捉切换）按钮，系统会默认以 5° 作为间隔角度进行旋转。在（角度捕捉切换）按钮上右击打开“栅格和捕捉设置”窗口，在“选项”选项卡中，可以通过设置“角度”值来设置角度捕捉的间隔角度，如图 1-34 所示。

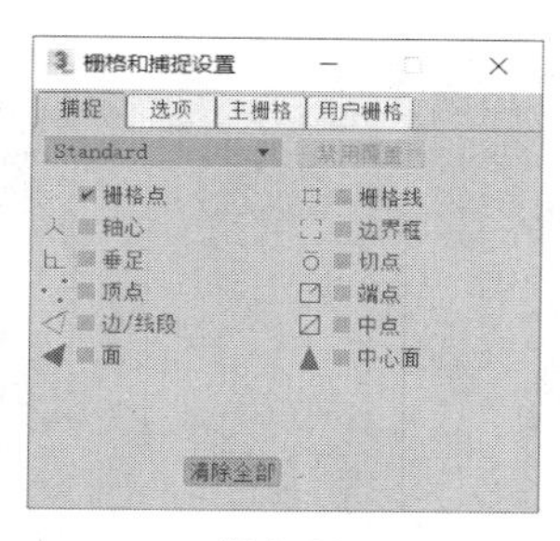

图 1-33

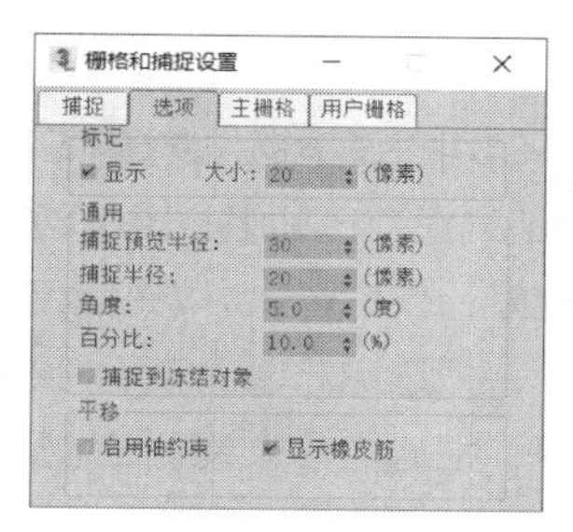

图 1-34

（3）百分比捕捉切换

（百分比捕捉切换）工具用于设置进行缩放或挤压操作时的间隔百分比。单击（百分比例捕捉切换）按钮，系统会以 1%作为缩放操作的间隔百分比。在（百分比捕捉切换）按钮上右击，弹出“栅格和捕捉设置”窗口，在“选项”选项卡中，可通过对“百分比”值进行设置调整百分比捕捉的间隔百分比（默认设置为 10%）。

2. 捕捉工具的参数设置

捕捉工具在激活状态下才能起作用，单击捕捉工具按钮，按钮变为蓝色表示捕捉工具被激活。要想灵活运用捕捉工具，还需要对它的参数进行设置。在捕捉工具按钮上单击鼠标右键，就会弹出“栅格和捕捉设置”窗口。

“捕捉”选项卡用于调整空间捕捉的捕捉类型。图 1-33 所示为系统默认设置的捕捉类型。栅格点捕捉、端点捕捉和中点捕捉是常用的捕捉类型。

“选项”选项卡用于调整角度捕捉和百分比捕捉的参数，如图 1-34 所示。

“主栅格”选项卡用于调整栅格的大小与间距，如图 1-35 所示。

“用户栅格”选项卡用于激活并对齐栅格，如图 1-36 所示。

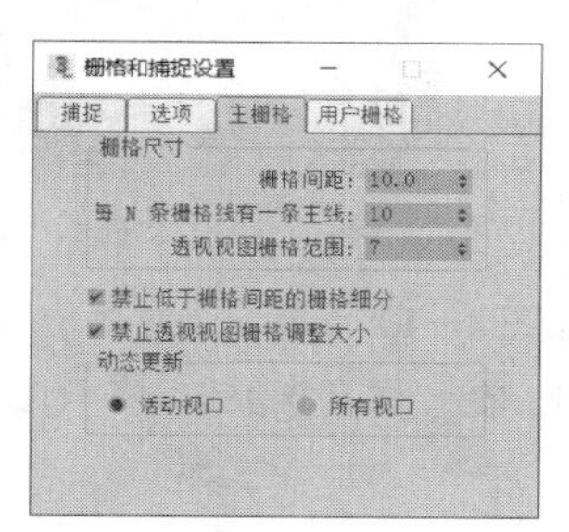

图 1-35

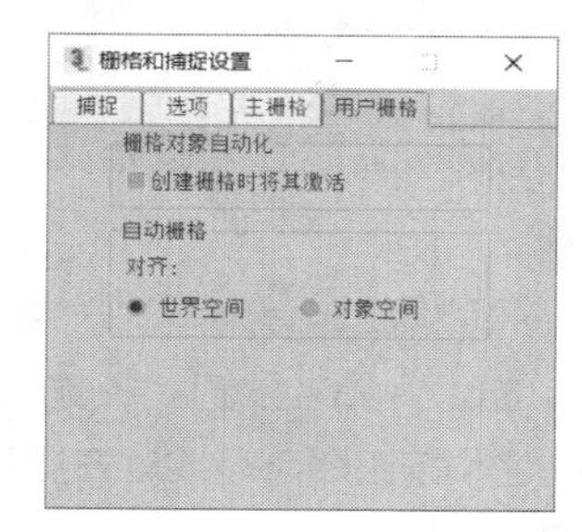

图 1-36

1.4.5 镜像工具与对齐工具

1. 镜像工具

镜像工具用于在指定的方向上构建指定对象的镜像。在建模过程中，需要创建两个对称的对象时，如果直接复制对象，对象间的距离很难控制，而且要使两个对象相互对称，直接复制是办不到的。这时使用镜像工具就能很简单地解决这个问题。

选择对象后，在工具栏中单击（镜像）按钮，弹出“镜像：世界 坐标”对话框，如图 1-37 所示，具体介绍如下。

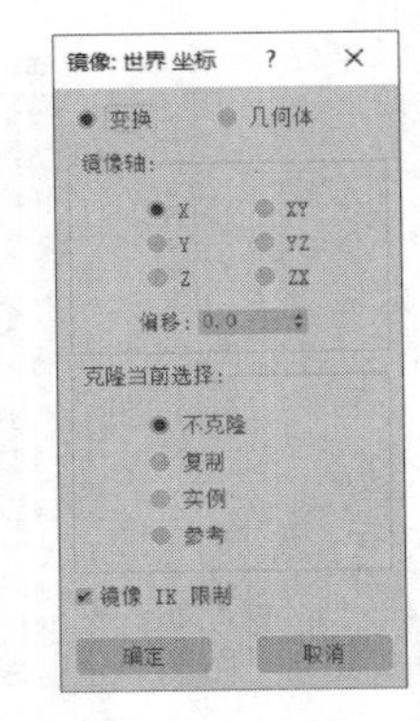

图 1-37

“镜像轴”选项组：用于设置镜像的轴向，系统提供了6种镜像轴向。

- 偏移：用于设置镜像对象和原始对象轴心点之间的距离。

“克隆当前选择”选项组：用于确定镜像对象的复制类型。

- 不克隆：仅把选定对象镜像到新位置而不复制对象。
- 复制：把选定对象镜像复制到指定位置。
- 实例：把选定对象关联镜像复制到指定位置。
- 参考：把选定对象参考镜像复制到指定位置。

使用镜像工具进行镜像操作的关键是轴向的设置。选择对象后，单击（镜像）按钮，可以依次选择镜像轴向。视口中的镜像对象是随“镜像：世界 坐标”对话框中镜像轴向的改变实时显示的，选择合适的轴向后单击“确定”按钮，可进行镜像操作。单击“取消”按钮则会取消镜像操作。

2. 对齐工具

对齐工具用于使当前选定的对象按指定的方向和方式与目标对象对齐。对齐工具有6种，分别为（对齐）工具、（快速对齐）工具、（法线对齐）工具、（放置高光）工具、（对齐摄影机）工具、（对齐到视图）工具。其中（对齐）工具是最常用的，一般用于进行轴向上的对齐。

下面通过一个实例来介绍对齐工具的使用方法，操作步骤如下。

（1）在视口中创建平面、长方体、球体、茶壶，如图1-38所示。

（2）选择长方体、球体、茶壶模型，然后在工具栏中单击（对齐）按钮，这时鼠标指针会变为形状，将鼠标指针移到平面模型上，鼠标指针会变为形状，如图1-39所示。

图 1-38

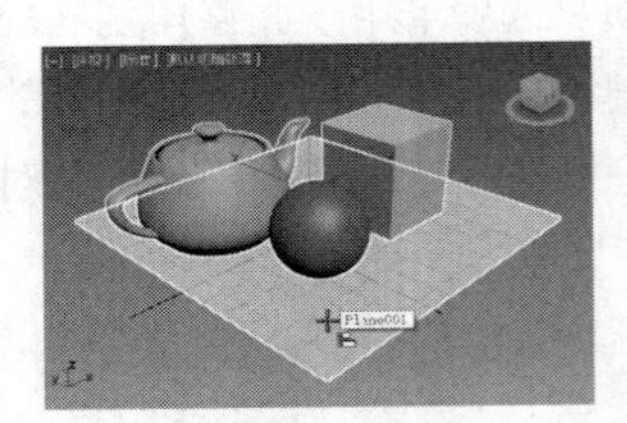

图 1-39

（3）单击平面模型，弹出“对齐当前选择”对话框，如图1-40所示。“对齐位置（世界）”选项组中的“X位置”“Y位置”“Z位置”表示对齐的方向。在“对齐当前选择”对话框中设置完成后，单击“确定”按钮即可完成对齐操作。

对齐后的效果如图1-41所示。

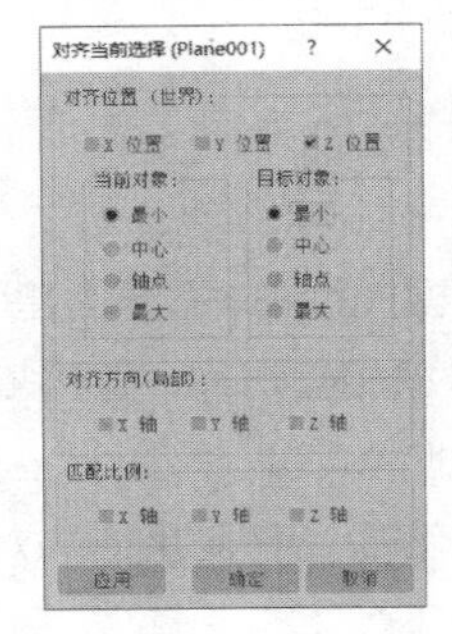

图 1-40

图 1-41

1.5 视口的更改

视口是 3ds Max 2020 中使用频率最高的工作区域，它使用户可以通过二维的屏幕去观察和控制三维的模型，尤其是在进行造型创作时，视口控制代替了现实中围着模型转来转去的观察方式，让模型自己转来转去。

视口布局选项卡位于视口的左侧，单击▶（创建新的视口布局选项卡）按钮，弹出“标准视口布局”菜单，如图 1-42 所示，从中可以选择系统提供的 12 种视口布局方案，如图 1-43 所示。

如果不习惯视口布局选项卡在左侧，可以在工具栏的空白处右击，在弹出的快捷菜单中取消勾选“视口布局选项卡”复选框，如图 1-44 所示。

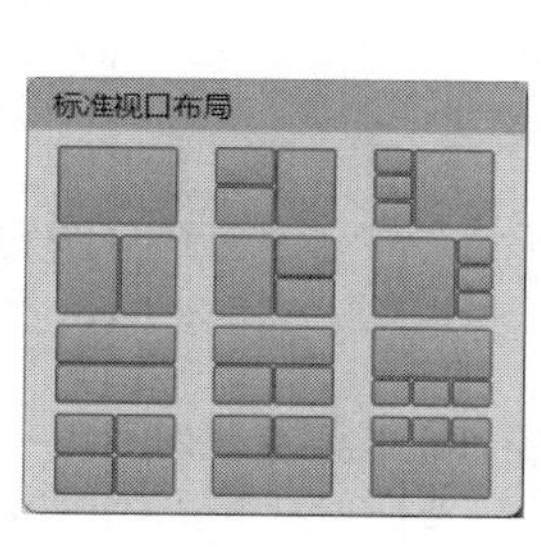

图 1-42

图 1-43

图 1-44

1.5.1 视口标签菜单

在视口中单击左上角的“[+]”，弹出视口标签菜单，如图 1-45 所示，具体介绍如下。

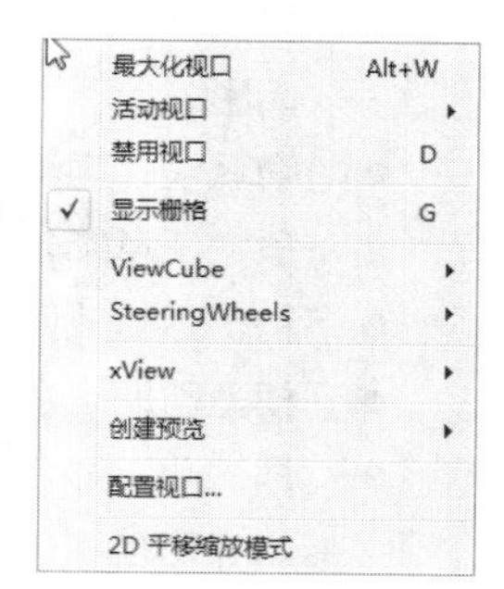

图 1-45

- 最大化视口/还原视口：选择此命令可最大化或还原视口，快捷键为“Alt+W”。
- 活动视口：允许从当前视口配置的可见视口的子菜单中选择活动视口。
- 禁用视口：防止选中的视口因其他视口中的更改而更改，快捷键为“D”。当禁用的视口处于活动状态时，其行为正常。然而，如果更改另一个视口中的场景，则在取消禁用视口之前不会更改其中的场景。使用此命令可以在处理复杂几何体时加快屏幕重画速度。禁用视口后，文本“<禁用>”显示在视口标签菜单的右侧。
- 显示栅格：显示或隐藏主栅格，不会影响其他栅格的显示，快捷键为“G”。

- ViewCube：显示“ViewCube”子菜单。
- SteeringWheels：显示“SteeringWheels”子菜单。
- xView：显示“xView”子菜单。
- 创建预览：显示“创建预览”子菜单。
- 配置视口：打开“视口配置”对话框。
- 2D 平移缩放模式：在二维平移缩放模式下，可以平移或缩放视口，而无须更改渲染帧。

1.5.2 观察点视口标签菜单

单击视口名会弹出观察点视口标签菜单，如图 1-46 所示，从中可以编辑当前视口。具体介绍如下。

- 扩展视口：显示“扩展视口”子菜单。
- 显示安全框：启用和禁用安全框，快捷键为“Shift+F”。在“视口配置”对话框中可定义安全框。安全框的比例符合所渲染图像输出尺寸的“宽度”和“高度”。
- 视口剪切：可以采用交互方式为视口设置近可见性范围和远可见性范围。设置后系统将显示在设置的视口剪切范围内的对象，不会显示该范围之外的对象。这对于处理细节模糊的复杂场景非常有用。
- 撤销/重做视图 更改：撤销或重做视口更改。撤销视图更改的快捷键为“Shift+Z”，重做视图更改的快捷键为“Shift+Y”。

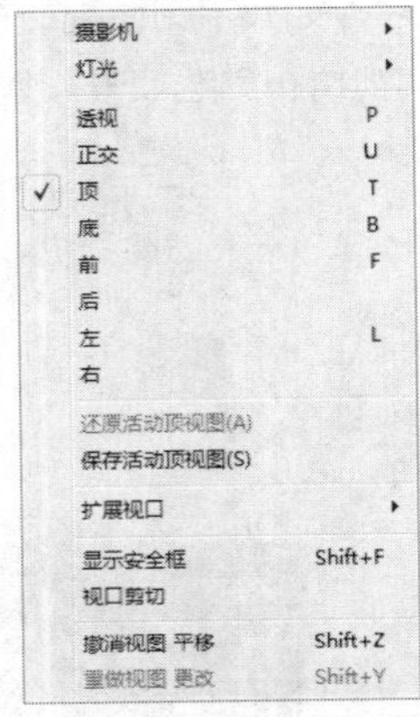

图 1-46

1.5.3 明暗处理视口标签菜单

在视口左上角单击“[默认明暗处理]”或“[线框]”，弹出明暗处理视口标签菜单，如图 1-47 所示。具体介绍如下。

- 面：将几何体显示为面，无论其平滑组设置是什么。
- 边界框：仅显示每个对象边界框的边。
- 平面颜色：使用平面颜色对几何体进行明暗处理，忽略照明，仍然显示阴影。
- 隐藏线：隐藏法线指向远离视口的面和顶点，以及被邻近对象遮挡的对象的任意部分。
- 粘土：将几何体显示为均匀的赤土色。
- 模型帮助：在没有平滑组时根据可见边对面进行明暗处理。
- 样式化：显示非照片级真实感样式以供选择，包括石墨、彩色铅笔、墨水、彩色墨水、亚克力、彩色蜡笔和技术。
- 线框覆盖：覆盖可视化设置，以在线框模式下显示几何体。
- 边面：在视口中显示面的边。
- 显示选定对象：显示子菜单，其中包含用于显示选定面的命令。
- 视口背景：显示“视口背景”子菜单。
- 按视图首选项：打开“视口设置和首选项”对话框。

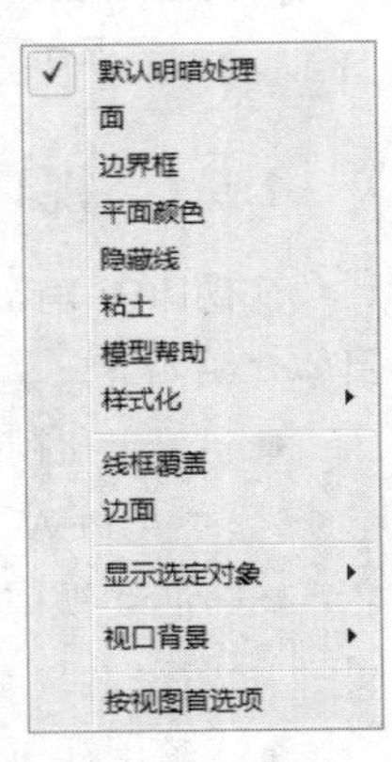

图 1-47

1.6 快捷键的设置

在 3ds Max 2020 中设置常用的快捷键，可以提高设计制作人员的工作效率。在工作中熟练地使用快捷键是非常有必要的。

注意，在使用快捷键前应使（键盘快捷键覆盖切换）按钮处于未激活状态。

在菜单栏中选择“自定义 > 自定义用户界面”命令，在弹出的“自定义用户界面”对话框中可以创建一个完全自定义的用户界面，包括键盘、鼠标、工具栏、四元菜单、菜单和颜色。在“键盘”选项卡中用户可以自定义快捷键，如图 1-48 所示。

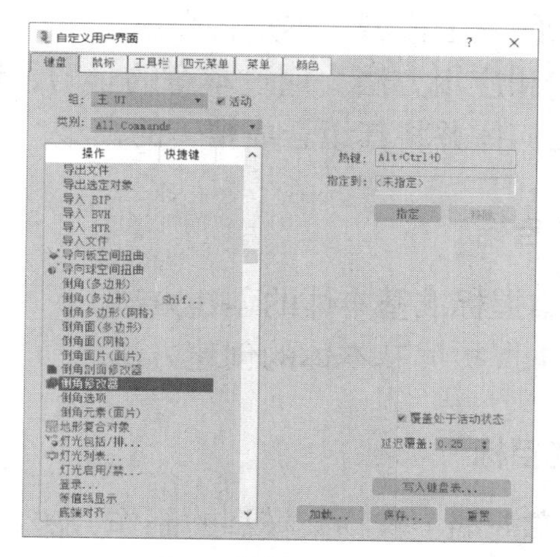

图 1-48

在“键盘”选项卡的“操作”列表中找到要定义快捷键的操作或修改器，先按“Caps Lock”键锁定大写，再在“热键”文本框中输入想要设置的快捷键，单击“指定”按钮即可。快捷键的设置原则为在标准触键姿势下以左手能快速覆盖为宜。

常用的几个快捷键设置如下：“隐藏选定对象”设置为“Alt+S”组合键，“编辑网格”修改器设置为“Y”键，“挤出”修改器设置为“U”键，调用“底”视口设置为“B”键，调用“显示变换 Gizmo”设置为“X”键。

第2章 创建常用的几何体

想要使用 3ds Max 2020 进行场景建模，应掌握基本体模型的创建方法，通过组合一些简单的模型就可以制作出比较复杂的三维模型。本章将介绍 3ds Max 2020 中常用几何体的创建和应用方法。通过本章的学习，读者可以灵活创建常用的几何体并将其组合成精美的模型。

学习目标

- 掌握标准基本体的创建方法。
- 掌握扩展基本体的创建方法。

技能目标

- 掌握墙上置物架模型的制作方法。
- 掌握几何壁灯模型的制作方法。
- 掌握沙发模型的制作方法。

素养目标

- 培养学生夯实基础的学习习惯。
- 培养学生对模型制作的兴趣。

2.1 常用的标准基本体

三维模型中最简单的模型是标准基本体和扩展基本体。在 3ds Max 2020 中，用户可以使用单个基本对象对很多现实中的对象进行建模，还可以将标准基本体结合到复杂的对象中，并使用修改器进一步细化。

2.1.1 课堂案例——制作墙上的置物架模型

微课视频

制作墙上的
置物架模型

学习目标：熟悉长方体的创建方法，并配合移动、旋转、复制等工具进行调整。

知识要点：创建长方体，使用移动和复制工具，结合使用“编辑多边形”修改器制作墙上的置物架模型，参考效果如图 2-1 所示。

模型所在位置：云盘/场景/Ch02/墙上的置物架模型.max。

效果所在位置：云盘/场景/Ch02/墙上的置物架.max。

贴图所在位置：云盘/贴图。

（1）单击“+（创建）> ●（几何体）> 标准基本体 > 长方体”按钮，在“顶”视口中创建长方体，在“参数”卷展栏中设置合适的参数，如图 2-2 所示。

图 2-1

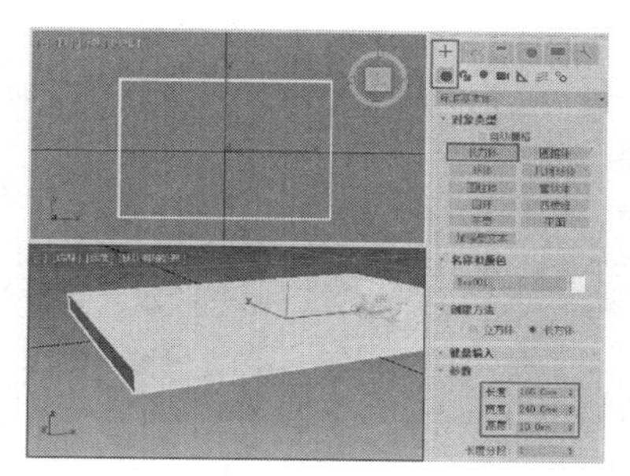

图 2-2

（2）单击 （选择并旋转）按钮，并单击 （角度捕捉切换）按钮，按住“Shift”键的同时，在“前”视口中对长方体进行旋转复制，旋转角度为 90° ，释放鼠标左键和“Shift”键，在弹出的对话框中选择“实例”单选按钮，单击“确定”按钮，如图 2-3 所示。

（3）单击 （2.5D 捕捉）按钮，并右击 （2.5D 捕捉）按钮，在弹出的窗口中勾选“顶点”和“边/线段”复选框，如图 2-4 所示。

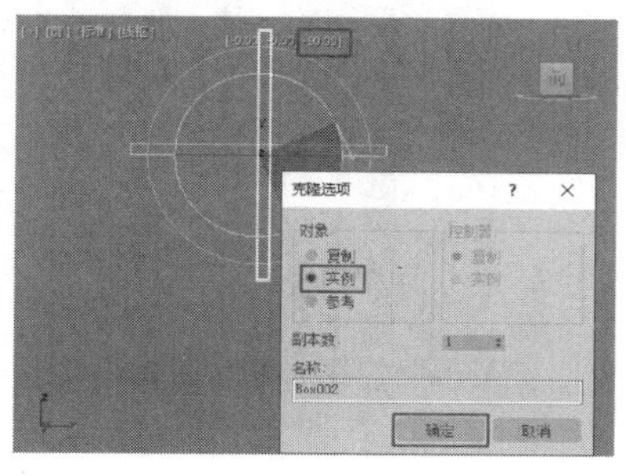

图 2-3

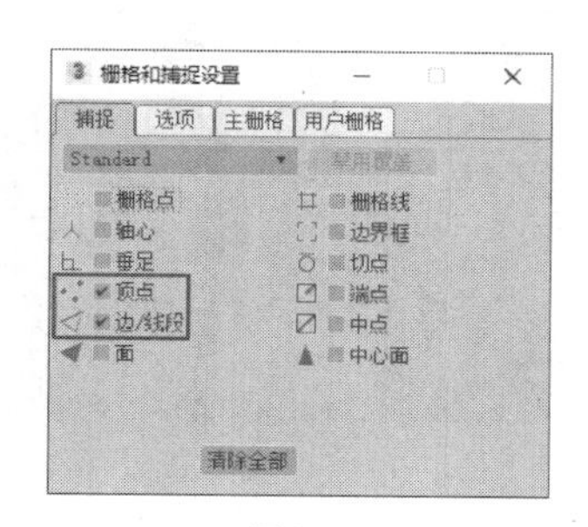

图 2-4

（4）通过捕捉在场景中调整模型的位置，为其中一个长方体添加“编辑多边形”修改器，将选择集定义为“顶点”，通过捕捉调整顶点的位置，如图 2-5 所示。

（5）继续调整顶点，这里只需调整其中一个长方体的顶点即可，因为是以实例的形式复制出的长方体，更改其中一个长方体后，另一个长方体也会跟着改变，如图 2-6 所示。

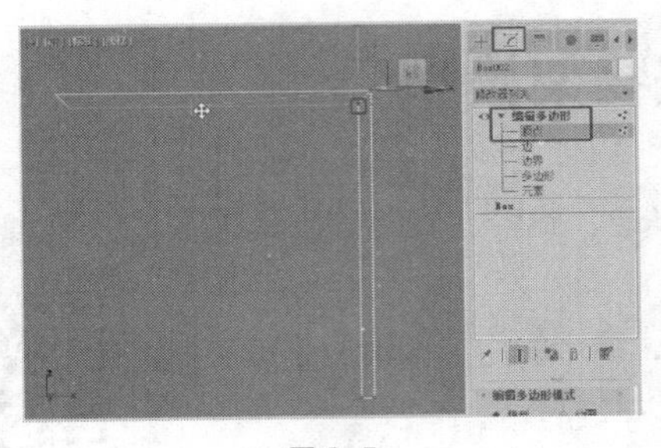
图 2-5

图 2-6

（6）将选择集定义为“多边形”，在场景中选择正面的多边形，在“编辑多边形”卷展栏中单击“倒角”按钮右侧的■（设置）按钮，在弹出的助手小盒中设置合适的倒角参数，如图 2-7 所示，设置参数后单击⊘（确定）按钮。

（7）在场景中复制长方体，组合出边框模型，如图 2-8 所示。

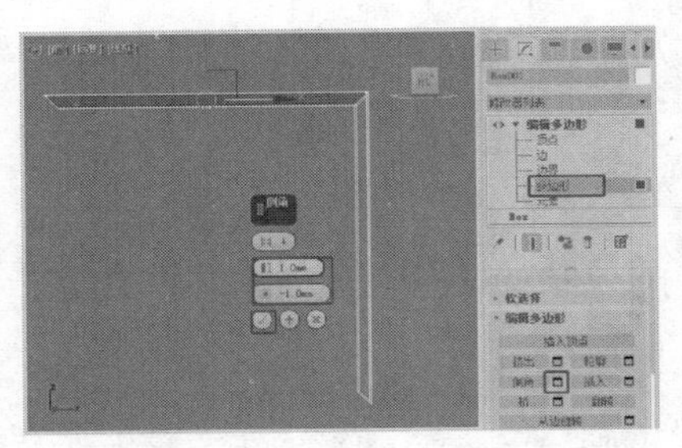
图 2-7

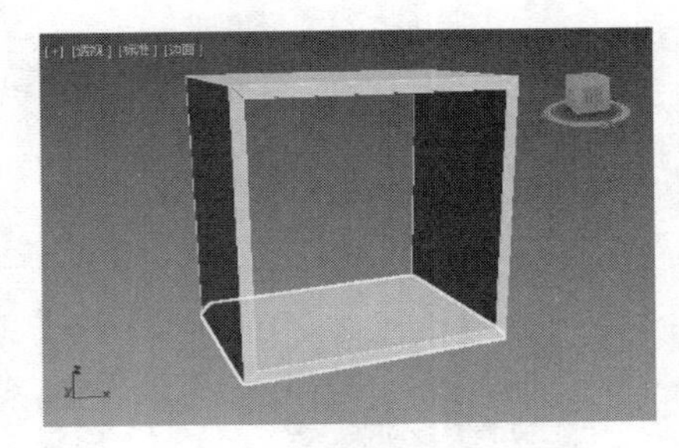
图 2-8

（8）通过捕捉在“前”视口中创建长方体，设置长方体的“高度”为 5.0，将其作为后挡板，调整模型到合适的位置，如图 2-9 所示。

（9）在场景中复制并调整模型，完成墙上的置物架模型的制作，效果如图 2-10 所示。

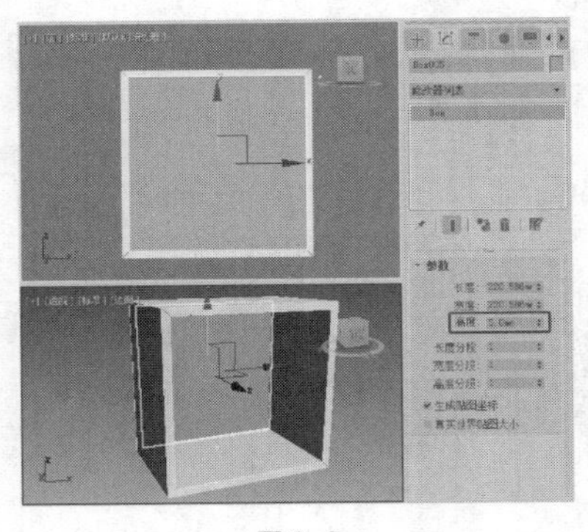
图 2-9

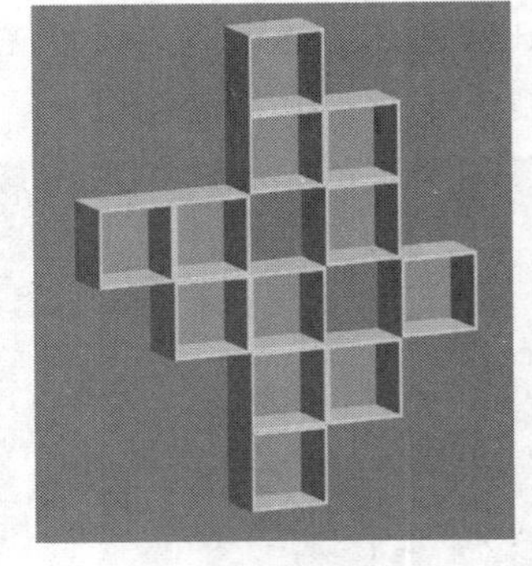
图 2-10

2.1.2 长方体

长方体是最基础的标准基本体之一。下面介绍长方体的创建方法及其参数的设置和修改方法。

创建长方体有两种方法，一种是“立方体”创建方法，另一种是“长方体”创建方法，如图 2-11 所示。

“立方体”创建方法：以立方体形式创建，操作简单。

“长方体”创建方法：以长方体形式创建。这是系统默认的创建方法，用法比较灵活。

创建长方体的操作步骤如下。

（1）单击“＋（创建）> ●（几何体） > 标准基本体 > 长方体”按钮。

（2）移动鼠标指针到适当的位置，拖动鼠标，视口中会生成一个方形平面，如图 2-12 所示，释放鼠标左键并上下移动鼠标指针，长方体的高度会随鼠标指针的移动而增减，在合适的位置单击，完成长方体的创建，如图 2-13 所示。

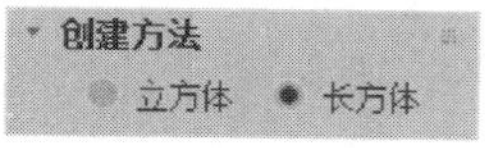

创建方法
立方体 长方体

图 2-11

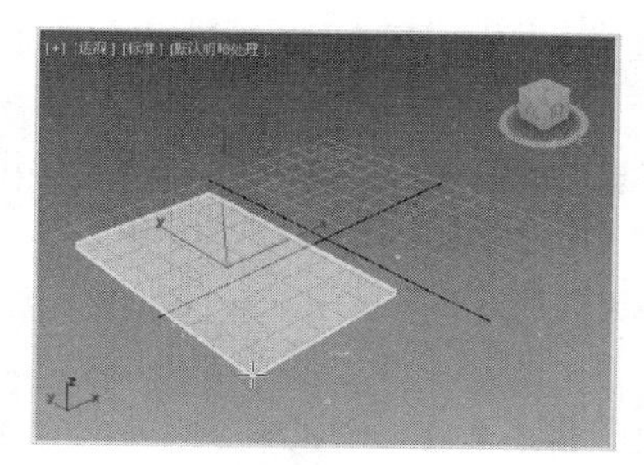

图 2-12

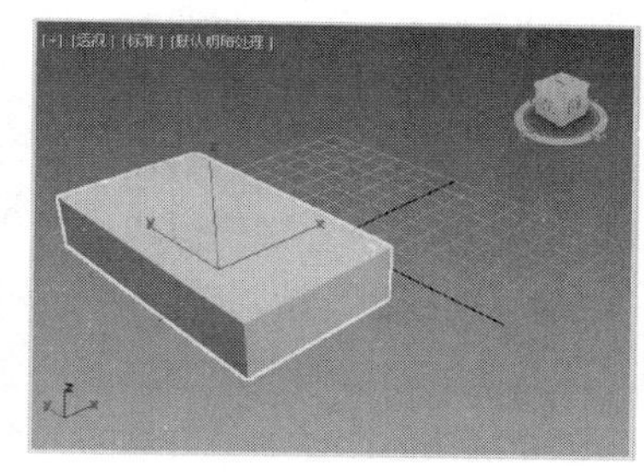

图 2-13

长方体的参数如下。

（1）“名称和颜色”卷展栏：用于调整对象的名称和颜色。在 3ds Max 2020 中创建的所有几何体都有此卷展栏，名称栏中显示当前对象的名称，色块显示当前对象的线框颜色。单击右侧的色块，弹出“对象颜色”对话框，如图 2-14 所示。此对话框用于设置对象的颜色。选择合适的颜色后，单击“确定”按钮完成设置，单击“取消”按钮则取消颜色设置。单击“添加自定义颜色”按钮可以自定义颜色。

（2）“键盘输入”卷展栏（见图 2-15）：对于简单的建模，使用键盘输入值的创建方式比较方便，直接在“键盘输入”卷展栏中输入长方体的创建参数，然后单击“创建”按钮，视口中会自动生成相应的长方体。如果要创建较为复杂的模型，建议使用手动方式。

（3）“参数”卷展栏（见图 2-16）：用于调整长方体的体积、形状及表面的光滑度。可以直接在“参数”卷展栏的数值框中输入数值进行设置，也可以利用数值框旁边的（微调器）按钮进行调整。

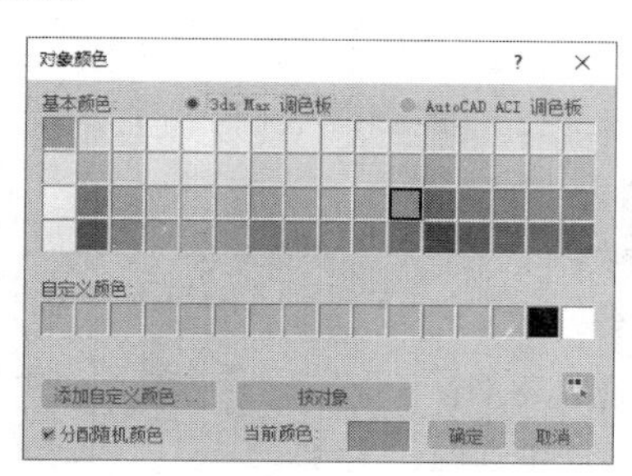

图 2-14

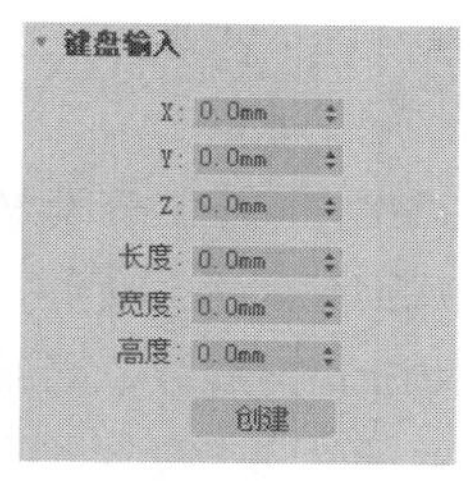

图 2-15

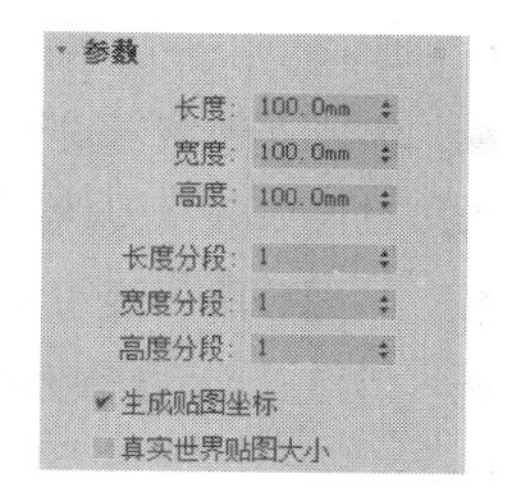

图 2-16

- 长度/宽度/高度：确定长、宽、高。
- 长度分段/宽度分段/高度分段：控制长、宽、高方向上的分段数量，分段数量应按模型需求设置。

- 生成贴图坐标：勾选此复选框，系统自动指定贴图坐标。
- 真实世界贴图大小：不勾选此复选框时，贴图大小符合对象的尺寸；勾选此复选框时，贴图大小由绝对尺寸决定，而与对象的尺寸无关。

2.1.3 圆锥体

“圆锥体”按钮用于制作圆锥、圆台、棱锥和棱台，以及它们的局部。下面就来介绍圆锥体的创建方法及其参数的设置和修改方法。

创建圆锥体同样有两种方法，一种是“边”创建方法，另一种是“中心”创建方法，如图 2-17 所示。

创建方法
边　中心

图 2-17

“边”创建方法：以边界上的一点为起点创建圆锥体，在视口中以单击的点作为圆锥体底面的边界起点，释放鼠标左键的位置与其共同决定圆锥体底面的直径。

“中心”创建方法：以中心为起点创建圆锥体，系统将把在视口中单击的点作为圆锥体底面的中心。这是系统默认的创建方法。

创建圆锥体比创建长方体多一个操作，操作步骤如下。

（1）单击“+（创建）>●（几何体）>标准基本体 > 圆锥体”按钮。

（2）移动鼠标指针到适当的位置，拖动鼠标，视口中会生成一个圆形平面，如图 2-18 所示，释放鼠标左键并上下移动鼠标指针，锥体的高度会随鼠标指针的移动而增减，如图 2-19 所示，在合适的位置单击。再次移动鼠标指针，调节顶面的大小，在合适的位置单击，完成圆锥体的创建，效果如图 2-20 所示。

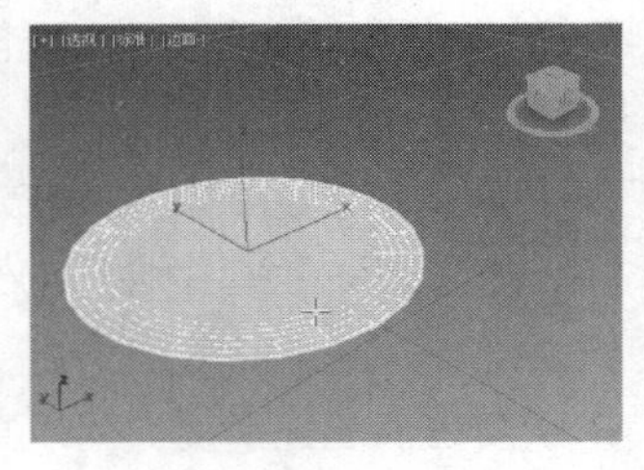

图 2-18

图 2-19

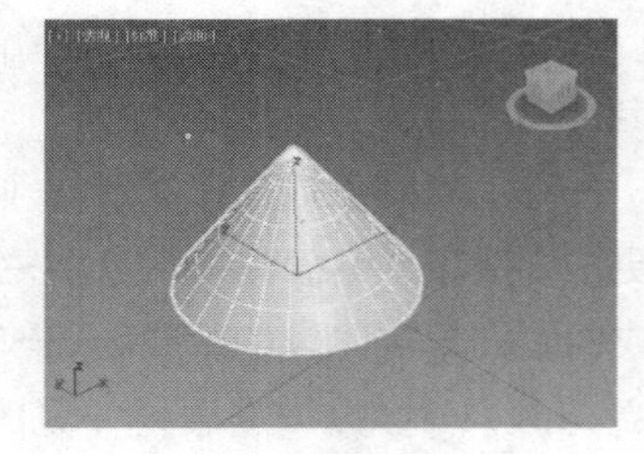

图 2-20

圆锥体的“参数”卷展栏（见图 2-21）的介绍如下。

- 半径 1：设置圆锥体底面的半径。
- 半径 2：设置圆锥体顶面的半径（若“半径 2”不为 0，则制作的圆锥体为圆台）。
- 高度：设置圆锥体的高度。
- 高度分段：设置圆锥体在高度方向上的分段数。
- 端面分段：设置圆锥体在底面和顶面上沿半径方向的分段数。
- 边数：设置圆锥体端面圆周上的分段数，值越大，圆周越平滑。
- 平滑：设置是否进行表面光滑处理。勾选此复选框时，产生圆锥、圆台；不勾选此复选框时，产生四棱锥、棱台。
- 启用切片：设置是否进行局部切片处理。
- 切片起始位置：确定切除部分的起始位置。
- 切片结束位置：确定切除部分的结束位置。

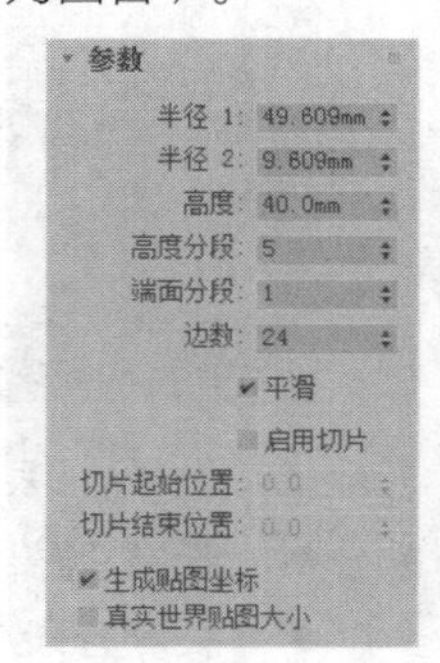

图 2-21

2.1.4 球体

“球体”按钮可以用于制作球体，也可以用于制作半球体和局部球体。下面介绍球体的创建方法及其参数的设置和修改方法。

创建球体的方法也有两种，一种是“边”创建方法，另一种是“中心”创建方法，如图 2-22 所示。

“边”创建方法：以边界上的一点为起点创建球体。

“中心”创建方法：以中心为起点创建球体。

创建球体的操作步骤如下。

（1）单击“+（创建）>●（几何体）> 标准基本体 > 球体”按钮。

（2）移动鼠标指针到适当的位置，拖动鼠标，视口中会生成一个球体，移动鼠标指针可以调整球体的大小，在适当位置释放鼠标左键，完成球体的创建，如图 2-23 所示。

球体的“参数”卷展栏（见图 2-24）的介绍如下。

图 2-22

图 2-23

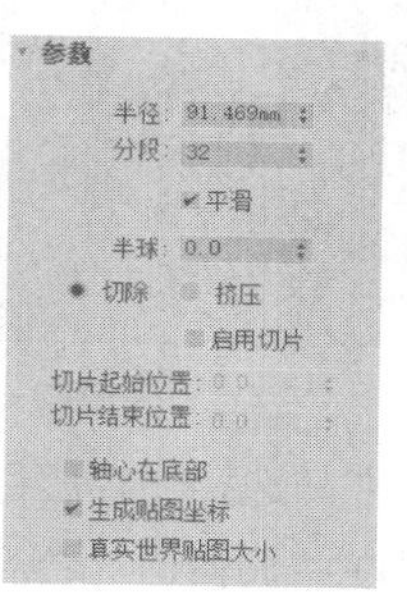

图 2-24

- 半径：设置球体的半径。
- 分段：设置球体表面的分段数，值越大，表面越光滑，造型也越复杂。
- 平滑：设置是否对球体表面进行光滑处理（默认勾选此复选框）。
- 半球：用于创建半球体或局部球体，其取值范围为 0 ~ 1。默认为 0.0，表示创建完整的球体，增加数值，球体被逐渐切除。值为 0.5 时，创建半球体；值为 1.0 时，球体全部消失。
- 切除/挤压：在进行半球体参数的调整时发挥作用，用于确定球体被切除后，原来划分的网格是随之被切除，还是仍保留但被挤入剩余的球体中。

2.1.5 课堂案例——制作几何壁灯模型

学习目标：学习如何创建并编辑管状体和圆柱体。

知识要点：创建管状体和圆柱体，结合使用移动工具来完成几何壁灯模型的制作，参考效果如图 2-25 所示。

图 2-25

微课视频

制作几何壁灯模型

模型所在位置：云盘/场景/Ch02/几何壁灯模型.max。

效果所在位置：云盘/场景/Ch02/几何壁灯.max。

贴图所在位置：云盘/贴图。

（1）单击“+（创建）>（几何体）>标准基本体>管状体”按钮，在“顶”视口中创建管状体，在“参数”卷展栏中设置“半径1”为480.0mm、“半径2”为600.0mm、“高度”为100.0mm、“高度分段”为1、“边数”为80，如图2-26所示。

（2）切换到（修改）命令面板，在“修改器列表”中选择“编辑多边形”修改器，将选择集定义为“边”，在“前”视口中选择图2-27所示的两条边。

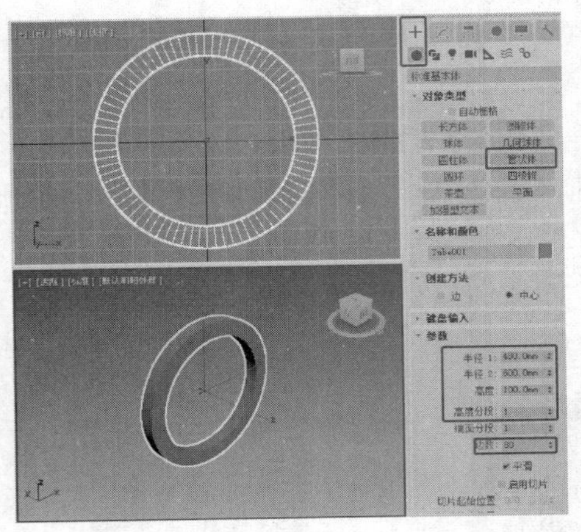

图2-26

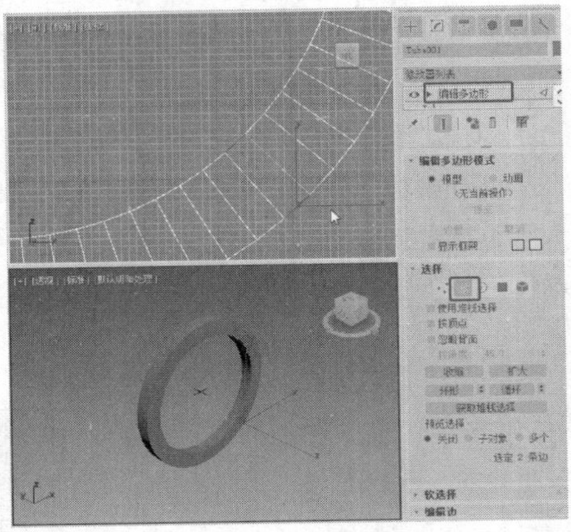

图2-27

（3）在“选择”卷展栏中单击“循环”按钮，选择图2-28所示的两圈边。

（4）在“编辑边”卷展栏中单击“切角”按钮右侧的（设置）按钮，在视口中弹出的助手小盒中设置切角量和边数，如图2-29所示。

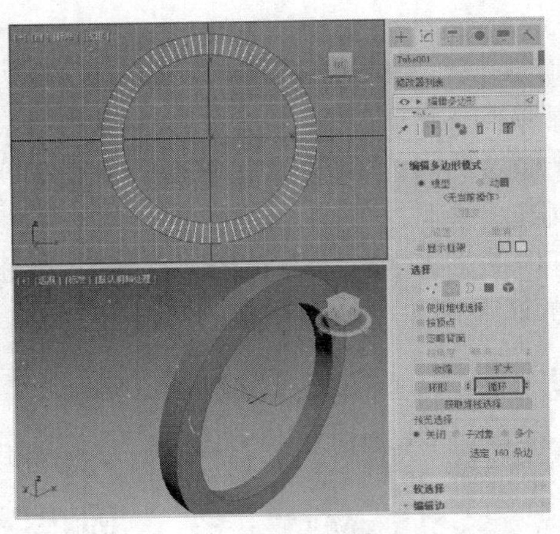

图2-28

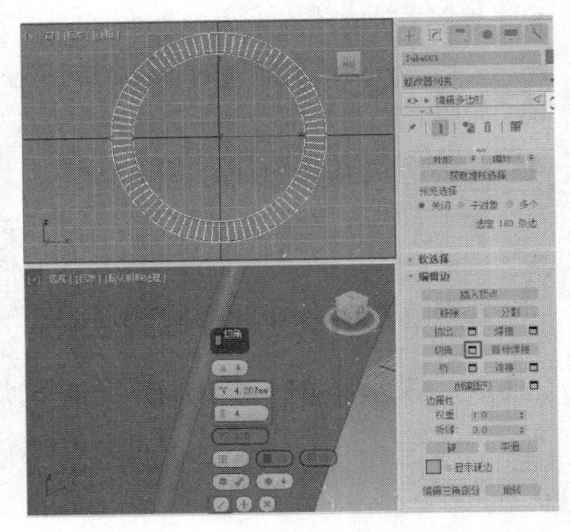

图2-29

（5）单击“+（创建）>（几何体）>标准基本体>圆柱体”按钮，在“顶”视口中创建圆柱体，在“参数”卷展栏中设置“半径”为400.0mm、“高度”为300.0mm、“高度分段”为1、“边数”为30，如图2-30所示。

（6）单击“+（创建）>（几何体）>标准基本体>球体”按钮，在“顶”视口中创建球体，设置合适的参数，如图2-31所示。

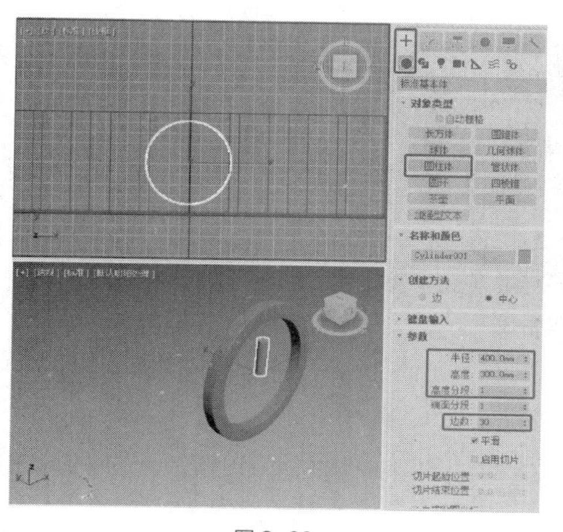

图 2-30

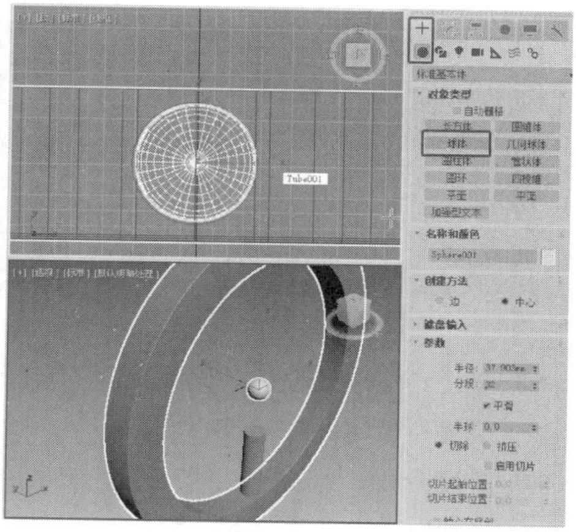

图 2-31

（7）选择球体，切换到 （修改）命令面板，在“修改器列表”中选择“FFD 4×4×4”修改器，将选择集定义为“控制点”，在“前”视口中选择所有控制点，并调整其位置，在“顶”视口中缩放选择的所有控制点，如图 2-32 所示。

（8）在场景中组合并调整模型，完成几何壁灯模型的制作，效果如图 2-33 所示。

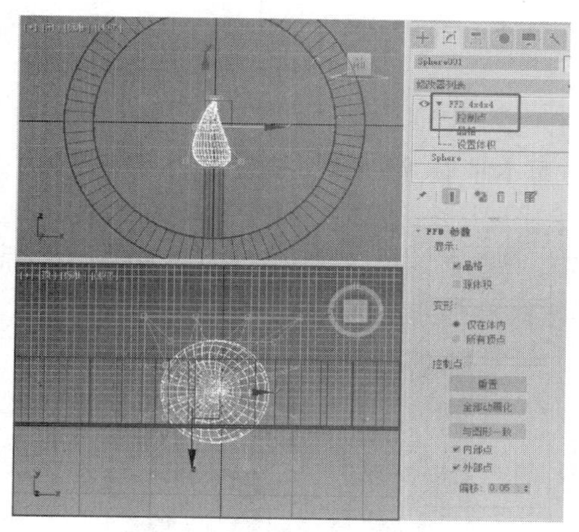

图 2-32

图 2-33

2.1.6 圆柱体

“圆柱体”按钮用于制作圆柱体或棱柱，围绕主轴可以对其进行切片。下面介绍圆柱体的创建方法及其参数的设置和修改方法。

圆柱体的创建方法与长方体基本相同，操作步骤如下。

（1）单击“+（创建）>（几何体）> 标准基本体 > 圆柱体”按钮。

（2）将鼠标指针移到视口中，拖动鼠标，视口中会出现一个圆形平面，如图 2-34 所示，在适当的位置释放鼠标左键并上下移动鼠标指针，圆柱体的高度会随鼠标指针的移动而增减，在适当的位置单击，完成圆柱体的创建，如图 2-35 所示。

圆柱体的“参数”卷展栏（见图 2-36）的介绍如下。

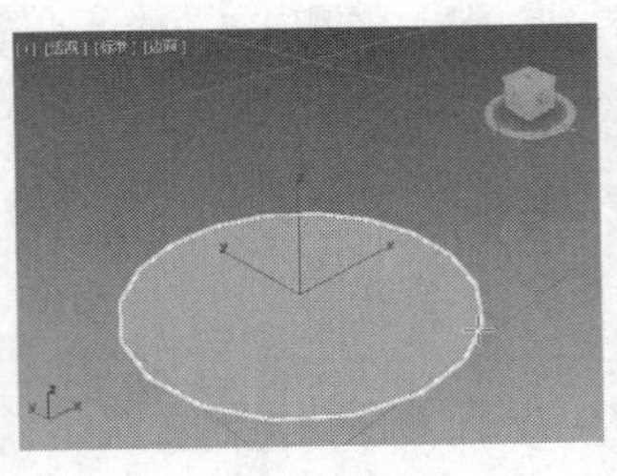
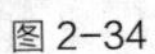
图 2-34

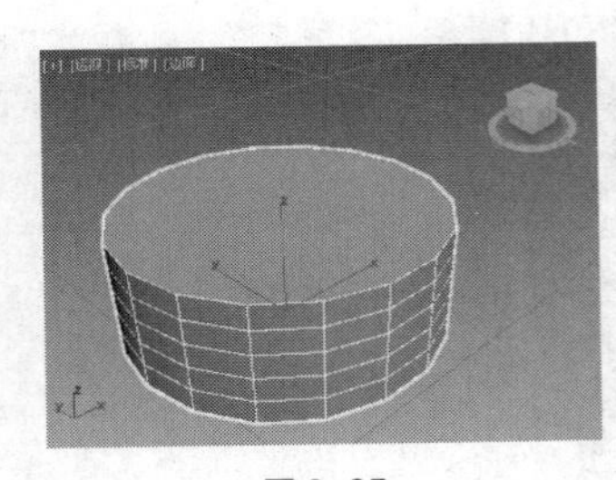
图 2-35

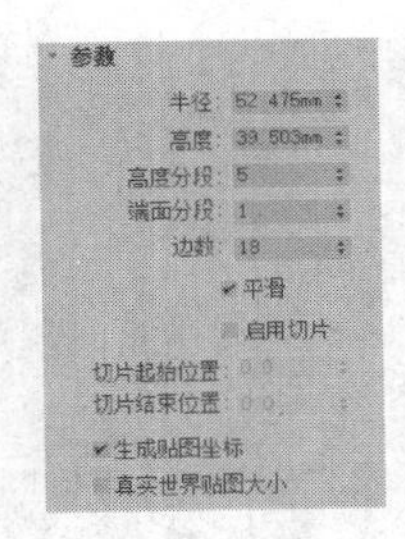

图 2-36

- 半径：设置圆柱体底面和顶面的半径。
- 高度：确定圆柱体的高度。
- 高度分段：确定圆柱体在高度方向上的分段数。如果要弯曲圆柱体，设置较大的"高度分段"值可以产生光滑的弯曲效果。
- 端面分段：确定在圆柱体的端面上沿半径方向的分段数。
- 边数：确定圆周上的分段数（即柱体的边数），边数越多越光滑，越接近圆柱体。其最小值为3，此时柱体的截面为三角形，柱体为三棱柱。

2.1.7　管状体

"管状体"按钮用于建立各种空心管状体，包括管状体、棱管和局部管状体。下面介绍管状体的创建方法及其参数的设置和修改方法。

创建管状体的操作步骤如下。

（1）单击"＋（创建）> ●（几何体）> 标准基本体 > 管状体"按钮。

（2）将鼠标指针移到视口中，拖动鼠标，视口中会出现一个圆。在适当的位置释放鼠标左键并移动鼠标指针，会生成一个圆环形平面，如图 2-37 所示。单击确定平面形状。此时上下移动鼠标指针，管状体的高度会随之增减。在合适的位置单击，完成管状体的创建，如图 2-38 所示。

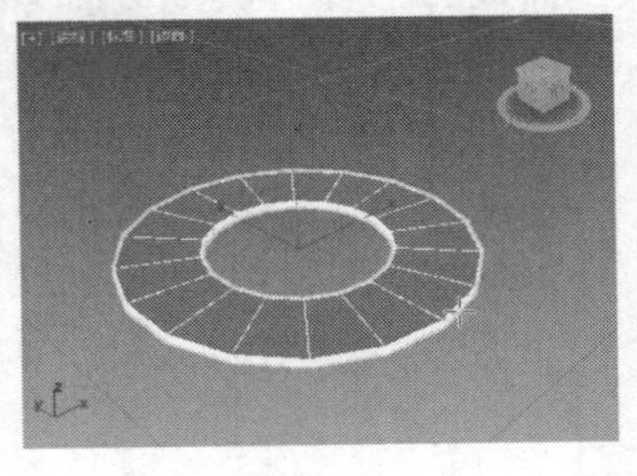
图 2-37

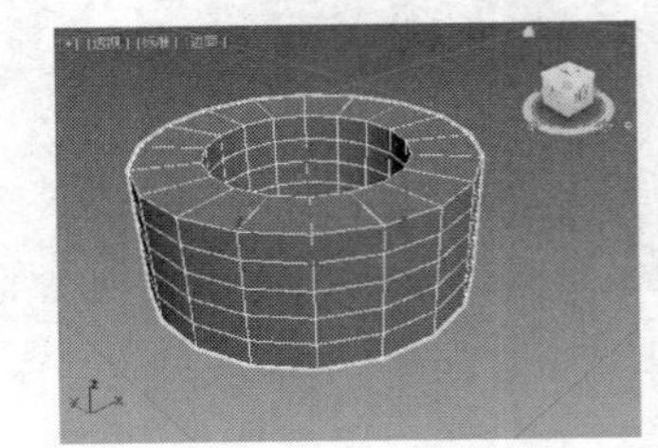
图 2-38

管状体的"参数"卷展栏（见图 2-39）的介绍如下。

- 半径 1：确定管状体的外径。
- 半径 2：确定管状体的内径（中空部分）。
- 高度：确定管状体的高度。
- 高度分段：确定管状体高度方向上的分段数。
- 端面分段：确定管状体两个端面的分段数。
- 边数：确定管状体侧边数。值越大，管状体越光滑。对棱管来说，"边数"值决定了创建几棱管。

图 2-39

2.1.8 圆环

“圆环”按钮用于制作三维圆环。下面就来介绍圆环的创建方法及其参数的设置和修改方法。

创建圆环的操作步骤如下。

（1）单击“+（创建）>●（几何体）>标准基本体>圆环”按钮。

（2）将鼠标指针移到视口中，拖动鼠标，视口中会生成一个圆环，如图2-40所示。在适当的位置释放鼠标左键确定形状，然后上下移动鼠标指针，调整圆环的粗细。单击，完成圆环的创建，如图2-41所示。

圆环的“参数”卷展栏（见图2-42）的介绍如下。

- 半径1：设置圆环中心到纵截面圆（其实是正多边形）中心的距离。
- 半径2：设置纵截面正多边形的内径。
- 旋转：设置片段截面沿圆环轴旋转的角度。
- 扭曲：设置每个截面扭曲的角度，并产生扭曲的表面。
- 分段：确定圆周方向上的分段数。值越大，得到的圆环越光滑，最小值为3。
- 边数：确定圆环的边数。

“平滑”选项组：设置光滑处理方式。有4种方式，“全部”表示对所有表面进行光滑处理，“侧面”表示对侧面进行光滑处理，“无”表示不进行光滑处理，“分段”表示光滑处理每一个独立的面。

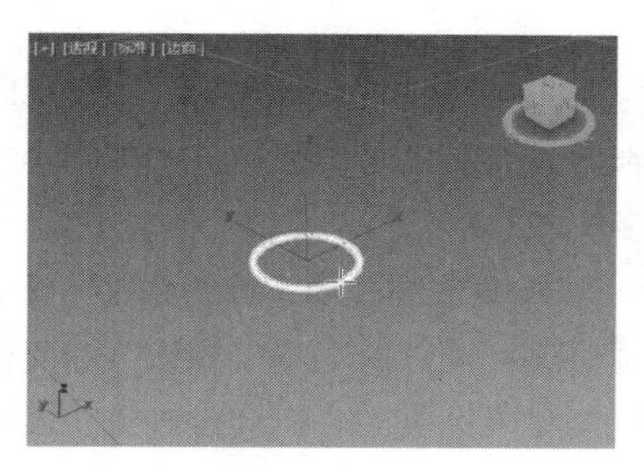

图2-40

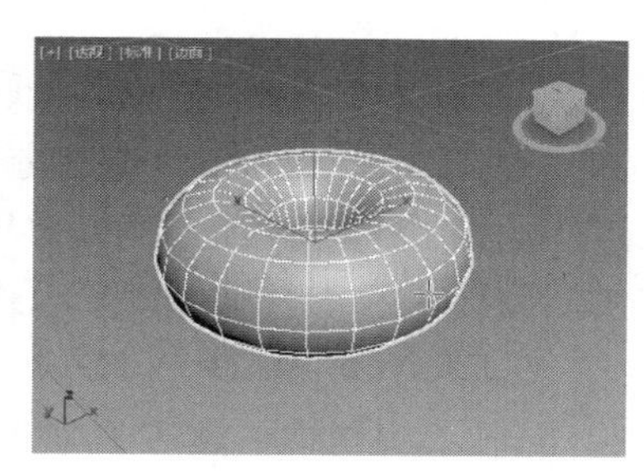

图2-41

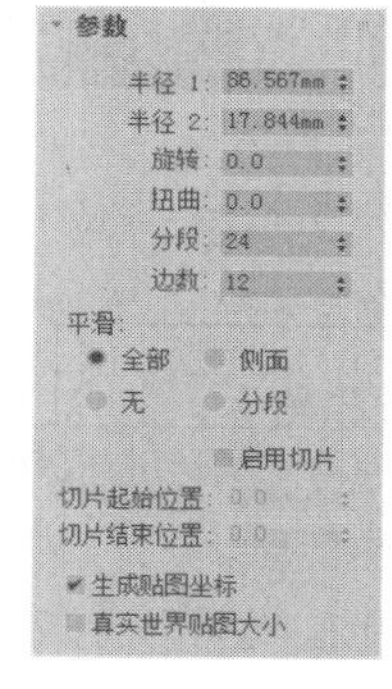

图2-42

2.2 常用的扩展基本体

上节详细讲述了标准基本体的创建方法及参数。标准基本体是建模的基础，但如果想要制作一些带有倒角或特殊形状的模型，它们就无能为力了，这时可以通过扩展基本体来完成。与标准基本体相比，扩展基本体要复杂一些，可以将扩展基本体看作对标准基本体的补充。

微课视频

制作沙发模型

2.2.1 课堂案例——制作沙发模型

学习目标：学习如何创建并编辑切角长方体和切角圆柱体。

知识要点：创建切角长方体和切角圆柱体，结合使用“FFD 4×4×4”修改器来完成沙发模型的制作，参考效果如图2-43所示。

模型所在位置：云盘/场景/Ch02/沙发模型.max。

效果所在位置：云盘/场景/Ch02/沙发.max。

贴图所在位置：云盘/贴图。

（1）单击“+（创建）>（几何体）>扩展基本体>切角长方体”按钮，在“顶”视口中创建切角长方体作为沙发坐垫，在“参数”卷展栏中设置“长度”为500.0mm、“宽度”为600.0mm、“高度”为180.0mm、“圆角”为8.0mm、“长度分段”为10、“宽度分段”为10、“高度分段”为1、“圆角分段”为3，如图2-44所示。

图2-43

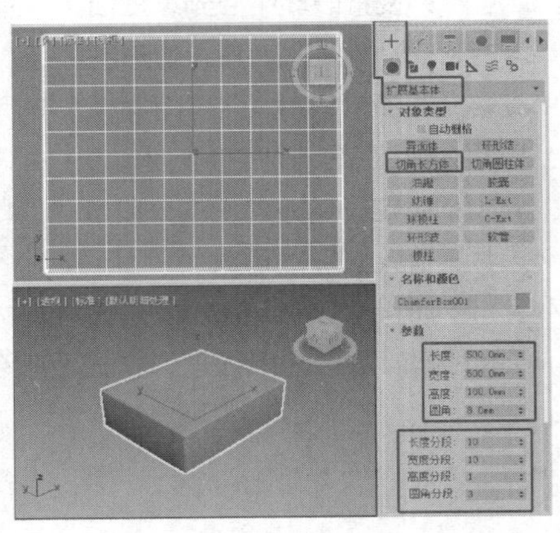

图2-44

（2）切换到（修改）命令面板，在“修改器列表”中选择“FFD 4×4×4”修改器，将选择集定义为“控制点”，先在“前”视口中选择最上排中间的两组控制点，将其向上调整一点，再切换到“左”视口，选择中间顶部的两组控制点，将其向上调整一点，效果如图2-45所示。

（3）关闭选择集，在“左”视口中旋转并复制模型作为靠背。在修改器堆栈中选择切角长方体，修改模型参数，设置“高度”为135.0mm。选择“FFD 4×4×4”修改器，在“FFD参数”卷展栏中单击“重置”按钮，重置控制点。将选择集定义为“控制点”，在“左”视口中调整控制点，效果如图2-46所示。

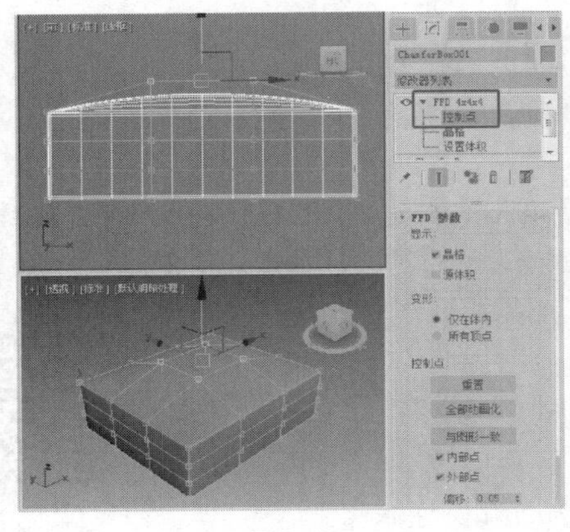

图2-45

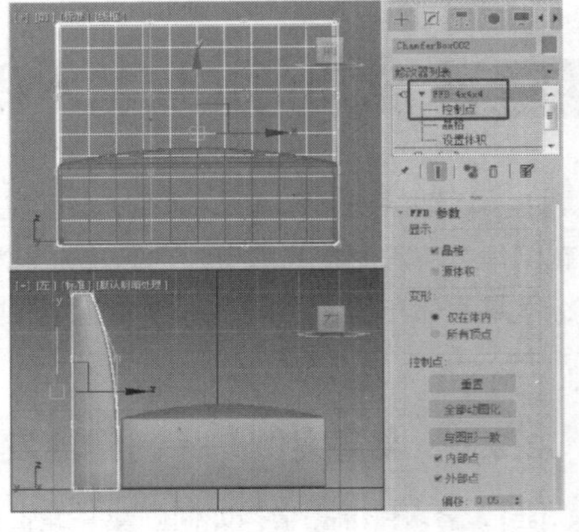

图2-46

（4）旋转并复制模型作为扶手，删除修改器。修改模型参数，设置“宽度”为 640.0mm、“长度分段”和“宽度分段”均为 1，调整模型至合适的位置，效果如图 2-47 所示。

（5）在“顶”视口中创建圆柱体作为沙发腿的支柱。在“参数”卷展栏中设置“半径”为 12.0mm、“高度”为 80.0mm，“高度分段”为 1、“端面分段”为 1，调整模型至合适的位置，效果如图 2-48 所示。

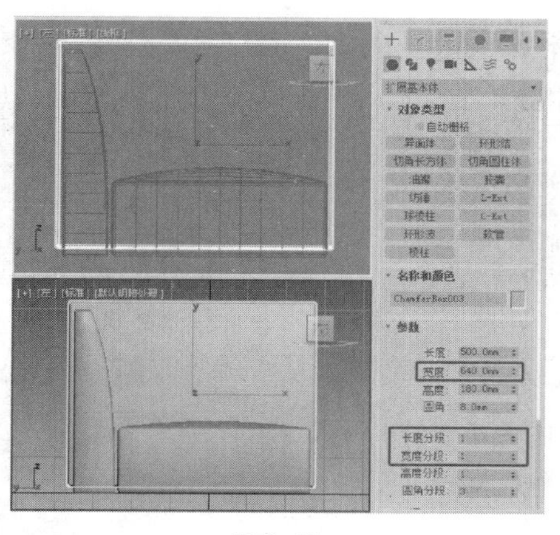
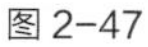

图 2-47

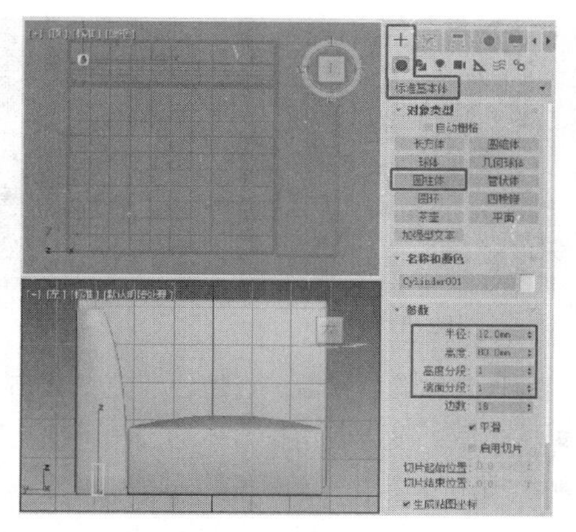

图 2-48

（6）在“顶”视口中创建切角圆柱体作为沙发腿的底座。在“参数”卷展栏中设置“半径”为 20.0mm、“高度”为 10.0mm、“圆角”为 4.0mm、“高度分段”为 1、“圆角分段”为 3、“边数”为 20、“端面分段”为 1，调整模型至合适的位置，效果如图 2-49 所示。

（7）移动并复制沙发腿模型，调整模型至合适的位置，完成沙发模型的制作，效果如图 2-50 所示。

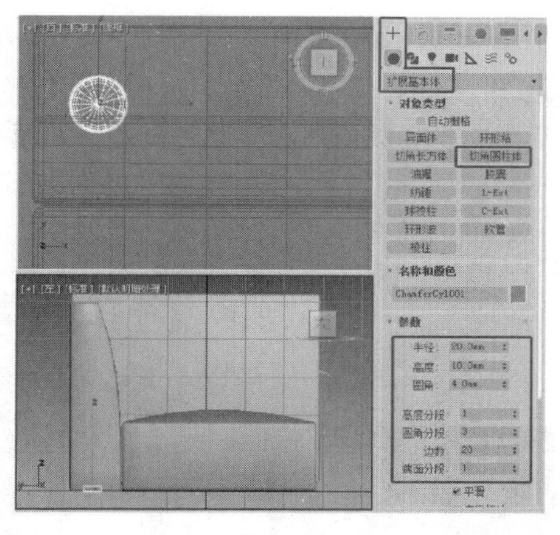

图 2-49

图 2-50

2.2.2 切角长方体

切角长方体的各角具有圆角或切角的特性，“切角长方体”按钮用于创建带圆角（切角）的长方体。下面介绍切角长方体的创建方法及其参数的设置和修改方法。

创建切角长方体比创建长方体多了一个操作，操作步骤如下。

（1）单击“+（创建）> ●（几何体）> 扩展基本体 > 切角长方体”按钮。

（2）将鼠标指针移到视口中，拖动鼠标，视口中会生成一个长方形平面，如图2-51所示。在适当的位置释放鼠标左键并上下移动鼠标指针，调整高度，如图2-52所示。在适当的位置单击后再次上下移动鼠标指针，调整圆角的大小，确定后单击，完成切角长方体的创建，如图2-53所示。

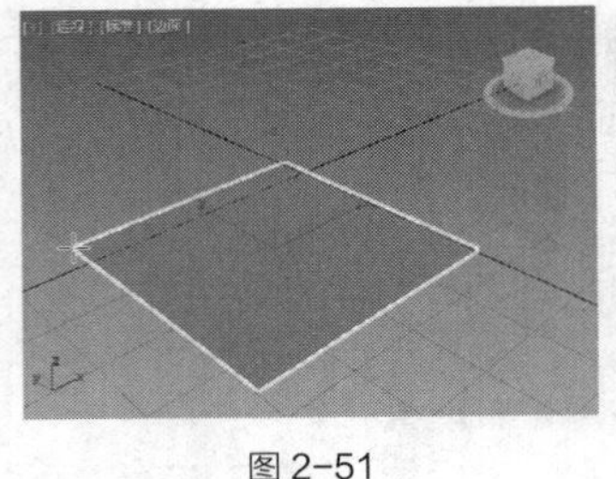
图2-51

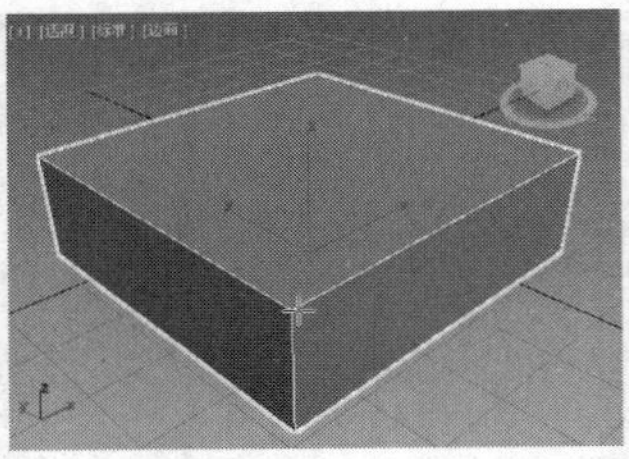

图2-52

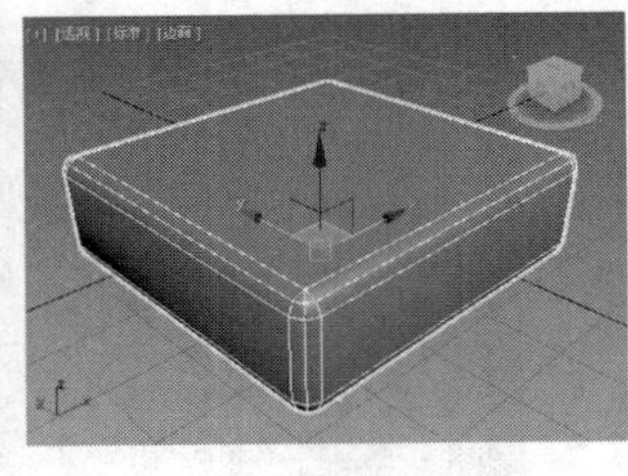
图2-53

切角长方体的“参数”卷展栏（见图2-54）的介绍如下。

- 圆角：设置切角长方体的圆角半径，确定圆角的大小。
- 圆角分段：设置圆角的分段数。值越大，圆角越圆滑。

其他参数的介绍参见长方体的“参数”卷展栏介绍。

图2-54

2.2.3 切角圆柱体

切角圆柱体的创建方法和切角长方体基本相同，二者都具有圆角的特性。下面介绍切角圆柱体的创建方法及其参数的设置和修改方法。

创建切角圆柱体的操作步骤如下。

（1）单击“+（创建）> ●（几何体）> 扩展基本体 > 切角圆柱体”按钮。

（2）将鼠标指针移到视口中，拖动鼠标，视口中会生成一个圆形平面，如图2-55所示。在适当的位置释放鼠标左键并上下移动鼠标指针，调整高度，如图2-56所示。在适当的位置单击后再次上下移动鼠标指针，调整其圆角的大小，确定后单击，完成切角圆柱体的创建，如图2-57所示。

切角圆柱体的“参数”卷展栏（见图2-58）的介绍如下。

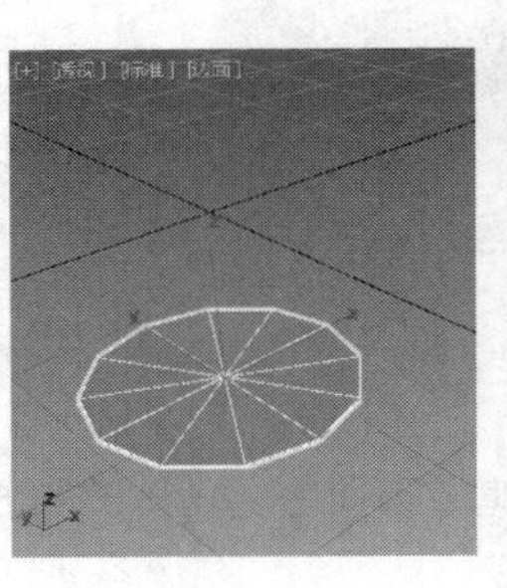
图2-55

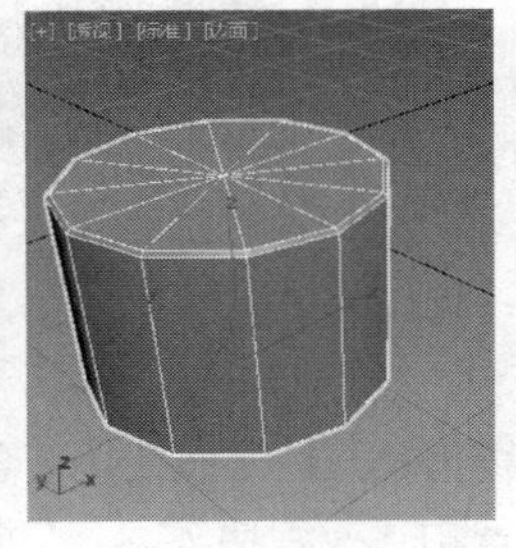
图2-56

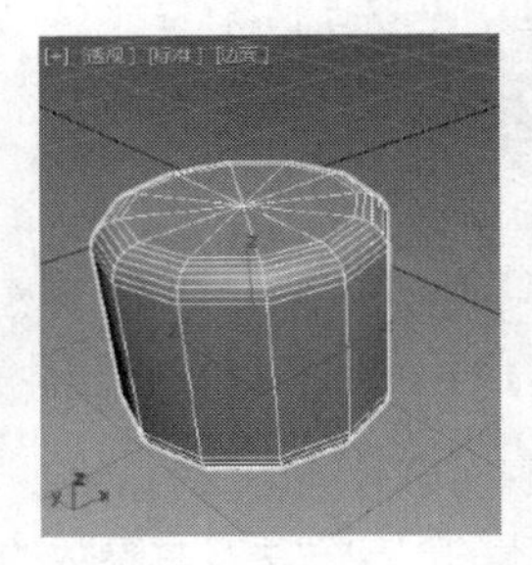
图2-57

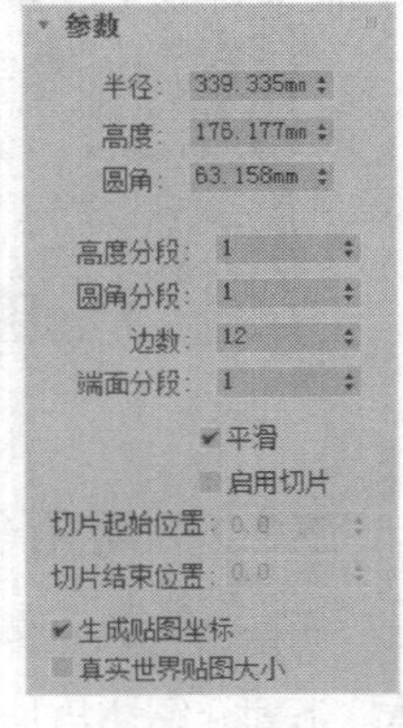

图2-58

- 圆角：设置切角圆柱体的圆角半径，确定圆角的大小。
- 圆角分段：设置圆角的分段数。值越大，圆角越圆滑。

其他参数的介绍参见圆柱体的“参数”卷展栏介绍。

课堂练习——制作星球吊灯模型

知识要点：使用球体和可渲染的样条线制作星球吊灯模型，使用切角圆柱体作为底座，参考效果如图 2-59 所示。

效果所在位置：云盘/场景/Ch02/星球吊灯.max。

图 2-59

微课视频

制作星球吊灯模型

课后习题——制作笔筒模型

知识要点：使用管状体和圆柱体制作笔筒模型，参考效果如图 2-60 所示。

效果所在位置：云盘/场景/Ch02/笔筒.max。

图 2-60

微课视频

制作笔筒模型

第 3 章 创建二维图形

二维图形的创建和编辑是制作出精美的三维模型的基础。本章主要讲解创建和编辑二维图形的方法和技巧，通过本章的学习，读者可以绘制出需要的二维图形，还可以使用相应的编辑和修改命令对绘制的二维图形进行调整和优化，并将其应用于设计中。

学习目标

- 了解二维图形的用途。
- 掌握二维图形的创建和编辑方法。

技能目标

- 掌握中式屏风模型的制作方法。
- 掌握镜子模型的制作方法。

素养目标

- 培养学生的中式审美。
- 培养学生积极实践的学习习惯。

3.1 二维图形的用途

在 3ds Max 2020 中，二维的样条线图形可以方便地转换为 NURBS 曲线。样条线图形是一种矢量图形，可以由绘图软件（如 Photoshop、Freehand、CorelDRAW 和 AutoCAD 等）生成。将所创建的矢量图形以 AI 或 DWG 格式存储后，可直接将其导入 3ds Max 2020 中。

样条线图形在 3ds Max 2020 中有以下 4 种用途。

1. 作为可渲染的图形

3ds Max 2020 中所有的二维图形均自带可渲染属性，通过调整造型并设置合适的可渲染属性即可将其渲染出来，这种方法常用于制作铁艺饰品、护栏等。图 3-1 所示为设置二维图形的可渲染属性后制作出的沙发和茶几支架。

2. 作为平面和线条对象

对于封闭的图形，添加“编辑网格”修改器、“编辑多边形”修改器，或转换为可编辑网格、可编辑多边形，可以将其转换为无厚度的薄皮对象，以用作地面、文字和广告牌等。

3. 作为“挤出”修改器、“车削”修改器或“倒角”修改器等加工成型的对象的截面图形

“挤出”修改器可以为二维图形增加厚度，形成三维模型；“倒角”修改器可将二维图形加工成带倒角的三维模型；“车削”修改器可将二维图形进行中心旋转，形成三维模型。图 3-2 所示为文本图形转换为倒角文本后的效果，图 3-3 所示为“车削”修改器加工出的模型和车削的样条线。

图 3-1

图 3-2

4. 作为“放样”“扫描”“倒角剖面”等使用的路径

“放样”过程中使用的曲线都是图形，它们可以作为路径和截面图形来完成放样造型，如图 3-4 所示。

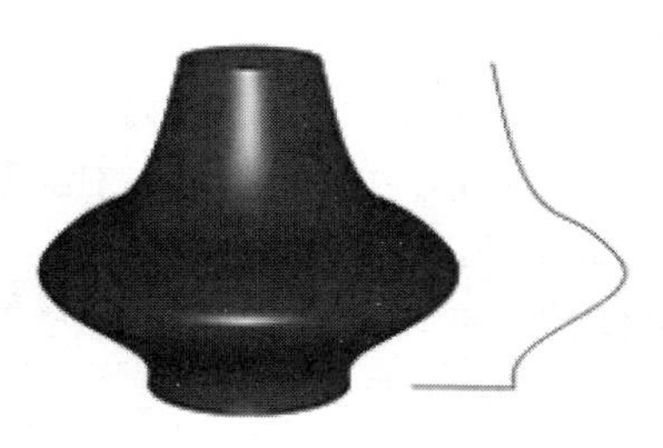

图 3-3

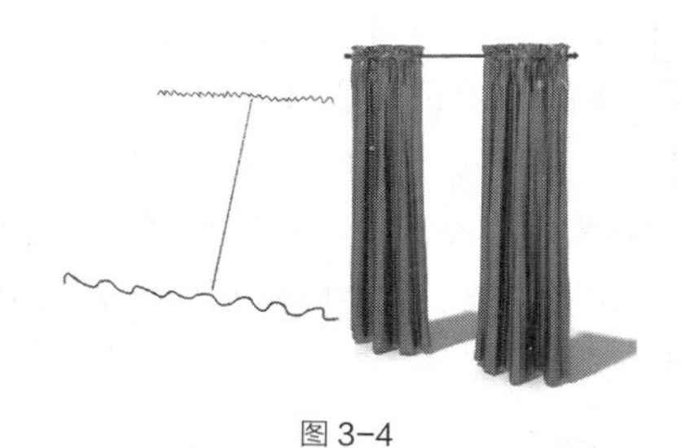

图 3-4

3.2 创建二维图形

3ds Max 2020 提供了 3 类创建二维图形的方式，即样条线、NURBS 曲线、扩展样条线，如图 3-5 所示。

“样条线”是最常用的二维图形创建工具，其包含的按钮如图 3-6 所示。顶端的“开始新图形”复选框默认是勾选的，表示每创建一条曲线都将其作为一个新的独立对象；如果取消勾选该复选框，那么创建的多条曲线都将被视为一个对象。

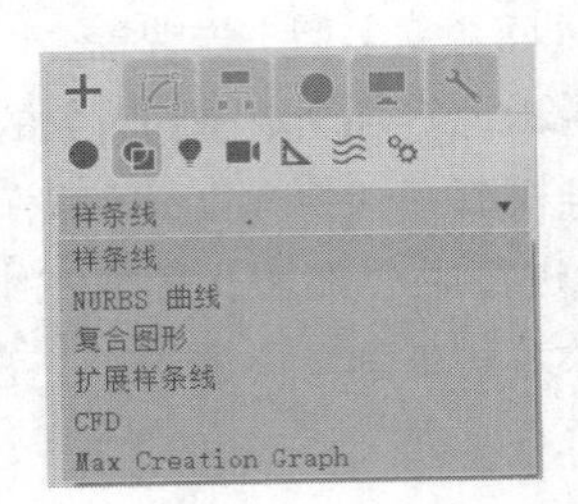

图 3-5

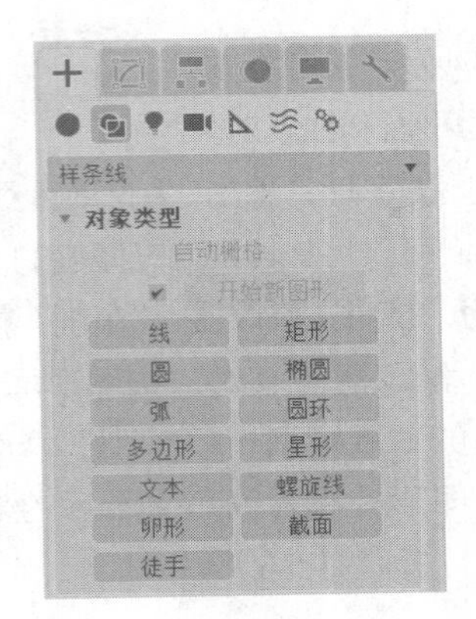

图 3-6

3.2.1 课堂案例——制作中式屏风模型

图 3-7

微课视频

制作中式屏风模型

学习目标：熟悉矩形和线的创建方法，结合修改器和移动工具进行位置的调整和复制。

知识要点：创建矩形和线，结合使用“编辑样条线”修改器和“挤出”修改器来完成中式屏风模型的制作，参考效果如图 3-7 所示。

模型所在位置：云盘/场景/Ch03/中式屏风模型.max。

效果所在位置：云盘/场景/Ch03/中式屏风.max。

贴图所在位置：云盘/贴图。

（1）单击“+（创建）> （图形）> 样条线 > 矩形”按钮，在“前”视口中创建矩形，在“参数”卷展栏中设置“长度”为 1800.0mm、“宽度”为 400.0mm，如图 3-8 所示。

（2）切换到 （修改）命令面板，为矩形添加“编辑样条线”修改器，将选择集定义为“样条线”，在场景中选择样条线，在“几何体”卷展栏中设置“轮廓”为 20，如图 3-9 所示。

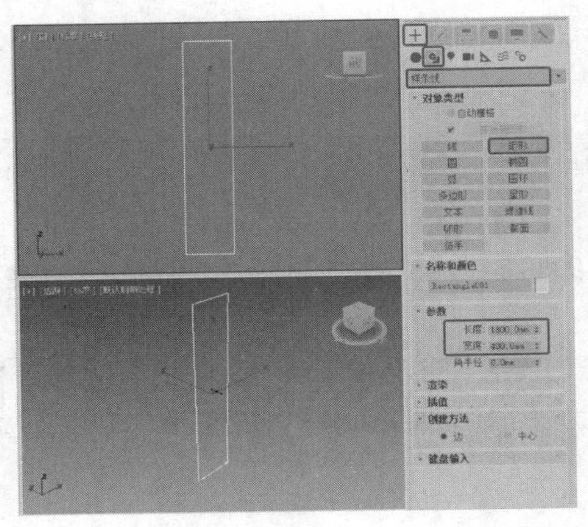

图 3-8

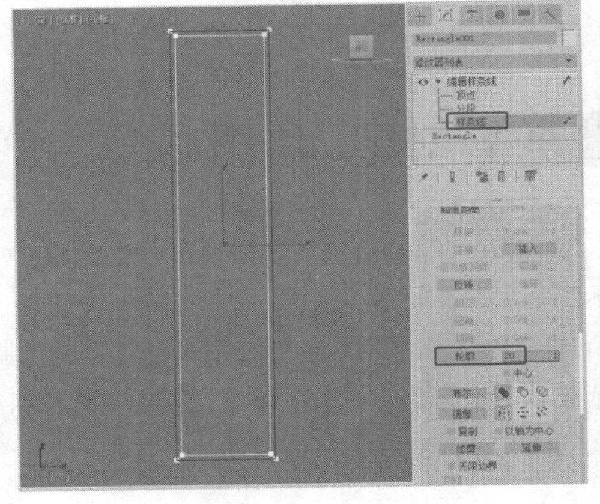

图 3-9

（3）关闭选择集，为图形添加“挤出”修改器，在“参数”卷展栏中设置“数量”为 20.0mm，如图 3-10 所示。

（4）单击“（创建）>（图形）>样条线>线”按钮，在“前”视口中创建可渲染的样条线，在“渲染”卷展栏中勾选“在渲染中启用”和“在视口中启用”复选框，选择“矩形”单选按钮，设置“长度”为 15.0mm、“宽度”为 15.0mm，如图 3-11 所示。

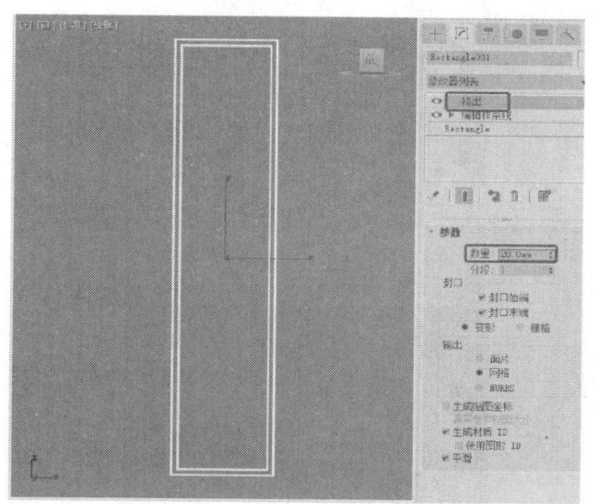
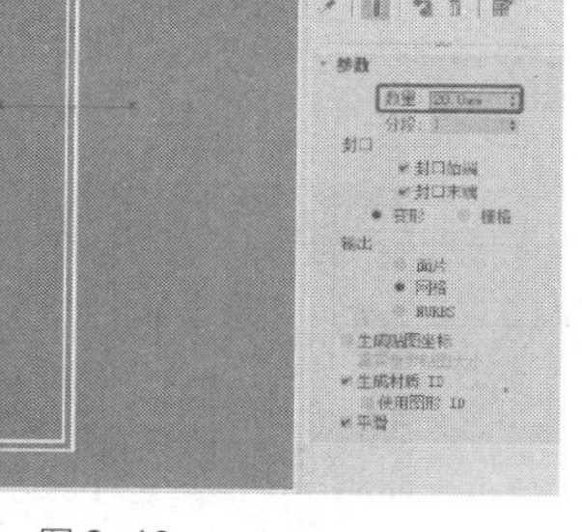

图 3-10

图 3-11

（5）单击（选择并移动）按钮，按住“Shift”键的同时拖动鼠标，移动并复制样条线，如图 3-12 所示。

（6）单击“（创建）>（图形）>样条线>线”按钮，在“前”视口中创建图 3-13 所示的图形。

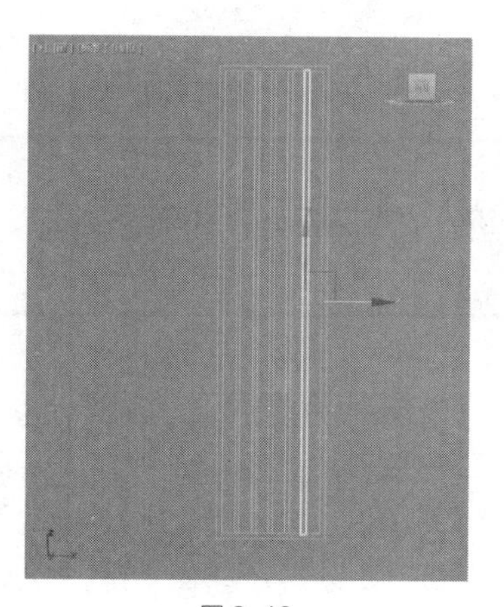

图 3-12

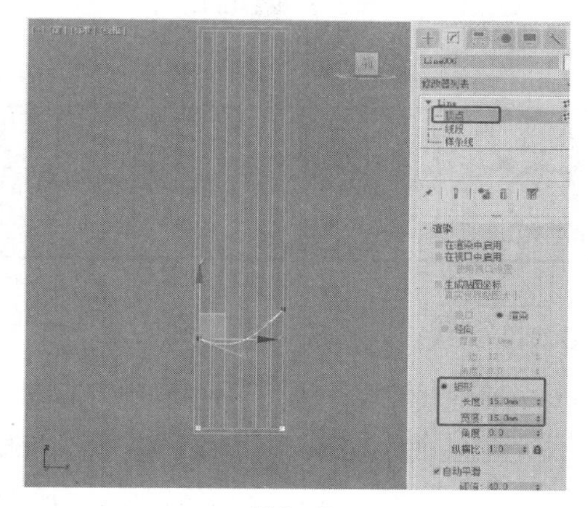

图 3-13

（7）为图形添加“挤出”修改器，在“参数”卷展栏中设置“数量”为 20.0mm，效果如图 3-14 所示。

（8）使用同样的方法创建图形并设置“挤出”修改器，如图 3-15 所示。

（9）复制出上方的边框，并对单扇屏风模型进行复制，效果如图 3-16 所示。

（10）在场景中旋转单扇屏风，完成中式屏风模型的制作，效果如图 3-17 所示。

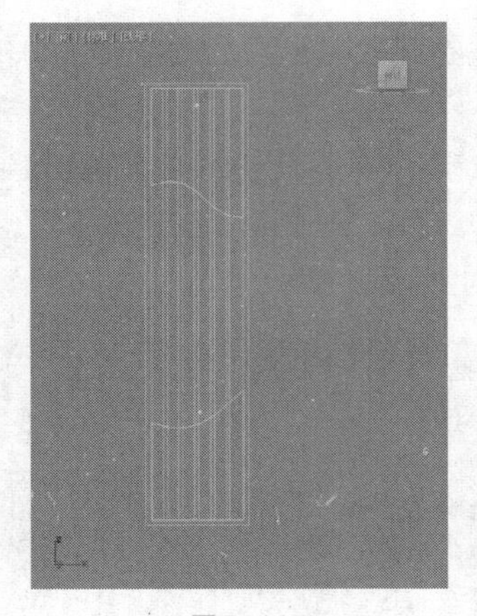

图 3-14

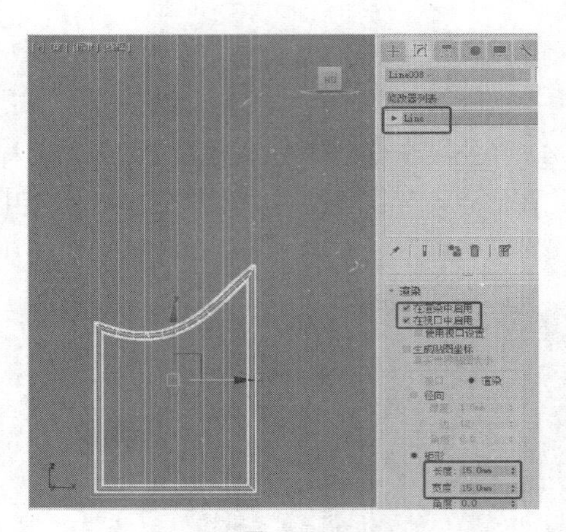

图 3-15

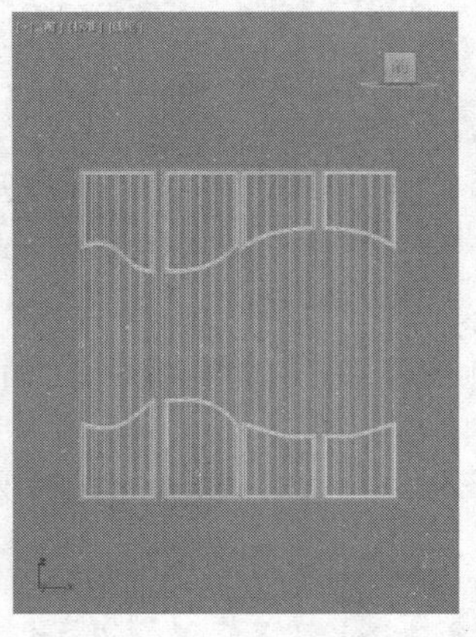

图 3-16

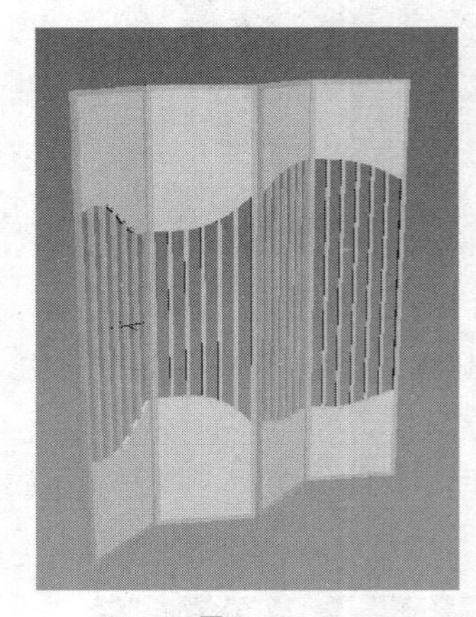

图 3-17

提 示

本案例中所涉及的修改器将在后面详细介绍，这里仅简单介绍模型的制作。

3.2.2 线

学会线的创建是学习创建其他二维图形的基础。线的参数与可编辑样条线相同，其他二维图形的编辑也基本都是使用“编辑样条线”修改器来完成的。

使用“线”按钮可以创建出任何形状的图形，包括开放型或封闭型的样条线。创建完线后，可以通过调整顶点、线段和样条线来编辑其形态。下面就来介绍线的创建方法及其参数的设置和修改方法。

线的创建步骤如下。

（1）单击“+（创建）> （图形）> 样条线 > 线”按钮。

（2）在“顶”视口中单击，确定线的起始点，移动鼠标指针到适当的位置并单击，确定第2个顶点，生成一条直线段，如图3-18所示。

（3）移动鼠标指针到适当的位置，单击确定顶点并拖动鼠标，生成一条曲线，如图 3-19 所示。释放鼠标左键并移动鼠标指针到适当的位置，单击确定顶点，可以生成新的线，如图 3-20 所示。

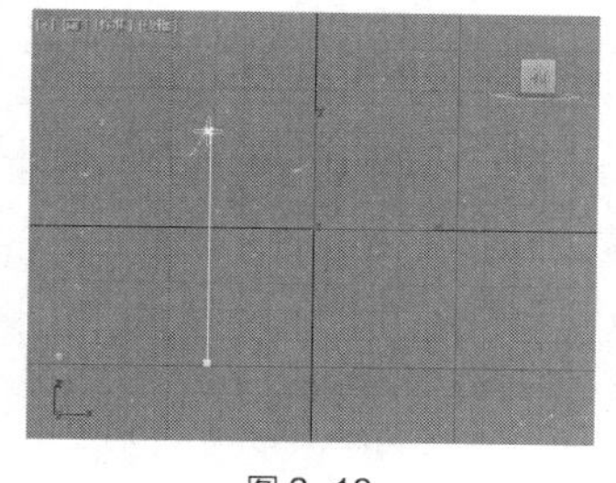
图 3-18

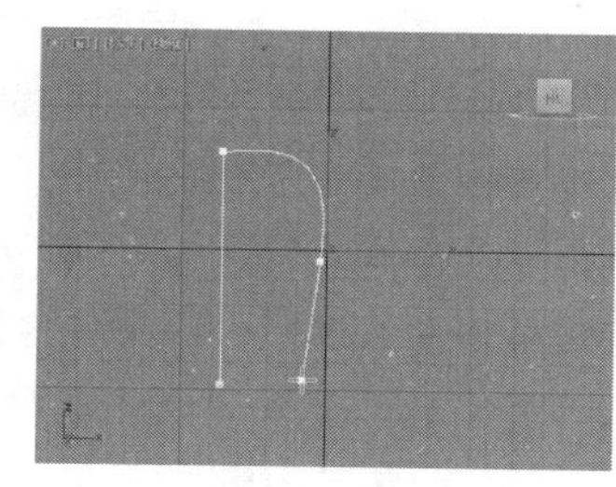
图 3-19

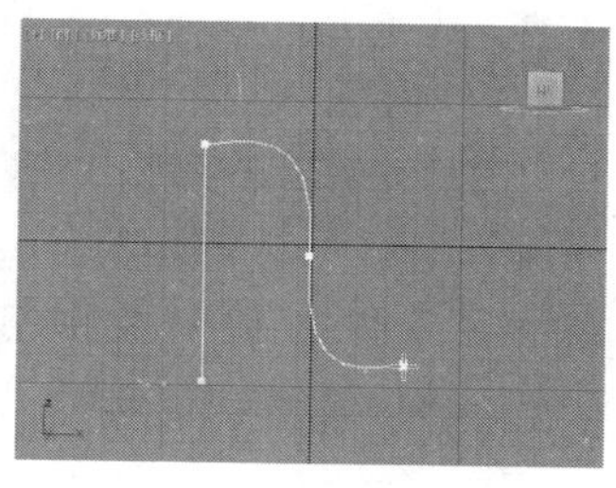
图 3-20

（4）移动鼠标指针到适当的位置，单击确定顶点，可以生成一条新的直线段，如图 3-21 所示。如果需要创建封闭线，将鼠标指针移动到线的起始点上并单击，弹出“样条线”对话框，如图 3-22 所示，提示用户是否闭合正在创建的线，单击“是”按钮即可，效果如图 3-23 所示。单击“否”按钮，则可以继续创建线。

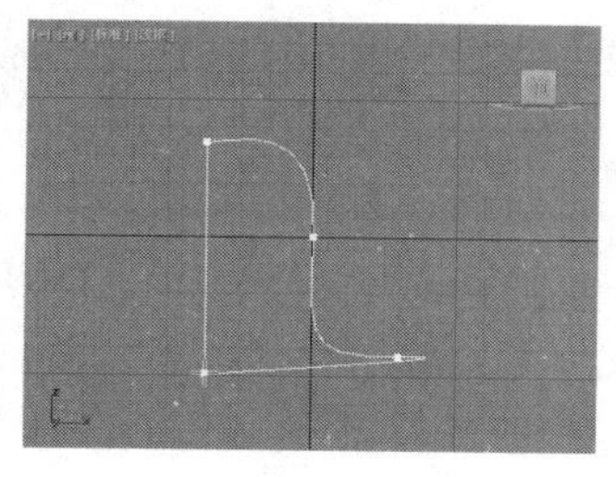
图 3-21

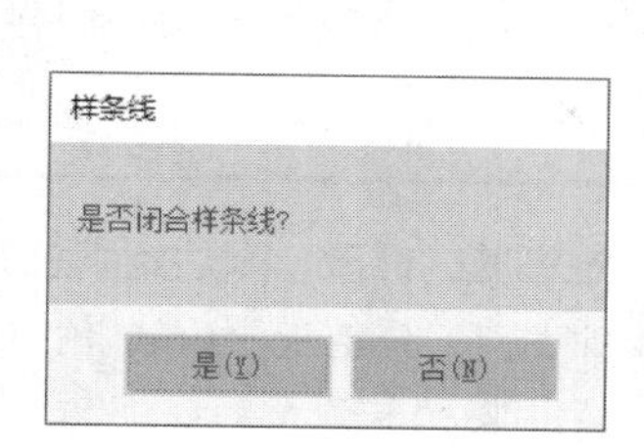

图 3-22

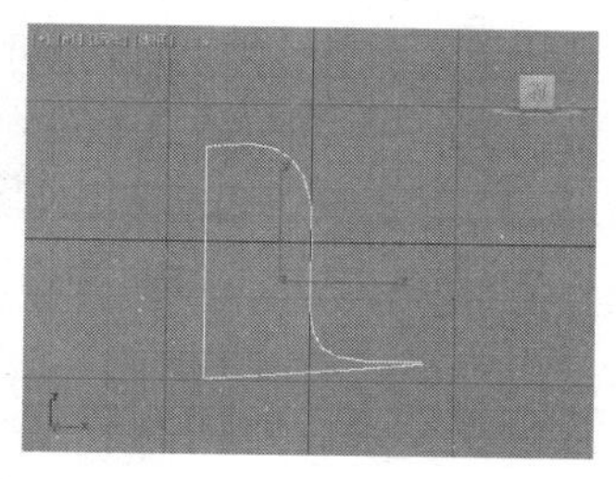
图 3-23

（5）如果需要创建开放的线，单击鼠标右键，结束线的创建即可。

（6）在创建线时，按住“Shift”键，可以创建出与坐标轴平行的直线段。

单击“+（创建）> （图形）> 样条线 > 线”按钮，（创建）命令面板下方会显示线的各卷展栏。

线的各卷展栏介绍如下。

（1）“渲染”卷展栏（见图 3-24）用于设置线的渲染特性，用户可以选择是否对线进行渲染，并设置线的厚度。具体介绍如下。

图 3-24

- 在渲染中启用：勾选该复选框后，可使用为渲染器设置的径向或矩形参数将样条线图形渲染为三维网格。
- 在视口中启用：勾选该复选框后，可使用为渲染器设置的径向或矩形参数将样条线图形作为三维网格显示在视口中。
- 厚度：用于设置视口或渲染中生成网格的线的宽度。
- 边：用于设置视口或渲染中生成网格的线的侧边数。
- 角度：用于调整视口或渲染中生成网格的线的横截面旋转的角度。
- 矩形：当渲染类型改为“矩形”后，生成网格的线的横截面改为矩形。

（2）“插值”卷展栏（见图 3-25）用于控制线的光滑程度。具体介绍如下。

- 步数：设置系统在线的顶点之间使用的分段的数量。
- 优化：勾选该复选框后，可以从样条线的直线段中删除不需要的步数。
- 自适应：设置系统是否自动根据线的类型调整分段数。

图 3-25

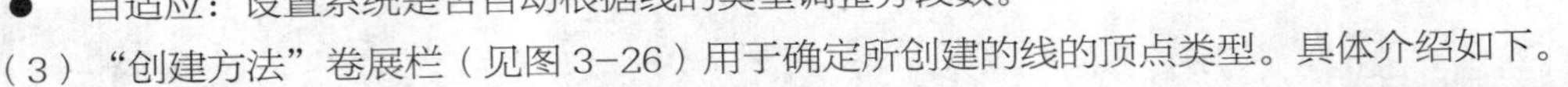
（3）“创建方法”卷展栏（见图 3-26）用于确定所创建的线的顶点类型。具体介绍如下。

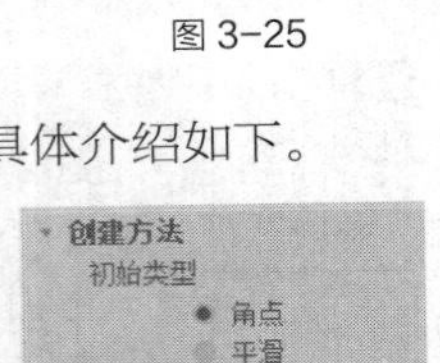

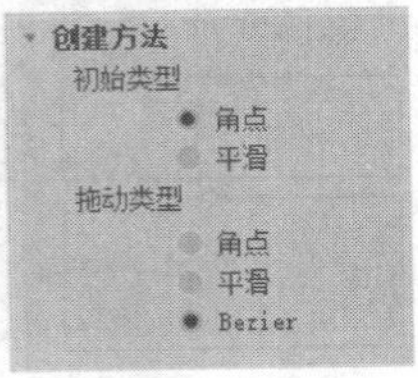

图 3-26

“初始类型”选项组：用于设置单击时所创建的顶点的类型。

- 角点：用于建立折线，顶点之间以直线段连接（系统默认设置）。
- 平滑：用于建立曲线，顶点之间以曲线连接，且曲线的曲率由顶点之间的距离决定。

“拖动类型”选项组：用于设置拖曳鼠标时所创建的线的类型。

- 角点：选择此单选按钮，顶点之间为直线段。
- 平滑：选择此单选按钮，顶点处将产生圆滑的曲线。
- Bezier：选择此单选按钮，顶点处产生圆滑的曲线。顶点之间曲线的曲率及方向是通过在顶点处拖曳鼠标控制的（系统默认设置）。

提 示

在创建线时，应该选择好线的类型。线创建完成后就无法通过“创建方法”卷展栏调整线的类型了。

线创建完成后，需要对它进行一定程度的修改，以达到满意的效果。修改线一般指对顶点进行调整。3ds Max 2020 中线的顶点有 4 种类型，分别是 Bezier 角点、Bezier、角点和平滑。

使用移动工具调整顶点位置，操作步骤如下。

（1）单击“+（创建）> （图形）> 样条线 > 线”按钮，在“前”视口创建图 3-27 所示的样条线。

（2）切换到（修改）命令面板，在修改器堆栈中单击“Line”左侧的▶按钮，展开子层级，如图 3-28 所示。

提 示

将选择集定义为“顶点”时可以对顶点进行修改操作，将选择集定义为“线段”时可以对线段进行修改操作，将选择集定义为“样条线”时可以对样条线进行修改操作。

（3）单击“顶点”，表示将选择集定义为“顶点”，视口中的样条线会显示出顶点，如图 3-29 所示。

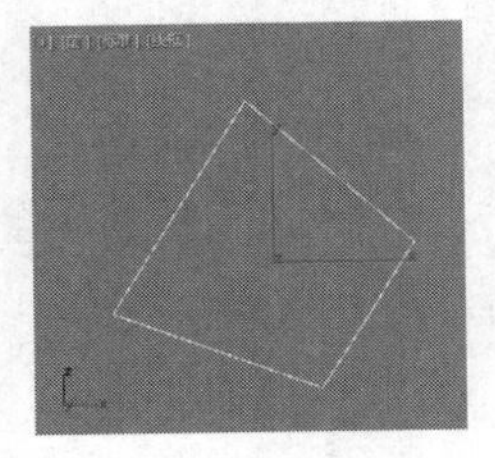
图 3-27

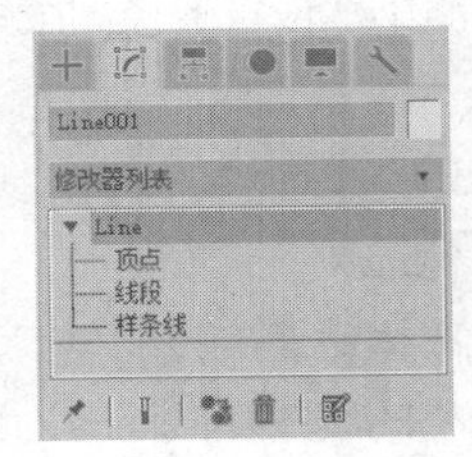

图 3-28

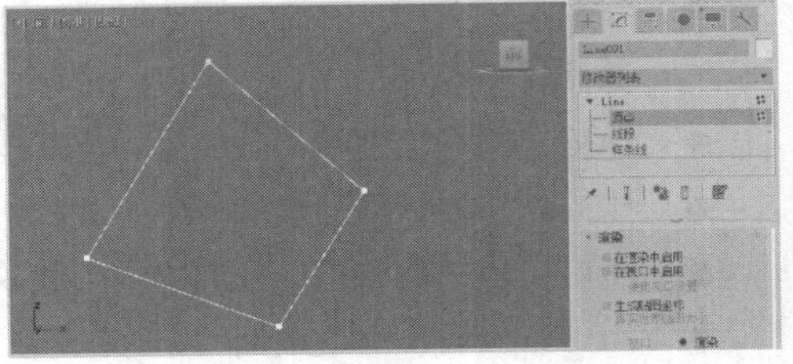
图 3-29

线的形态还可以通过调整顶点的类型来修改，操作步骤如下。

（1）单击“+（创建）>（图形）>样条线 > 线”按钮，在“前”视口中创建一条线，如图 3-30 所示。

（2）切换到（修改）命令面板，在修改器堆栈中单击“Line”左侧的▶按钮，展开子层级，单击“顶点”，在视口中单击中间的顶点将其选中，如图 3-31 所示。单击鼠标右键，在弹出的快捷菜单（见图 3-32）中可以看出所选择顶点的类型为“Bezier”，如图 3-32 所示。选择其他顶点类型命令，顶点的类型会随之改变。

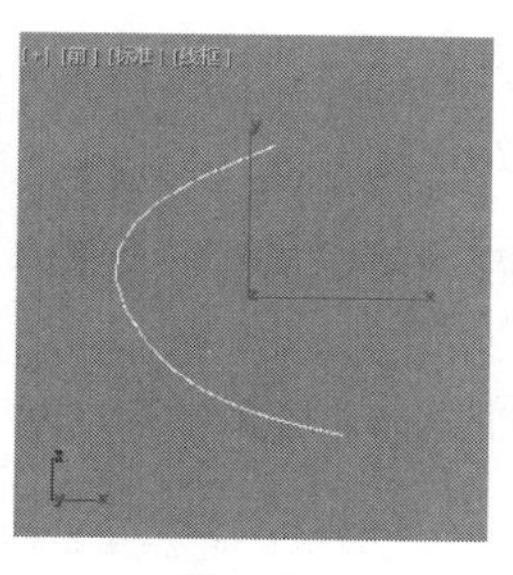

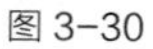

图 3-30

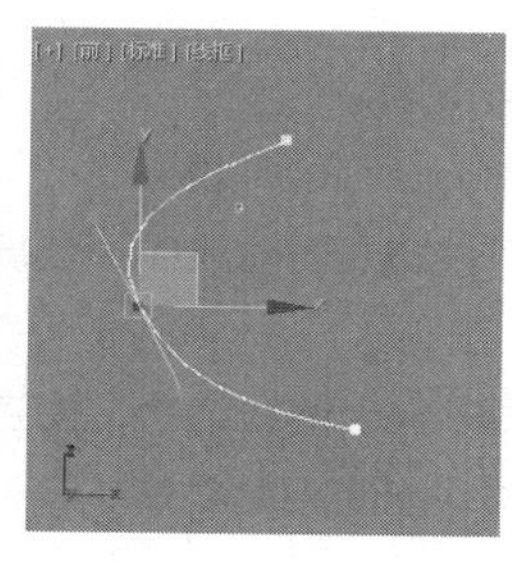

图 3-31

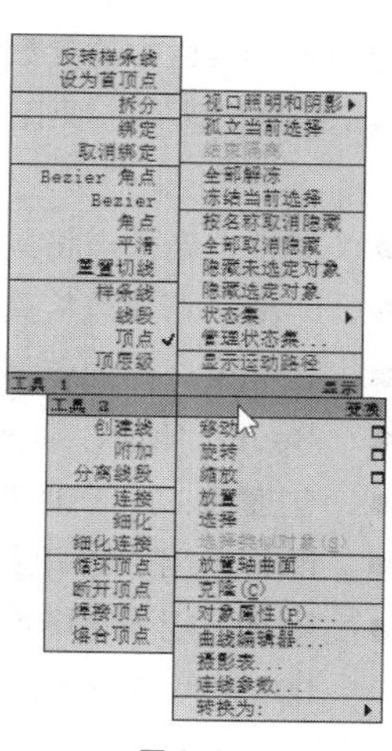

图 3-32

图 3-33 所示是 4 种类型的顶点，自左向右分别为 Bezier 角点、Bezier、角点和平滑，前两种类型的顶点可以通过绿色的控制柄进行调整，后两种类型的顶点可以直接使用（选择并移动）工具进行位置的调整。

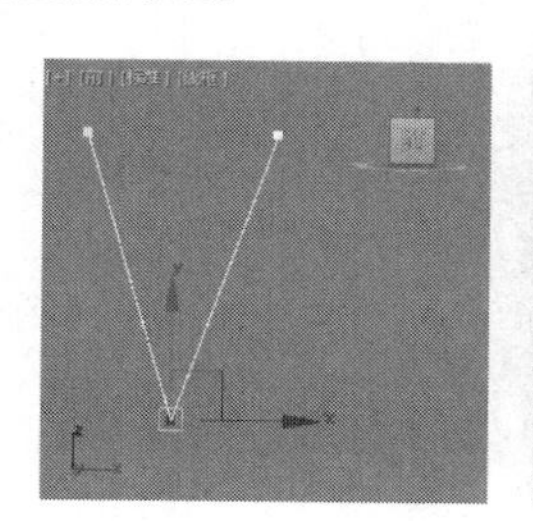

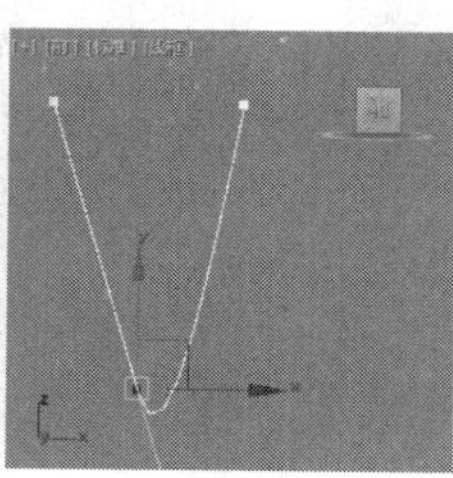

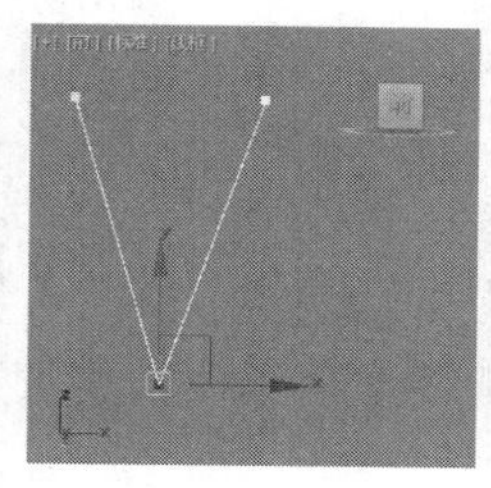

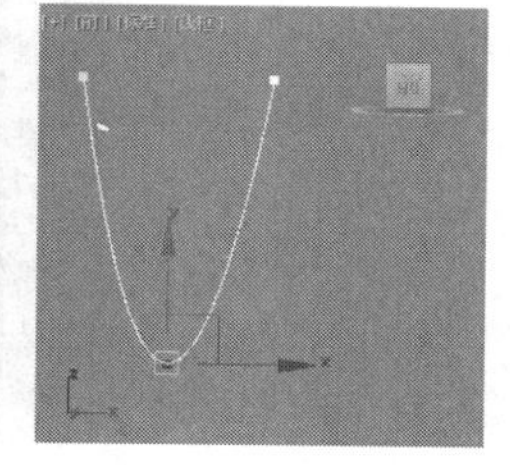

图 3-33

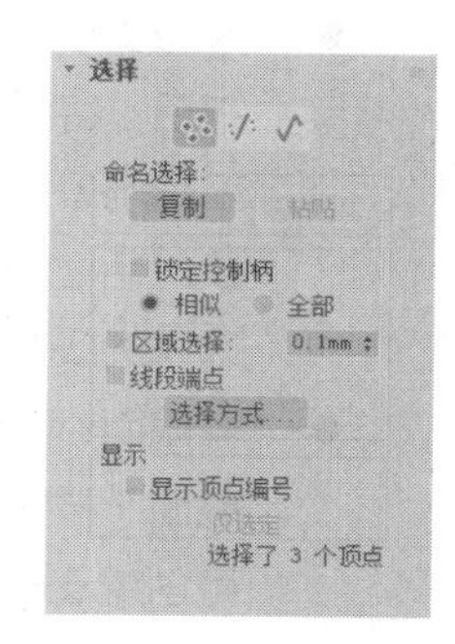

图 3-34

线创建完成后，（修改）命令面板中会显示线的修改参数，线的修改参数分为 6 个卷展栏：渲染、插值、选择、软选择、几何体、曲面属性（在选择集为“顶点”时没有“曲面属性”卷展栏）。

（1）“选择”卷展栏（见图 3-34）用于控制顶点、线段和样条线 3 个子层级的选择。

- （顶点）按钮：最低级的样条线子层级，因此修改顶点是编辑样条线对象最灵活的方法。
- （线段）按钮：中间级别的样条线子层级，对它的修改比较少。

- （样条线）按钮：最高级的样条线子层级，对它的修改比较多。

以上 3 个选择子层级的按钮与修改器堆栈中的选择集是相对应的，在使用上有相同的效果。

提 示

任何带有子层级的对象或修改器，其子层级对应的快捷键均为“1”～“5”。即使不在（修改）命令面板下按快捷键“1”～“5”，也会直接切换到（修改）命令面板，同时选择相应的子层级。

（2）“几何体”卷展栏（见图 3-35）提供了大量关于样条线的参数，在建模中对线的修改主要是通过对该卷展栏中的参数进行调节来实现的。具体介绍如下。

“新顶点类型”选项组：可使用此选项组中的单选按钮确定在创建或复制样条线时新顶点的切线类型。

- 线性：新顶点将具有线性切线。
- 平滑：新顶点将具有平滑切线。
- Bezier：新顶点将具有 Bezier 切线。
- Bezier 角点：新顶点将具有 Bezier 角点切线。
- 创建线：用于创建一条线并把它加入当前线中，使新创建的线与当前线成为一个整体。
- 断开：用于断开顶点和线段。
- 附加：用于将场景中的二维图形与当前线结合，使它们变为一个整体。场景中存在两个以上的二维图形（包括当前线）时才能使用此功能。

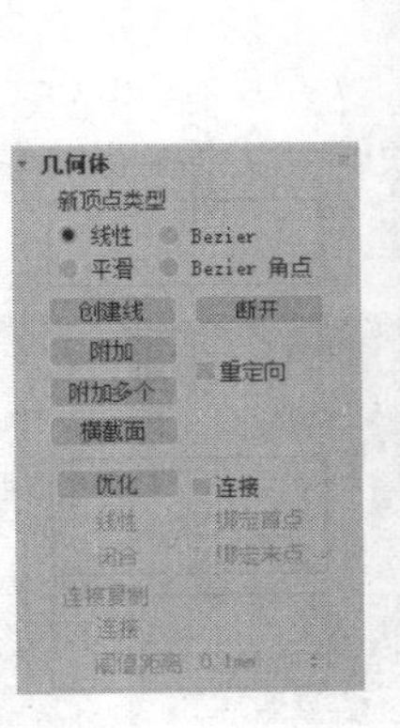

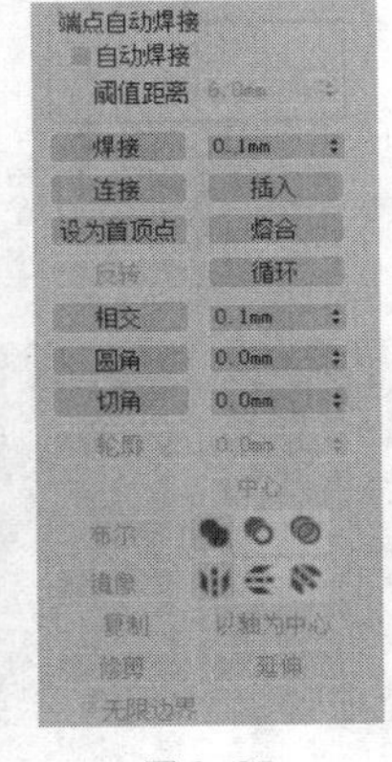

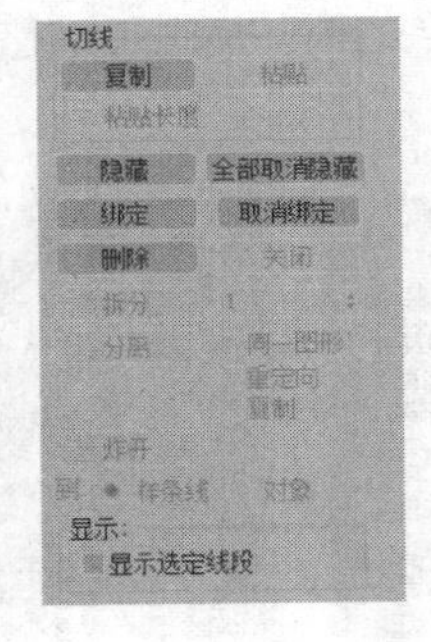

图 3-35

- 附加多个：原理与“附加”相同，区别在于单击该按钮后，将弹出“附加多个”对话框，该对话框中会显示出场景中线的名称，如图 3-36 所示。用户可以在该对话框中选择多条线，然后单击“附加”按钮，将选择的线与当前线结合为一个整体。
- 横截面：可创建图形之间横截面的外形框架。单击“横截面”按钮，选择一个形状，再选择另一个形状，即可创建连接两个形状的样条线。

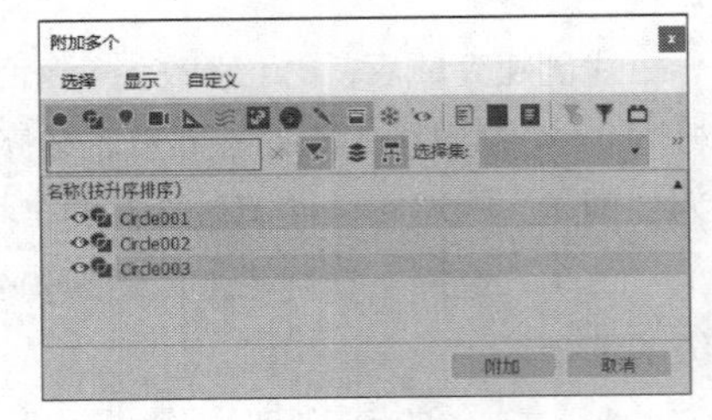

图 3-36

- 优化：用于在不改变线的形态的前提下在线上插入顶点。操作方法为单击“优化”按钮，并在线上单击，线上被单击处会插入新的顶点，如图 3-37 所示。

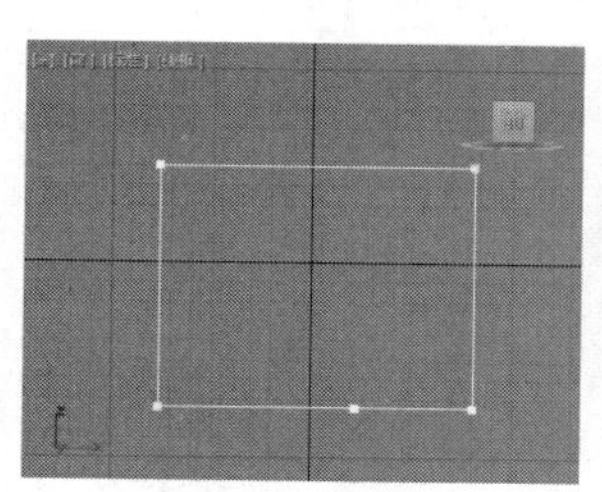
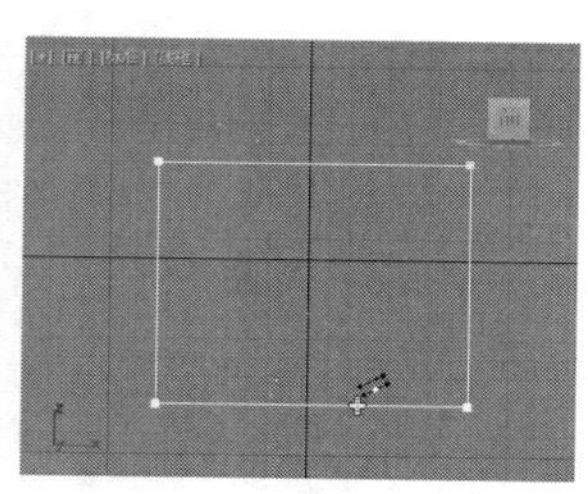

图 3-37

- 连接：勾选该复选框时，可通过连接新顶点创建一条新的样条线。单击“优化”按钮添加完顶点后，“连接”会为每个新顶点创建一条单独的副本，然后将所有副本与一条新样条线相连。
- 阈值距离：用于指定连接复制的距离范围。
- 自动焊接：勾选该复选框时，如果两个顶点属于同一样条线，并且其距离小于阈值距离，那么它们将被焊接。
- 焊接：焊接同一样条线的两个顶点为一个点，使用时先移动两个顶点使其彼此接近，然后同时选择这两个顶点，单击“焊接”按钮后这两个顶点会被焊接到一起。如果这两个顶点没有被焊接到一起，可以增大焊接阈值重新焊接。
- 连接：连接两个顶点以生成一条线段。
- 插入：在选择样条线处单击，会插入新的顶点，不断单击可以不断插入新顶点，单击鼠标右键可停止插入。
- 设为首顶点：指定选定顶点为样条线起点处的顶点（即数学中的端点）。在“放样”“扫描”“倒角剖面”时首顶点用于确定截面图形之间的相对位置。
- 熔合：移动选择的顶点到它们的平均中心。注意，“熔合”只会将用户选择的顶点放置在同一位置，不会进行顶点的连接。“熔合”一般与“焊接”结合使用，先“熔合”后“焊接”。
- 反转：颠倒样条线的方向，也就是反转顶点序号的顺序。
- 循环：用于选择需要的顶点。在视口中选择一组重叠在一起的顶点后，单击此按钮，可以在它们之间进行切换，直到选择到需要的顶点。
- 相交：单击此按钮后，在两条相交的样条线的交叉处单击，将在这两条样条线上分别增加一个交叉顶点。这两条样条线必须属于同一曲线对象。
- 圆角：用于在选择的顶点处创建圆角。操作方法是先选择需要修改的顶点，然后单击“圆角”按钮，将鼠标指针移到被选择的顶点上，拖动鼠标，顶点处会形成圆角，此时原本被选择的一个顶点会变为两个，如图 3-38 所示。
- 切角：其功能和操作方法与“圆角”相同，但创建的是切角，如图 3-39 所示。
- 轮廓：用于给选择的线设置轮廓，如图 3-40 所示。单击“轮廓”按钮不仅可以单侧向内或向外构建轮廓，勾选“中心”复选框后还可以以选择的线为中心同时向内、向外构建轮廓。

- 布尔：提供并集、差集、交集 3 种运算方式。图 3-41 所示依次为原始图形、进行并集运算后的图形、进行差集运算后的图形、进行交集运算后的图形。

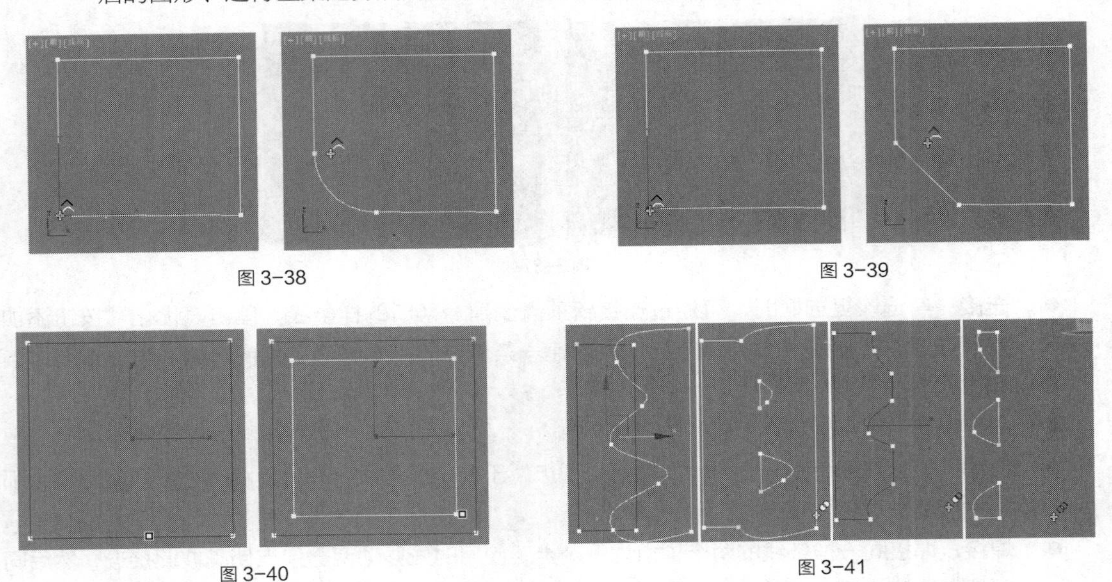
图 3-38
图 3-39
图 3-40
图 3-41

- （并集）按钮：将两条重叠样条线组合成一条新样条线，在新样条线中，重叠的部分被删除，保留两个样条线不重叠的部分。
- （差集）按钮：从第 1 条样条线中减去与第 2 条样条线重叠的部分，并删除第 2 条样条线中剩余的部分。
- （交集）按钮：仅保留两条样条线的重叠部分，删除两者的不重叠部分。
- 镜像：可以对曲线进行水平镜像、垂直镜像、对角镜像。
- 修剪：单击“修剪”按钮可以清理形状中的重叠部分，使顶点接合在一个点上。
- 复制：当选择集为“顶点”时该按钮才会被激活。单击该按钮再选择一个控制柄，将把所选控制柄切线复制到缓冲区。
- 粘贴：当选择集为“顶点”时该按钮才会被激活。单击该按钮将把控制柄切线粘贴到所选顶点。
- 粘贴长度：勾选该复选框后，复制时还会复制控制柄长度。如果取消勾选该复选框，则粘贴时只改变控制柄角度，而不改变控制柄长度。
- 隐藏：隐藏所选顶点和任何与其相连的线段。
- 全部取消隐藏：显示任何隐藏的对象。
- 绑定：允许用户创建绑定顶点。
- 取消绑定：用于断开绑定顶点与所附加线段的连接。
- 删除：删除所选的一个或多个顶点，以及与每个要删除的顶点相连的线段。
- 拆分：由微调器指定顶点数来细分所选线段。
- 分离：允许用户选择不同样条线中的几条线段，然后拆分（或复制）它们，以构成一个新图形。
- 炸开：将每条线段转化为独立的样条线来分裂任何所选样条线。

- 显示选定线段：勾选该复选框后，“顶点”子层级的任何所选线段将高亮显示为红色；取消勾选该复选框（默认设置）后，仅高亮显示“线段”子层级的所选线段。

3.2.3 矩形

“矩形”按钮用于创建长方形和正方形。下面介绍矩形的创建方法及其参数的设置和修改方法。

矩形的创建比较简单，操作步骤如下。

（1）单击“（创建）>（图形）>样条线>矩形”按钮，或按住“Ctrl”键的同时单击鼠标右键，在弹出的快捷菜单中选择“矩形”命令。

（2）将鼠标指针移到视口中，拖动鼠标，视口中会生成一个矩形，移动鼠标指针调整矩形大小，在适当的位置释放鼠标左键，完成矩形的创建，如图 3-42 所示。创建矩形时按住“Ctrl”键并拖曳鼠标，可以创建出正方形。

矩形的“参数”卷展栏（见图 3-43）的介绍如下。

- 长度：设置矩形的长度。
- 宽度：设置矩形的宽度。
- 角半径：设置矩形的 4 个角是直角还是有弧度的圆角。若其值为 0，则矩形的 4 个角都为直角。

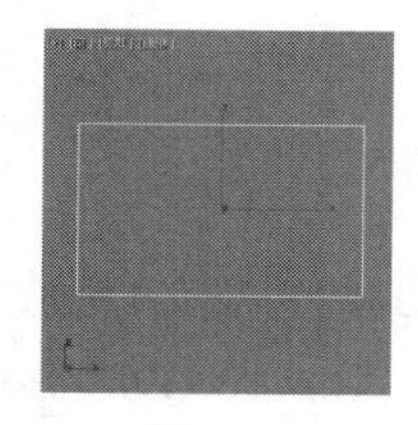

图 3-42

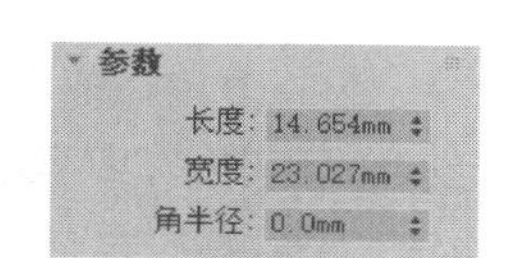

图 3-43

3.2.4 圆

“圆”按钮用于创建圆。下面介绍圆的创建方法及其参数的设置和修改方法。

圆的创建方法有“中心”和“边”两种，默认为“中心”，一般根据图纸创建圆时使用“边”创建方法并配合（2.5D 捕捉）按钮。

创建圆的操作步骤如下。

（1）单击“（创建）>（图形）>样条线>圆”按钮。

（2）将鼠标指针移到视口中，拖动鼠标，视口中会生成一个圆，移动鼠标指针调整圆的大小，在适当的位置释放鼠标左键，完成圆的创建，如图 3-44 所示。

圆的“参数”卷展栏中只有“半径”参数，如图 3-45 所示。

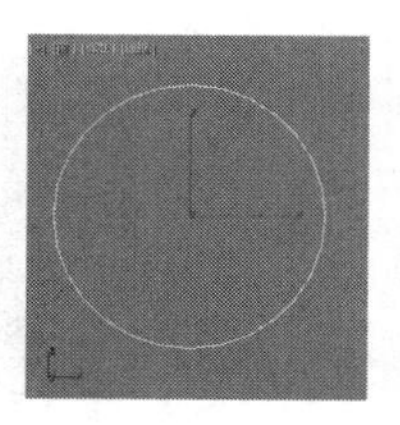

图 3-44

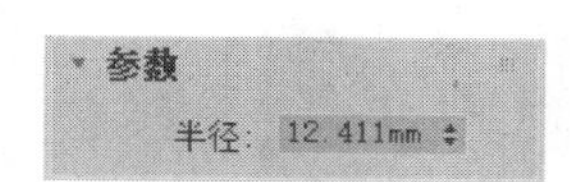

图 3-45

3.2.5 椭圆

使用“椭圆”按钮可以创建椭圆形和圆形样条线，其创建方法与圆类似。下面介绍椭圆的创建方法及其参数的设置和修改方法。

创建椭圆的操作步骤如下。

（1）单击“+（创建）> （图形）> 样条线 > 椭圆”按钮。

（2）将鼠标指针移到视口中，拖动鼠标，视口中会生成一个椭圆，上下左右移动鼠标指针调整椭圆的长度、宽度，在适当的位置释放鼠标左键，完成椭圆的创建，如图3-46所示。

椭圆的“参数”卷展栏（见图3-47）的介绍如下。

- 长度：设置椭圆长度方向的最大值。
- 宽度：设置椭圆宽度方向的最大值。
- 轮廓：勾选该复选框后，“厚度”参数会被激活，设置“厚度”相当于为线设置轮廓。

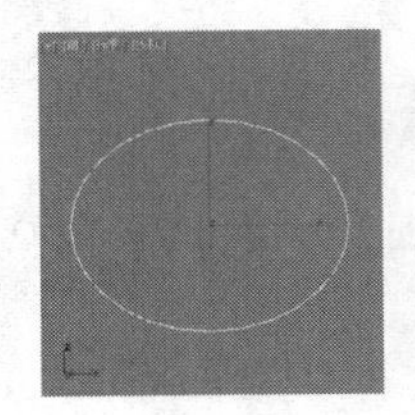

图3-46

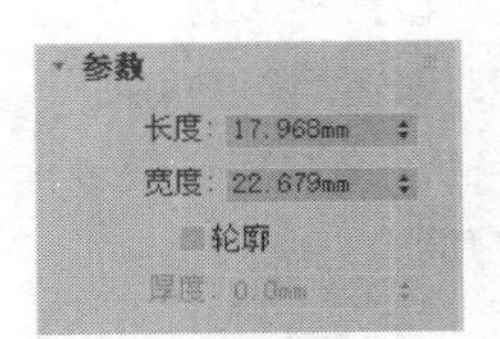

图3-47

3.2.6 弧

“弧”按钮用于创建弧和扇形。下面介绍弧的创建方法及其参数的设置和修改方法。

弧有两种创建方法，一种是“端点-端点-中央”创建方法（系统默认设置），另一种是“中间-端点-端点”创建方法，如图3-48所示。

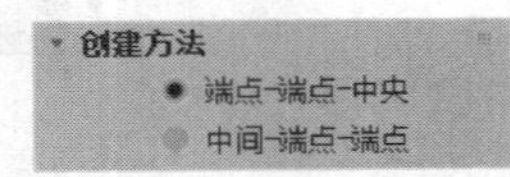

图3-48

- “端点-端点-中央”创建方法：创建弧时先引出一条直线，以直线段的端点作为弧的两个端点，然后移动鼠标指针确定弧的半径。
- “中间-端点-端点”创建方法：创建弧时先引出一条直线段作为弧的半径，再移动鼠标指针确定弧长。

创建弧的操作步骤如下。

（1）单击“+（创建）> （图形）> 样条线 > 弧”按钮。

（2）将鼠标指针移到视口中，拖动鼠标，视口中会生成一条直线段，如图3-49所示。释放鼠标左键并移动鼠标指针，调整弧的半径，如图3-50所示。在适当的位置单击，完成弧的创建，如图3-51所示。这里使用的是“端点-端点-中央”创建方法。

图3-49

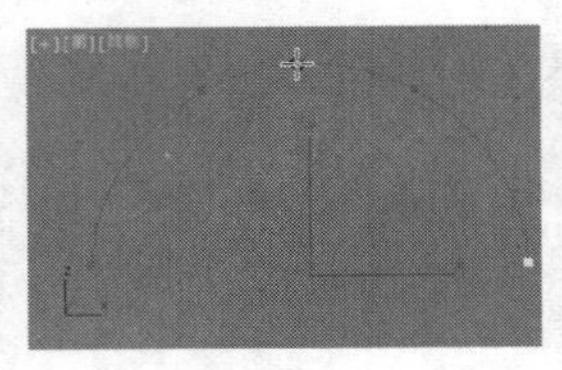

图3-50

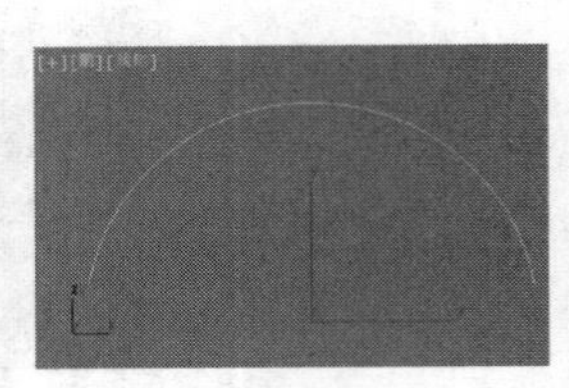

图3-51

弧的“参数”卷展栏（见图 3-52）的介绍如下。

- 半径：用于设置弧的半径。
- 从：设置建立的弧在其所在圆上的起始点角度。
- 到：设置建立的弧在其所在圆上的结束点角度。
- 饼形切片：勾选该复选框，可以把弧的圆心和弧的两个顶点连接起来构成封闭的图形，如图 3-53 所示。

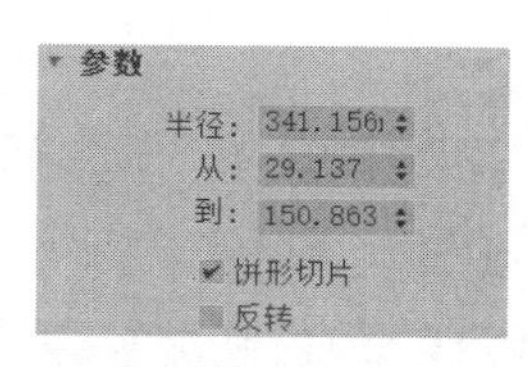

图 3-52

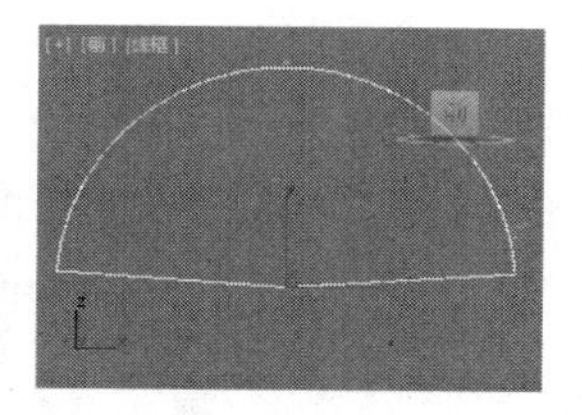

图 3-53

3.2.7 多边形

“多边形”按钮可以用于创建任意边数的多边形，也可以用于创建圆角多边形。下面就来介绍多边形的创建方法及其参数的设置和修改方法。

多边形的创建方法与圆相同，操作步骤如下。

（1）单击“+（创建）> （图形）> 样条线 > 多边形”按钮。

（2）将鼠标指针移到视口中，拖动鼠标，视口中会生成一个多边形。移动鼠标指针调整多边形的大小，在适当的位置释放鼠标左键，完成多边形的创建，如图 3-54 所示。

多边形的“参数”卷展栏（见图 3-55）的介绍如下。

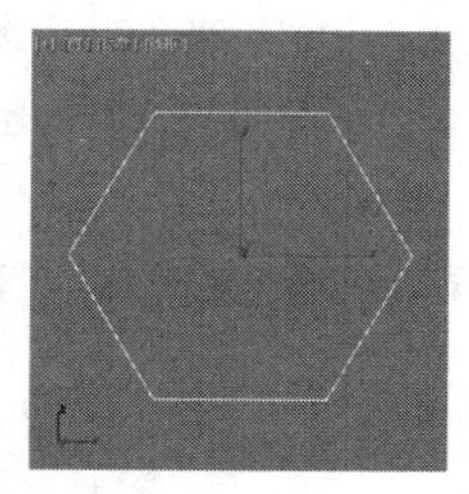

图 3-54

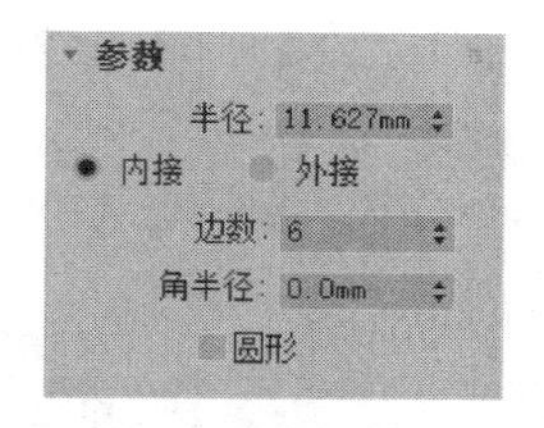

图 3-55

- 半径：设置多边形的半径。
- 内接：使设置的半径为多边形的中心到其边线的距离。
- 外接：使设置的半径为多边形的中心到其顶点的距离。
- 边数：用于设置多边形的边数，其取值范围是 3 ~ 100。
- 角半径：用于设置多边形在顶点处的圆角半径。
- 圆形：勾选该复选框，可设置多边形为圆形。

3.2.8 课堂案例——制作镜子模型

学习目标：熟悉圆和矩形的创建方法，并结合修改器和移动工具进行位置的调整和复制。

微课视频

制作镜子模型

图 3-56

知识要点：创建圆和矩形，结合使用“扫描”修改器和“挤出”修改器来完成镜子模型的制作，参考效果如图 3-56 所示。

模型所在位置：云盘/场景/Ch03/镜子模型.max。

效果所在位置：云盘/场景/Ch03/镜子.max。

贴图所在位置：云盘/贴图。

（1）单击“+（创建）> （图形）> 样条线 > 圆”按钮，在“前”视口中创建圆形，在“参数”卷展栏中设置“半径”为 160.0mm，在“插值”卷展栏中设置“步数”为 12，如图 3-57 所示。

（2）单击“+（创建）> （图形）> 样条线 > 矩形”按钮，在“顶”视口中创建矩形，在“参数”卷展栏中设置“长度”为 12.0mm、“宽度”为 10.0mm，如图 3-58 所示。

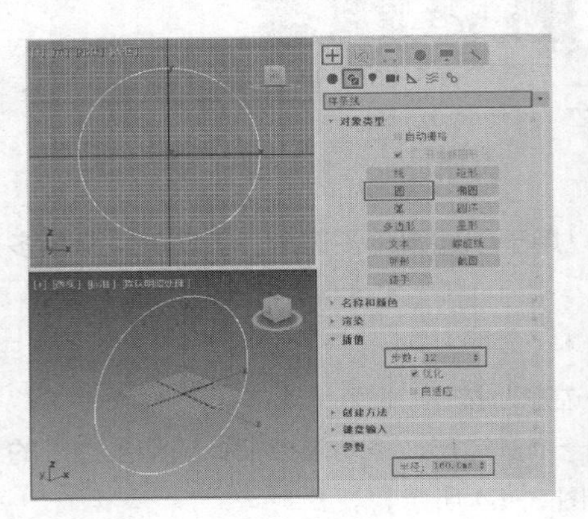
图 3-57

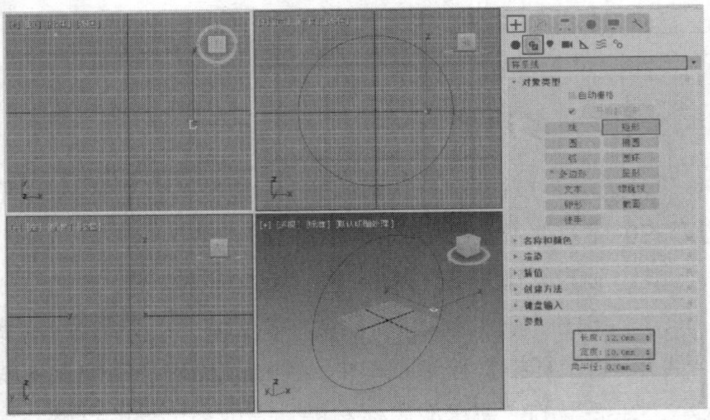

图 3-58

（3）选择圆形，切换到 （修改）命令面板，为圆形添加“扫描”修改器，在“截面类型”卷展栏中选择“使用自定义截面”单选按钮，单击“拾取”按钮，在“顶”视口中单击矩形，效果如图 3-59 所示。

（4）按“Ctrl+V”快捷键，在弹出的“克隆选项”对话框中选择“复制”单选按钮，单击“确定”按钮，如图 3-60 所示。

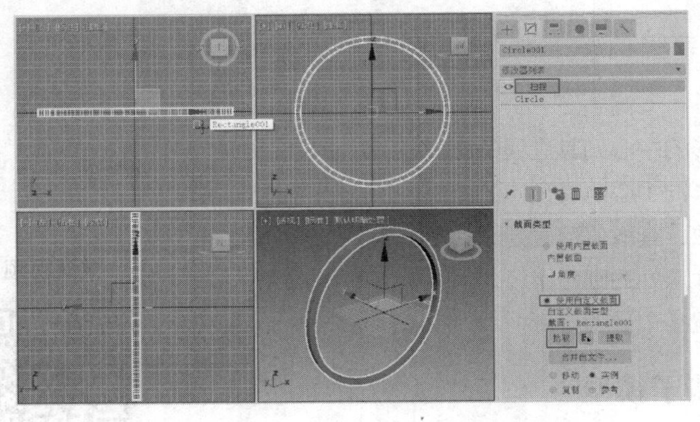
图 3-59

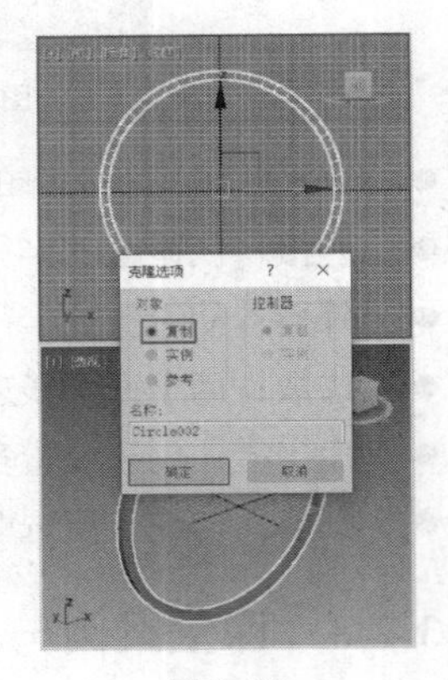
图 3-60

（5）切换到 （修改）命令面板，在修改器堆栈中单击“Circle”，在“参数”卷展栏中设置“半径”为 190.0mm，如图 3-61 所示。

（6）按“Ctrl+V”快捷键，在弹出的“克隆选项”对话框中选择“复制”单选按钮，单击“确定”按钮。切换到（修改）命令面板，在修改器堆栈中单击“Circle”，在“参数”卷展栏中设置“半径”为 220.0mm，并调整模型的位置，制作出图 3-62 所示的效果。

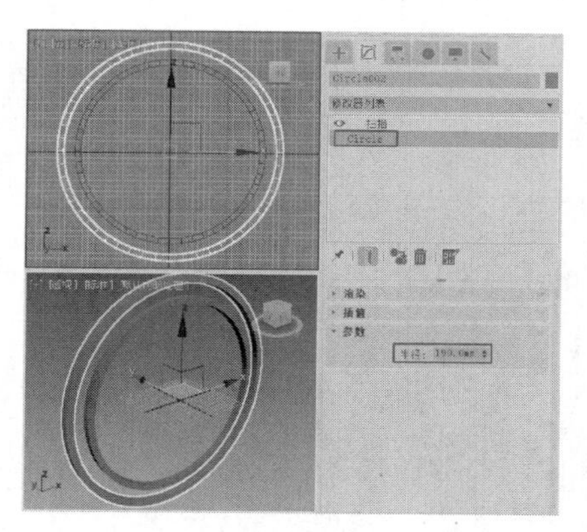

图 3-61

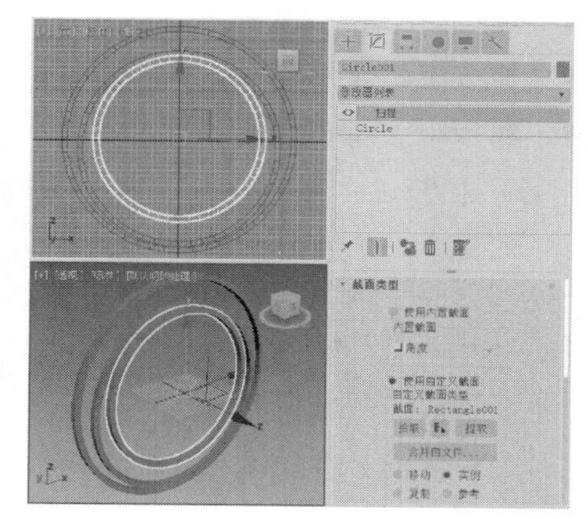

图 3-62

（7）按“Ctrl+V”快捷键，在弹出的“克隆选项”对话框中选择“复制”单选按钮，单击“确定”按钮。在修改器堆栈中删除“扫描”修改器，如图 3-63 所示。

（8）为圆形添加“挤出”修改器，在“参数”卷展栏中设置“数量”为 5.0mm，如图 3-64 所示。至此，镜子模型制作完成，效果如图 3-65 所示。

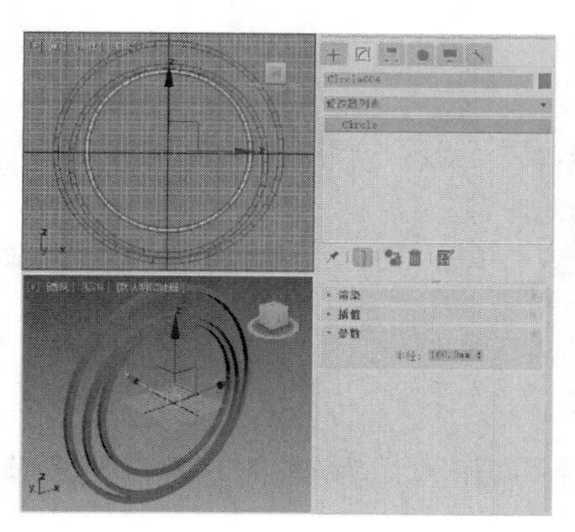

图 3-63

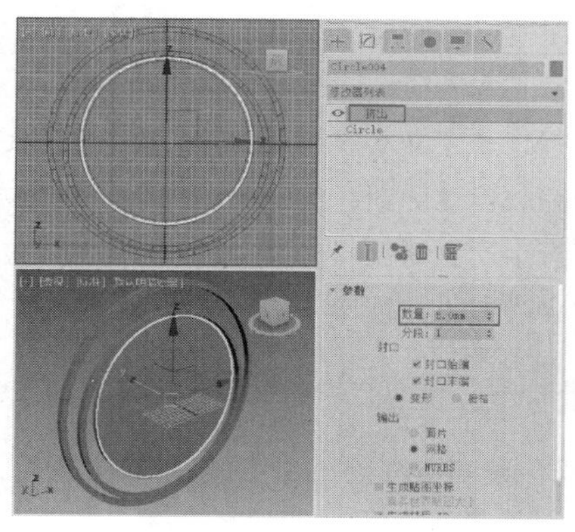

图 3-64

图 3-65

3.2.9 文本

“文本”按钮用于在场景中直接创建二维文字图形或三维文字模型。下面介绍文本的创建方法及其参数的设置和修改方法。

文本的创建比较简单，操作步骤如下。

（1）单击“＋（创建）>（图形）> 样条线 > 文本”按钮，在“参数”卷展栏中设置创建参数，在“文本”文本框中输入要创建的文本内容，如图 3-66 所示。

（2）将鼠标指针移到视口中并单击，完成文本的创建完成，如图 3-67 所示。

文本的“参数”卷展栏的介绍如下。

- “字体”下拉列表：用于选择文本的字体。
- I 按钮：设置斜体。
- U 按钮：设置下划线。
- 按钮：左对齐。
- 按钮：居中对齐。
- 按钮：右对齐。

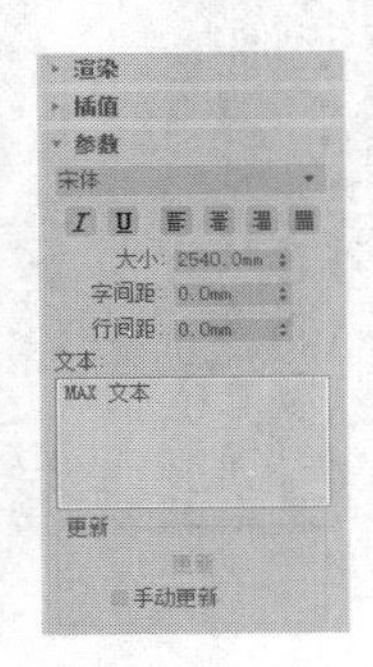

图 3-66

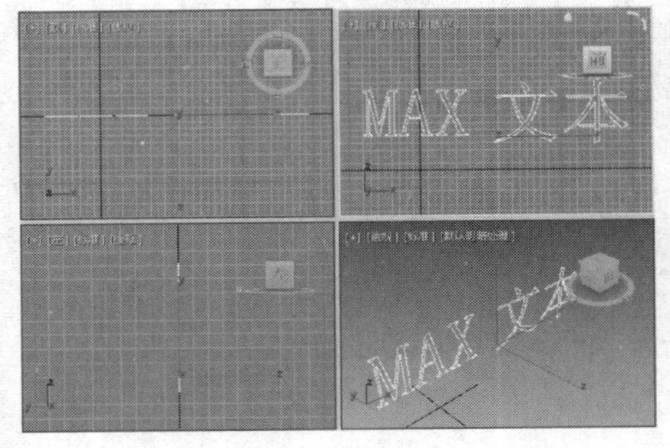

图 3-67

- 按钮：两端对齐。
- 大小：用于设置文字的大小。
- 字间距：用于设置文字之间的距离。
- 行间距：用于设置文字行与行之间的距离。
- 文本：用于输入文本内容，同时也可以进行改动。
- 更新：用于设置修改完文本内容后，视口是否立刻进行更新显示。当文本内容非常复杂时，系统可能很难完成自动更新，此时可选择手动更新方式。
- 手动更新：用于手动更新视口。当勾选该复选框时，只有单击“更新”按钮，“文本”文本框中的内容才会被显示在视口中。

3.2.10 螺旋线

“螺旋线”按钮用于创建各种形态的二维或三维螺旋线。下面就来介绍螺旋线的创建方法及其参数的设置和修改方法。

创建螺旋线的操作步骤如下。

（1）单击“+（创建）> （图形）> 样条线 > 螺旋线”按钮。

（2）将鼠标指针移到视口中，拖动鼠标，确定它的“半径 1”后释放鼠标左键，如图 3-68 所示，向上或向下移动鼠标指针并单击来确定它的高度，如图 3-69 所示，再向上或向下移动鼠标指针并单击来确定它的“半径 2”，完成螺旋线的创建，如图 3-70 所示。

螺旋线的“参数”卷展栏（见图 3-71）的介绍如下。

- 半径 1/半径 2：定义螺旋线起始/结束圆环的半径。
- 高度：设置螺旋线的高度。
- 圈数：设置螺旋线在起始圆环与结束圆环之间旋转的圈数。

- 偏移：设置螺旋线的偏向。
- 顺时针/逆时针：设置螺旋线的旋转方向。

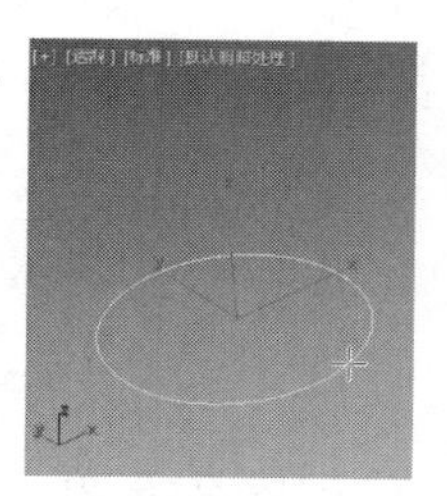

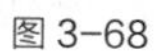

图 3-68

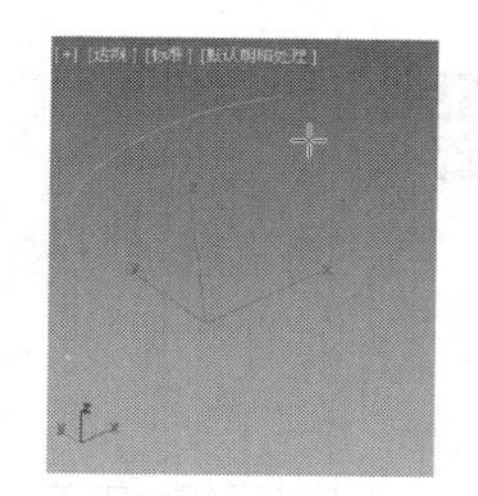

图 3-69

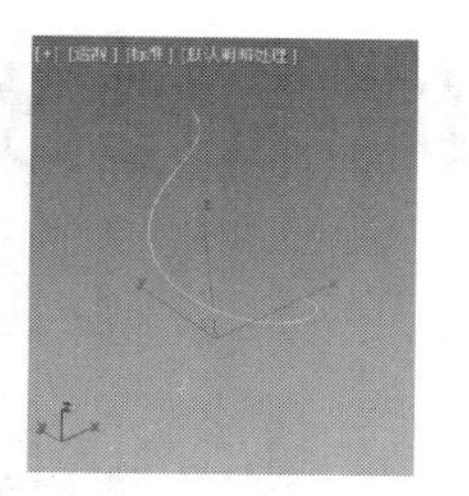

图 3-70

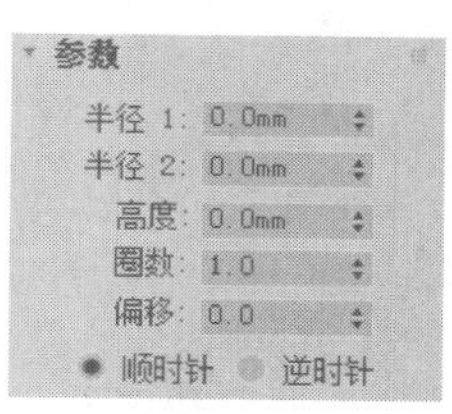

图 3-71

课堂练习——制作铁艺招牌模型

知识要点：使用可渲染的样条线、圆和切角长方体长方体制作铁艺招牌模型，参考效果如图 3-72 所示。

效果所在位置：云盘/场景/Ch03/铁艺招牌.max。

图 3-72

微课视频

制作铁艺招牌模型

课后习题——制作扇形画框模型

知识要点：创建可渲染的弧和样条线，通过对样条线进行调整制作扇形画框模型，参考效果如图 3-73 所示。

效果所在位置：云盘/场景/Ch03/扇形画框.max。

图 3-73

微课视频

制作扇形画框模型

第 4 章 编辑修改器

本章主要讲解各种常用的修改器，通过编辑修改器，可以使图形和几何体的形体发生改变。通过本章的学习，读者可以掌握各种修改器的参数和作用，从而可以使用正确的修改器制作出各种精美的模型。

学习目标

- 熟悉（修改）命令面板。
- 掌握将二维图形变成三维模型的修改器的使用方法。
- 掌握使三维模型变形的修改器的使用方法。

技能目标

- 掌握花瓶模型的制作方法。
- 掌握石膏线模型的制作方法。
- 掌握铁艺床头柜模型的制作方法。

素养目标

- 培养学生精益求精的工作作风。

4.1 初识“修改”命令面板

对于（修改）命令面板，前面已经简单介绍过，通过（修改）命令面板可以直接对几何体进行修改，还能实现修改器之间的切换。

创建几何体后，切换到（修改）命令面板，该面板中显示的是几何体的修改参数。对几何体进行修改后，修改器堆栈中就会显示修改器，如图 4-1 所示，具体介绍如下。

- 修改器列表：用于选择修改器，单击后会弹出下拉列表，可以选择要使用的修改器。
- 修改器堆栈：用于显示使用的修改器。
- （修改器开关）按钮：用于开启和关闭修改器。单击后按钮会变为，表示修改器被关闭，被关闭的修改器不再对几何体产生影响。单击此按钮，修改器会重新开启。

- （从堆栈中移除修改器）按钮：用于删除当前修改器。在修改器堆栈中选择修改器，然后单击该按钮，即可删除修改器，此修改器对几何体进行过的编辑也会被撤销。
- （配置修改器集）按钮：单击该按钮会弹出相应的菜单。该菜单可用于对修改器的布局进行设置，也可以将常用的修改器以列表或按钮的形式表现出来。

在修改器堆栈中，有些修改器左侧有一个▶按钮，如图 4–2 所示，表示该修改器拥有子层级，单击此按钮，子层级就会展开，以便选择子层级。选择子层级后，其颜色会变为蓝色，表示已启用，如图 4–3 所示。

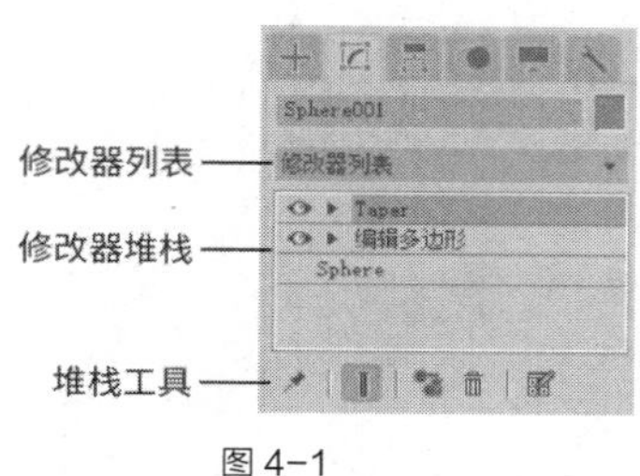

图 4–1

图 4–2

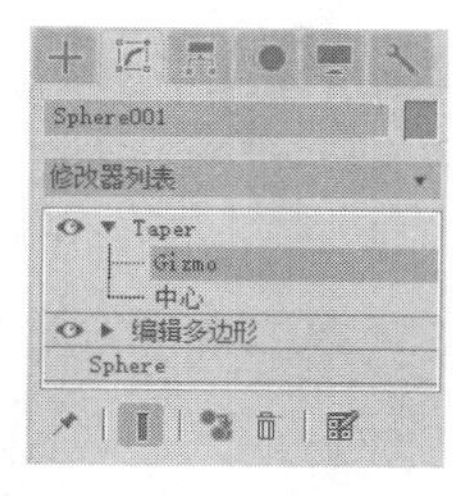

图 4–3

4.2 二维图形生成三维模型

第 3 章介绍了二维图形的创建方法，通过对二维图形的基本参数进行修改，可以创建出各种形状的图形，但如何把二维图形转化为三维模型并应用到建模中呢？本节将介绍使用修改器将二维图形转化为三维模型的方法。

微课视频

制作花瓶模型

4.2.1 课堂案例——制作花瓶模型

学习目标：学会使用“车削”修改器和“倒角”修改器制作花瓶模型。

知识要点：创建矩形，结合使用“编辑样条线”修改器、“车削”修改器、“壳”修改器、“编辑多边形”修改器和“涡轮平滑”修改器制作花瓶模型，参考效果如图 4–4 所示。

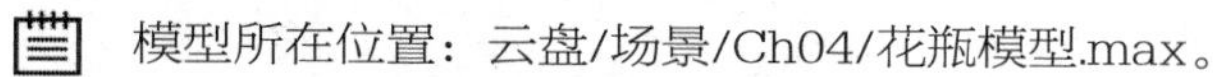

模型所在位置：云盘/场景/Ch04/花瓶模型.max。

效果所在位置：云盘/场景/Ch04/花瓶.max。

贴图所在位置：云盘/贴图。

图 4–4

（1）单击“+（创建）> （图形）> 样条线 > 矩形”按钮，在“前”视口中创建矩形，在“参数”卷展栏中设置“长度”为 180.0，“宽度”为 40.0，如图 4–5 所示。

（2）切换到（修改）命令面板，为矩形添加“编辑样条线”修改器，将选择集定义为“分段”，在场景中选择图 4–6 所示的分段，按“Delete”键将其删除。

（3）将选择集定义为“顶点”，在“几何体”卷展栏中单击“优化”按钮，在图 4–7 所示的位置优化顶点。

（4）取消激活“优化”按钮，在场景中调整顶点的位置，效果如图 4–8 所示。

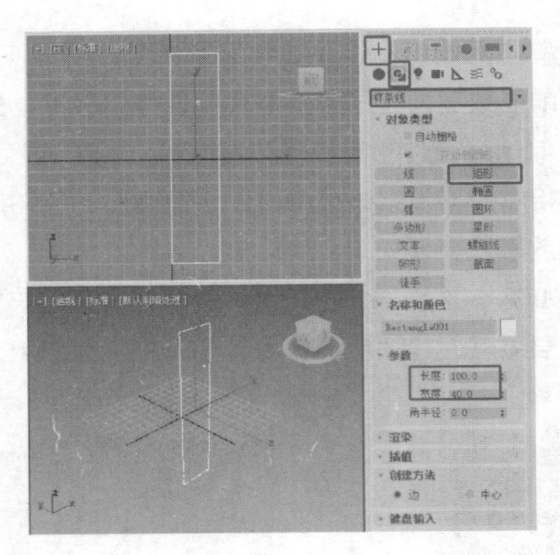

图 4-5

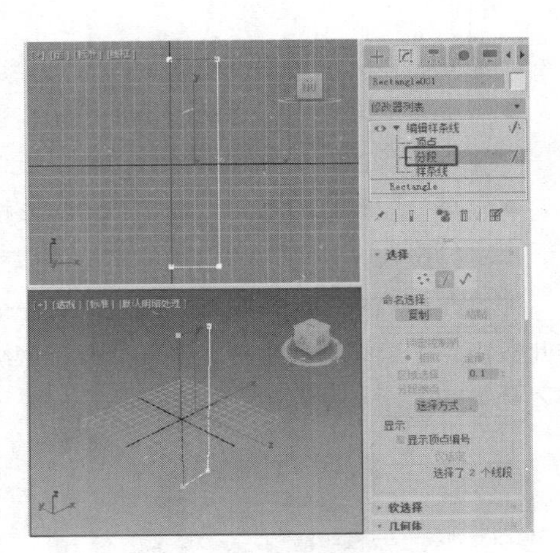

图 4-6

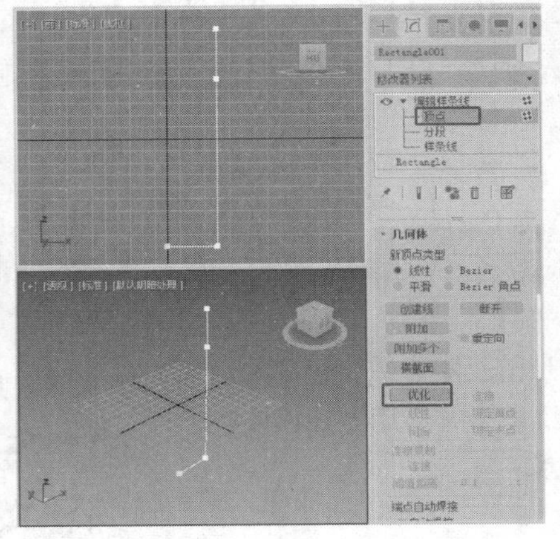

图 4-7

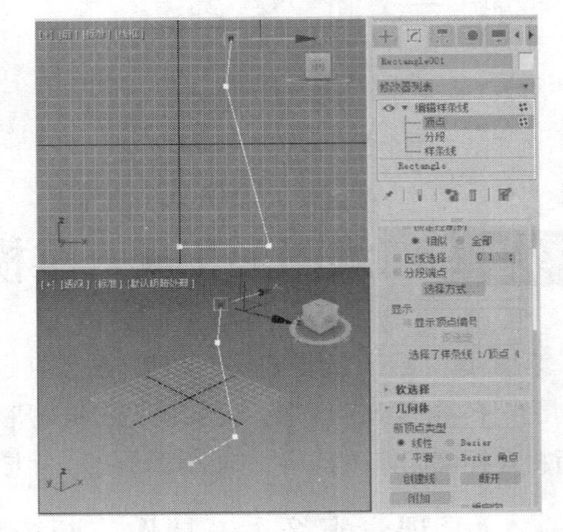

图 4-8

（5）在“几何体”卷展栏中单击“圆角”按钮，在场景中设置圆角效果，如图 4-9 所示。

（6）为模型添加“车削”修改器，设置“方向”为“Y”，设置“对齐”为“最小”，如图 4-10 所示。

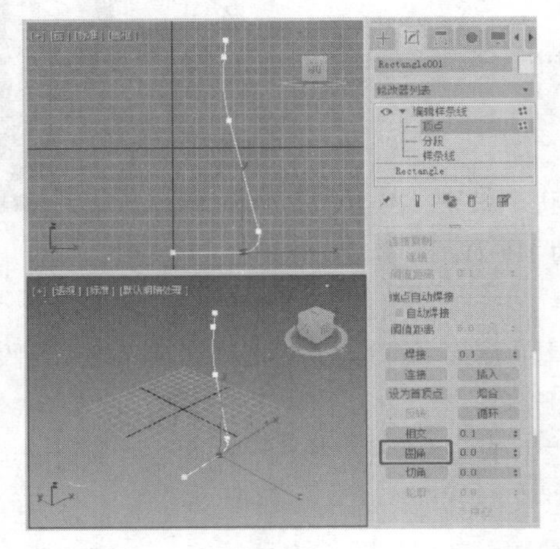

图 4-9

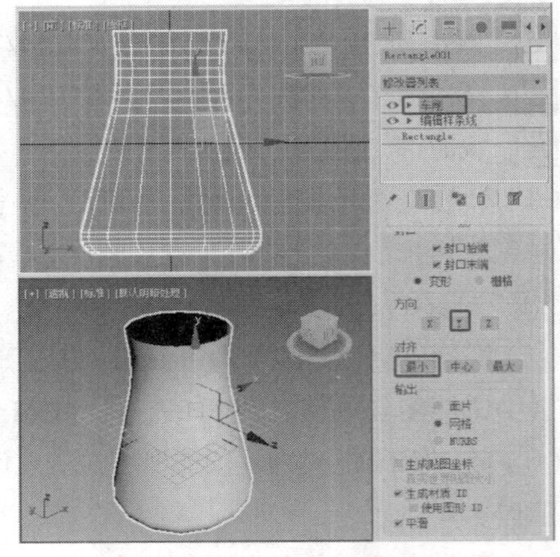

图 4-10

（7）为模型添加“壳”修改器，在“参数”卷展栏中设置“外部量”为 4.0，如图 4-11 所示。

（8）为模型添加“编辑多边形”修改器，将选择集定义为“边”，在场景中选择图 4-12 所示的边。

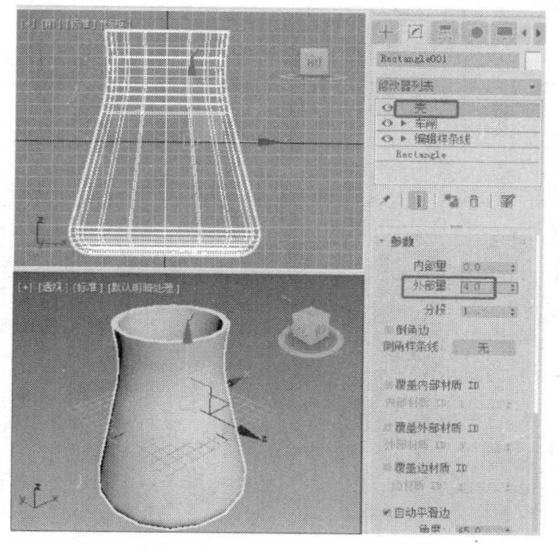

图 4-11

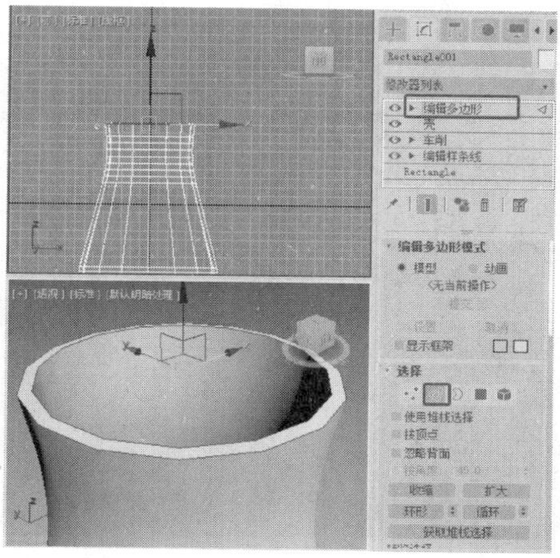

图 4-12

（9）在“编辑边”卷展栏中单击“切角”按钮右侧的▣（设置）按钮，弹出助手小盒，从中设置“切角量”为 1.0、“分段”为 2，单击确定按钮，如图 4-13 所示。

（10）关闭选择集，为模型添加“涡轮平滑”修改器，使用默认的参数，完成花瓶模型的制作，效果如图 4-14 所示。

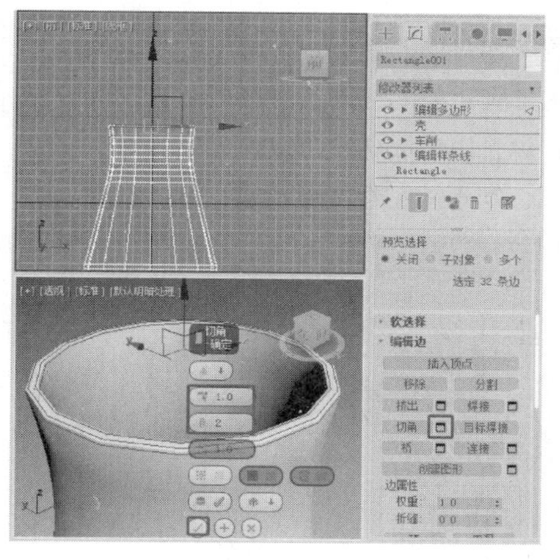

图 4-13

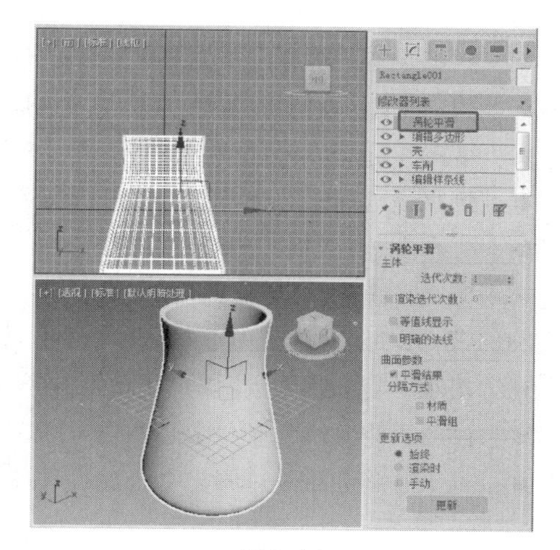

图 4-14

4.2.2 “车削”修改器

“车削”修改器是通过绕轴旋转一个图形或一条 NURBS 曲线，进而生成三维模型的修改器。通过旋转，能得到表面圆滑的模型。下面介绍“车削”修改器的参数和使用方法。

对所有修改器来说，在对象被选中时才能对其修改器进行选择。“车削”修改器是用于对二维图形进行编辑的修改器，所以只有选择二维图形后才能选择“车削”修改器。

在视口中任意创建一个二维图形，如图 4-15 所示。切换到（修改）命令面板，然后在“修改器列表”中选择“车削”修改器，建模效果如图 4-16 所示。

“车削”修改器的“参数”卷展栏（见图 4-17）的介绍如下。

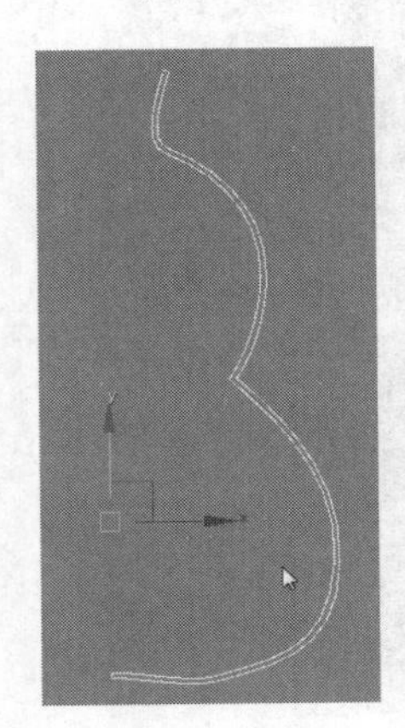

图 4-15

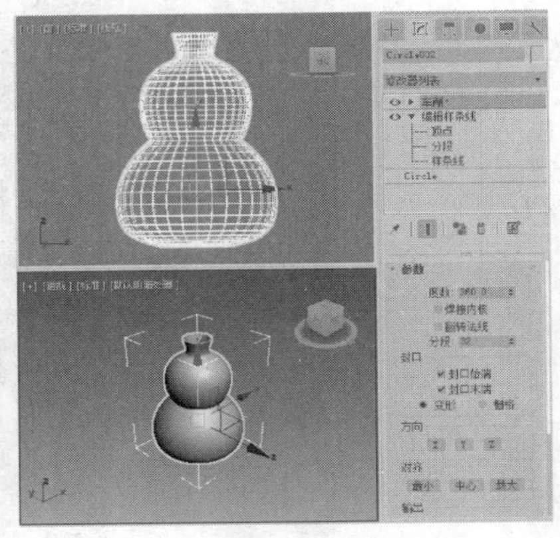

图 4-16

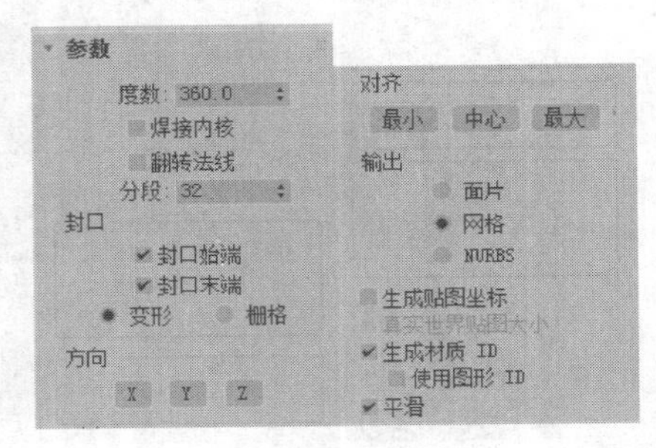

图 4-17

- 度数：用于设置旋转的角度。
- 焊接内核：将旋转轴上重合的点进行焊接，以得到结构相对简单的造型。
- 翻转法线：勾选该复选框，将会翻转造型表面的法线方向。

“封口”选项组：当车削对象的“度数”小于 360° 时，该选项组用于控制是否在车削对象内部创建封口。

- 封口始端：封口设置的“度数”小于 360° 的车削对象的始点，并形成闭合的面。
- 封口末端：封口设置的“度数”小于 360° 的车削对象的终点，并形成闭合的面。
- 变形：选择该单选按钮，将不进行面的精简计算，以便制作变形动画。
- 栅格：选择该单选按钮，将进行面的精简计算，但不能制作变形动画。
- “方向”选项组：用于设置旋转中心轴线的方向。“X”“Y”“Z”分别用于设置不同的轴向。系统默认选择“Y”。

“对齐”选项组：用于设置曲线与中心轴线的对齐方式。

- 最小：将曲线内边界与中心轴线对齐。
- 中心：将曲线中心与中心轴线对齐。
- 最大：将曲线外边界与中心轴线对齐。

4.2.3 “倒角”修改器

“倒角”修改器可以使平面模型增加一定的厚度形成立体模型，还可以使生成的立体模型产生一定的线形或圆形倒角。下面介绍“倒角”修改器的参数和使用方法。

选择“倒角”修改器的方法与选择“车削”修改器的方法相同，选择时应先在视口中创建二维图形，选择二维图形后再选择“倒角”修改器。图 4-18 所示为给一个二维图形添加“倒角”修改器的前后对比效果。

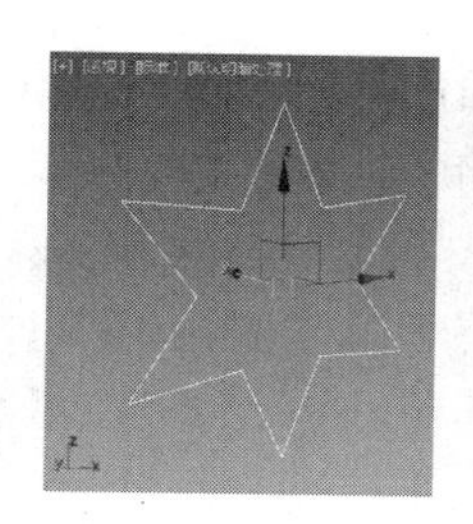
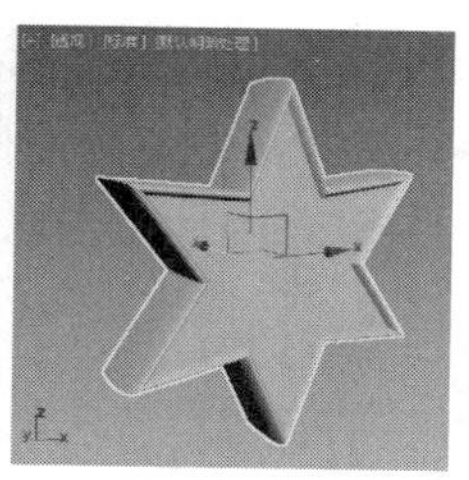

图 4-18

下面介绍“倒角”修改器的参数。

（1）“参数”卷展栏（见图 4-19）的介绍如下。

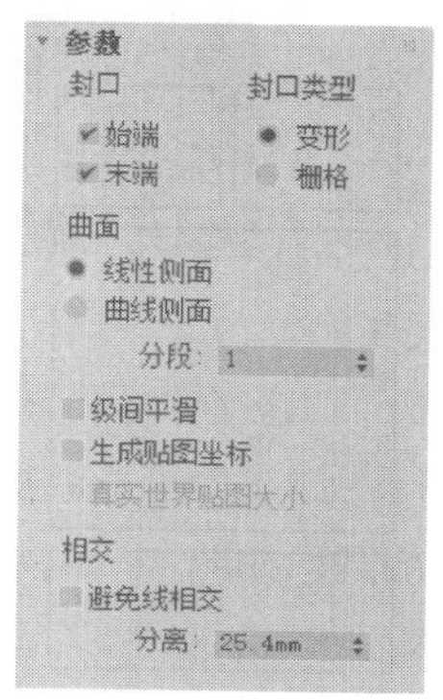

图 4-19

“封口”选项组：用于控制两端的面是否封口。

- “封口类型”选项组：用于设置封口表面的构成类型。
- 变形：不处理表面，以便进行变形操作，制作变形动画。
- 栅格：对表面进行网格处理，它产生的渲染效果要优于“Morph”（变形）方式。

“曲面”选项组：用于控制侧面的曲率、光滑度并指定贴图坐标。

- 线性侧面：设置倒角内部片段划分为直线方式。
- 曲线侧面：设置倒角内部片段划分为弧形方式。
- 分段：设置倒角内部的分段数。
- 级间平滑：勾选该复选框，将对倒角进行光滑处理，但总是保持顶盖不被光滑处理。

“相交”选项组：在制作倒角时，用于改善因尖锐的折角而产生的突出变形。

- 避免线相交：勾选该复选框，可以防止尖锐折角产生突出变形。
- 分离：设置两条边界线之间保持的距离，以防止越界交叉。

（2）“倒角值”卷展栏（见图 4-20）用于设置不同倒角级别的高度和轮廓，具体介绍如下。

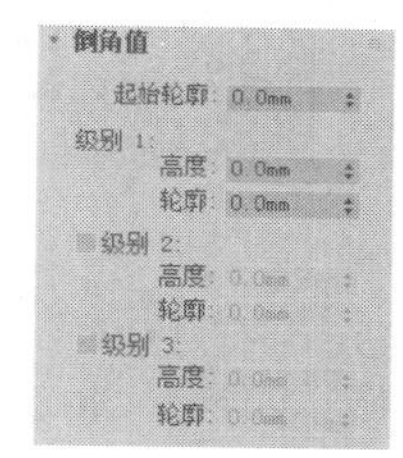

图 4-20

- 起始轮廓：设置原始图形的外轮廓大小。
- 级别 1/级别 2/级别 3：用于设置 3 个级别的高度和轮廓大小。

4.2.4　课堂案例——制作石膏线模型

学习目标：学会使用“扫描”修改器制作石膏线模型。

知识要点：创建矩形和圆，结合使用“编辑样条线”修改器和“扫描”修改器制作石膏线模型，参考效果如图 4-21 所示。

模型所在位置：云盘/场景/Ch04/石膏线模型.max。

图 4-21

微课视频

制作石膏线模型

效果所在位置：云盘/场景/Ch04/石膏线.max。

贴图所在位置：云盘/贴图。

（1）单击“+（创建）> （图形）> 样条线 > 矩形”按钮，在“前”视口中创建矩形作为扫描路径，在“参数”卷展栏中设置“长度”为1200.0，“宽度”为400.0，如图4-22所示。

（2）继续创建矩形，如图4-23所示，该矩形作为扫描图形。

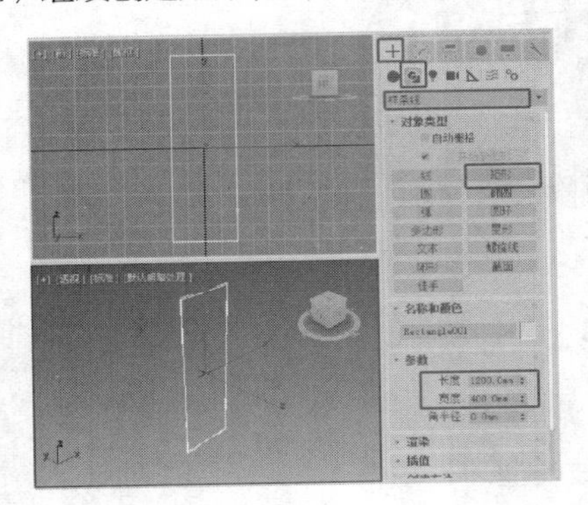

图4-22

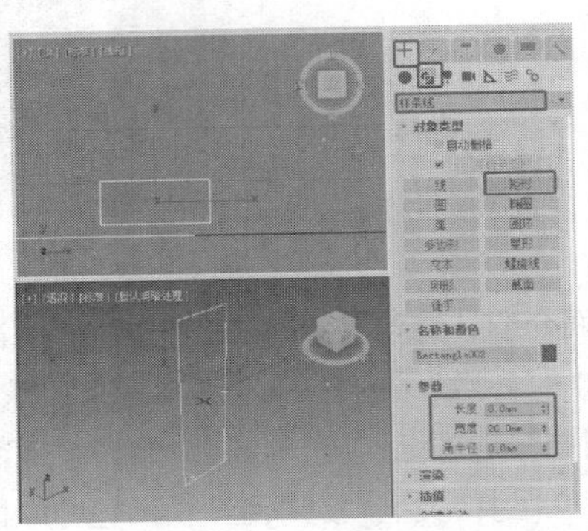

图4-23

（3）在“顶”视口中创建圆，设置合适的参数，复制圆，如图4-24所示。

（4）为矩形添加“编辑样条线”修改器，在“几何体”卷展栏中单击“附加”按钮，在场景中附加圆，如图4-25所示。

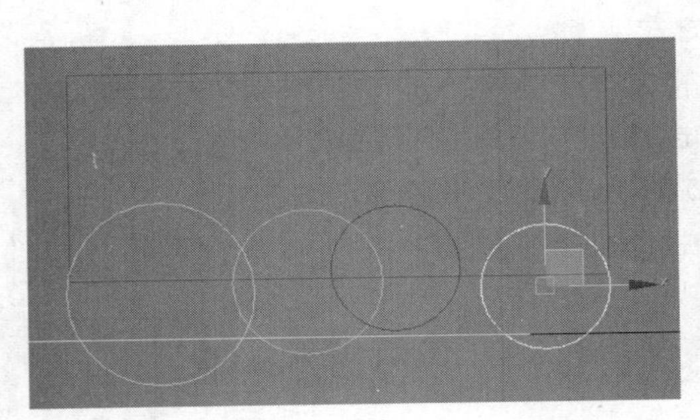

图4-24

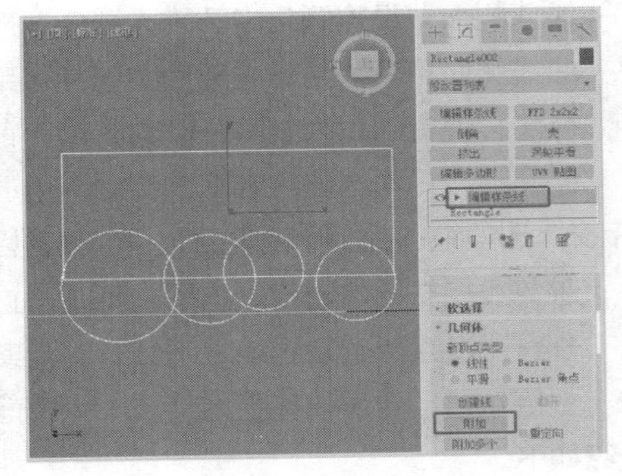

图4-25

（5）将选择集定义为“样条线”，在“几何体”卷展栏中单击“修剪”按钮，将多余的线段修剪掉，如图4-26所示。

（6）修改图形后，将选择集定义为“顶点”，按“Ctrl+A”快捷键全选顶点，在“几何体”卷展栏中单击“焊接”按钮，焊接顶点，如图4-27所示。

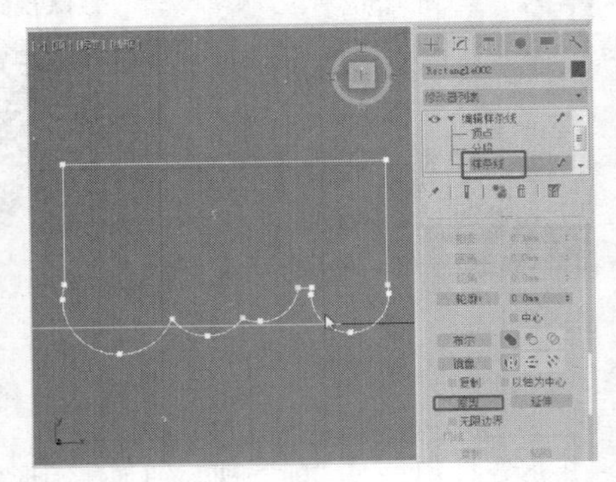

图4-26

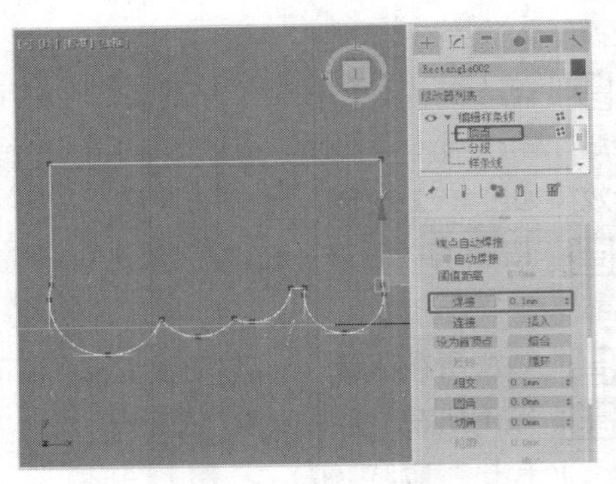

图4-27

（7）在场景中选择第 1 个矩形，为其添加“扫描”修改器，在“截面类型”卷展栏中选择“使用自定义截面”单选按钮，单击“拾取”按钮，拾取修剪后的图形，如图 4-28 所示。

（8）在“扫描参数”卷展栏中设置合适的参数，如图 4-29 所示，完成石膏线模型的制作。

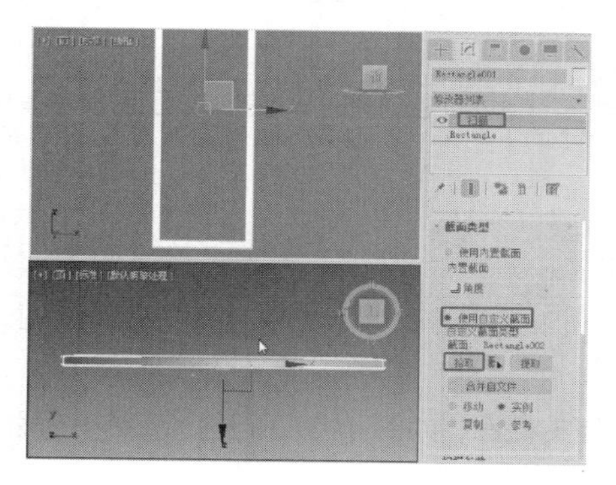

图 4-28

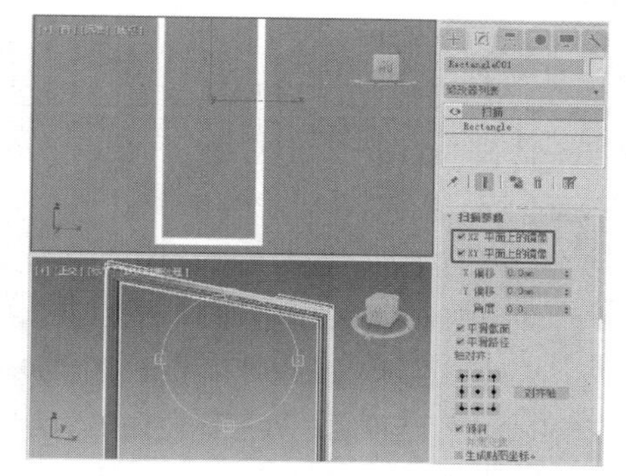

图 4-29

4.2.5 “挤出”修改器

“挤出”修改器可以使二维图形增加厚度，转化成三维模型。下面介绍“挤出”修改器的参数和使用方法。

在场景中选择需要添加“挤出”修改器的图形，在“修改器列表”中选择“挤出”修改器。图 4-30 所示为给一个二维星形添加“挤出”修改器的前后对比效果。

“挤出”修改器的“参数”卷展栏（见图 4-31）的介绍如下。

- 数量：用于设置挤出的高度。
- 分段：用于设置在挤出高度方向上的分段数。
- 封口始端：将挤出的对象顶端加面覆盖。
- 封口末端：将挤出的对象底端加面覆盖。
- 变形：选择该单选按钮，将不进行面的精简计算，以便制作变形动画。
- 栅格：选择该单选按钮，将进行面的精简计算，不能制作变形动画。
- 面片：将挤出的对象输出为面片造型。
- 网格：将挤出的对象输出为网格造型。
- NURBS：将挤出的对象输出为 NURBS 曲面造型。

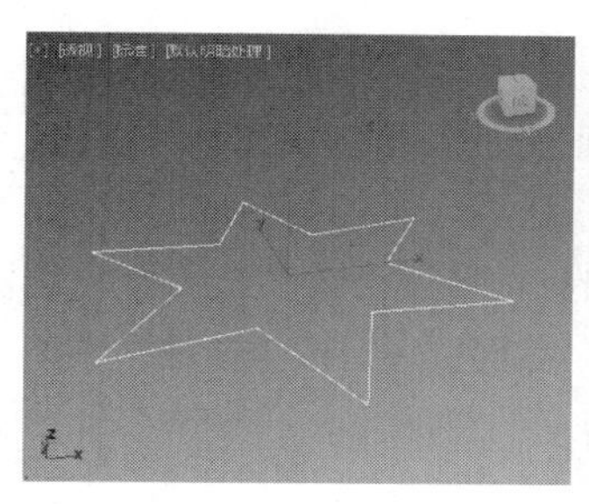
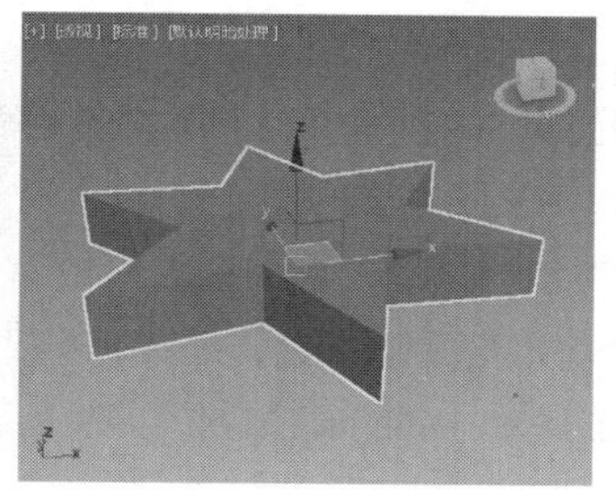

图 4-30

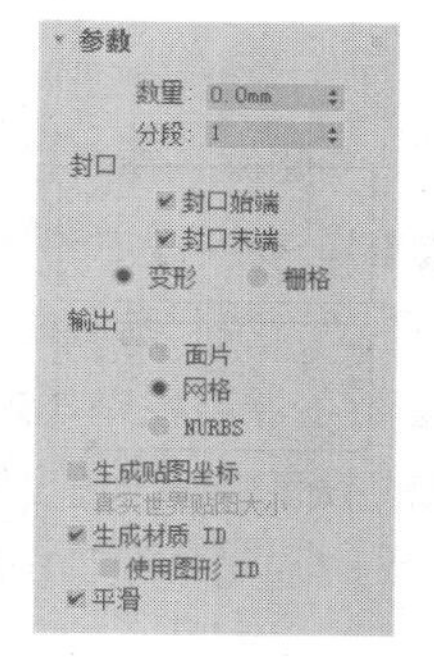

图 4-31

4.2.6 “扫描”修改器

“扫描”修改器类似于“挤出”修改器，其原理是沿着基本样条线或 NURBS 曲线路径挤出截面。该修改器可以处理一系列预制的截面，如角度、通道和宽法兰，也可以使用用户自定义的样条线或 NURBS 曲线作为截面。

在创建结构钢细节、建模细节或任何需要沿着样条线挤出截面的模型时，该修改器都非常有用。其作用类似于“放样”，但它是一种更有效的方法。

下面介绍“扫描”修改器的参数。

（1）“截面类型”卷展栏（见图 4-32）的介绍如下。

- 使用内置截面：选择该单选按钮时，可以使用一个内置的备用截面。在使用内置截面时，相应地会显示“参数”和“插值”卷展栏。

“内置截面”选项组：展开下拉列表，会显示系统内置的截面，如图 4-33 所示。各种内置截面左侧均有形象的图标，这里就不详细介绍了。

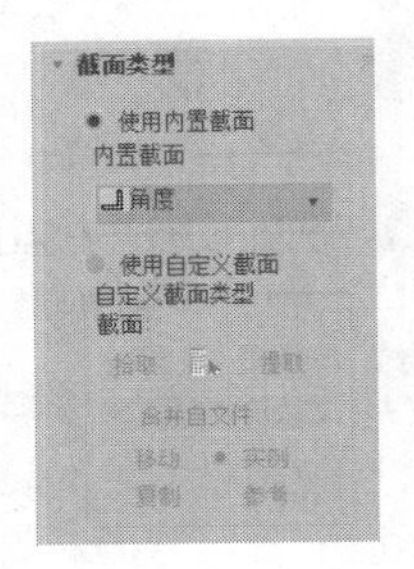

图 4-32

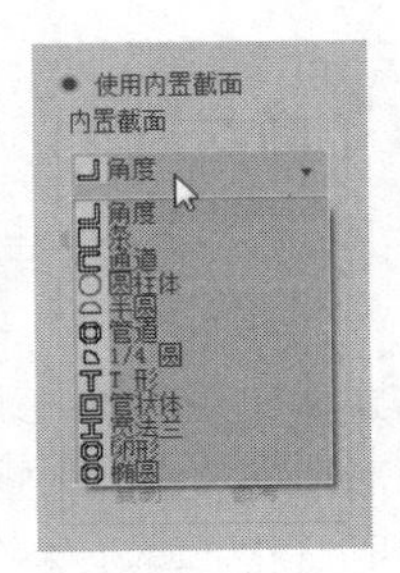

图 4-33

- 使用自定义截面：选择该单选按钮后，可以在场景中拾取用户自定义的截面图形。一般用于处理室内灯池和墙裙、各类门窗或建筑的细节包边等模型。
- “自定义截面类型”选项组：用于控制自定义截面图形。
- 截面：用于显示自定义截面图形的名称。
- 拾取：单击该按钮，在场景中拾取截面图形，自定义的模型效果会在场景中显示。
- （拾取图形）按钮：单击该按钮，弹出“拾取图形”对话框，从中可以按名称选择自定义截面图形。
- 提取：单击该按钮，可以创建一个新的自定义截面图形，该图形可以为副本、实例或参考。
- 合并自文件：单击该按钮，弹出“合并文件”对话框，从中可以选择存储在另一个.max 文件中的截面图形。

（2）“插值”卷展栏（见图 4-34）的介绍如下。

“插值”卷展栏中的参数只影响选择的内置截面，而不影响截面扫描所沿的样条线。

（3）“参数”卷展栏（见图 4-35）的介绍如下。

“参数”卷展栏是与内置截面的类型相关的，会根据内置截面的不同而显示不同的参数。例如，较复杂的截面（如“角度”）有 7 个可以更改的参数，而“1/4 圆”截面则只有一个参数。

（4）“扫描参数”卷展栏（见图 4-36）的介绍如下。

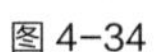
图 4-34

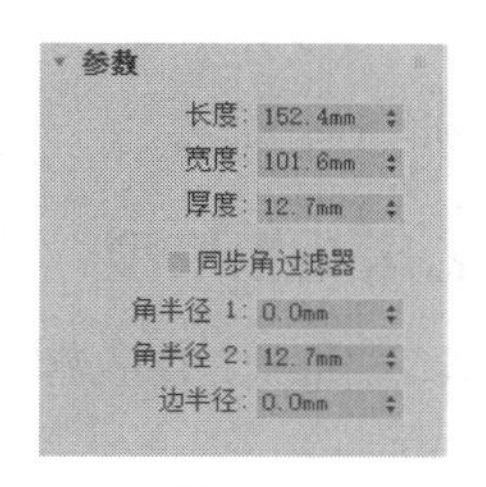

图 4-35

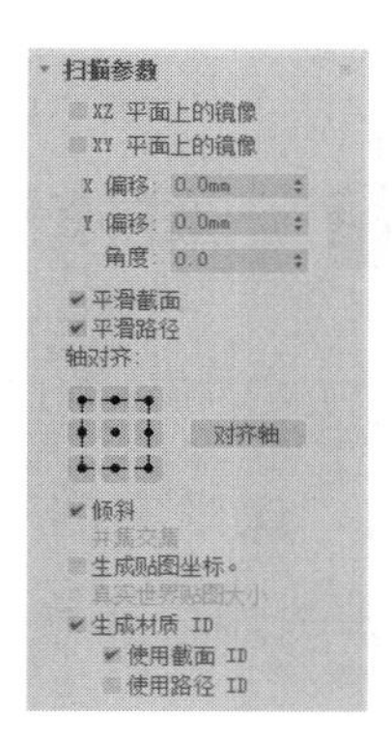

图 4-36

“扫描参数”卷展栏包含用来构建扫描几何体的各种参数。

- XZ 平面上的镜像：勾选该复选框后，截面相对于应用“扫描”修改器的样条线垂直翻转。默认取消勾选。
- XY 平面上的镜像：勾选该复选框后，截面相对于应用“扫描”修改器的样条线水平翻转。默认取消勾选。
- X 偏移：相对于基本样条线移动截面的水平位置。
- Y 偏移：相对于基本样条线移动截面的垂直位置。
- 角度：相对于基本样条线所在的平面旋转截面。
- 平滑截面：勾选该复选框后，系统会提供一个平滑曲面，该曲面环绕着沿基本样条线扫描的截面的边界。默认勾选。
- 平滑路径：勾选该复选框后，系统会沿着基本样条线的“长度”方向提供一个平滑曲面。默认勾选，当样条线路径有明显转折时应取消勾选。
- 轴对齐：用于控制截面与基本样条线路径对齐的二维栅格。单击 9 个按钮之一来围绕样条线路径移动截面的轴。

提 示

在精确建模的过程中，在“轴对齐”中单击的按钮一般应与截面图形的首顶点是相辅的。如首顶点在截面的左侧，则应单击左侧的任意按钮。

- 对齐轴：单击该按钮后，“轴对齐”栅格在视口中以三维外观显示，如图 4-37 所示。只能看到 3×3 的对齐栅格、截面和基本样条线路径。对齐后，就可以取消激活“对齐轴”按钮或右击以查看扫描结果。对齐的顶点以黄色显示，其他顶点以橙色显示。
- 倾斜：勾选该复选框后，只要路径弯曲并改变其局部 z 轴的高度，截面便围绕样条线路径旋转。如果样条线路径为二维图形，则忽略倾斜；如果取消勾选该复选框，则图形在穿越三维路径时不会围绕其 z 轴旋转。默认勾选。
- 并集交集：如果使用多条交叉样条线，比如栅格，那么勾选该复选框可以生成清晰且真实的交叉点。

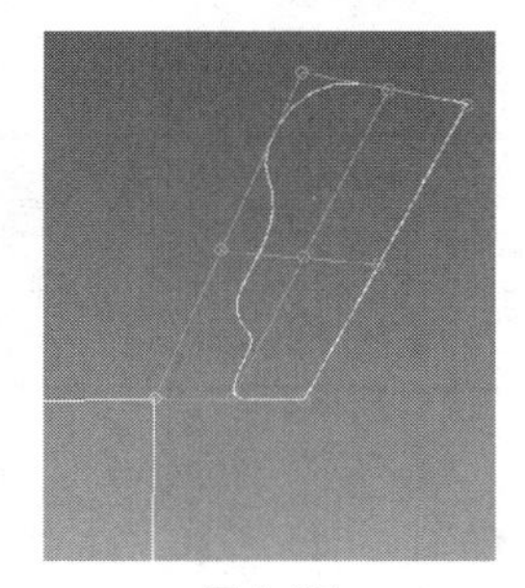
图 4-37

4.3 三维模型的常用修改器

本节将介绍常用的可以使三维模型变形的修改器。

4.3.1 课堂案例——制作铁艺床头柜模型

学习目标：熟悉“晶格”修改器、“锥化”修改器和“挤出”修改器的使用方法。

知识要点：创建圆柱体和圆，结合使用“晶格”修改器、“锥化”修改器和“挤出”修改器制作铁艺床头柜模型，参考效果如图4-38所示。

模型所在位置：云盘/场景/Ch04/铁艺床头柜模型.max。

效果所在位置：云盘/场景/Ch04/铁艺床头柜.max。

贴图所在位置：云盘/贴图。

微课视频

制作铁艺床头柜模型

（1）单击“+（创建）> ●（几何体）> 标准基本体 > 圆柱体”按钮，在“顶”视口中创建圆柱体，设置合适的参数，如图4-39所示。

图4-38

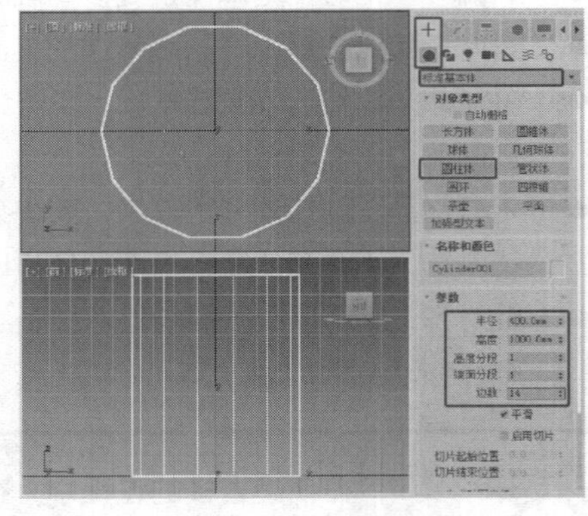
图4-39

（2）切换到（修改）命令面板，为圆柱体添加“晶格”修改器，并设置合适的参数，如图4-40所示。

提示

“晶格”修改器是一个比较重要的修改器，该修改器可以将模型的线段或边转化为圆柱体结构，并在顶点上产生可选的关节多面体。

（3）为模型添加“编辑多边形”修改器，将选择集定义为“元素”，在场景中选择不需要的元素，如图4-41所示，按“Delete”键删除元素。

（4）单击“+（创建）> （图形）> 样条线 > 圆”按钮，在“顶”视口中创建圆，设置合适的大小，并设置合适的渲染参数，如图4-42所示。

（5）复制圆到图4-43所示的位置，并选择晶格模型，定义选择集为“元素”，选择顶部的一圈元素，按“Delete”键删除元素。

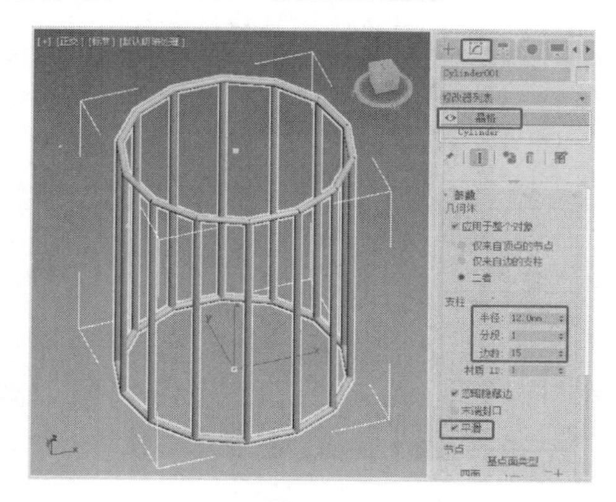

图 4-40

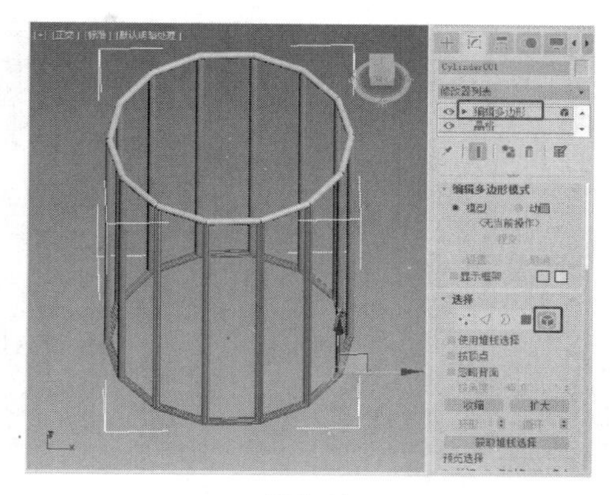

图 4-41

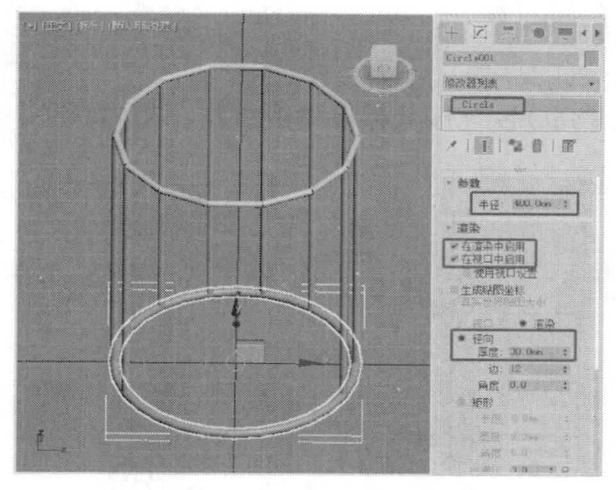

图 4-42

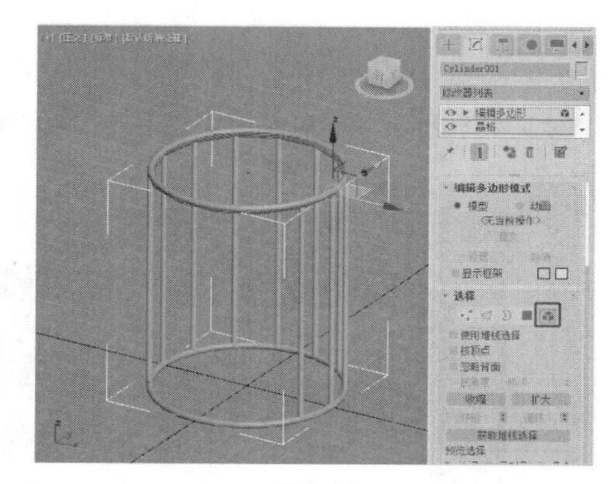

图 4-43

（6）关闭选择集，单击“附加”按钮，将顶、底的可渲染的两个圆附加到晶格模型上，如图 4-44 所示。

（7）为模型添加“锥化”修改器，设置合适的参数，如图 4-45 所示。

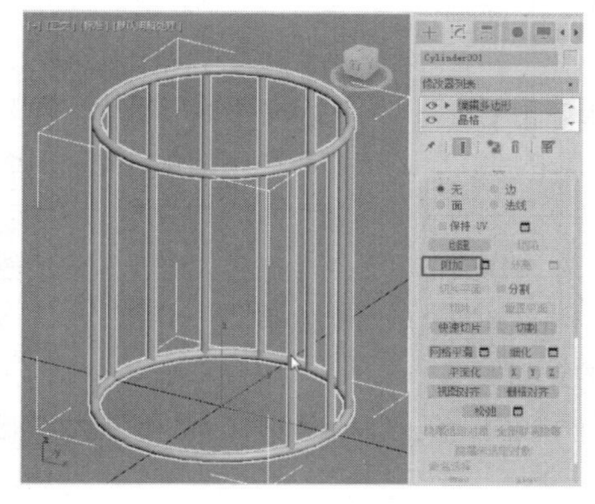

图 4-44

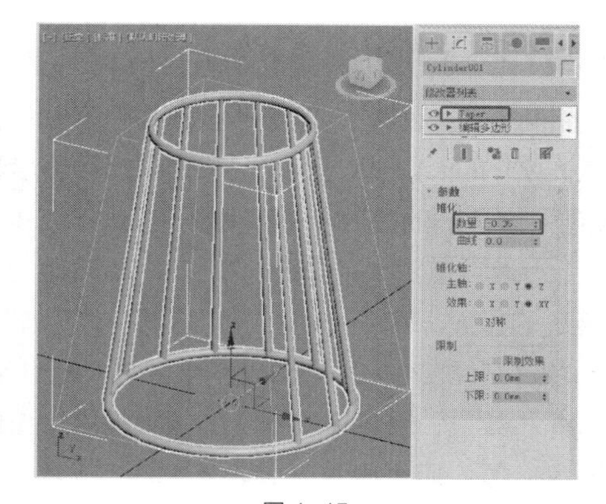

图 4-45

（8）继续创建可渲染的圆，并设置合适的参数，如图 4-46 所示。

（9）调整圆的位置后，按“Ctrl+V”快捷键，在弹出的对话框中选择“复制”单选按钮，单击“确定”按钮，如图 4-47 所示。

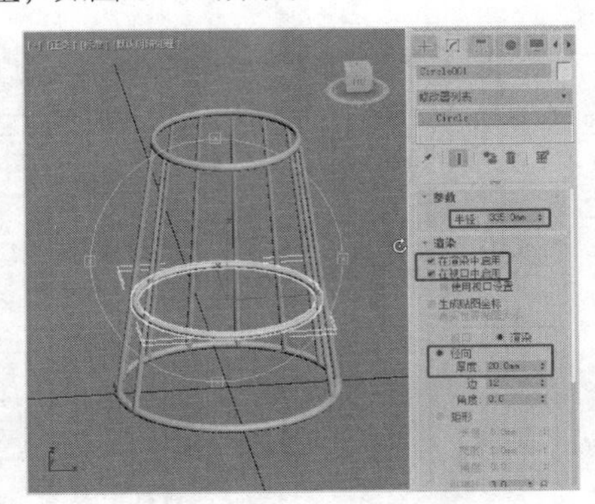
图 4-46

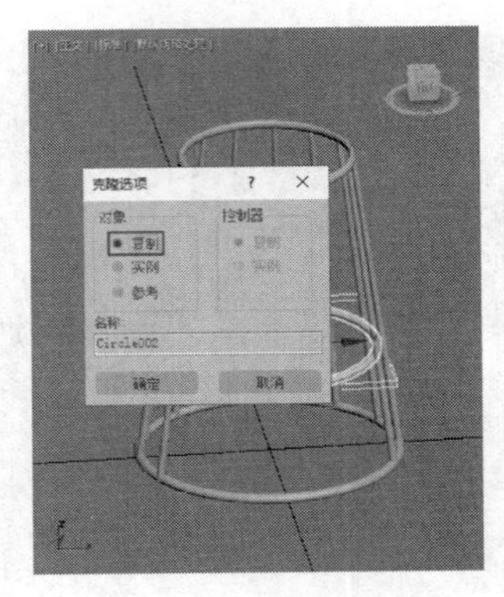
图 4-47

（10）复制圆后，为圆添加“挤出”修改器，设置合适的参数，并调整模型到合适的位置，作为床头柜的底部层板，如图 4-48 所示。

（11）将底部层板复制到模型的上方，作为床头柜面，完成铁艺床头柜模型的制作，效果如图 4-49 所示。

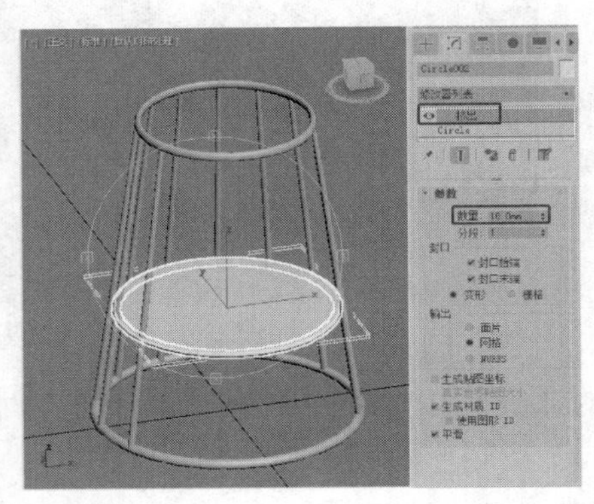
图 4-48

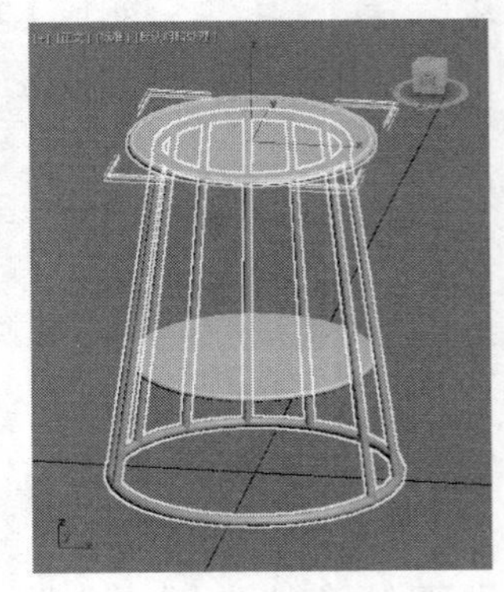
图 4-49

4.3.2 “锥化”修改器

“锥化”修改器主要用于对模型进行锥化处理，通过缩放模型的两端而产生锥形轮廓，同时可以加入光滑的曲线轮廓。通过调节锥化的倾斜度和曲线轮廓的曲度，还能产生局部锥化效果。下面介绍“锥化”修改器的参数和使用方法。

在场景中选择需要添加“锥化”修改器的几何体，在“修改器列表”中选择“锥化”修改器，设置合适的参数。图 4-50 所示为给圆柱体添加“锥化”修改器的前后对比效果。

“锥化”修改器的“参数”卷展栏（见图 4-51）的介绍如下。

- 数量：用来控制锥化的倾斜程度，正值表示向外倾斜，负值表示向内倾斜。该参数值是相对值，最大值为 10.0。
- 曲线：用来控制侧面轮廓的曲度，正值表示向外曲，负值表示向内曲。值为 0.0 时，侧面曲度不变。默认值为 0.0。
- 主轴：锥化的中心轴或中心线，有“X”“Y”“Z”3 种选择，默认为“Z”。

- 效果：用于设置影响锥化效果的轴向。影响轴可以是剩下两个轴中的任意一个，或者是它们的组合。如果主轴是“X”，影响轴可以是“Y”、“Z”“YZ”，默认设置为“YZ”。
- 对称：勾选该复选框，对象将围绕一个轴来对称锥化。默认取消勾选。
- 限制效果：勾选此复选框并设置相应的参数可以控制锥化效果的影响范围。
- 上限：用于设置锥化的上限，超出上限的区域将不受锥化影响。
- 下限：用于设置锥化的下限，在下限与上限之间的区域都会受到锥化的影响。

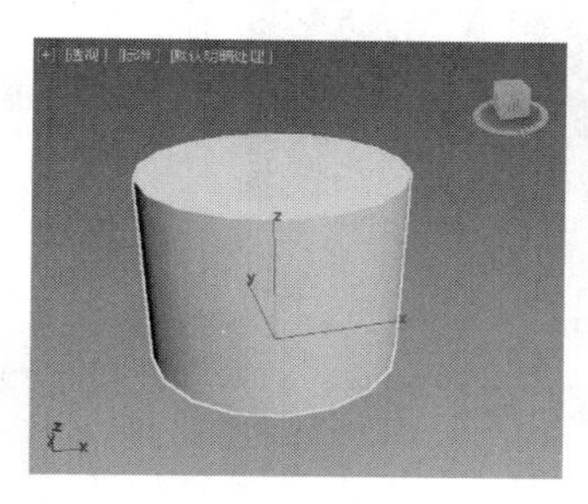
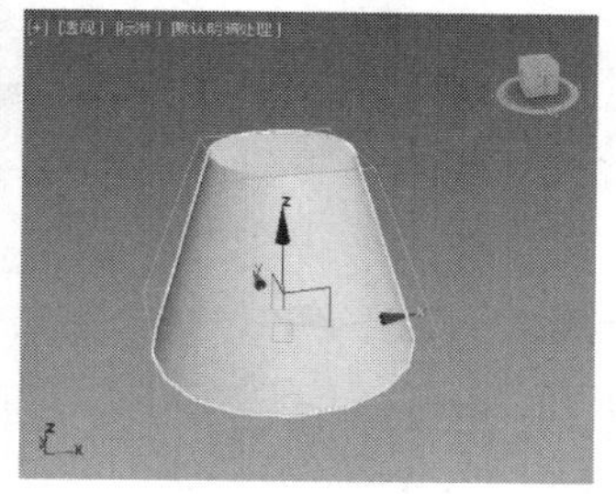

图 4-50

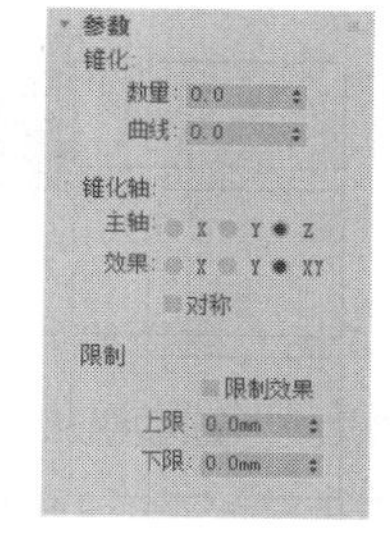

图 4-51

4.3.3 “扭曲”修改器

“扭曲”修改器主要用于对模型进行扭曲处理。通过调整扭曲的角度和偏移值，可以得到各种扭曲效果；通过限制参数的设置，可以使扭曲效果限定在固定的区域内。

在场景中选择需要添加“扭曲”修改器的模型，在“修改器列表”中选择“扭曲”修改器，设置合适的参数。图 4-52 所示为给长方体添加“扭曲”修改器的前后对比效果。

“扭曲”修改器的“参数”卷展栏（见图 4-53）的介绍如下。

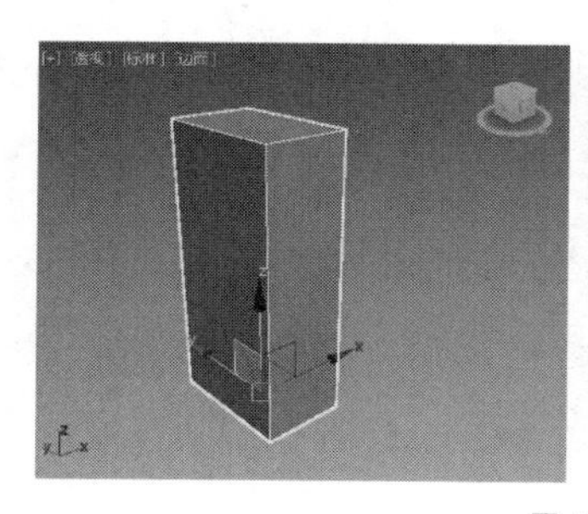
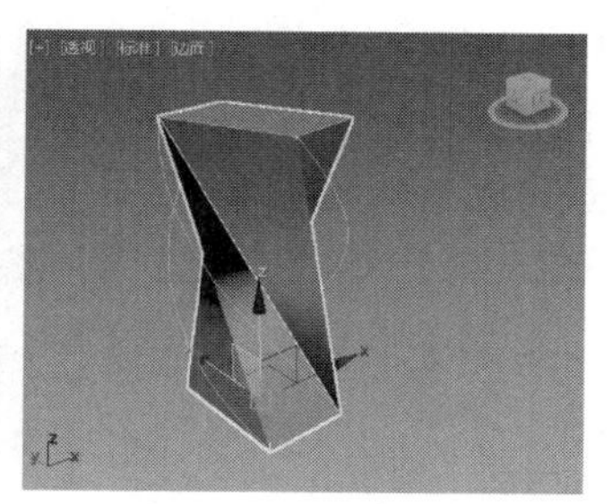

图 4-52

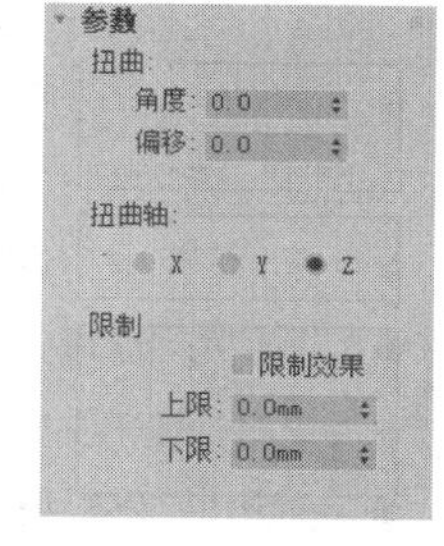

图 4-53

- 角度：用来控制围绕垂直轴扭曲的程度。
- 偏移：使扭曲旋转在对象的任意末端团聚。取值范围为-100 至 100，默认为 0。
- 扭曲轴：用于选择进行扭曲所沿着的轴。默认设置为“Z”。
- 上限：用于设置扭曲效果的上限。默认值为 0。
- 下限：用于设置扭曲效果的下限。默认值为 0。

4.3.4 “噪波”修改器

“噪波”修改器是一种能使对象表面凸起、破碎的修改器，一般用于创建地面、山体和水面的波纹等不平整的模型。

在场景中选择需要添加“噪波”修改器的模型，并在“修改器列表”中选择“噪波”修改器，设置合适的参数。图4-54所示为给立方体添加“噪波”修改器的前后对比效果。

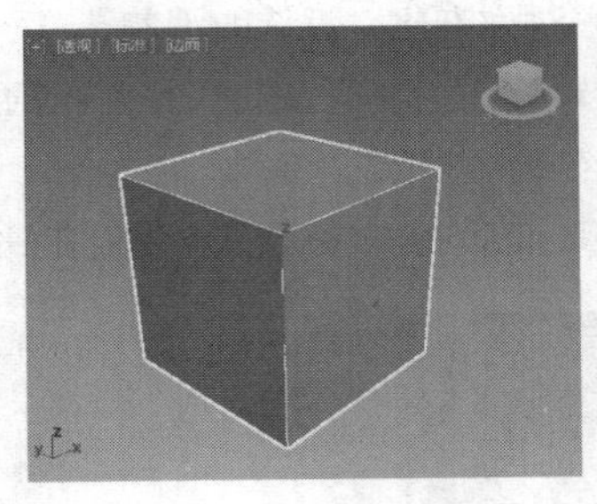

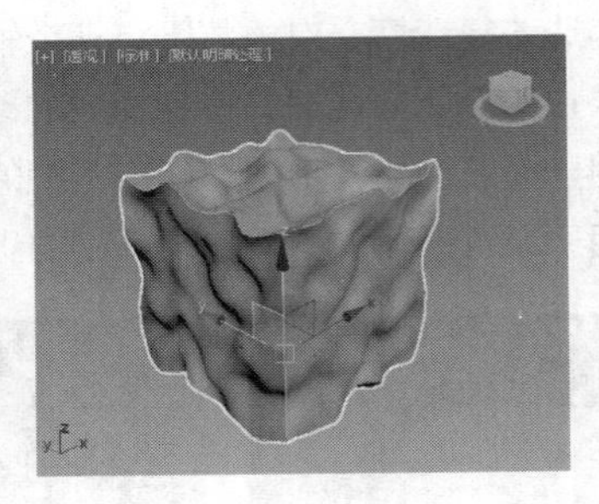

图4-54

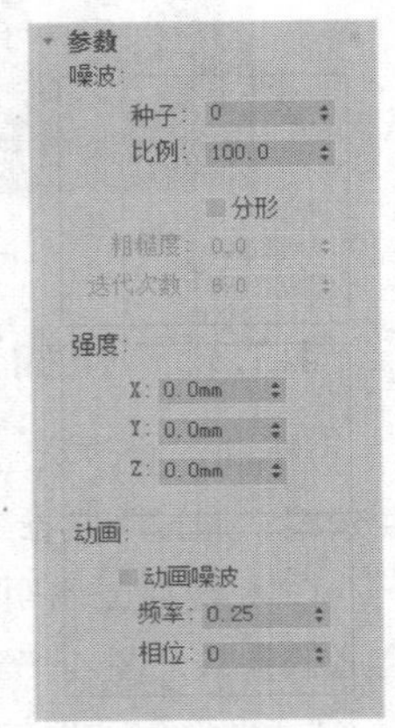

图4-55

“噪波”修改器的“参数”卷展栏（见图4-55）的介绍如下。

“噪波”选项组：控制噪波的出现及由此引起的在对象的物理表面上的影响。默认情况下，此控制处于非活动状态，直到用户更改设置。

- 种子：从设置的数中生成一个随机起始点，在创建地形时尤其有用，因为每种设置都可以生成不同的配置。
- 比例：设置噪波影响（不是强度）的大小。较大的值产生更为平滑的噪波，较小的值产生锯齿现象更严重的噪波。
- 分形：根据当前设置产生分形效果。默认取消勾选。
- 粗糙度：决定分形变化的程度。
- 迭代次数：控制分形功能所使用的迭代次数。较小的迭代次数使用较少的分形能量并生成更平滑的效果。

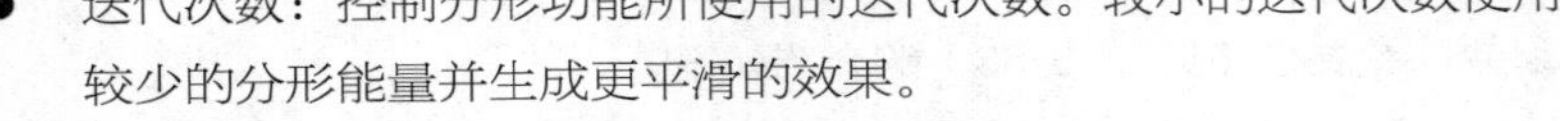

“强度”选项组：控制噪波效果（强度）的大小。

- X/Y/Z：分别沿着3个轴设置噪波效果。

“动画”选项组：用于设置动画的频率和相位。

- 动画噪波：调节“噪波”选项组和“强度”选项组中参数的组合效果。
- 频率：设置正弦波的周期，以调节噪波效果的速度感。较高的频率使噪波振动得更快，较低的频率产生较为平滑和温和的噪波。
- 相位：移动噪波的开始点和结束点。

4.3.5 “编辑多边形”修改器

“编辑多边形”修改器是一种网格修改器，它几乎包含“编辑网格”修改器的所有功能。二者最大的区别是“编辑网格”修改器的对象是由三角面构成的框架结构，“编辑网格”修改器可以通过编辑“面”子层级来编辑对象的三角面；而“编辑多边形”修改器比“编辑网格”修改器多了一个“边界”子层级，且功能比“编辑网格”修改器强大很多。

1. “编辑多边形”修改器与“可编辑多边形”修改器的区别

“编辑多边形”修改器（见图4-56）与“可编辑多边形”修改器（见图4-57）的大部分参数相同，但卷展栏有不同之处。

“编辑多边形”修改器是一个普通修改器，可在修改器堆栈中添加该修改器。

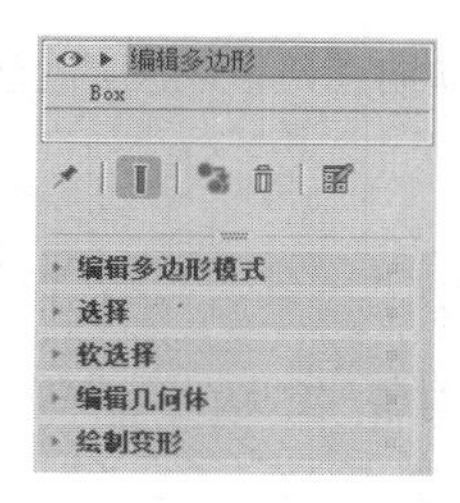

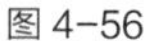
图 4-56

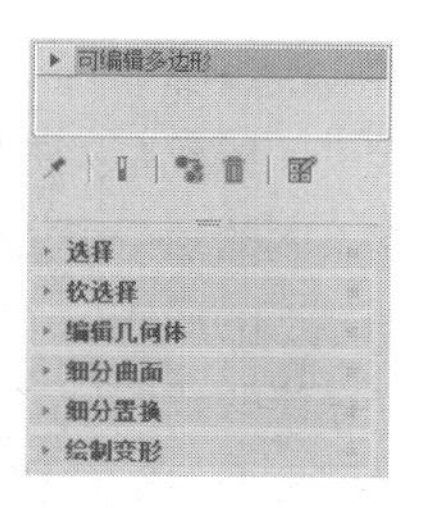

图 4-57

“可编辑多边形”修改器是一个塌陷型修改器，比“编辑多边形”修改器多了“细分曲面”卷展栏、“细分置换”卷展栏。

“编辑多边形”修改器具有“模型”和“动画”两种操作模式。在“模型”操作模式下，可以使用各种工具编辑多边形；在“动画”操作模式下，可以结合“自动关键点”按钮或“设置关键点”按钮将编辑多边形的操作设置为动画，在此模式下只有用于设置动画的功能才可用。

2. “编辑多边形”修改器的子层级

“编辑多边形”修改器为“顶点”“边”“边界”“多边形”“元素”提供了显式编辑工具。

为模型添加“编辑多边形”修改器后，在修改器堆栈中可以查看“编辑多边形”修改器的子层级，如图 4-58 所示。各子层级的介绍如下。

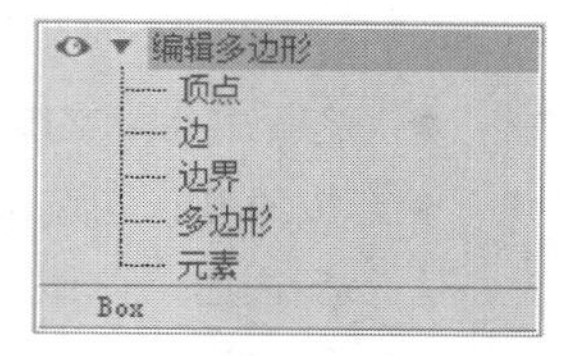

图 4-58

- 顶点：顶点是位于相应位置的点，它们定义了构成“多边形”子层级的其他子层级的结构。当移动或编辑顶点时，它们形成的几何体也会受影响。顶点也可以独立存在，孤立顶点可以用来构建几何体，但在渲染时，它们是不可见的。
- 边：边是连接两个顶点的直线段，它可以形成多边形的边。边不能由两个以上的多边形共享。
- 边界：边界是网格的线性部分，它通常是多边形某一面的边序列。
- 多边形：多边形是通过曲面连接的 3 条或多条边的封闭序列。多边形提供“编辑多边形”修改器的可渲染曲面。当将选择集定义为“多边形”时，可选择单个或多个多边形，然后使用标准方法变换它们。
- 元素：元素是指单个的网格对象，两个或两个以上的元素可组合为一个更大对象。

3. 公共卷展栏

“编辑多边形”修改器的各子层级都有一些公共卷展栏，在修改器堆栈中选择子层级后，相应的卷展栏就会显示出来。下面就来介绍这些公共卷展栏。

（1）“编辑多边形模式”卷展栏（见图 4-59）的介绍如下。

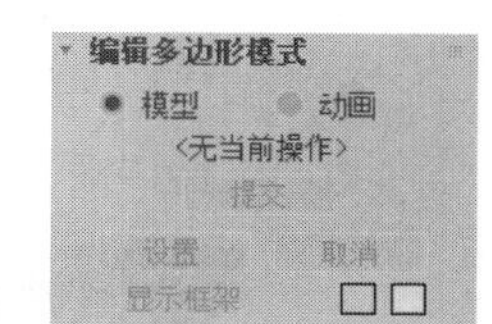

图 4-59

- 模型：用于使用“编辑多边形”修改器建模。在“模型”操作模式下，不能设置操作的动画。
- 动画：用于使用“编辑多边形”修改器设置动画。除选择“动画”单选按钮外，必须激活“自动关键点”按钮或“设置关键点”按钮才能设置对象变换和参数更改的动画。
- 标签：显示当前存在的操作；如果不存在任何操作，显示“<无当前操作>”。
- 提交：在“模型”操作模式下，使助手小盒接受任何更改并关闭助手小盒（与助手小盒中的

“确定”按钮功能相同）；在“动画”操作模式下，冻结已设置动画的选择对象在当前帧的状态，会丢失所有现有关键帧。

- 设置：切换不同的助手小盒。
- 取消：取消最近的操作。
- 显示框架：在修改或细分之前，切换选择多边形的子对象时的两种线框颜色。当前框架颜色显示为此复选框右侧的色块颜色。第1种颜色表示未选定的子对象，第2种颜色表示选定的子对象。单击色块可更改颜色。注意，“显示框架”的切换只能在子层级使用。

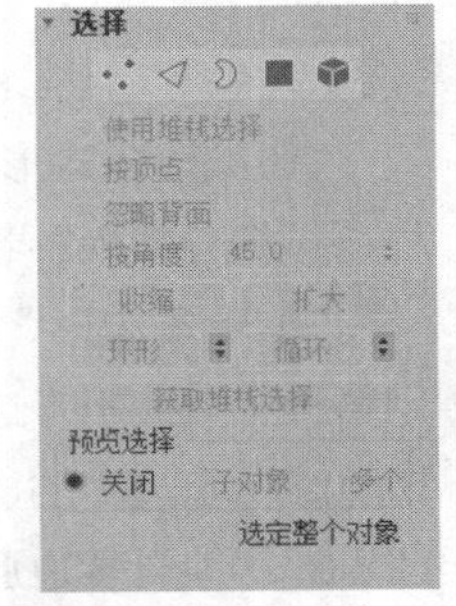

图4-60

（2）“选择”卷展栏（见图4-60）的介绍如下。

- 5个子层级按钮用于显示和激活相对应的参数。
- 使用堆栈选择：勾选该复选框时，“编辑多边形”修改器自动使用在堆栈中向上传递的任何现有子对象，并禁止用户手动选择。
- 按顶点：勾选该复选框时，只有通过选择顶点才能选择子对象。单击顶点时，将选择使用了该顶点的所有子对象。该功能在“顶点”子层级上不可用。
- 忽略背面：勾选该复选框后，只选择朝向正面的子对象。
- 按角度：勾选该复选框时，选择一个多边形后会基于该复选框右侧的角度值同时选择邻近多边形。该值可以确定要选择的邻近多边形之间的最大角度。该功能仅在“多边形”子层级可用。
- 收缩：通过取消选择最外部的子对象以缩小子对象的选择区域。示例如图4-61所示。
- 扩大：朝所有可用方向扩展选择区域，示例如图4-62所示。

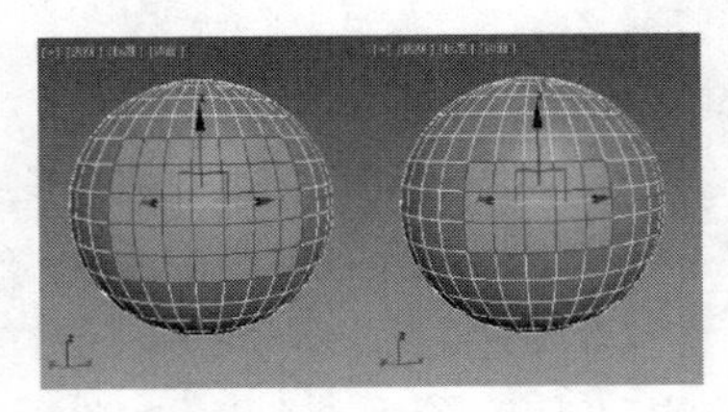
图4-61

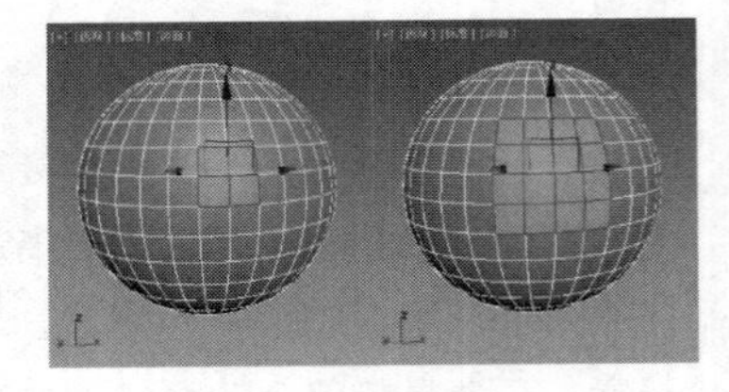
图4-62

- 环形：调节“环形”按钮旁边的微调器，可在任意方向上选择相同环上的其他边，即相邻的平行边，示例如图4-63所示。如果激活了“循环”按钮，则可以使用该功能选择相邻的循环边。注意，它和“循环”按钮只适用于“边”和“边界”子层级。
- 循环：在与所选边对齐的同时，尽可能远地扩展边选定范围。循环选择仅通过“四向连接”进行传播，示例如图4-64所示。

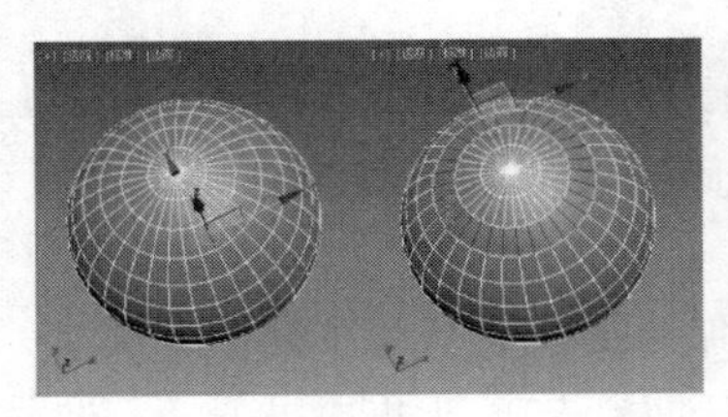
图4-63

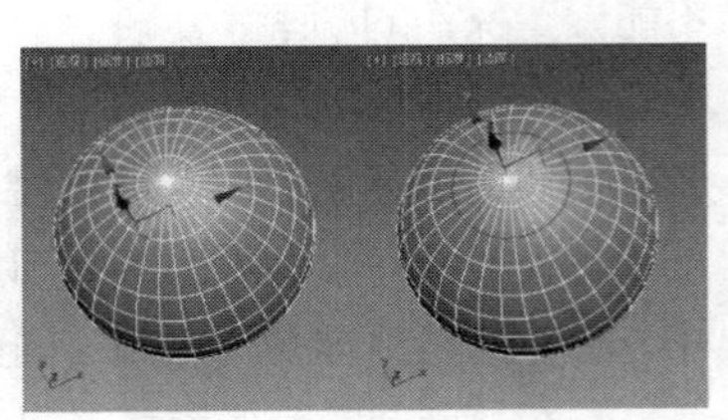
图4-64

- 获取堆栈选择：使用在堆栈中向上传递的子对象替换当前选择。

"预览选择"选项组：选择子对象之前，允许用户预览它。根据鼠标指针的位置，可以在当前子层级预览，或者自动切换子层级。

- 关闭：预览不可用。
- 子对象：仅在当前子层级启用预览，将鼠标指针移至子对象时，该子对象会高亮显示。如果需要选择特定的子对象，可以按住"Ctrl"键单击需要选择的子对象，示例如图 4-65 所示。
- 多个：其功能与"子对象"一样，根据鼠标指针的位置，可在"顶点""边""多边形"子层级之间自动切换。
- 文本提示行："选择"卷展栏底部显示一行文本，提供有关当前选择的信息。

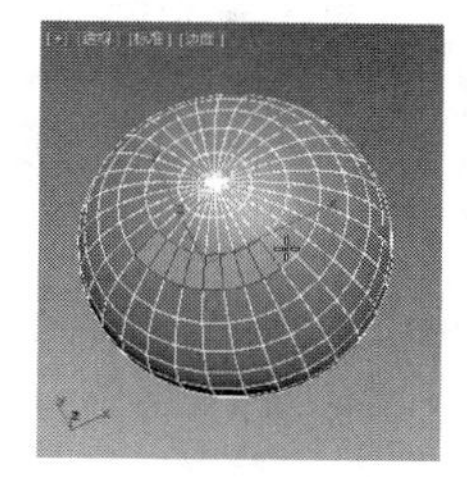
图 4-65

（3）"软选择"卷展栏（见图 4-66）的介绍如下。

- 使用软选择：勾选该复选框后，3ds Max 2020 会将样条线对象的变形操作应用到该对象周围的未选定子对象。要产生效果，必须在变换或修改样条线对象之前勾选该复选框。
- 边距离：勾选该复选框后，将软选择限制到指定的面数。
- 影响背面：勾选该复选框后，法线方向与选定子对象平均法线方向相反的、取消选择的面就会受到软选择的影响。
- 衰减：用于定义"影响背面"区域（球体）的大小。设置越大的衰减值，就可以实现越平缓的斜坡，具体情况取决于几何体比例。
- 收缩：沿着垂直轴升高或降低曲线的顶点。设置为正数时，将生成凸起；设置为负数时，将生成凹陷；设置为 0.0 时，收缩将跨越该轴生成平滑效果。
- 膨胀：沿着垂直轴展开和收缩曲线。
- 明暗处理面切换：显示颜色渐变，它与软选择的范围权重相适应。
- 锁定软选择：勾选该复选框将锁定标准软选择参数。通过锁定标准软选择的一些参数，可避免程序对它们进行更改。

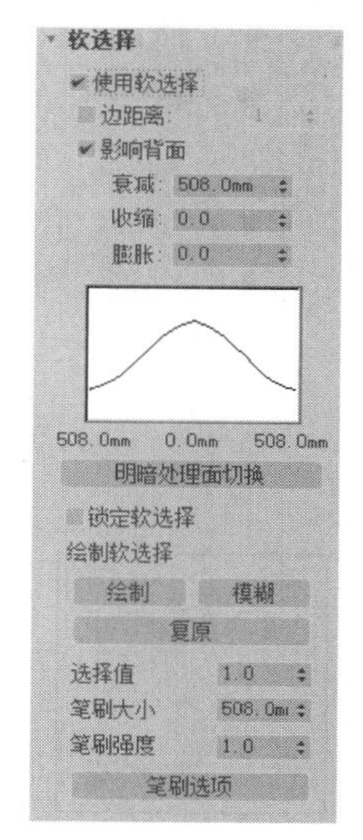

图 4-66

"绘制软选择"选项组：用户可以通过绘制不同权重的不规则形状来表达想要的选择效果。与标准软选择相比，使用"绘制软选择"功能可以更灵活地控制软选择图形的范围，让用户不再受固定衰减曲线的限制。

- 绘制：单击该按钮，在视口中拖动鼠标，可在当前对象上绘制软选择图形。
- 模糊：单击该按钮，在视口中拖动鼠标，可模糊当前软选择图形的轮廓。
- 复原：单击该按钮，在视口中拖动鼠标，可复原软选择图形。
- 选择值：设置绘制或复原软选择的最大权重，最大值为 1。
- 笔刷大小：设置绘制软选择图形的笔刷大小。
- 笔刷强度：设置绘制软选择图形的笔刷强度，强度越大，达到完全值的速度越快。

按住“Ctrl+Shift”组合键和鼠标左键拖动可以快速调整笔刷大小，按住“Alt+Shift”组合键和鼠标左键拖动可以快速调整笔刷强度。

- 笔刷选项：单击该按钮，可打开“绘制选项”对话框来自定义笔刷的形状、镜像、压力设置等。

（4）“编辑几何体”卷展栏（见图4-67）的介绍如下。

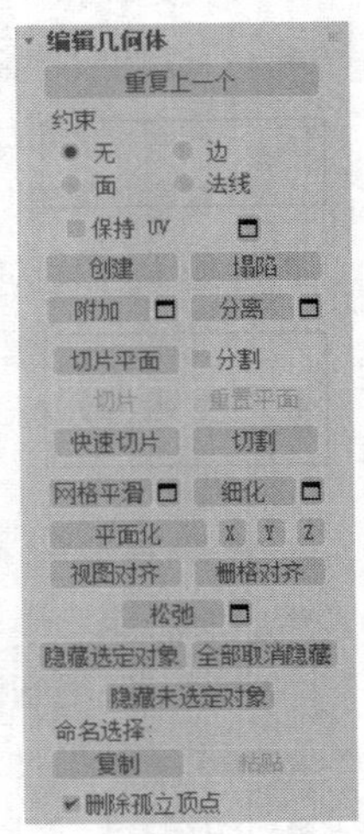

图4-67

- 重复上一个：重复最近的操作。

“约束”选项组：可以使用现有的几何体约束子对象的变换。

- 无：没有约束（系统默认设置）。
- 边：约束子对象到边界的变换。
- 面：约束子对象到单个曲面的变换。
- 法线：约束子对象到其法线（或平均法线）的变换。
- 保持UV：勾选此复选框后，可以编辑子对象，而不影响对象的UV贴图。
- 创建：创建新的几何体。
- 塌陷：将选择的顶点与选择中心的顶点焊接，使有连续选定子对象的组产生塌陷，示例如图4-68所示。

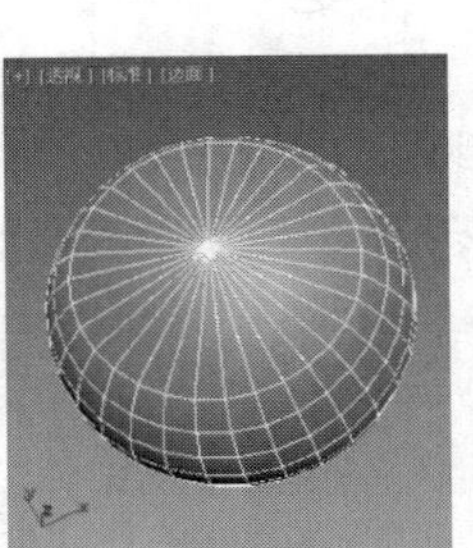

图4-68

- 附加：用于将场景中的其他对象附加到选定的“多边形”子对象。单击■（设置）按钮，在弹出的对话框中可以选择一个或多个对象进行附加。
- 分离：将选定的子对象和附加到子对象的多边形作为单独的对象或元素进行分离。单击■（设置）按钮，可打开“分离”对话框，使用该对话框可设置多个分离选项。
- 切片平面：为切片平面创建Gizmo（后面会讲到），可以通过定位和旋转它来指定切片位置。激活“切片平面”按钮会启用“切片”和“重置平面”按钮。单击“切片”按钮可在平面与几何体相交的位置创建新边。
- 分割：勾选该复选框时，通过“快速切片”和“切割”操作，可以为划分边的位置的顶点创建两个顶点集。
- 切片：在切片平面位置执行“切片”操作。只有激活“切片平面”按钮，才能执行该操作。
- 重置平面：将切片平面恢复到其默认位置和方向。只有激活“切片平面”按钮，才能执行该操作。

- 快速切片：可以将对象快速切片，而不用操纵 Gizmo。先选择对象，并单击“快速切片”按钮，然后在切片的起点处单击，再在切片的终点处单击，即可实现快速切片。要停止切片操作，可在视口中右击，或者再次单击“快速切片”按钮。
- 切割：用于创建一个多边形到另一个多边形的边，或在多边形内创建边。
- 网格平滑：使用当前设置平滑对象。单击▣（设置）按钮，可指定“网格平滑”功能的应用方式。
- 细化：根据细化设置细分对象中的所有多边形。
- 平面化：强制让选择的所有子对象共面。
- X/Y/Z：平面化选择的所有子对象，并使该平面与对象的局部坐标系中的相应平面对齐。例如，如果使用的平面是与 x 轴相垂直的平面，则单击“X”按钮，可以使该对象与局部 yz 平面对齐。
- 视图对齐：使对象中的所有顶点与活动视口所在的平面对齐。在子层级中，此功能只会影响选定顶点或属于选定子对象的顶点。
- 栅格对齐：使选定对象中的所有顶点与活动视口所在的平面对齐。在子层级中，只会对齐选择的子对象。
- 松弛：使用当前的松弛设置将“松弛”功能应用于当前选择的对象。“松弛”功能可以规格化网格空间，方法是朝着邻近对象的平均位置移动每个顶点。单击▣（设置）按钮，可指定“松弛”功能的应用方式。
- 隐藏选定对象：隐藏选定的子对象。
- 全部取消隐藏：将隐藏的子对象恢复为可见状态。
- 隐藏未选定对象：隐藏未选定的子对象。

“命名选择”选项组：用于复制和粘贴子对象的命名选择集。

- 复制：单击该按钮将打开一个对话框，在该对话框中可以指定要放置在复制缓冲区中的命名选择集。
- 粘贴：从复制缓冲区中粘贴命名选择集。
- 删除孤立顶点：勾选此复选框时，在删除连续的子对象时会删除孤立顶点；取消勾选此复选框时，删除子对象会保留所有顶点。默认勾选。

（5）“绘制变形”卷展栏（见图 4-69）的介绍如下。

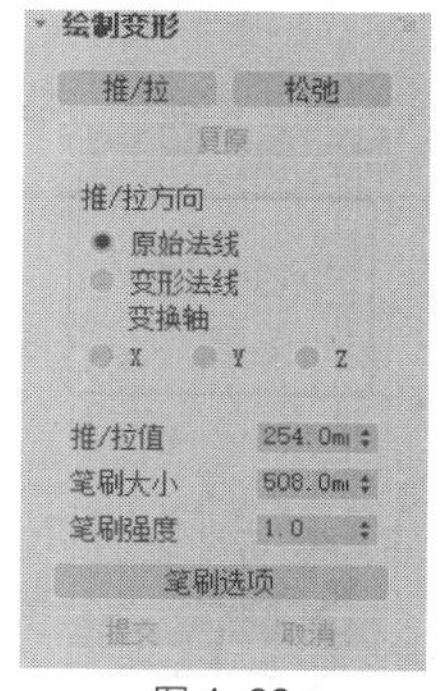

图 4-69

“绘制变形”卷展栏一般用于制作有丘陵状起伏的模型，如山地、雪堆等。

- 推/拉：将顶点移入对象曲面（推）或移出对象曲面（拉）。推/拉的方向和范围由设置的“推/拉值”所确定。
- 松弛：将每个顶点移到由它的邻近顶点的位置计算出来的平均位置上，以规格化顶点之间的距离。“松弛”功能的使用方法与“松弛”修改器相同。
- 复原：通过绘制可以逐渐擦除或反转“推/拉”或“松弛”的效果，仅影响从最近的提交操作开始变形的顶点。如果没有顶点可以复原，则“复原”按钮不可用。

“推/拉方向”选项组：用于指定对顶点的推或拉是根据原始法线或变形法线进行，还是沿着指定轴进行。

- 原始法线：选择此单选按钮后，对顶点进行推或拉会使顶点沿它变形之前的法线方向移动。

重复应用“绘制变形”则总是将每个顶点沿与它最初移动的方向相同的方向移动。

- 变形法线：选择此单选按钮后，对顶点进行推或拉会使顶点沿它现在的法线（变形后的法线）方向移动。
- 变换轴：选择“X”“Y”“Z”单选按钮后，对顶点进行推或拉会使顶点沿着指定的轴移动。
- 推/拉值：确定单个推或拉操作的方向和最大范围。正值表示将顶点拉出对象曲面，负值表示将顶点推入对象曲面。
- 笔刷大小：设置圆形笔刷的直径。
- 笔刷强度：设置笔刷应用“推/拉值”的速率。“笔刷强度”值越小，应用效果的速率越小。
- 笔刷选项：单击此按钮可以打开“绘制选项”对话框，在该对话框中可以设置各种与笔刷相关的参数。
- 提交：使变形永久化。注意，在单击“提交”按钮后，就不可以复原了。
- 取消：取消应用“绘制变形”后的所有更改，或取消最近的“提交”操作。

4. 子层级卷展栏

除了公共卷展栏，“编辑多边形”修改器中还有许多卷展栏是与子层级相关联的，选择子层级时，相应的卷展栏将出现。下面对子层级卷展栏进行详细的介绍。

（1）“编辑顶点”卷展栏（见图 4-70）的介绍如下。

只有当子层级为“顶点”时，该卷展栏才会显示。

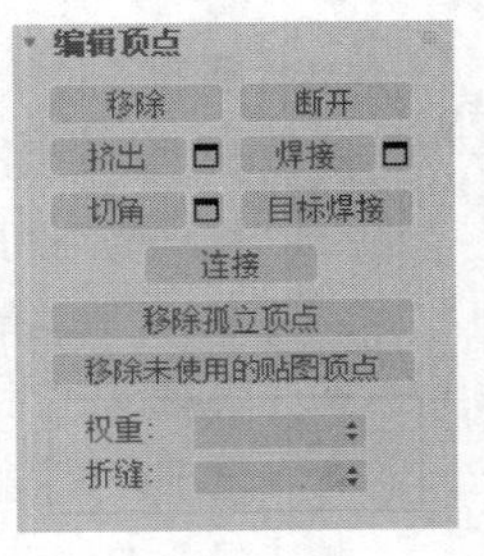

图 4-70

- 移除：删除选中的顶点，并接合使用该顶点的多边形。

提示

选择需要删除的顶点，如图 4-71 所示。如果直接按“Delete”键，此时网格中会出现一个或多个洞；如果单击“移除”按钮，则不会出现洞，如图 4-72 所示。

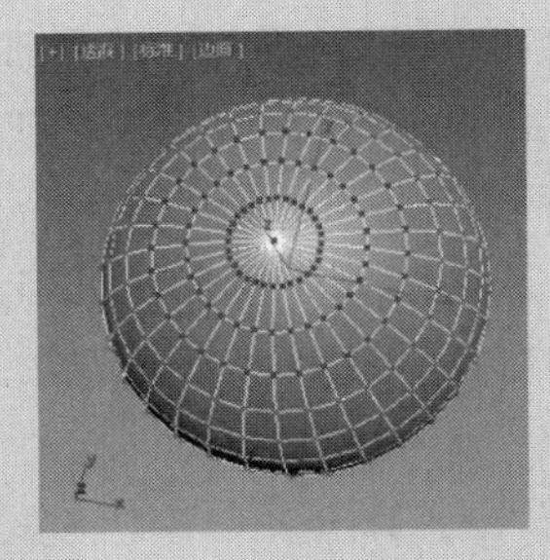

图 4-71

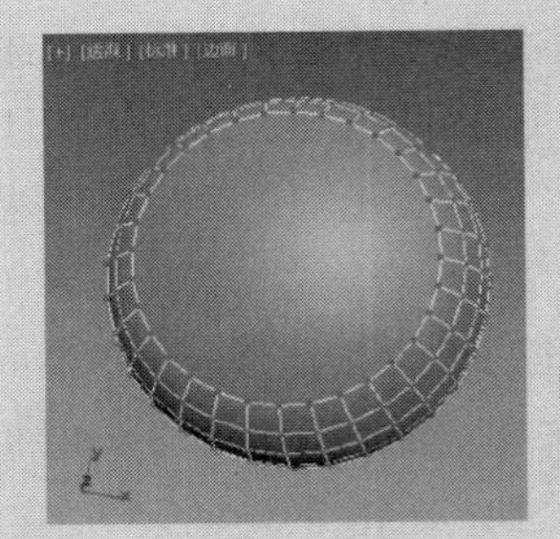

图 4-72

- 断开：在与选择的顶点相连的每个多边形上都创建一个新顶点，这可以使多边形的转角相互分开，使它们不再相连于原来的顶点。如果顶点是孤立的或者只有一个多边形使用，则顶点将不受影响。

- 挤出：让用户可以手动挤出顶点。方法是单击此按钮，然后垂直拖动选择的顶点到视口中任何顶点上。挤出顶点时，顶点会沿法线方向移动，并且会创建新的多边形，形成挤出的面，顶点会与对象相连。此对象的面数目与原来挤出了顶点的多边形数目一样。单击（设置）按钮可以打开“挤出顶点”助手小盒，可通过交互式操作进行“挤出”。
- 焊接：对在“焊接顶点”助手小盒中指定的公差范围内选择的连续顶点进行合并，所有边都会与产生的单个顶点连接。单击（设置）按钮可以打开“焊接顶点”助手小盒，以设置焊接阈值。
- 切角：单击此按钮，然后在活动对象中拖动顶点，即可生成切角，示例如图 4-73 所示。如果想准确地设置切角，则先单击（设置）按钮，然后设置切角量。如果选择了多个顶点，那么它们都会被设置同样的切角。
- 目标焊接：将一个顶点焊接到相邻的目标顶点，示例如图 4-74 所示。“目标焊接”只焊接成对的连续顶点，也就是说，顶点间要有一条边将其连接起来。

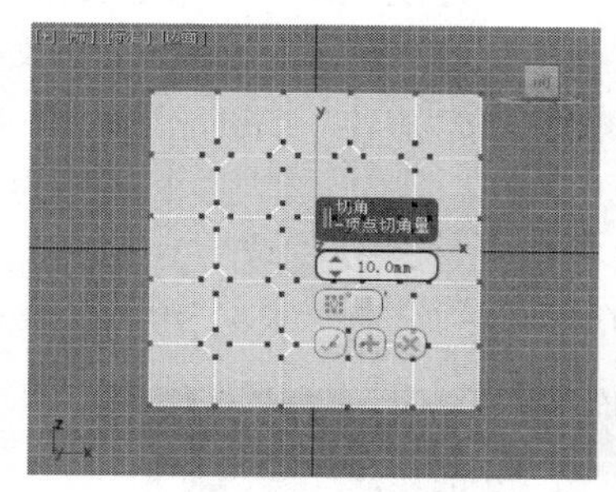

图 4-73

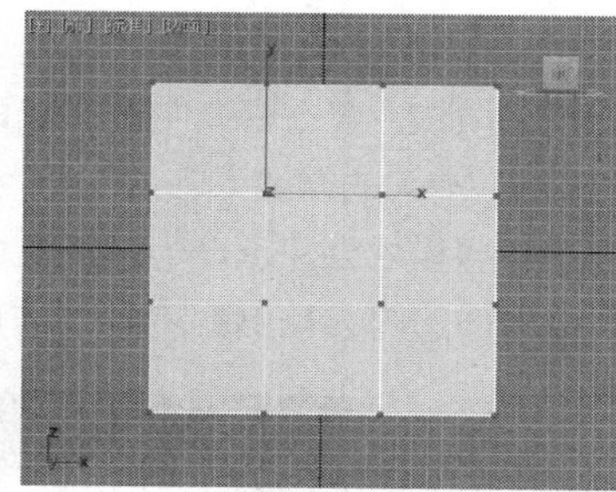

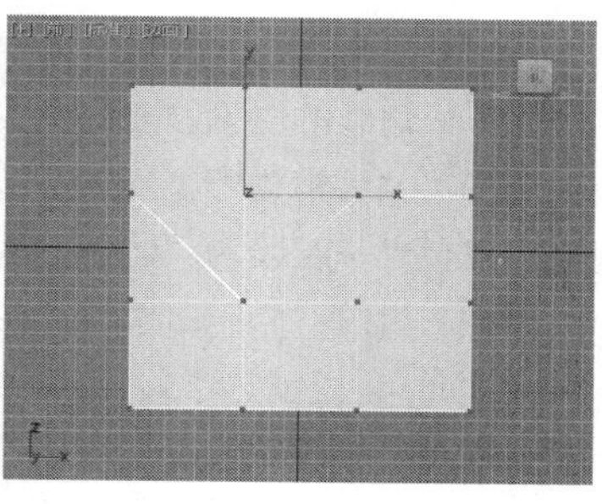

图 4-74

- 连接：在选择的顶点对之间创建新的边。
- 移除孤立顶点：将不属于任何多边形的所有顶点删除。
- 移除未使用的贴图顶点：某些建模操作会留下未使用的（孤立）贴图顶点，它们会显示在“展开 UVW”修改器中，但是不能用于贴图。可以单击此按钮来删除这些贴图顶点。
- 权重：设置选定顶点的权重。供 NURMS 细分选项和“网格平滑”修改器使用。增加顶点权重，效果是将平滑时的结果向顶点拉。
- 折缝：设置选定顶点的折缝值。供“OpenSubdiv”修改器和“CreaseSet”修改器使用。增加顶点折缝值将把平滑结果拉向顶点并锐化顶点。

（2）“编辑边”卷展栏（见图 4-75）的介绍如下。

只有当子层级为“边”时，该卷展栏才会显示。

- 插入顶点：用于手动细分可视的边。单击“插入顶点”按钮后，单击某边即可在单击处添加顶点。
- 移除：删除选定边并组合使用该边的多边形。
- 分割：沿着选定边分割网格。对网格中心的单条边应用时，不会起任何作用。
- 桥：使用多边形的桥连接对象的边。桥只连接边界边，也就是只在一侧有多边形的边，示例如图 4-76 所示。

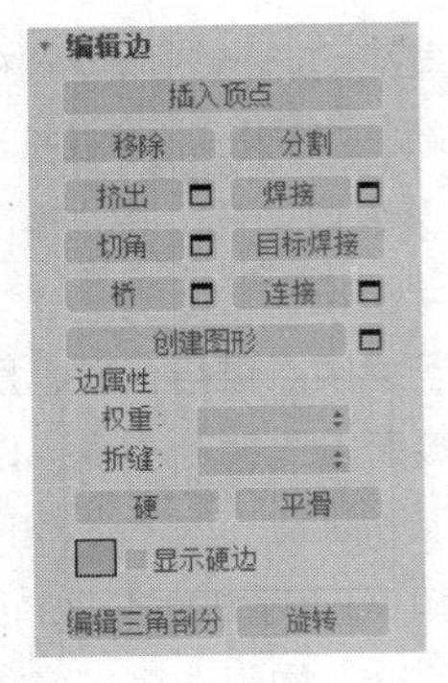

图 4-75

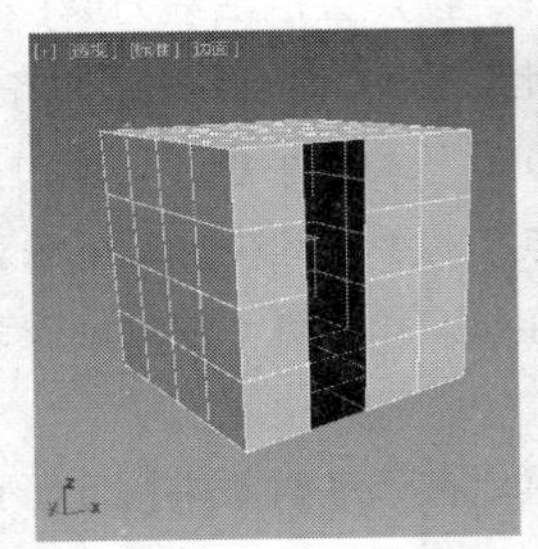
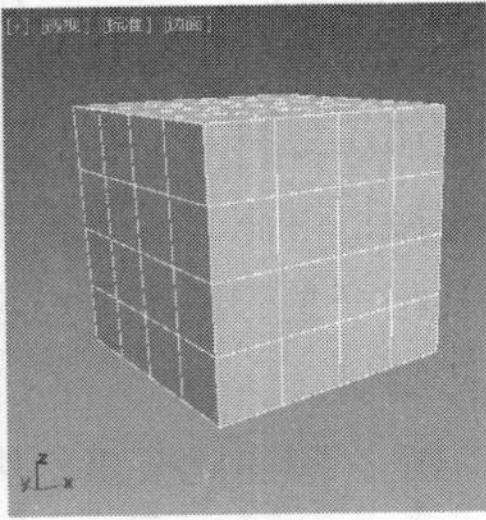

图 4-76

- 创建图形：选择一条或多条边来创建新的样条线。
- 编辑三角剖分：用于修改绘制内边或对角线时多边形细分为三角形的方式。
- 旋转：用于通过单击对角线来修改多边形细分为三角形的方式。激活“旋转”按钮时，对角线可以在“线框”和“边面”视口中显示为虚线。在“旋转”模式下，单击对角线可更改对角线的位置。要退出“旋转”模式，可在视口中右击或再次单击“旋转”按钮。

（3）“编辑边界”卷展栏（见图 4-77）的介绍如下。

只有当子层级为“边界”时，该卷展栏才会显示。

- 封口：使用单个多边形封住整个边界，示例如图 4-78 所示。

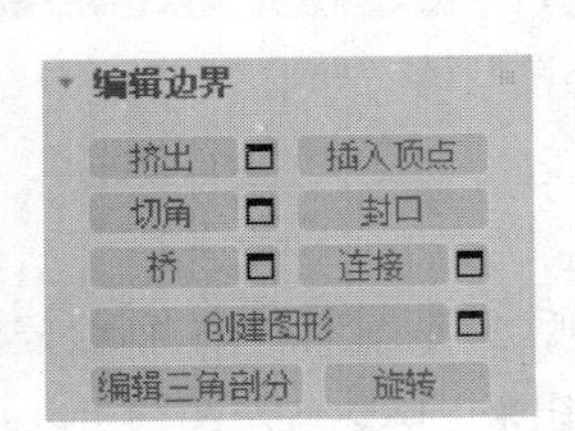

图 4-77

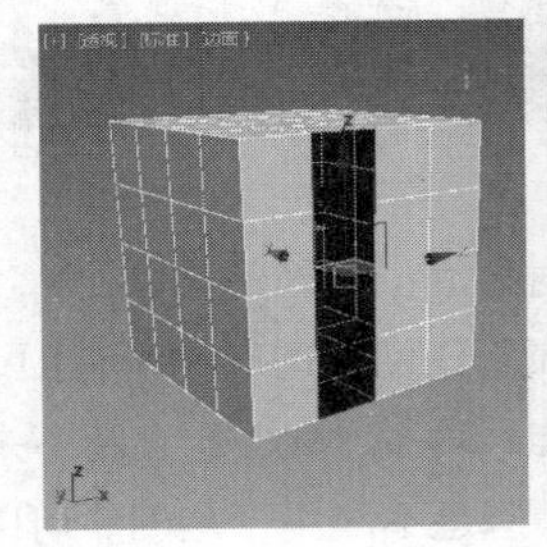
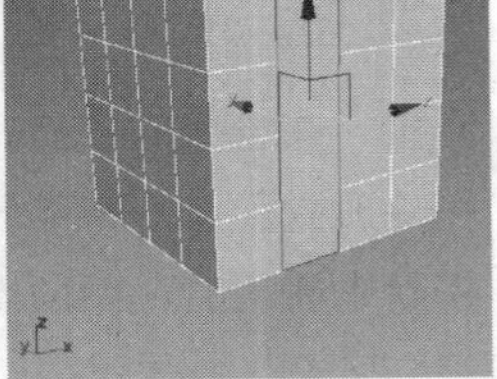

图 4-78

- 创建图形：选择边界来创建新的曲线。
- 编辑三角剖分：用于修改绘制内边或对角线时多边形细分为三角形的方式。
- 旋转：用于通过单击对角线来修改多边形细分为三角形的方式。

（4）“编辑多边形”卷展栏（见图 4-79）的介绍如下。

只有当子层级为“多边形”时，该卷展栏才会显示。

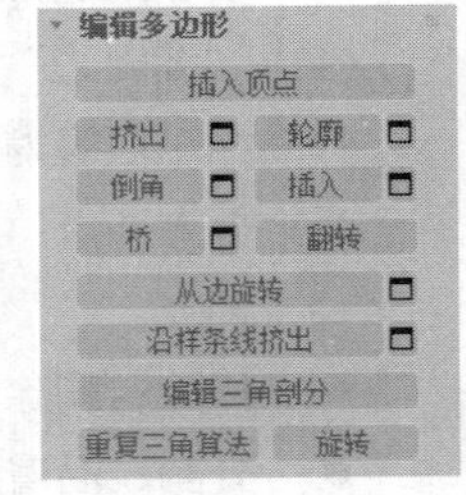

图 4-79

- 插入顶点：用于手动细分多边形。即使处于“元素”子层级，该功能也适用于多边形。单击“插入顶点”按钮后，单击多边形即可在单击处添加顶点。只要该按钮处于激活状态，就可以连续细分多边形。
- 挤出：单击“挤出”按钮，然后垂直拖曳任意一个多边形，即可将其挤出。单击“挤出”按钮右侧的■（设置）按钮，弹出助手小盒，从中可以选择挤出多边形的类型，助手小盒提供了“组法线”“本地法线”“按多边形”3 种类型，还可以精准设置挤出“高度”，下方 3 个按钮用于确定是否执行挤出操作。

- 轮廓：用于增大或减小每组连续的选定多边形的外边，单击（设置）按钮可打开“轮廓”助手小盒，以设置添加的轮廓。
- 倒角：通过直接在视口中操作来手动设置倒角。单击（设置）按钮可打开“倒角”助手小盒，以通过交互式操作制作倒角，如图 4-80 所示。
- 插入：执行没有高度的倒角操作。图 4-81 所示即在选定多边形的平面内执行该操作的效果。单击“插入”按钮，然后垂直拖动任意一个多边形，即可将其插入。单击（设置）按钮可打开“插入”助手小盒，以通过交互式操作插入多边形。

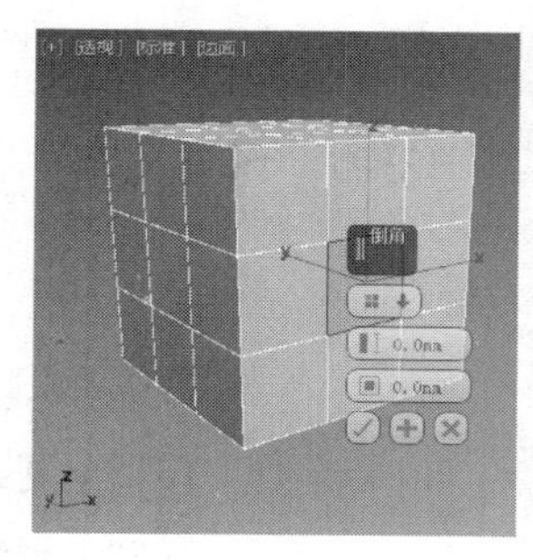

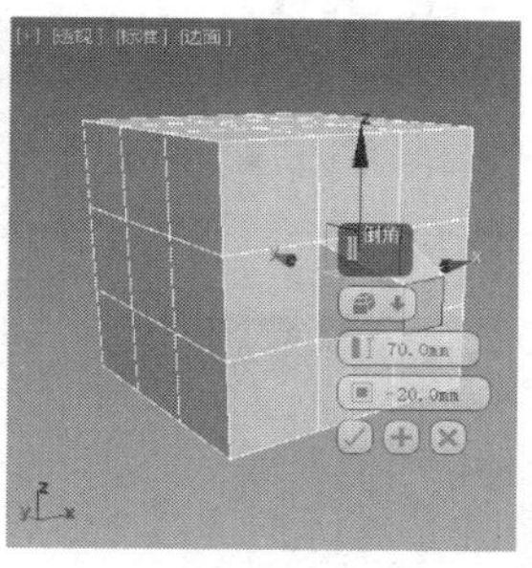

图 4-80

图 4-81

- 翻转：反转选定多边形的法线方向。
- 从边旋转：通过在视口中直接操作来手动进行旋转操作。单击（设置）按钮可打开“从边旋转”助手小盒，以通过交互式操作旋转多边形。
- 沿样条线挤出：沿样条线挤出当前选择的多边形。单击（设置）按钮可打开“沿样条线挤出”助手小盒，以通过交互式操作沿样条线挤出多边形。
- 编辑三角剖分：通过绘制内边来修改多边形细分为三角形的方式。
- 重复三角算法：允许 3ds Max 2020 对“多边形”子层级自动执行最佳的三角剖分操作。
- 旋转：用于通过单击对角线来修改多边形细分为三角形的方式。

（5）“多边形：材质 ID”卷展栏（见图 4-82）的介绍如下。

只有当子层级为“多边形”或“元素”时，该卷展栏才会显示；该卷展栏一般与“多维/子对象”材质配合使用。

- 设置 ID：用于为选定的面片分配特殊的材质 ID，以供“多维/子对象”材质使用。
- 选择 ID：如果已经设置了 ID，可以在“选择 ID”数值框中输入 ID 来选择对应的子对象。

清除选择：勾选该复选框时，选择新 ID 或材质名称后会取消选择之前选择的所有子对象。

（6）“多边形：平滑组”卷展栏（见图 4-83）的介绍如下。

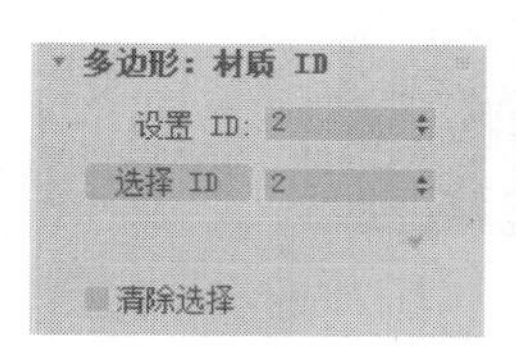

图 4-82

图 4-83

- 按平滑组选择：打开显示了当前平滑组的对话框。
- 清除全部：清除为选定多边形分配的平滑组。
- 自动平滑：基于多边形之间的角度设置平滑组。如果任意两个相邻多边形的法线之间的角度小于阈值角度（由该按钮右侧的微调器设置），它们就会包含在同一个平滑组中。

“元素”子层级中的“编辑元素”卷展栏与其他子层级中的相同，这里就不重复介绍了。

课堂练习——制作果盘模型

知识要点：创建圆柱体，结合使用“编辑多边形”修改器、“涡轮平滑”修改器和“锥化”修改器制作果盘模型，参考效果如图4-84所示。

图4-84

微课视频

制作果盘模型

效果所在位置：云盘/场景/Ch04/果盘.max。

课后习题——制作中式案几模型

知识要点：创建线、矩形和切角长方体，结合使用“倒角”修改器和“挤出”修改器制作中式案几模型，参考效果如图4-85所示。

效果所在位置：云盘/场景/Ch04/中式案几.max。

图4-85

微课视频

制作中式案几模型

第 5 章 复合对象的创建

3ds Max 2020 的基本内置模型是创建复合对象的基础。创建复合对象就是将多个基本内置模型组合在一起，从而制作出千变万化的复杂模型。“布尔”工具和“放样”工具曾经是 3ds Max 的主要建模工具，虽然现在这两个建模工具已不再是主要建模工具，但它们仍然是快速创建一些相对复杂对象的利器。

学习目标

- 了解复合对象的类型。
- 掌握布尔建模的方法。
- 掌握放样建模的方法。

技能目标

- 掌握灯笼吊灯模型的制作方法。

素养目标

- 培养学生不惧困难的工作态度。
- 培养学生勇于挑战的学习精神。

5.1 复合对象的类型

3ds Max 2020 中的复合对象通常是指由两个或多个基本对象组合成的单个对象。对于组合对象的过程，用户不仅可以反复调节，还可以将其创建为动画，使一些高难度的造型和动画制作成为可能。单击“+（创建）> ●（几何体）”按钮，在下拉列表中选择“复合对象”，打开“对象类型”卷展栏，如图 5-1 所示。

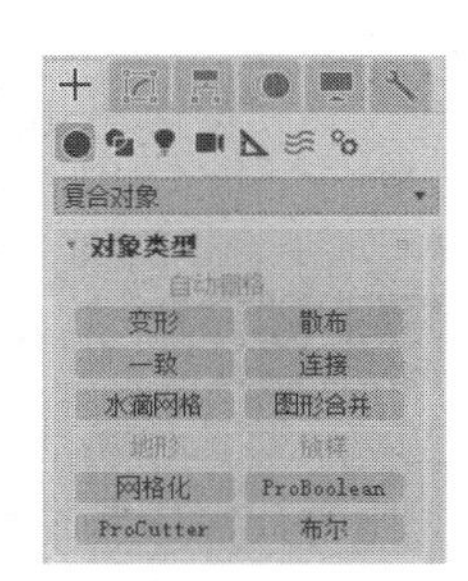

图 5-1

“对象类型”卷展栏中各按钮的功能介绍如下。

- 变形：“变形”是一种与二维动画中的中间画类似的动画技术。“变形”可以合并两个或多个对象，方法是插补第一个对象的顶点，使其与另外一个对象的顶点位置相符。如果随时执行这项插补操作，将会生成变形动画。

提 示

变形的种子对象和目标对象必须都是网格、面片或多边形对象，且两个对象必须包含相同数量的顶点，否则将无法使用“变形”按钮。

- 散布：“散布”是组合对象的一种形式，用于将所选的源对象散布为阵列，或散布到分布对象的表面。
- 一致：通过将某个对象（称为“包裹器”）的顶点投影至另一个对象（称为“包裹对象”）的表面得到复合对象。
- 连接：可通过对象表面的“洞”连接两个或多个对象。要执行此操作，应先删除每个对象的面，在其表面创建一个或多个洞，并确定洞的位置，以使洞与洞之间“面对面”，然后单击“连接”按钮。
- 水滴网格：使用“水滴网格”工具可以通过几何体或粒子创建一组球体，还可以将球体连接起来，就好像这些球体是由柔软的液态物质构成的一样。
- 图形合并：用于创建包含网格对象和一个或多个图形的复合对象。这些图形嵌在网格中（将更改边与面的模式），或从网格中消失。
- 地形：使用“地形”工具创建的复合对象是使用等高线数据创建的行星曲面。
- 放样：“放样”对象是沿着第 3 个轴挤出的二维图形。可从两个或多个现有“样条线”对象中创建“放样”对象。这些样条线之一会作为路径，其余的样条线会作为“放样”对象的横截面或图形。沿着路径排列图形时，3ds Max 2020 会在图形之间生成曲面。
- 网格化：以每帧为基准将程序对象转化为网格对象，这样可以应用修改器，如“弯曲”修改器或“UVW 贴图”修改器。它可用于任何类型的对象，但主要为使用粒子系统而设计。
- ProBoolean（超级布尔）：“ProBoolean”是“布尔”的升级，它采用了 3ds Max 网格并增加了额外的智能功能。它组合了拓扑，确定了共面三角形并移除了附带的边，并且不是在这些三角形上而是在多边形上执行布尔运算。完成布尔运算之后，对结果执行“重复三角算法”，然后在共面的边隐藏的情况下将结果发送回 3ds Max 2020 中。这样额外工作的结果有双重意义：“布尔”对象的可靠性非常高；由于有更少的边和三角形，因此结果输出更清晰。
- ProCutter（超级切割）：ProCutter 运算的结果尤其适合在动态模拟中使用，主要目的是分裂或细分体积。
- 布尔：“布尔”对象通过对两个对象执行布尔运算将它们组合起来。在 3ds Max 2020 中，“布尔”对象是由两个重叠对象生成的。原始的两个对象是运算对象（A 和 B），而“布尔”对象是运算的结果。

5.2 布尔建模

布尔运算类似于传统的雕刻建模技术，许多设计制作人员常使用该技术。使用基本几何体的布尔运算可以快速地创建任意复合对象。

布尔建模是指对两个或两个以上的对象进行并集、差集、交集布尔运算，得到新的对象的过程。

3ds Max 2020 提供了 3 种布尔运算方式，分别为并集、交集和差集。其中，差集包括 A-B 和 B-A 两种方式。下面举例介绍布尔运算的基本用法，操作步骤如下。

（1）要进行布尔运算，场景中必须有原始对象和操作对象，如图 5-2 所示。

（2）选择其中一个对象，单击“＋（创建）＞ ●（几何体）＞复合对象＞布尔”按钮，在“布尔参数”卷展栏中单击“添加运算对象”按钮，在场景中拾取另外一个对象，在“运算对象参数”卷展栏中选择布尔运算类型，例如“差集”，效果如图 5-3 所示。

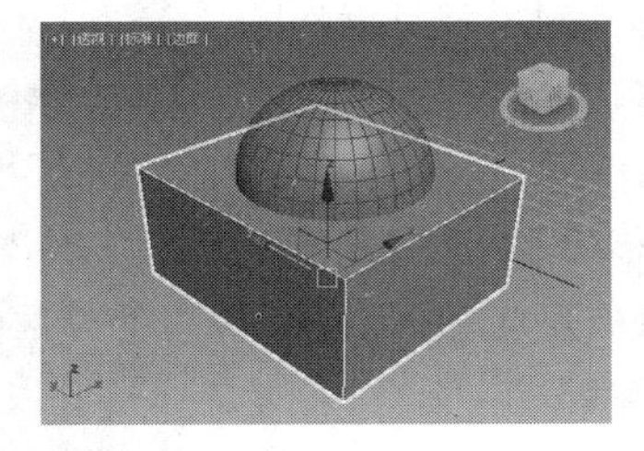

图 5-2

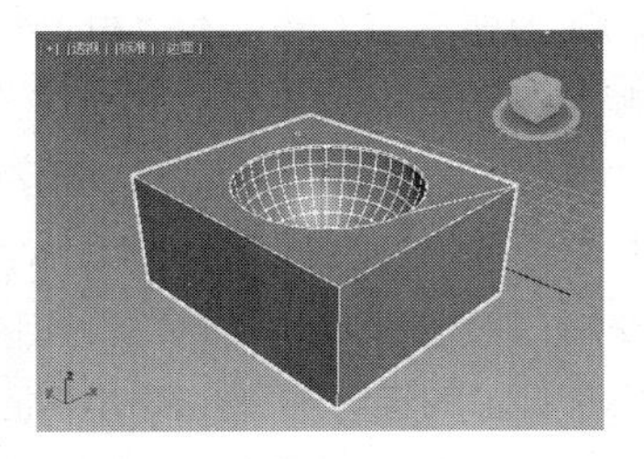

图 5-3

选择不同的运算类型可以生成不同的复合对象，如图 5-4 所示。

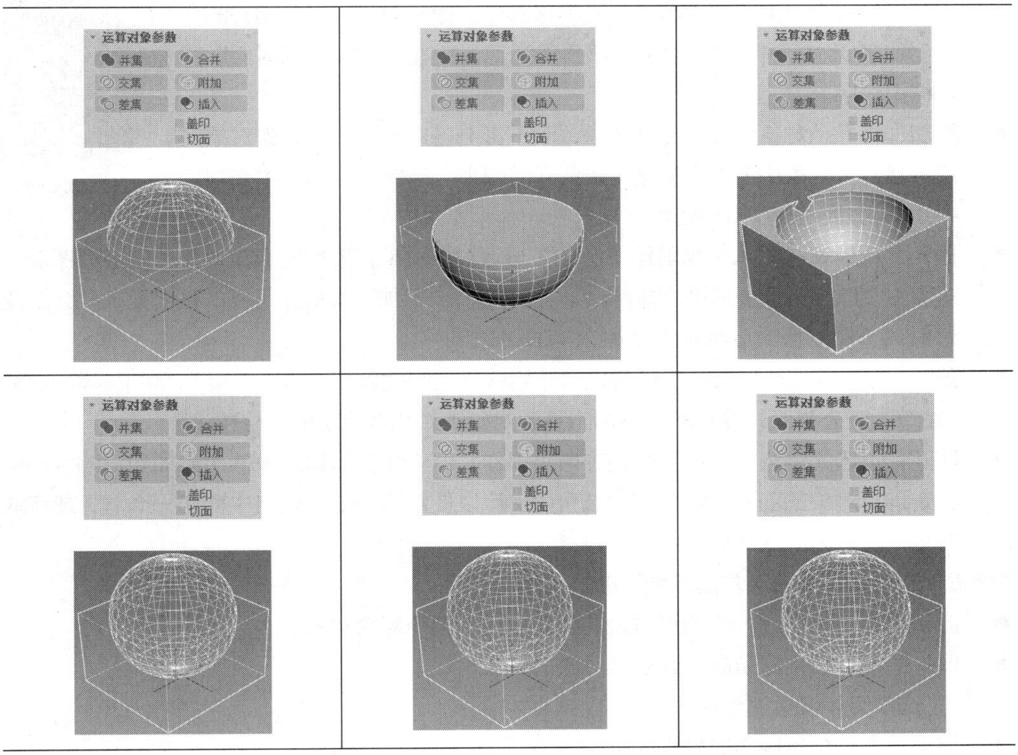

图 5-4

（1）“布尔参数”卷展栏（见图 5-5）的介绍如下。

- 添加运算对象：用于选择进行布尔运算的第 2 个对象。
- 运算对象：显示当前的运算对象。

- 移除运算对象：在“运算对象”列表中选择运算对象，单击“移除运算对象”按钮可将其移出“运算对象”列表。
- 打开布尔操作资源管理器：单击该按钮，可以打开“布尔操作资源管理器”窗口，使用“布尔操作资源管理器”窗口可在创建复杂的复合对象时跟踪运算对象。当用户在“布尔参数”卷展栏中添加运算对象后，运算对象将自动显示在“布尔操作资源管理器”窗口中。可以将对象从“场景资源管理器”窗口拖至“布尔操作资源管理器”窗口，以将其添加为新运算对象。在“布尔参数”卷展栏中对运算对象及其操作的顺序的所有更改会在“布尔操作资源管理器”窗口中自动更新。

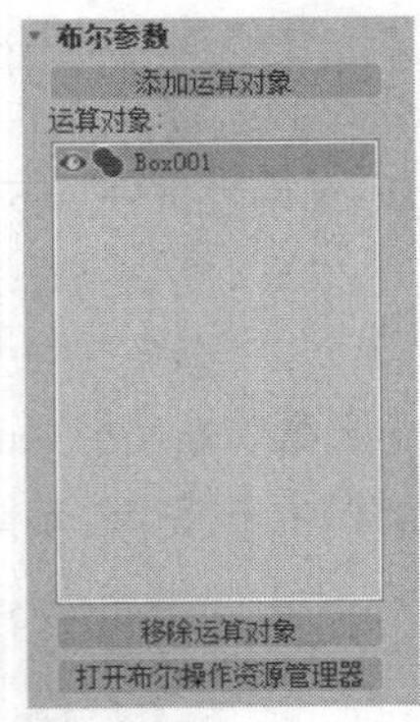

图 5-5

（2）“运算对象参数”卷展栏（见图5-6）的介绍如下。

- 并集：布尔对象包含两个原始对象，单击该按钮可移除原始对象的相交部分（重叠部分）。
- 交集：只包含两个原始对象的相交部分，其他部分会被丢弃。进行了“交集”运算的运算对象在视口中显示时会以黄色标出轮廓。
- 差集：从基础（最初选定）对象中移除两个对象相交的部分。进行了“差集”运算的运算对象在视口中显示时会以蓝色标出轮廓。
- 合并：使两个对象相交并组合，而不移除任何原始对象。对象相交的位置创建了新边。进行了“合并”操作的运算对象在视口中显示时会以紫色标出轮廓。
- 附加：将多个对象合并成一个对象，而不影响各对象的拓扑；各对象实质上是复合对象中的独立元素。进行了“附加”操作的运算对象在视口中显示时会以橙色标出轮廓。

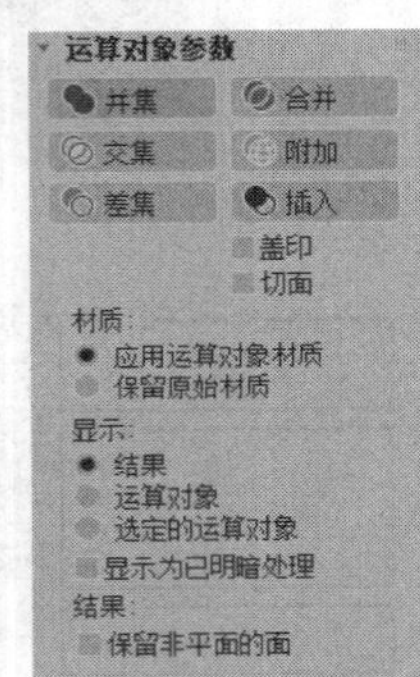

图 5-6

- 插入：从运算对象A（当前结果）减去运算对象B（新添加的运算对象）的边界图形，运算对象B的图形不受此操作的影响。“插入”与“附加”类似，不同的是“插入”会改变运算对象A，使完整的运算对象B融入运算对象A中。
- 盖印：勾选此复选框可在运算对象与原始网格之间插入相交边（盖印），而不移除或添加面。“盖印”只分割面，并将新边添加到基础对象（最初选定）的网格中。
- 切面：勾选此复选框可执行指定的布尔操作，但不会将运算对象的面添加到原始网格中，即选定运算对象的面不添加到布尔结果中。可以使用该功能在网格中剪切一个洞，或获取网格在另一对象内部的部分。

“材质”选项组：设置布尔运算结果的材质属性。

- 应用运算对象材质：将运算对象的材质应用于整个复合对象。
- 保留原始材质：保留应用到复合对象的现有材质。

“显示”选项组：设置显示结果。

- 结果：显示布尔操作的最终结果。
- 运算对象：显示没有执行布尔操作的运算对象。运算对象的轮廓会以匹配当前所执行的布尔操作的颜色标出。
- 选定的运算对象：显示选定的运算对象。运算对象的轮廓会以匹配当前所执行的布尔操作的颜色标出。

- 显示为已明暗处理：勾选此复选框，视口中会显示已进行明暗处理的运算对象，并关闭颜色编码显示。

“结果”选项组：选择是否要保留非平面的面（视情况而定）。

5.3 放样建模

很多复杂的模型很难用基本的几何体组合或修改来得到，这时就要使用放样建模来实现。放样建模是指先创建一个二维截面，然后使它沿着一个预先设定好的路径进行变形，从而得到三维模型的过程。放样建模是一种非常重要的建模方式。

放样是一种传统的三维建模方法，使截面图形沿着路径放样形成三维模型，在路径的不同位置可以有多个截面图形。

5.3.1 课堂案例——制作灯笼吊灯模型

学习目标：熟悉“放样”工具的使用方法。

知识要点：创建路径和截面图形，使用“放样”工具来制作出灯笼吊灯，结合使用“编辑多边形”修改器制作出灯笼龙骨，参考效果如图 5-7 所示。

模型所在位置：云盘/场景/Ch05/灯笼吊灯模型.max。

效果所在位置：云盘/场景/Ch05/灯笼吊灯.max。

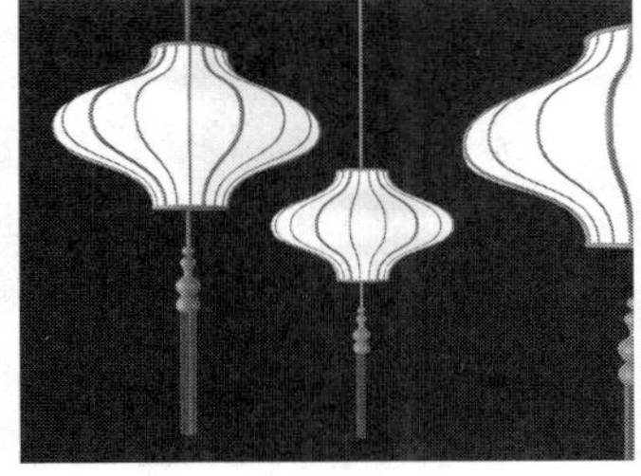

图 5-7

微课视频

制作灯笼吊灯模型

贴图所在位置：云盘/贴图。

（1）单击“+（创建）> （图形）> 样条线 > 圆”按钮，在“顶”视口中创建圆，并将其作为放样的截面图形，如图 5-8 所示。

（2）单击“+（创建）> （图形）> 样条线 > 线”按钮，在“前”视口中创建线，并将其作为放样的路径，如图 5-9 所示。

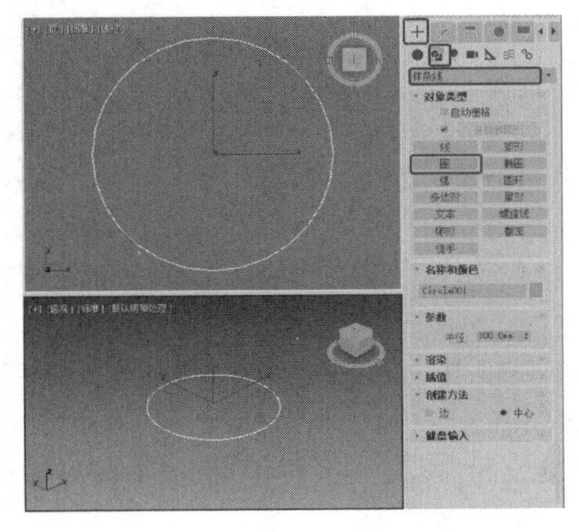

图 5-8

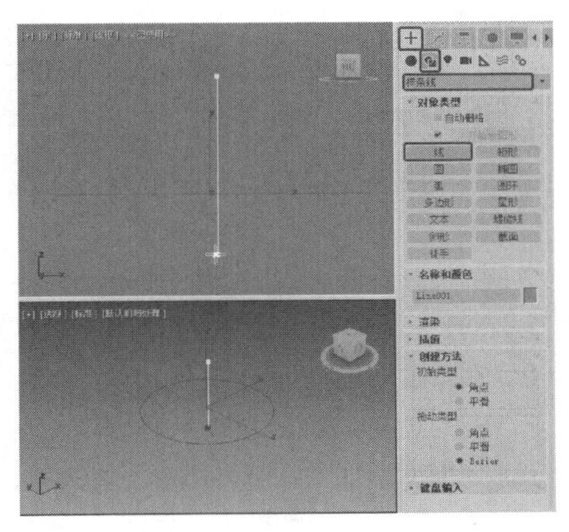

图 5-9

（3）在场景中选择作为路径的线，单击“＋（创建）> ●（几何体）> 复合对象 > 放样”按钮，在“创建方法”卷展栏中单击“获取图形”按钮，在场景中拾取圆，如图5-10所示。

（4）在“蒙皮参数”卷展栏中取消勾选“封口始端”和“封口末端”复选框，如图5-11所示。

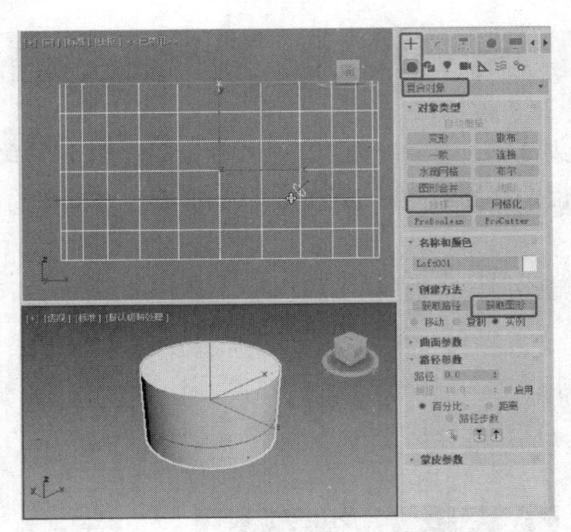

图5-10

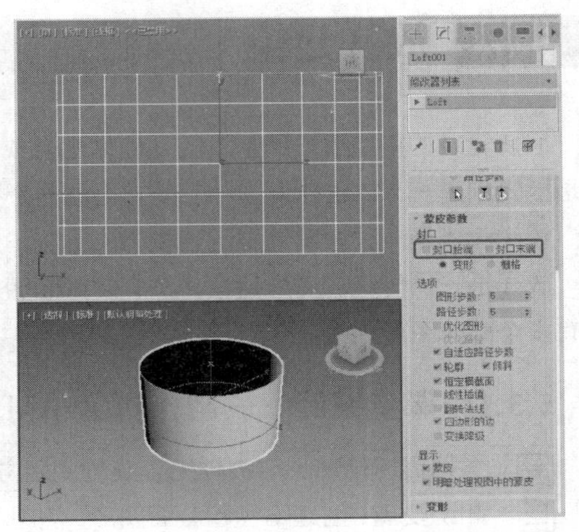

图5-11

（5）在“变形”卷展栏中单击“缩放”按钮，在弹出的“缩放变形”窗口中单击 （插入角点）按钮，在变形曲线上添加控制点，右击控制点，在弹出的快捷菜单中选择“Bezier-平滑”命令，如图5-12所示。

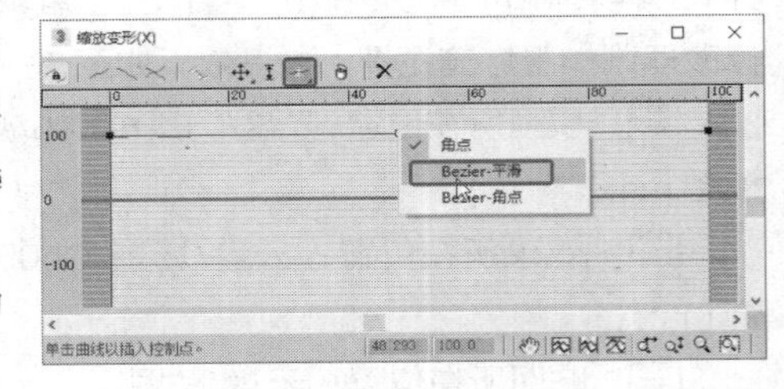

图5-12

（6）调整控制点，并设置两端控制点的类型为“Bezier-角点”，如图5-13所示。调整变形曲线的形状，如图5-14所示。

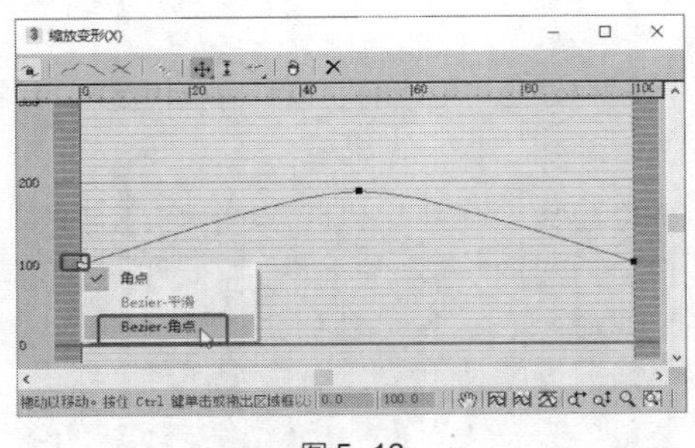

图5-13

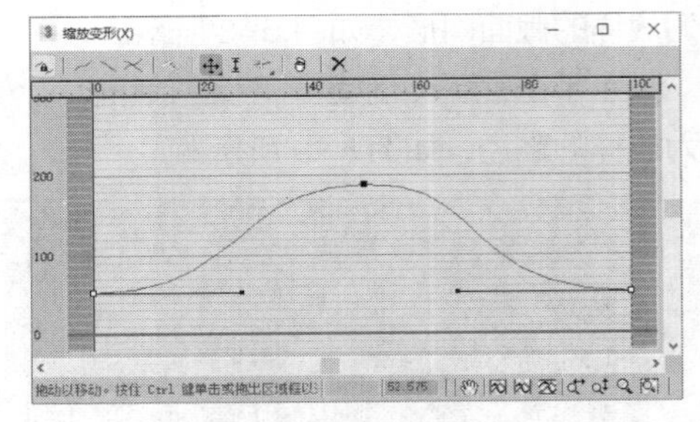

图5-14

（7）调整好变形曲线后，在“蒙皮参数”卷展栏中设置“图形步数”为15、“路径步数”为10，如图5-15所示，使模型更加平滑。

（8）在修改器堆栈中选择“Loft > 路径”和“Line > 顶点”，在场景中将放样模型的路径顶点调整至合适的高度，效果如图5-16所示。

（9）为模型添加“编辑多边形”修改器，将选择集定义为“边”，在场景中选择图5-17所示的边。在“选择”卷展栏中单击“循环”按钮，选择图5-18所示的一圈边。

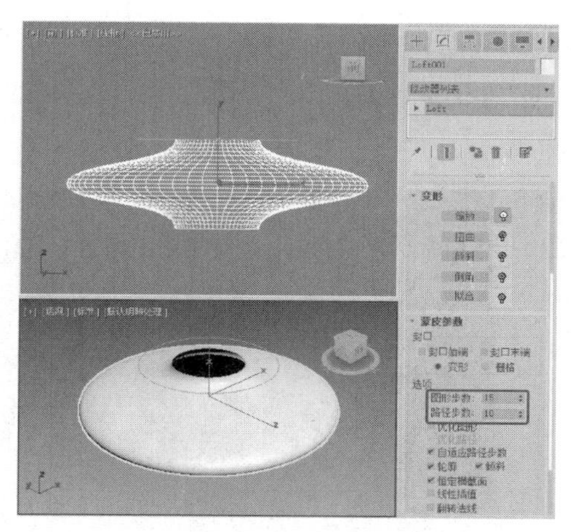

图 5-15

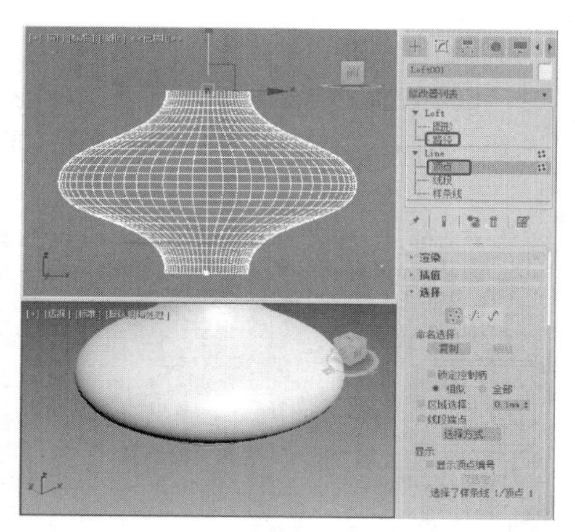

图 5-16

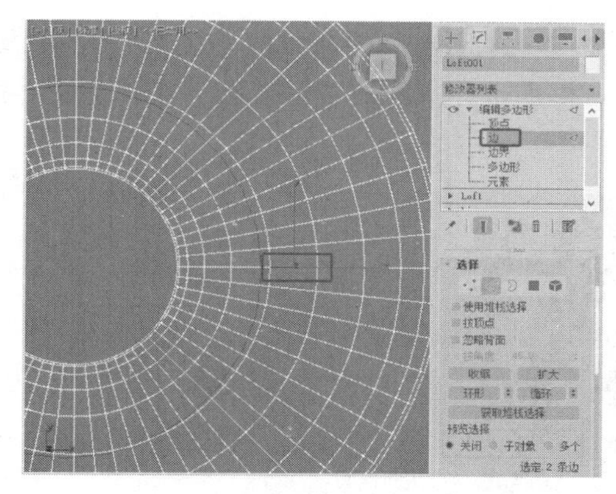

图 5-17

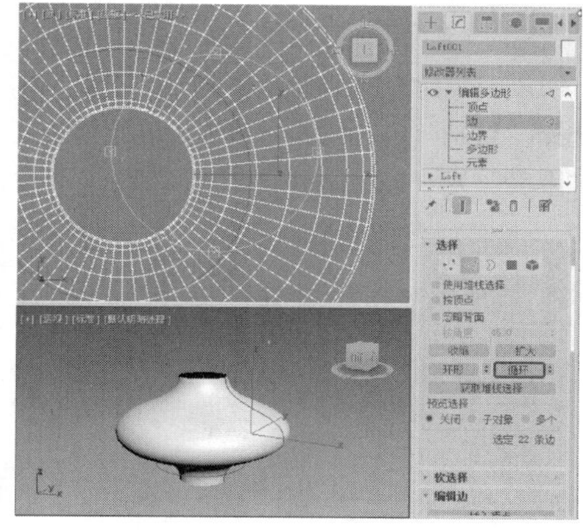

图 5-18

（10）选择边后，在“编辑边”卷展栏中单击“创建图形”按钮，如图 5-19 所示。创建图形后，关闭选择集，在场景中选择创建的图形，在“渲染”卷展栏中勾选“在渲染中启用”和“在视口中启用”复选框，设置渲染的“厚度”为 6.0mm，如图 5-20 所示。

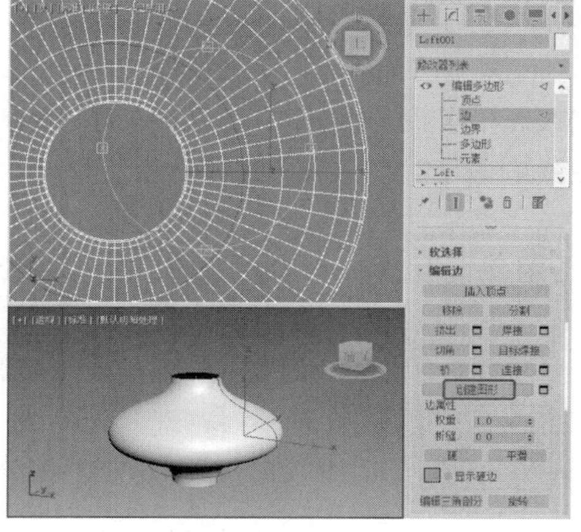

图 5-19

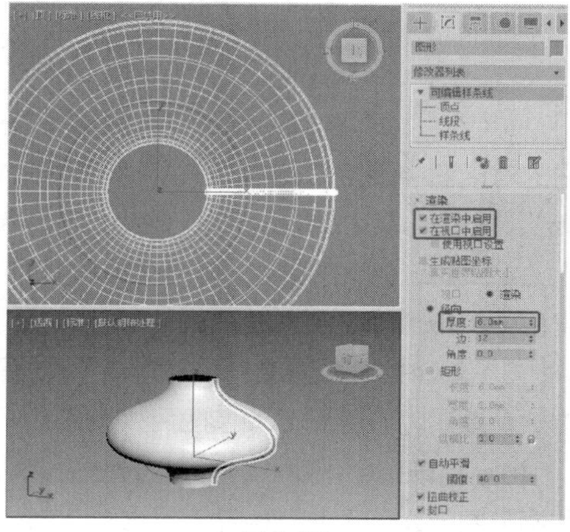

图 5-20

（11）在“顶”视口中选择可渲染的样条线，在菜单栏中选择“工具 > 阵列”命令，在弹出的“阵列”对话框中设置“旋转 > 总计”为 360.0 度，设置“阵列维度 > 1D”的“数量”为 6，单击“确定”按钮，如图 5-21 所示。阵列出的模型如图 5-22 所示。

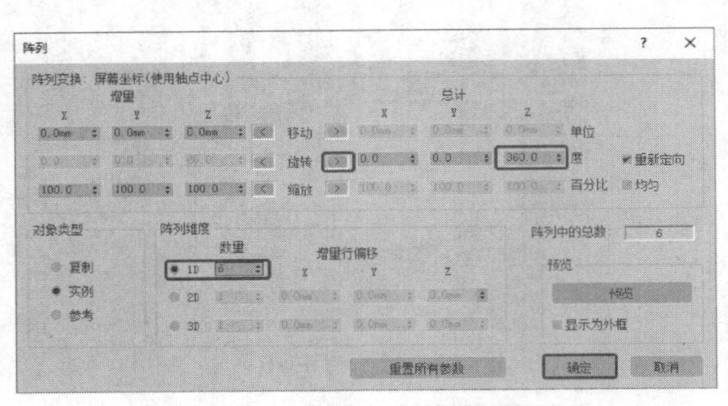

图 5-21

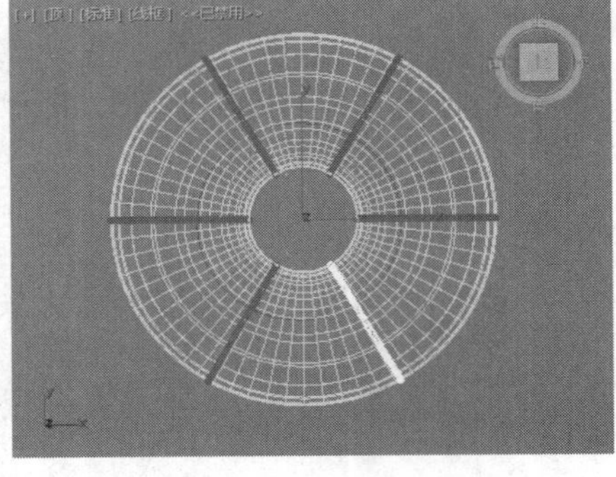

图 5-22

（12）在场景中选择一个可渲染的样条线，按“Ctrl+V”快捷键，在弹出的“克隆选项”对话框中选择“复制”单选按钮，单击“确定”按钮，如图 5-23 所示。在场景中选择复制出的样条线，设置“厚度”为 3.0mm，如图 5-24 所示。

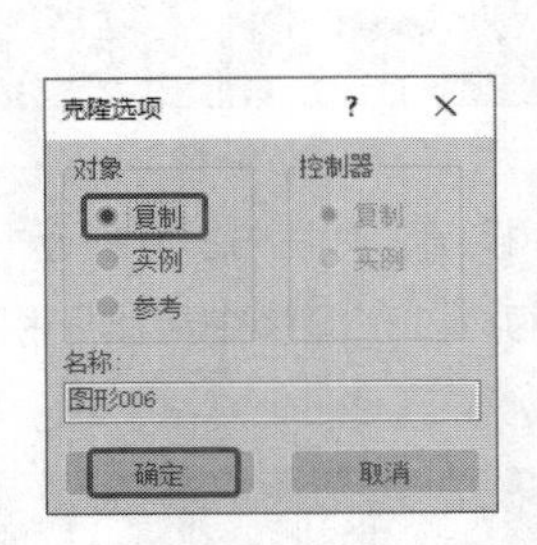

图 5-23

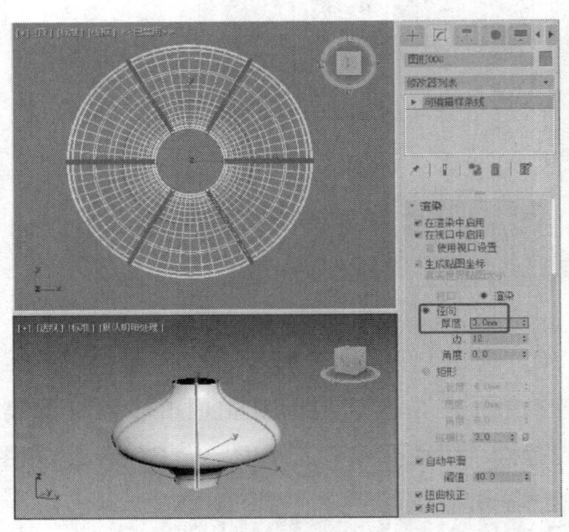

图 5-24

（13）在“顶”视口中选择复制出的可渲染的样条线，在菜单栏中选择“工具 >阵列”命令，在弹出的对话框中设置“旋转 > 总计”为 360.0 度，设置“阵列维度 > 1D”的“数量”为 18，单击“确定”按钮，如图 5-25 所示。阵列出的模型如图 5-26 所示。

（14）选择放样的模型，将选择集定义为“边界”，在场景中选择顶、底的边界，在“编辑边界”卷展栏中单击“创建图形”按钮，如图 5-27 所示。

（15）创建并选择图形，在“渲染”卷展栏中勾选“在渲染中启用”和“在视口中启用”复选框，设置“厚度”为 6.0mm，如图 5-28 所示。

（16）在场景中创建线，并设置线的参数，如图 5-29 所示。使用相应的工具在“前”视口中创建并调整图形，如图 5-30 所示。

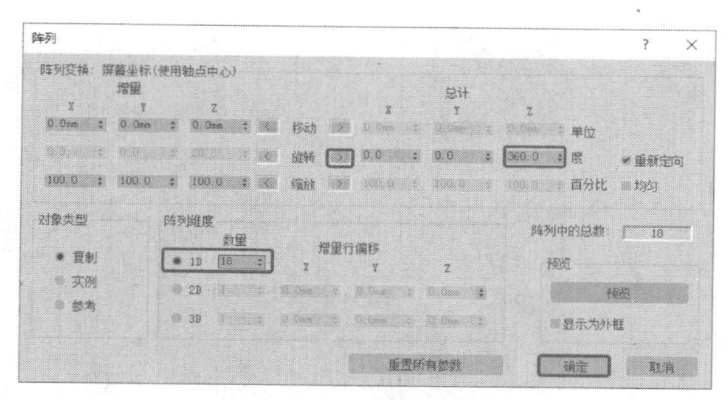

图 5-25

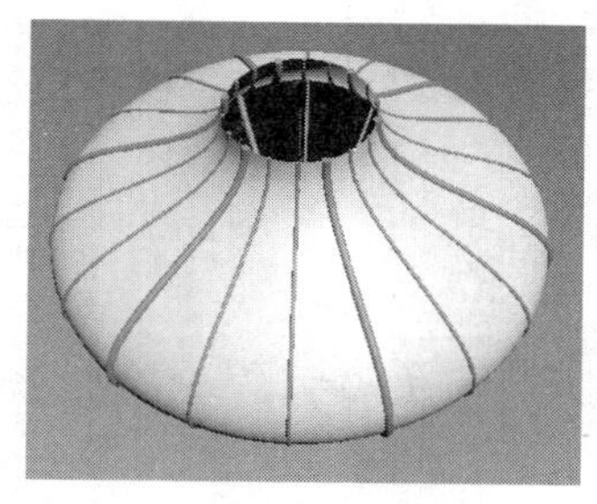

图 5-26

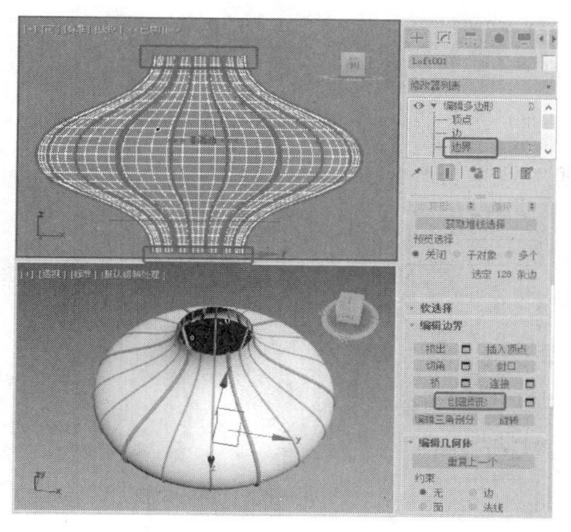

图 5-27

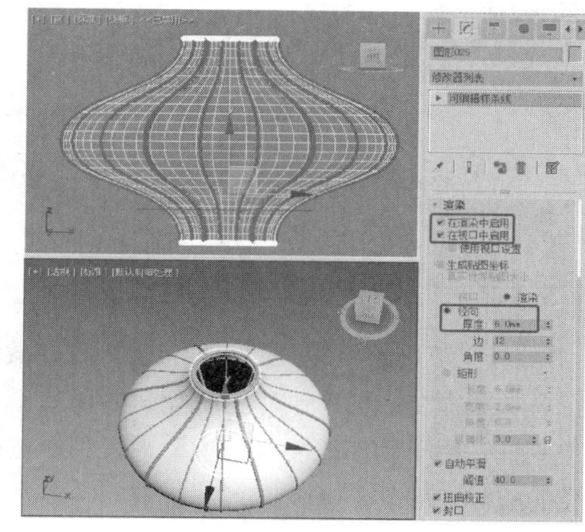

图 5-28

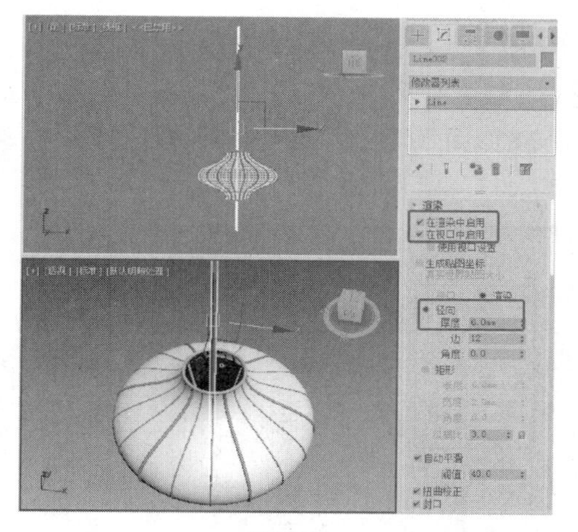

图 5-29

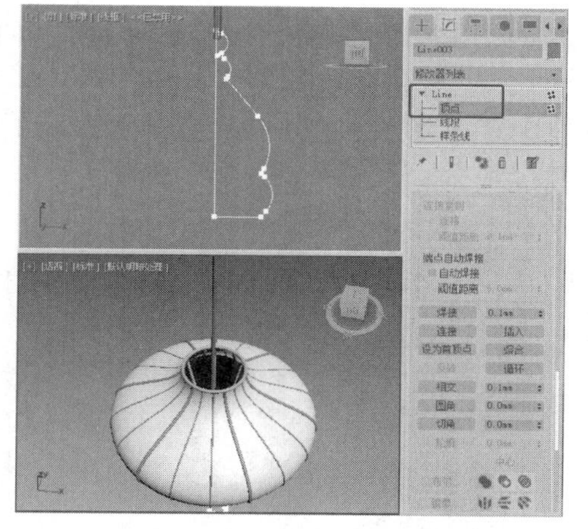

图 5-30

（17）为创建的图形添加“车削”修改器，在“参数”卷展栏中设置“分段”为 16、“方向”为“Y”、“对齐”为“最小”，如图 5-31 所示。继续创建可渲染的样条线，设置“厚度”为 1.0mm，如图 5-32 所示。

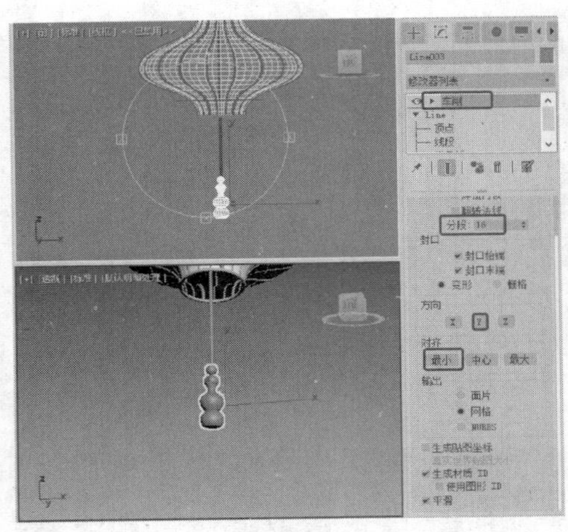
图 5-31

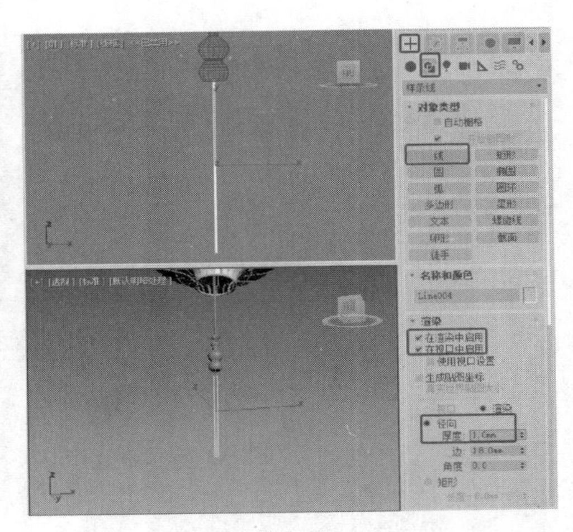
图 5-32

（18）在场景中对样条线进行复制，完成灯笼吊灯模型的制作，效果如图 5-33 所示。

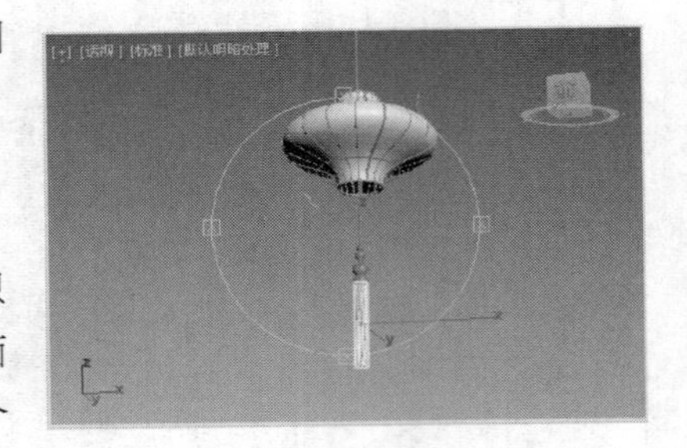
图 5-33

5.3.2 “放样”工具的用法

“放样”工具的用法分为两种：一种是单截面放样变形，只进行一次放样变形即可制作出所需要的模型；另一种是多截面放样变形，用于制作较复杂的模型，在制作过程中要进行多个路径的放样变形。

1. 单截面放样变形

单截面放样变形是放样建模的基础，也是使用比较普遍的放样方法。

（1）在视口中创建一个圆和一个星形，如图 5-34 所示。

（2）选择星形，单击“+（创建）>●（几何体）> 复合对象 > 放样”按钮，在“创建方法”卷展栏中单击“获取图形”按钮，在视口中单击圆，拾取图形后即可创建三维放样模型，如图 5-35 所示。

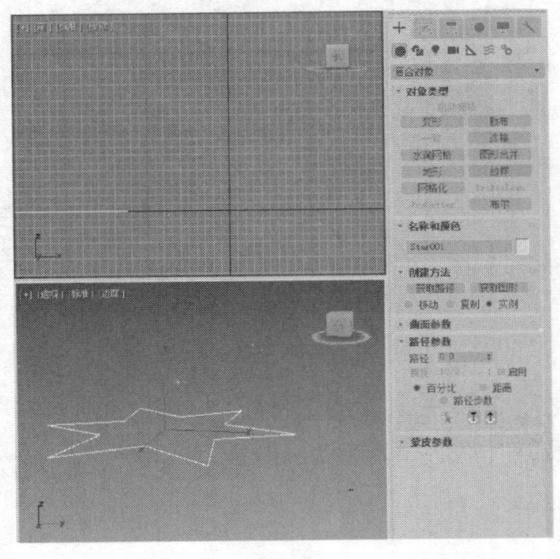
图 5-34

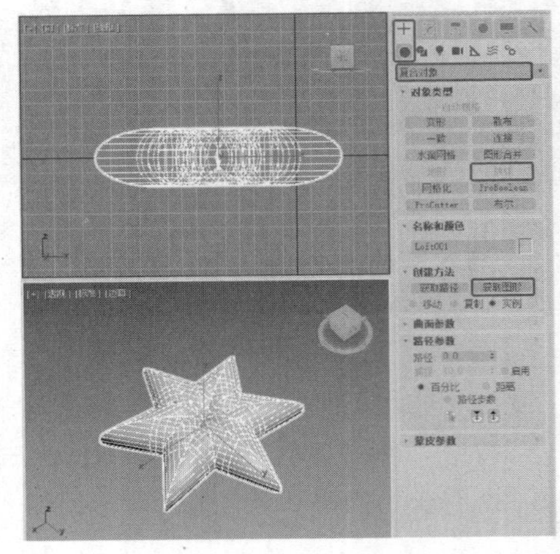
图 5-35

2. 多截面放样变形

在实际制作过程中，有一部分复杂的模型只用单截面放样变形方法是不能制作的，这些模型由不同的截面放样变形后结合而成，需要用到多截面放样变形方法。

在路径的不同位置拾取不同的二维截面图形主要是通过在“路径参数”卷展栏中的“路径”数值框中输入数值或单击（微调器）按钮（百分比、距离、路径步数）来实现的。

（1）在“顶”视口中分别创建圆、星形和多边形，在“前”视口中绘制一条直线段，这几个二维图形可以随意创建。

（2）单击线将其选中，单击“+（创建）> （几何体）> 复合对象 > 放样”按钮，在“创建方法”卷展栏中单击“获取图形”按钮，在视口中单击圆，这时直线段变为圆柱体，效果如图 5-36 所示。

（3）在“路径参数”卷展栏中设置“路径”为 45.0，单击“获取图形”按钮，在视口中单击星形，效果如图 5-37 所示。

图 5-36

图 5-37

（4）将“路径”设置为 80.0，单击“获取图形”按钮，在视口中单击多边形，效果如图 5-38 所示。

（5）切换到（修改）命令面板，在修改器堆栈中将选择集定义为“图形”，这时命令面板中会出现新的参数，在场景中框选放样的模型，选择 3 个放样图形，如图 5-39 所示。

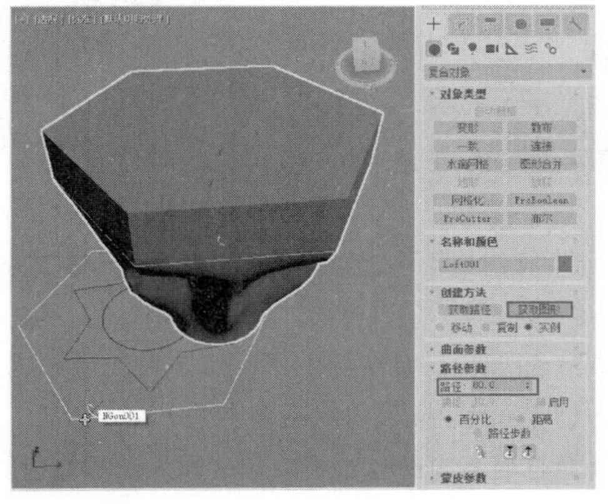

图 5-38

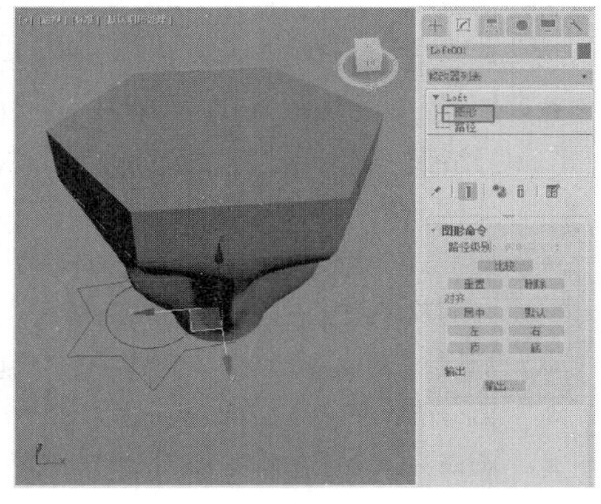

图 5-39

（6）单击“比较”按钮，弹出“比较”窗口，如图5-40所示。单击（拾取图形）按钮，在视口中分别在3个截面上单击，将3个截面拾取到“比较”窗口中，如图5-41所示。

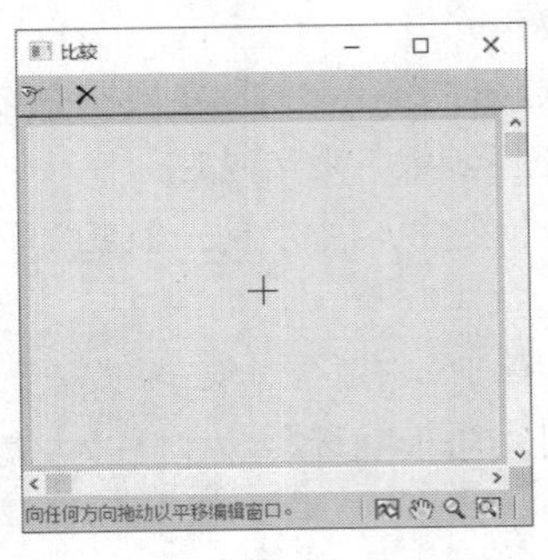

图5-40

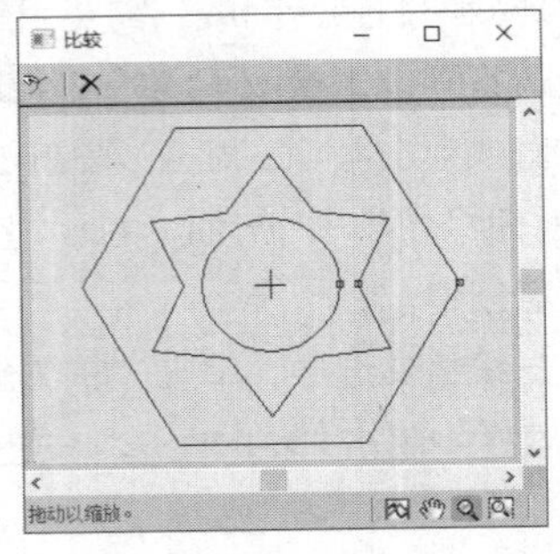

图5-41

从“比较”窗口中可以看到3个截面图形的起始点，如果起始点没有对齐，可以使用（选择并旋转）工具手动调整，使之对齐。

5.3.3 “放样”对象的参数修改

“放样”对象的参数在4个卷展栏中，分别为“创建方法”卷展栏、“路径参数”卷展栏、“蒙皮参数”卷展栏和“变形”卷展栏。

（1）“创建方法”卷展栏（见图5-42）的介绍如下。

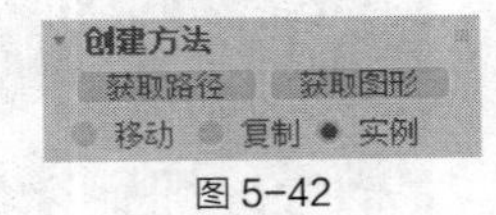

图5-42

该卷展栏用于决定使用哪一种方式来进行放样。

- 获取路径：如果已经选择了路径，则单击该按钮，到视口中拾取将要作为截面的图形。
- 获取图形：如果已经选择了截面图形，则单击该按钮，到视口中拾取将要作为路径的图形。
- 移动：直接用原始二维图形进行放样。
- 复制：复制一个二维图形进行放样，而其本身并不发生任何改变，此时原始二维图形和复制得到的二维图形是完全独立的。
- 实例：原来的二维图形将继续保留，进行放样的只是它们各自的关联物体。可以将它们隐藏，以后需要对放样造型进行修改时，直接修改它们的关联物体即可。

（2）“路径参数”卷展栏（见图5-43）的介绍如下。

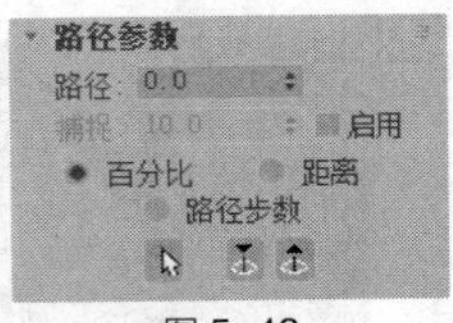

图5-43

该卷展栏用于设置放样路径上各个截面图形的间隔。

- 路径：通过调整微调器或输入一个数值设置插入点在路径上的位置。“路径”值取决于所选择的测量方式，并随着测量方式的改变而产生变化。
- 捕捉：设置放样路径上截面图形的固定间隔距离。“捕捉”值也取决于所选择的测量方式，并随着测量方式的改变而产生变化。
- 启用：勾选该复选框，则激活“Snap”（捕捉）卷展栏。系统提供了下面3种测量方式。
- 百分比：将全部放样路径设为100%，以百分比形式确定插入点的位置。
- 距离：以全部放样路径的实际长度为总数，以绝对距离的长度形式来确定插入点的位置。
- 路径步数：以路径的分段形式来确定插入点的位置。

- （拾取图形）按钮：单击该按钮，手动拾取放样截面，此时“捕捉”被禁用，并把所拾取到的放样截面的位置作为当前“路径”值。
- （上一个图形）按钮：选择当前截面的前一截面。
- （下一个图形）按钮：选择当前截面的后一截面。

（3）“蒙皮参数”卷展栏（见图 5-44）的介绍如下。

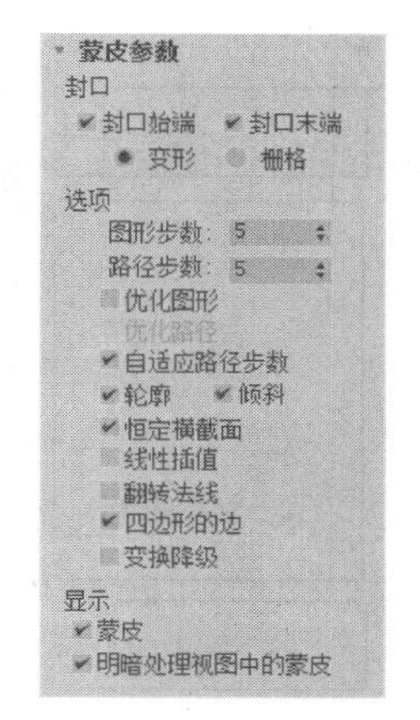

图 5-44

- 封口始端：用于控制路径第一个顶点处的放样端是否封口。
- 封口末端：用于控制路径最后一个顶点处的放样端是否封口。
- 变形：创建变形目标所需的重复排列模式的封口面。“变形”封口能产生细长的面，与采用“栅格”封口创建的面一样。
- 栅格：在图形边界处修剪的矩形栅格中排列封口面。此方法将产生一个由大小均等的面构成的表面，这些面很容易被其他修改器变形。
- 图形步数：用于设置截面图形的顶点之间的步数。
- 路径步数：用于设置路径的直分段之间的步数。
- 优化图形：如果勾选该复选框，则调整截面图形的直分段，忽略“图形步数”。如果路径上有多个图形，则只优化在所有图形上都匹配的直分段。
- 优化路径：如果勾选该复选框，则调整路径的直分段，忽略“路径步数”。“路径步数”设置仅适用于弯曲截面。“优化路径”设置在“路径步数”模式下才可用。
- 自适应路径步数：如果勾选该复选框，则分析放样，并调整路径分段的数目，以生成最佳蒙皮。直分段将沿路径出现在路径顶点、图形位置和变形曲线顶点处。
- 轮廓：如果勾选该复选框，则每个图形都将遵循路径的曲率。
- 倾斜：如果勾选该复选框，则只要路径弯曲并改变了其局部 z 轴的高度，图形便会围绕路径旋转。
- 恒定横截面：如果勾选该复选框，则在路径中的转角处缩放截面，以保持放样截面宽度一致。
- 线性插值：如果勾选该复选框，则使用截面之间的直边生成放样蒙皮。
- 翻转法线：如果勾选该复选框，则将法线翻转 180°。可使用此复选框来修正内部外翻的对象。
- 四边形的边：如果勾选该复选框，且放样对象的两部分具有相同数目的边，则将两部分缝合到一起，缝合处的面将显示为四边形。具有不同边数的两部分之间的边将不受影响，仍与三角形连接。
- 变换降级：使放样蒙皮在子对象图形/路径变换过程中消失。
- 蒙皮：如果勾选该复选框，则在所有视口中显示放样的蒙皮，并忽略“明暗处理视图中的蒙皮”设置。
- 明暗处理视图中的蒙皮：如果勾选该复选框，则忽略“蒙皮”设置，在着色视口中显示放样的蒙皮。

（4）“变形”卷展栏（见图 5-45）包含“缩放”“扭曲”“倾斜”“倒角”“拟合”5 个按钮。单击任意按钮会弹出与该按钮对应的变形。

变形窗口（见图 5-46）的介绍如下。

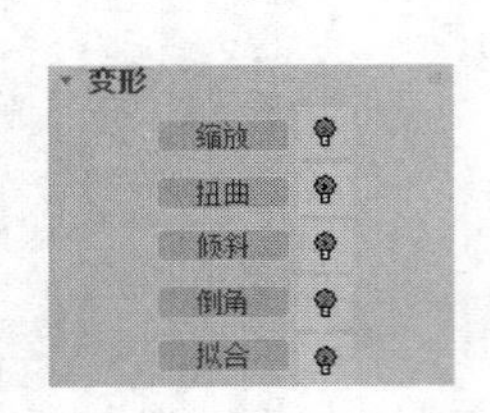

图 5-45

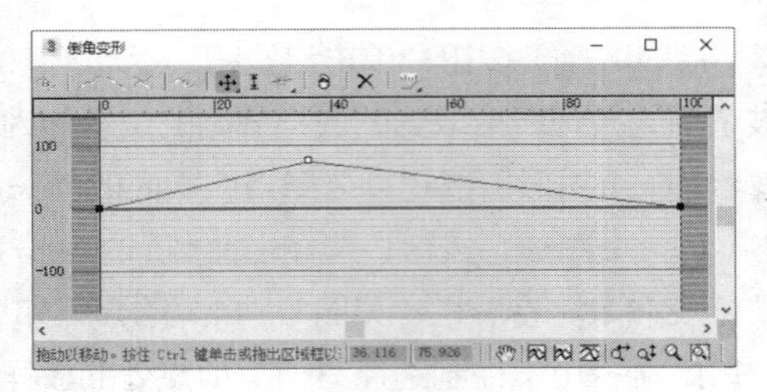

图 5-46

- 变形曲线默认为一条使用常量值的直线。要生成更精细的曲线，可以插入控制点并更改它们的属性。使用变形窗口工具栏中的按钮可以插入和更改变形曲线控制点。
- （均衡）按钮：是一个动作按钮，也是一种曲线编辑模式，可以用于对轴和形状应用相同的变形。
- （显示 x 轴）按钮：仅显示红色的 x 轴变形曲线。
- （显示 y 轴）按钮：仅显示绿色的 y 轴变形曲线。
- （显示 xy 轴）按钮：同时显示 x 轴和 y 轴变形曲线，各条曲线使用各自的颜色。
- （变换变形曲线）按钮：在 x 轴和 y 轴之间复制曲线。此按钮在激活（均衡）按钮时是禁用的。
- （移动控制点）按钮：更改变形的量（垂直移动）和变形的位置（水平移动）。
- （缩放控制点）按钮：更改变形的量，而不更改位置。
- （插入角点）按钮：单击变形曲线上的任意处可以在该位置插入角点控制点。
- （删除控制点）按钮：删除所选的控制点，也可以通过按“Delete ”键来删除所选的控制点。
- （重置曲线）按钮：删除所有控制点（但两端的控制点除外）并恢复曲线的默认值。
- 数值字段：仅当选择了一个控制点时，才能访问这两个字段。第 1 个字段提供了控制点的水平位置，第 2 个字段提供了控制点的垂直位置（或值）。可以使用键盘编辑这两个字段。
- （平移）按钮：在视口中拖动，向任意方向移动。
- （最大化显示）按钮：更改视口放大值，使整个变形曲线可见。
- （水平方向最大化显示）按钮：更改沿路径长度进行的视口放大的倍数，使得整个路径区域在窗口中可见。
- （垂直方向最大化显示）按钮：更改沿变形值进行的视口放大的倍数，使得整个变形区域在窗口中显示。
- （水平缩放）按钮：更改沿路径长度进行放大的倍数。
- （垂直缩放）按钮：更改沿变形值进行放大的倍数。
- （缩放）按钮：更改沿路径长度和变形值进行放大的倍数，保持曲线的纵横比。
- （缩放区域）按钮：在变形栅格中拖动区域，区域会相应放大，以填充变形窗口。

课堂练习——制作花篮模型

知识要点：创建星形、线、圆、弧，使用放样”工具，结合使用“车削”修改器制作花篮模型，参考效果如图 5-47 所示。

微课视频

制作花篮模型

图 5-47

效果所在位置：云盘/场景/Ch05/花篮.max。

课后习题——制作蜡烛模型

知识要点：创建切角长方体、圆柱体、长方体和线，使用“ProBoolean”工具，结合使用“编辑多边形”修改器制作蜡烛模型，参考效果如图 5-48 所示。

效果所在位置：云盘/场景/Ch05/蜡烛.max。

微课视频

制作蜡烛模型

图 5-48

第 6 章 材质与贴图

在专业级效果图和动画的制作过程中，精美的模型只能满足最基本的形体要求，想要达到真实的产品级画面效果，则必须要有材质与贴图，以及灯光的配合。

本章将对 3ds Max 2020 中的材质和贴图进行系统的介绍，并介绍 3ds Max 2020 中一个出色的渲染器插件——VRay 渲染器。通过本章的学习，读者可以熟悉 3ds Max 2020 的各种常用的材质，并能根据材质的需求指定相应的贴图，从而制作出真实、专业的模型。

学习目标

- 掌握材质编辑器的使用方法。
- 熟悉明暗器的类型及扩展参数。
- 掌握常用的材质和贴图的应用方法。
- 熟悉 VRay 渲染器。
- 掌握 VRay 材质和贴图的应用方法。

技能目标

- 掌握多维/子对象材质的制作方法。
- 掌握金属和木纹材质的制作方法。

素养目标

- 培养学生精益求精的工作作风。

6.1 材质编辑器

材质编辑器是一个浮动的窗口，用于设置不同类型和属性的材质与贴图效果，并将设置的结果赋予场景中的对象。

添加材质将使对象更加具有真实感。材质详细描述了对象如何反射或折射灯光，因此材质属性与灯光属性相辅相成，明暗处理或渲染将两者合并，用于模拟对象在真实世界环境下的表现。

指定给材质的图像称为贴图，将贴图指定给材质的不同组件，可以影响其颜色、不透明度、曲面的平滑度等。

下面对材质编辑器的主要构成进行讲解。

- 示例窗：示例窗是显示材质效果的窗口。从示例窗中可以看到两种内容，一种是有体积感的材质，另一种是平面的贴图。如果要对它们进行编辑，则要将它们激活。
- 将材质指定给选定对象：用于将当前激活的示例窗中的材质指定给场景中的选定对象，同时此材质会变成一个同步材质。材质的贴图被指定后，如果对象还未进行贴图坐标的指定，在最后渲染时对象也会自动进行坐标指定；单击“在视口中显示贴图”按钮，在视口中可以看到贴图效果，同时对象也会自动进行坐标指定。
- 参数区域：根据材质类型的不同和贴图类型的不同设置材质的参数。

6.1.1 Slate 材质编辑器

在工具栏中单击（材质编辑器）按钮，弹出“Slate 材质编辑器”窗口（快捷键为“M”），如图 6-1 所示。

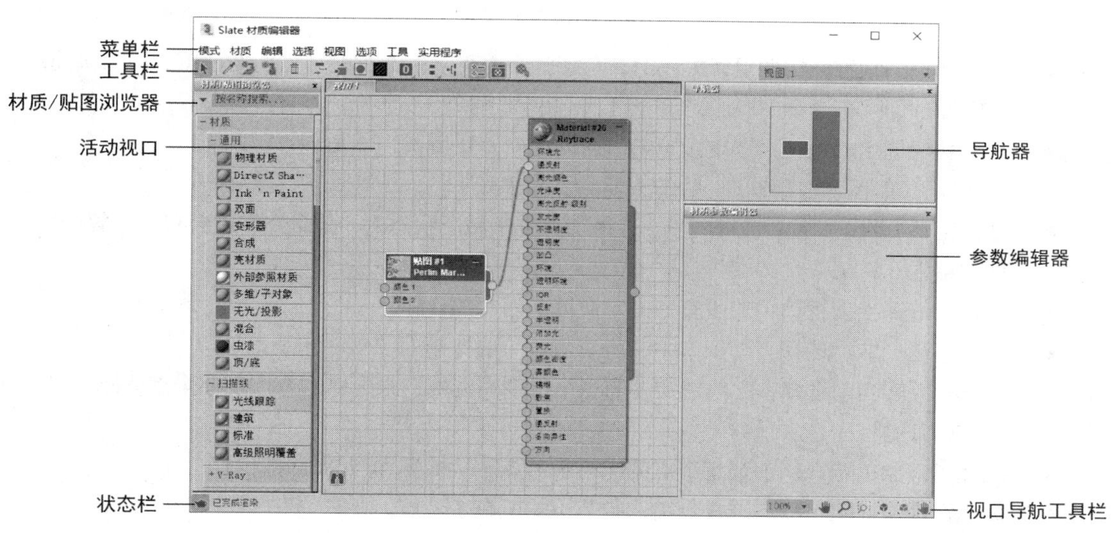

图 6-1

1. 菜单栏

菜单栏中包含带有创建和管理场景中材质的各种命令的菜单。大部分命令可以通过工具栏或视口导航工具栏调用，下面介绍相应的命令。

（1）“模式”菜单：可以在“精简材质编辑器”和“Slate 材质编辑器”之间进行转换，如图 6-2 所示。

（2）“材质”菜单（见图 6-3）中的主要命令介绍如下。

- 从对象选取（）：选择此命令后，鼠标指针会显示为滴管形状。单击视口中的一个对象，可以在当前视口中显示出其材质。

- 从选定项获取：从场景中选定的对象上获取材质，并显示在活动视口中。
- 获取所有场景材质：在当前视口中显示所有场景材质。
- 在 ATS 对话框中高亮显示资源：打开“资源追踪”对话框，其中显示了位图使用的外部文件的状态。如果针对位图节点选择此命令，则关联的文件将在“资源追踪”对话框中高亮显示。
- 将材质指定给选定对象（ ）：将当前材质指定给当前选择的所有对象。快捷键为“A”。
- 将材质放入场景（ ）：仅当具有与应用到对象的材质同名的材质副本，且已编辑该副本以更改材质的属性时，该命令才可用。选择“将材质放入场景”命令可以更新应用了旧材质的对象。

（3）“编辑”菜单（见图 6-4）中的主要命令介绍如下。

- 删除选定对象（ ）：在活动视口中删除选定的节点或关联。快捷键为“Delete”。
- 清除视图：删除活动视口中的全部节点和关联。

图 6-2

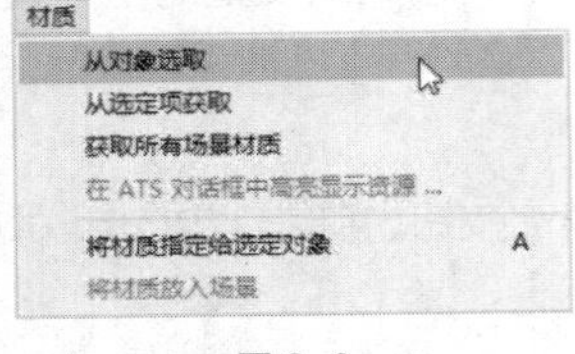

图 6-3

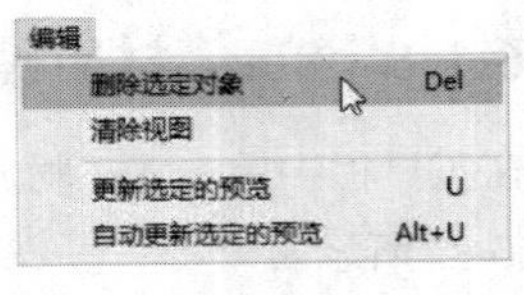

图 6-4

- 更新选定的预览：自动更新关闭时，选择此命令可以为选定的节点更新预览窗口。快捷键为“U”。
- 自动更新选定的预览：选定预览窗口自动更新。快捷键为“Alt+U”。

（4）“选择”菜单（见图 6-5）中的主要命令介绍如下。

- 选择工具（ ）：激活选择工具。选择工具处于激活状态时，此命令旁边会有一个复选标记。快捷键为“S”。
- 全选：选择当前视口中的所有节点。快捷键为“Ctrl+A”。
- 全部不选：取消选择当前视口中的所有节点。快捷键为“Ctrl+D”。
- 反选：反转当前选择，之前选定的节点全都取消选择，未选择的节点现在全都选择。组合键为“Ctrl+I”。
- 选择子对象：选择当前选定节点的所有子节点。快捷键为“Ctrl+C”。
- 取消选择子对象：取消选择当前选定节点的所有子节点。
- 选择树：选择当前树中的所有节点。快捷键为“Ctrl+T”。

（5）“视图”菜单（见图 6-6）中的主要命令介绍如下。

- 平移工具（ ）：启用“平移工具”命令后，在当前视口中拖动就可以平移视口。快捷键为“Ctrl+P”。
- 平移至选定项（ ）：将视口平移至当前选择的节点。快捷键为“Alt+P”。
- 缩放工具（ ）：启用“缩放工具”命令后，在当前视口中拖动就可以缩放视口。快捷键为“Alt+Z”。
- 缩放区域工具（ ）：启用“缩放区域工具”命令后，在视口中拖动鼠标绘制一块矩形选区就可以放大该区域。快捷键为“Ctrl+W”。

- 最大化显示（ ）：放大视口，从而让视口中的所有节点都可见且居中显示。快捷键为“Alt+Ctrl+Z”。
- 选定最大化显示（ ）：放大视口，从而让视口中的所有选定节点都可见且居中显示。快捷键为“Z”。
- 显示栅格：在视口中显示栅格。默认设置为启用状态。快捷键为“G”。
- 显示滚动条：根据需要，切换视口右侧和底部滚动条的显示。默认设置为禁用状态。
- 布局全部：自动排列视口中所有节点。快捷键为“L”。
- 布局子对象（ ）：自动排列当前所选节点的子节点，不会更改父节点的位置。快捷键为“C”。
- 打开/关闭选定的节点：展开或折叠选定的节点。
- 自动打开节点示例窗：启用此命令时，新创建的所有节点都会展开。
- 隐藏未使用的节点示例窗（ ）：启用此命令后，未使用节点的示例窗将不显示。快捷键为“H”。

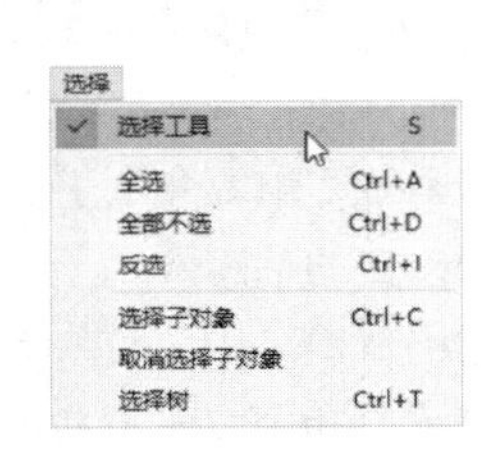

图 6-5

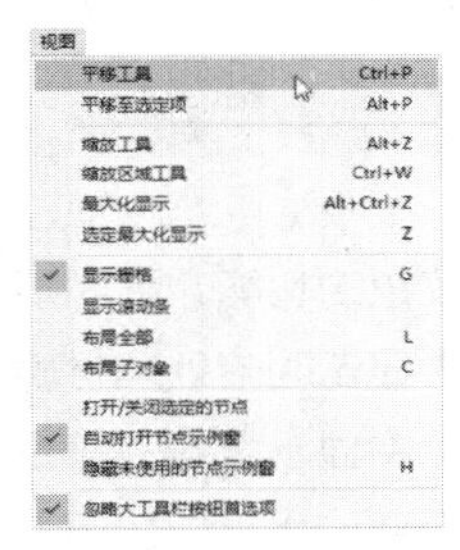

图 6-6

（6）“选项”菜单（见图 6-7）中的主要命令介绍如下。

- 移动子对象（ ）：启用此命令时，移动父节点会移动与之相连的子节点；禁用此命令时，移动父节点不会更改子节点的位置。默认设置为禁用状态。快捷键为“Alt+C”。
- 将材质传播到实例：启用此命令时，任何指定的材质都将被传播到场景中对象的所有实例，包括导入的 AutoCAD 块或基于 ADT 样式的对象，它们都是 DRF（一种渲染文件格式）文件中常见的对象类型。
- 启用全局渲染：切换预览窗口中位图的渲染方式。默认设置为启用状态。快捷键为“Alt+Ctrl+U”。
- 首选项：打开“选项”对话框，从中可设置面板中的材质参数。

（7）“工具”菜单（见图 6-8）中的主要命令介绍如下。

- 材质/贴图浏览器（ ）：切换“材质/贴图浏览器”的显示。默认设置为启用状态。快捷键为“O”。
- 参数编辑器（ ）：切换“参数编辑器”的显示。默认设置为启用状态。快捷键为“P”。
- 导航器：切换“导航器”的显示。默认设置为启用状态。快捷键为“N”。

（8）“实用程序”菜单（见图 6-9）中的主要命令介绍如下。

- 渲染贴图：此命令仅对贴图节点可用。选择后会打开“渲染贴图”对话框，可以渲染贴图（可能是动画贴图）来预览效果。

- 按材质选择对象（ ）：仅当为场景中使用的材质选择了单个材质节点时可用。使用“按材质选择对象”命令可以基于材质编辑器中的活动材质选择对象。选择此命令将打开“选择对象”对话框。
- 清理多重材质：打开“清理多重材质”对话框，用于删除场景中未使用的子材质。
- 实例化重复的贴图：打开“实例化重复的贴图”对话框，用于合并重复的位图。

图 6-7

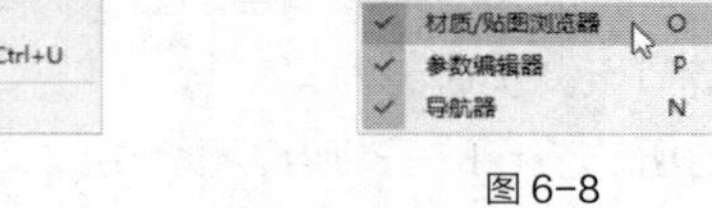

图 6-8

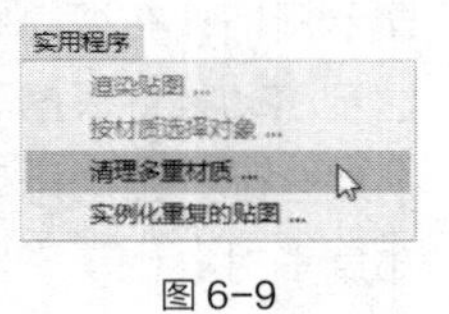

图 6-9

2. 工具栏

使用“Slate 材质编辑器”窗口的工具栏可以快速调用上面介绍的许多命令。该工具栏还包含一个下拉列表，使用户可以在命名的视口之间进行选择。图 6-10 所示为“Slate 材质编辑器”窗口的工具栏。

图 6-10

工具栏中各个按钮的功能介绍如下（前面介绍过的按钮这里就不重复介绍了）。

- （视口中显示明暗处理材质）按钮：在视口中显示设置的贴图。
- （在预览中显示背景）按钮：在预览窗口中显示方格背景。
- （布局全部—水平）按钮：单击此按钮将以水平模式自动布置所有节点。
- （布局全部—垂直）按钮：单击此按钮将以垂直模式自动布置所有节点。

3. 材质/贴图浏览器

材质/贴图浏览器中的每个库和组都有一个带有打开/关闭（+/-）图标的标题栏，该图标可用于展开/收缩列表。组可以有子组，子组有自己的标题栏，某些子组可以有更深层的子组。

材质/贴图浏览器（见图 6-11）中的各个卷展栏介绍如下。

- 材质、贴图：“材质”卷展栏和“贴图”卷展栏可用于创建新的自定义材质以及贴图的基础材质和贴图类型。这些类型是“标准”类型，它们可能具有默认值，但实际上是供用户进行自定义的模板。
- 控制器：“控制器”卷展栏显示可用于为材质设置动画的控制器。
- 场景材质：“场景材质”卷展栏列出了用在场景中的材质（有时为贴图）。默认情况下，它始终保持最新状态，以便显示当前的场景状态。
- 示例窗：“示例窗”卷展栏是“精简材质编辑器”使用的示例窗的小版本。

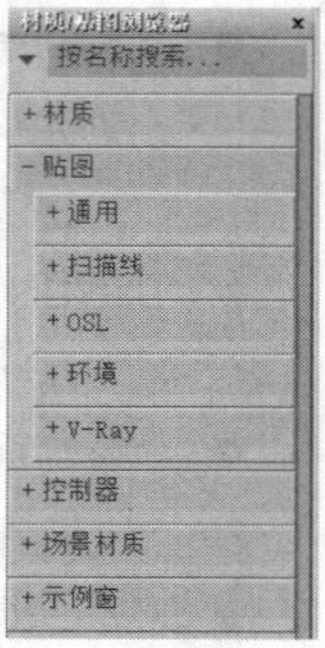

图 6-11

4. 活动视口

活动视口中显示了材质和贴图节点，用户可以在节点之间创建关联。

（1）编辑节点

可以折叠节点隐藏其窗口，如图 6-12 所示；也可以展开节点显示窗口，如图 6-13 所示；还可以在水平方向调整节点大小，这样更易于读取窗口名称，如图 6-14 所示。

图 6-12

图 6-13

图 6-14

双击材质球，可以放大节点标题栏中的材质球；要缩小材质球，再次双击材质球即可，如图 6-15 所示。

在节点的标题栏中，材质预览图左上角的三角形标志表明材质是否是“热材质”。没有三角形则表示场景中没有使用材质，如图 6-16 左图所示；轮廓式白色三角形表示此材质是热材质，换句话说，它已经在场景中实例化，如图 6-16 中图所示；实心白色三角形表示材质不仅是热材质，而且已经应用到当前选定的对象上，如图 6-16 右图所示。如果材质没有应用于场景中的任何对象，就称它是“冷材质”。

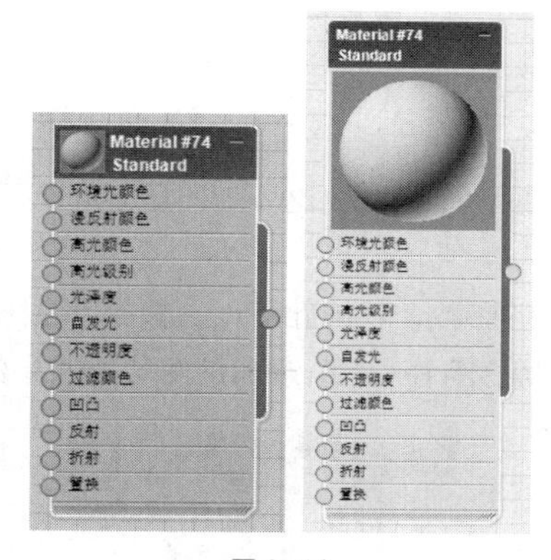

图 6-15

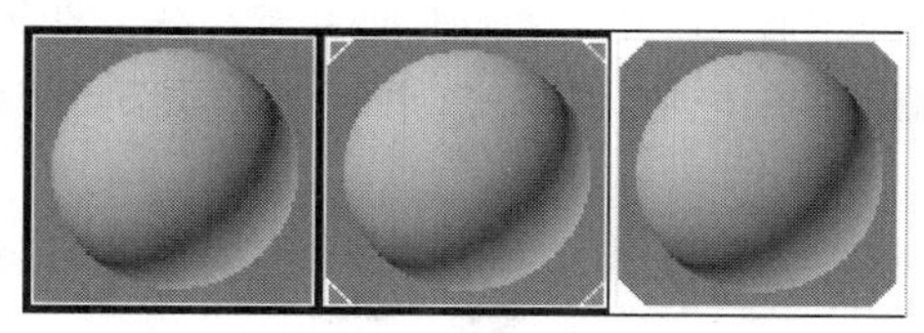

图 6-16

（2）关联节点

要设置材质组件的贴图，可将一个贴图节点关联到该组件窗口的输入套接字上，即将贴图套接字拖到材质套接字上。图 6-17 所示为创建的关联。

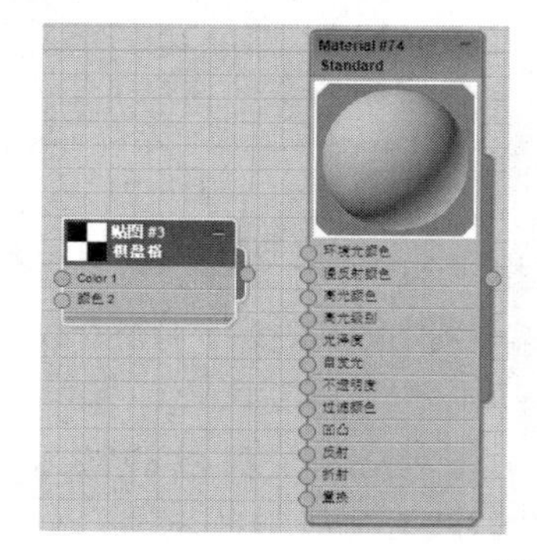

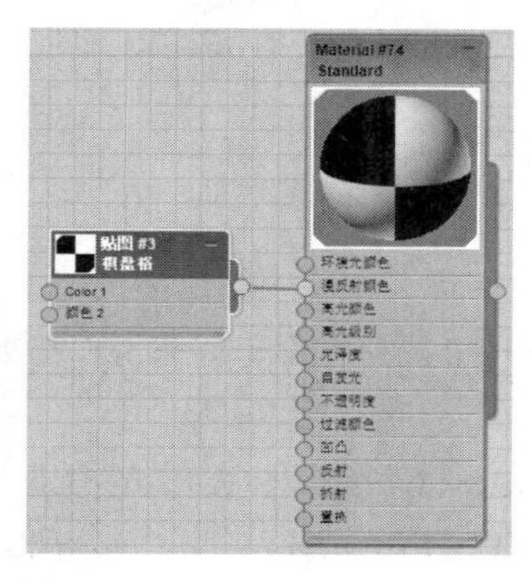

图 6-17

若要移除选定项，单击工具栏中的 （删除选定对象）按钮，或直接按“Delete”键即可。同样，使用这种方法也可以将创建的关联删除。

（3）创建新关联

在视口中拖动出新关联，在视口的空白部分释放新关联，将打开一个用于创建新节点的菜单，如图 6-18 所示。用户可以从输入套接字向后拖动，也可以从输出套接字向前拖动。

如果将关联拖动到目标节点的空白处，则将显示一个菜单，可通过它选择要关联的组件窗口，如图 6-19 所示。

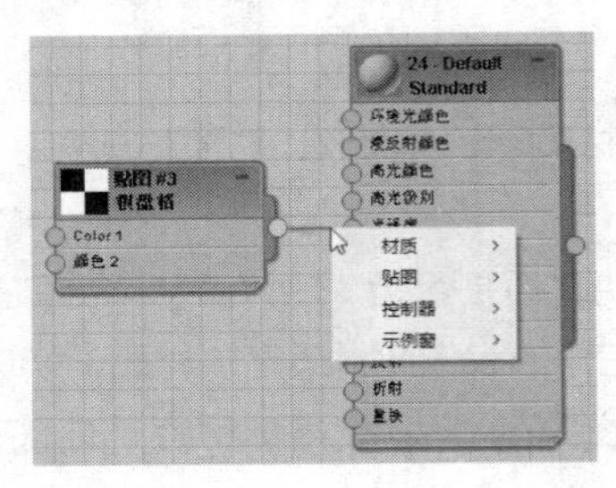

图 6-18

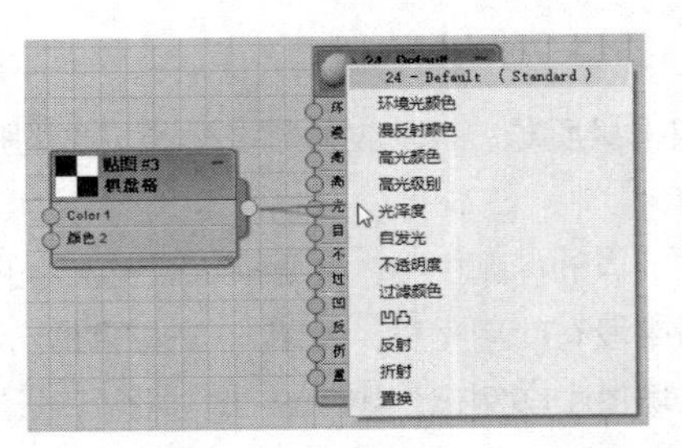

图 6-19

5. 状态栏

状态栏用于显示当前是否完成了渲染。

6. 视口导航工具栏

视口导航工具栏中按钮的功能与“视图”菜单中的各项命令相同，这里就不重复介绍了。

7. 参数编辑器

材质和贴图上有各种可以调整的参数。要查看某节点的参数，双击此节点，参数就会出现在参数编辑器的卷展栏中。图 6-20 所示为材质节点的参数编辑器，图 6-21 所示为贴图节点的参数编辑器。

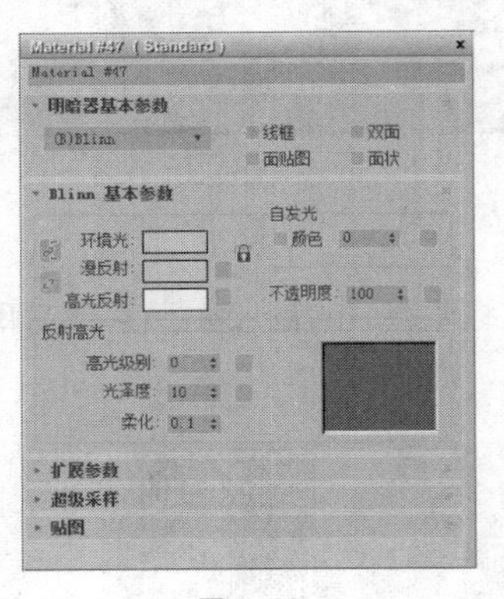

图 6-20

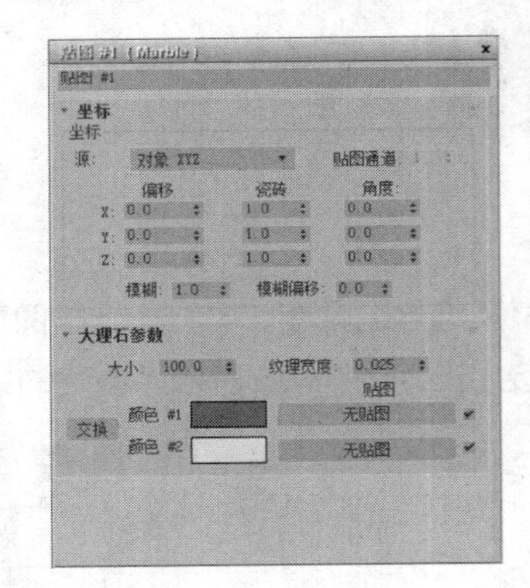

图 6-21

也可以右击选定节点，在弹出的快捷菜单中选择“全部显示 附加参数”命令，直接在节点中显示编辑参数，如图 6-22 所示。但一般来说，参数编辑器的界面更易于调整参数。

8. 导航器

导航器位于“Slate 材质编辑器”窗口的右上方，用于浏览活动视口中的节点，它与 3ds Max 2020 视口中用于浏览几何体的控件类似。图 6-23 所示为导航器对应的视口控件。

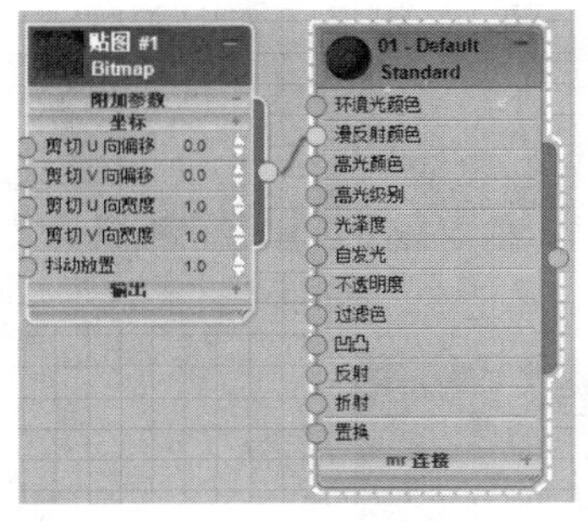

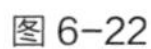
图 6-22

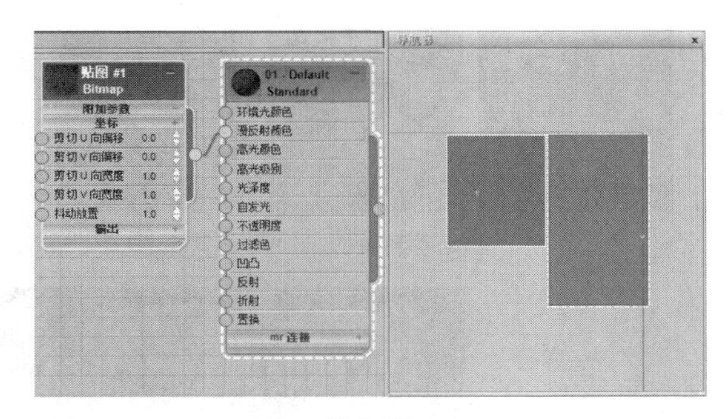

图 6-23

导航器中的红色矩形显示活动视口的边界。在导航器中拖动矩形可以更改视口的布局。

6.1.2　精简材质编辑器

在工具栏中长按（Slate 材质编辑器）按钮，选择弹出的（精简材质编辑器）按钮，可打开“材质编辑器”窗口，如图 6-24 所示。通常，“Slate 材质编辑器”在设计材质时功能更强大，而“精简材质编辑器”在只需应用已设计好的材质时更方便。

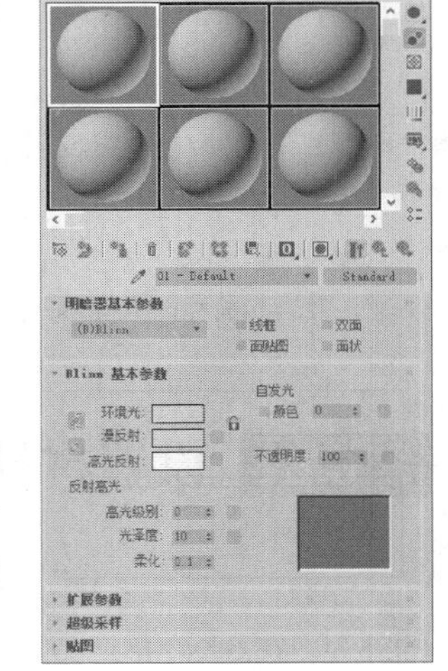

图 6-24

“材质编辑器”窗口中的参数与“Slate 材质编辑器”窗口中的基本相同，下面介绍示例窗周围的主要工具按钮。

- （将材质放入场景）按钮：在编辑材质之后更新场景中的材质。
- （生成材质副本）按钮：通过复制自身的材质，生成材质副本，冷却当前热示例窗。
- （使唯一）按钮：可以使贴图实例成为唯一的副本。
- （放入库）按钮：可以将选定的材质添加到当前库中。
- （材质 ID 通道）按钮：可将材质标记为 Video Post 效果、渲染效果，或存储为以 RLA 或 RPF 格式保存的渲染图像的目标（以便通道值在后期处理应用程序中使用）。材质 ID 值等同于对象的图形缓冲区（G 缓冲区）值。取值范围为 1～15，表示将使此通道 ID 的 Video Post 效果或渲染效果应用于该材质。
- （显示最终结果）按钮：当此按钮处于激活状态时，示例窗中将显示“显示最终结果”，即材质树中所有贴图和明暗器的组合；当此按钮处于未激活状态时，示例窗中只显示材质的当前层级。
- （转到父对象）按钮：在当前材质中向上移动一个层级。
- （转到下一个同级项）按钮：移动到当前材质中相同层级的下一个贴图或材质。
- （采样类型）按钮：可以选择要显示在活动示例窗中的几何体，示例如图 6-25 所示。
- （背光）按钮：激活此按钮后可将背光添加到活动示例窗中的几何体上。默认情况下，此按钮处于激活状态。图 6-26 左图所示为启用背光后的效果，图 6-26 右图所示为未启用背光时的效果。
- （采样 UV 平铺）按钮：可以在活动示例窗中调整采样对象上的贴图图案的重复次数，示例如图 6-27 所示。

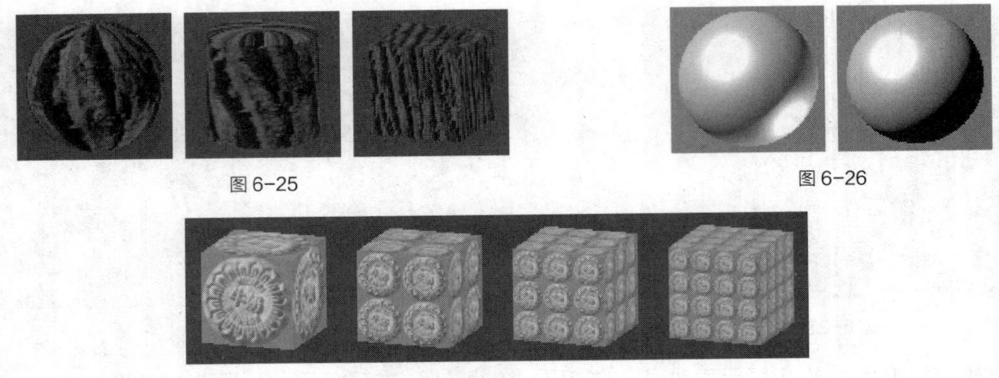

图 6-25

图 6-26

图 6-27

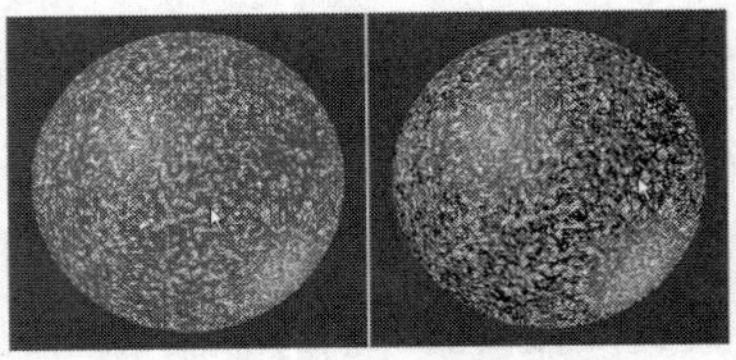

- （视频颜色检查）按钮：用于检查示例对象上的材质颜色是否超过安全 NTSC 或 PAL 阈值。图 6-28 左图所示为颜色过分饱和的材质，图 6-28 右图所示为材质颜色超过视频阈值的材质。

图 6-28

- （生成预览、播放预览、保存预览）按钮：单击“生成预览”按钮，弹出“创建材质预览”对话框，创建动画材质的 AVI 文件；单击“播放预览”按钮可以使用 Windows Media Player 播放 AVI 预览文件；单击“保存预览”按钮可以将 AVI 预览文件以另一名称的 AVI 文件形式保存。
- （选项）按钮：单击此按钮将弹出“材质编辑器选项”对话框，可以帮助用户控制如何在示例窗中显示材质和贴图。

6.2 设置材质参数

标准材质是 3ds Max 2020 默认的通用材质。在现实生活中，物体反射光线的强弱取决于该物体的外观。在 3ds Max 2020 中，标准材质用来模拟对象表面的反射属性，在不使用贴图的情况下，标准材质为对象提供了单一、均匀的表面颜色效果。

标准材质的界面有“明暗器基本参数”“基本参数”“扩展参数”“超级采样”“贴图”卷展栏，单击卷展栏标题栏可以显示或隐藏对应的参数；鼠标指针呈形时可以进行拖动；界面右侧还有一个细的滑块可以上下滑动。卷展栏的具体用法和修改命令面板中的相同。

- “明暗器基本参数”卷展栏：可以在基本参数中选择明暗器，用于改变灯光照射到材质表面的效果。明暗器有 8 种，它们确定了不同材质渲染的基本性质，如图 6-29 所示。
- “基本参数”卷展栏：主要用于指定贴图，设置材质的颜色、反光度、不透明度等基本属性。选择不同的明暗器类型，“基本参数”卷展栏中会显示出相应的控制参数。选择“（B）Blinn”后会显示图 6-30 所示的“Blinn 基本参数”卷展栏。
- “扩展参数”卷展栏（见图 6-31）：标准材质所有的明暗器类型的扩展参数相同，内容涉及透明衰减、过滤、反射、线框模式，以及关系标准透明材质真实程度的折射率设置。

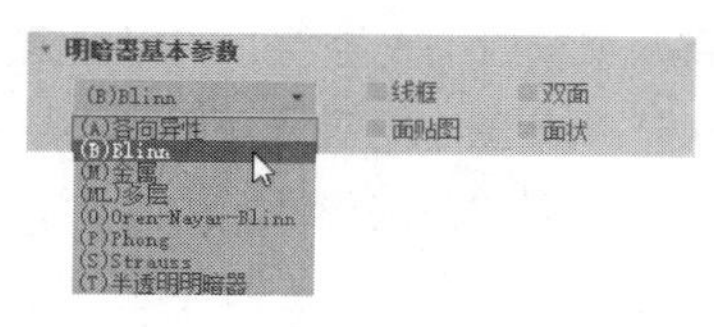

图 6-29

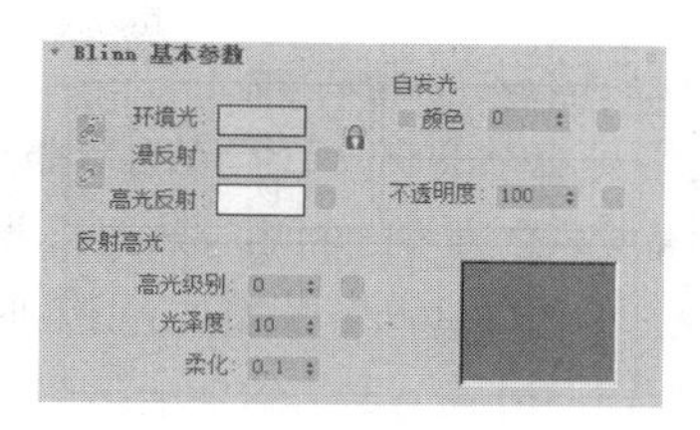

图 6-30

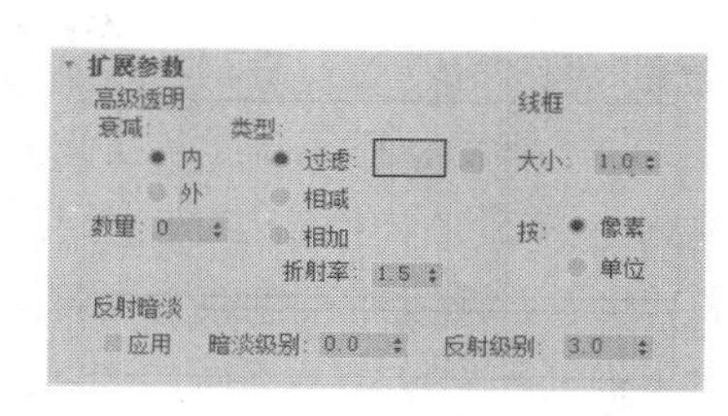

图 6-31

- “贴图”卷展栏：每种贴图方式的右侧都有一个很宽的按钮，单击它们可以打开“材质/贴图浏览器”对话框，这里提供了 30 多种贴图类型，可以用在不同的贴图方式上。选择一个贴图类型后，会自动进入其贴图设置层级中，以便进行相应的参数设置。单击（转到父对象）按钮可以返回贴图方式设置层级，这时这个很宽的按钮上会出现贴图类型的名称。左侧复选框被勾选，表示当前该贴图方式处于活动状态；如果取消勾选左侧复选框，则会取消该贴图方式对材质的影响，如图 6-32 所示。
- “超级采样”卷展栏（见图 6-33）：超级采样是 3ds Max 2020 中的几种抗锯齿技术之一。在 3ds Max 2020 中，纹理、阴影、高光及光线跟踪的反射和折射都具有自带的抗锯齿功能，与之相比，超级采样则是一种外部附加的抗锯齿方式，作用于标准材质和光线跟踪材质。

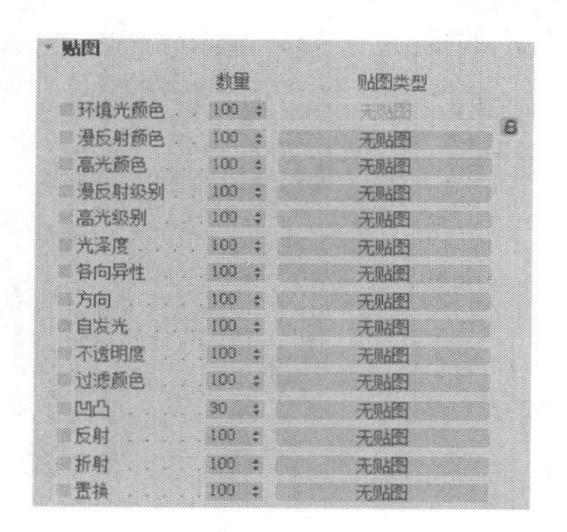

图 6-32

图 6-33

6.2.1 明暗器基本参数

标准材质的明暗器有 8 种，分别是各向异性、Blinn、金属、多层、Oren-Nayar-Blinn、Phong、Strauss 和半透明明暗器，如图 6-34 所示。

下面简单介绍一下这 8 种明暗器。

（1）各向异性：适用于具有椭圆形“各向异性”高光的曲面。该明暗器通过调节两个垂直正交方向上可见高光级别之间的差，实现一种“重折光”的高光效果。这种渲染属性可以很好地表现毛发、玻璃和被擦拭过的金属等模型的效果。

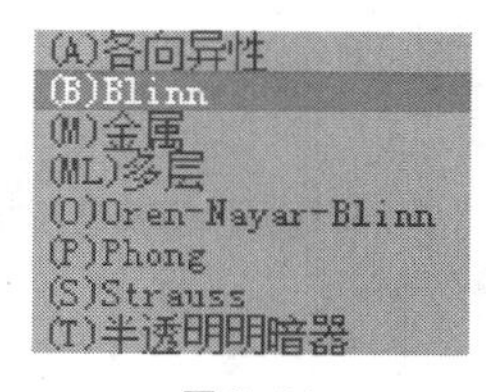

图 6-34

（2）Blinn：该明暗器为默认设置，可以获得灯光以低角度擦过对象表面产生的高光，往往会使高光柔化。

（3）金属：该明暗器提供效果逼真的金属表面及各种看上去像有机体的材质。金属材质的高光颜色不可由用户设置，该颜色可以在材质的漫反射颜色和灯光颜色之间变化。由于没有单独的反射高光，两个反射高光微调器与“Blinn”和“Phong”的微调器的行为不同，“高光级别”微调器仍然控制强度，但“光泽度”微调器影响高光区域的大小和强度。

（4）多层：适用于比“各向异性”更复杂的高光，但该明暗器具有两个反射高光控件、使用分层的高光，可以创建复杂高光，适用于模拟高度磨光的曲面等效果。“多层”明暗器中的高光可以为“各向异性”。当从两个垂直方向观看时，“各向异性”测量高光之间的区别。当“各向异性”为 0 时，高光根本没有区别（当使用“Blinn”或“Phong”明暗器时，该高光为圆形）；当“各向异性”为 100 时，区别最大，一个方向的高光非常清晰，另一个方向的高光由光泽度单独控制。

（5）Oren-Nayar-Blinn：该明暗器是“Blinn”的一个特殊变形形式。这种明暗器常用来表现织物、陶瓦品等无光曲面对象。

（6）Phong：“Phong”明暗器可以平滑面之间的边缘，也可以真实地渲染有光泽、规则曲面的高光。“Phong”明暗器与“Blinn”明暗器具有相同的“基本参数”卷展栏。

（7）Strauss：该明暗器用于对金属表面进行建模，其参数比“金属”明暗器的参数更简单。

（8）半透明明暗器：该明暗器与“Blinn”明暗器类似，最大的区别在于它能够设置半透明的效果。光线可以穿透有半透明效果的对象，并且在对象的内部离散。通常“半透明明暗器”用来模拟很薄的对象，如窗帘、电影银幕、霜或者毛玻璃等。

“明暗器基本参数”卷展栏中包括“线框”“双面”“面贴图”“面状”4 种材质指定渲染方式。

（1）线框：以网格线框的方式来渲染对象，它只能表现出对象的线架结构。线框的粗细可以通过“扩展参数”卷展栏中的“线框”选项组来调节，“大小”值用于确定它的粗细，可以选择“像素”或“单位”作为单位，如图 6-35 所示。

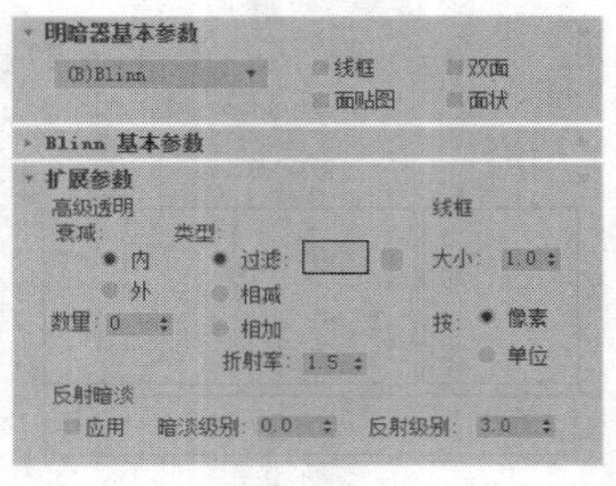

图 6-35

（2）双面：将法线为反方向的表面也进行渲染。通常计算机为了简化计算，只渲染法线为正方向的表面（即可视的外表面），这对大多数对象都适用，但有些敞开面的对象的内壁看不到任何材质效果，这时就必须进行“双面”设置。

提 示

启用“双面”会使渲染速度变慢，较好的方法是对必须使用双面材质的对象使用双面材质，在最后渲染时不要设置“渲染设置”窗口中的“强制双面”渲染属性，这样既可以达到预期的效果，又可以加快渲染速度。

（3）面贴图：将材质指定给对象的全部面，如果是含有贴图的材质，在没有指定贴图坐标的情况下，贴图会均匀分布在对象的每一个表面上。

（4）面状：将对象的每个表面以平面化的形式进行渲染，不进行相邻面的平滑处理。

明暗器都有相对应的“基本参数”卷展栏，这里不做具体介绍。

6.2.2 材质基本参数

标准材质的“基本参数”卷展栏中主要包括的参数如图 6-36 所示。

在该卷展栏中单击“环境光”“漫反射”“高光反射”右侧的色块，可以分别设置材质的阴影区、过渡区和高光区的颜色。

“漫反射”等项右侧有■（无）按钮，单击该按钮可以为对应项指定相应的贴图，然后进入该贴图层级。这属于设置贴图的快捷操作。如果指定了贴图，按钮上会显示“M”字样，如图 6-37 所示，以后单击它可以快速进入该贴图层级；如果贴图目前处于关闭状态，则按钮上显示小写“m”。

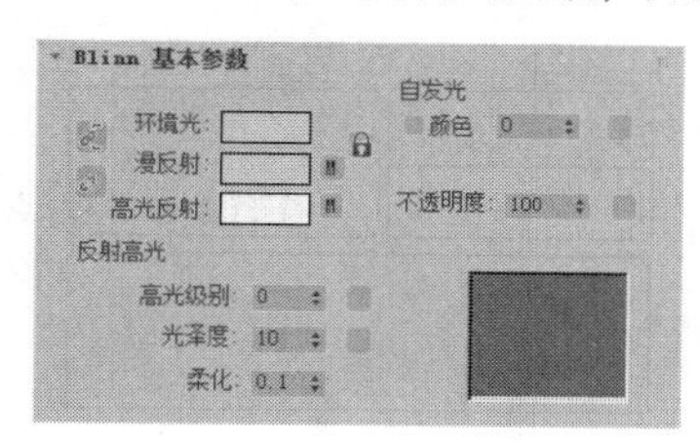

图 6-36

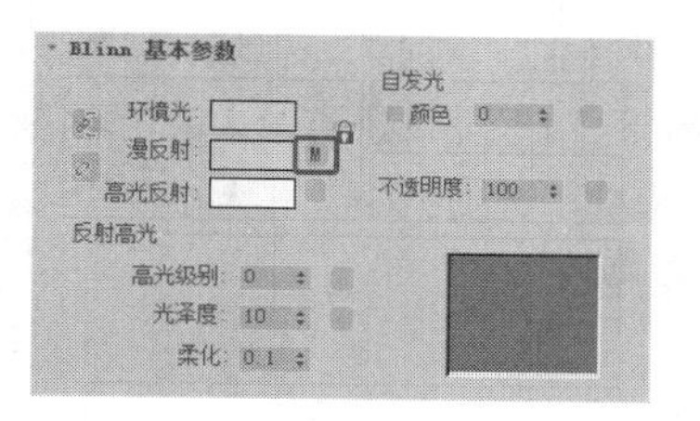

图 6-37

右侧的（锁定）按钮用来锁定“环境光”“漫反射”“高光反射”3 种材质中的两种（或 3 种全部锁定）。锁定的目的是使被锁定的两个区域的颜色保持一致，调节一个时另一个也随之变化。

- 环境光：用于控制对象表面阴影区的颜色。
- 漫反射：用于控制对象表面过渡区的颜色。
- 高光反射：用于控制对象表面高光区的颜色。
- “自发光”选项组：可使材质具备自身发光效果，常用于制作灯泡、太阳等光源对象。自发光使用漫反射颜色替换曲面上的阴影，从而创建白炽效果。当启用“自发光”时，自发光颜色将取代“环境光”颜色。在设置为 100 时，材质没有阴影区域（虽然它可以显示反射高光）。

提 示

指定“自发光”有两种方式：一种是勾选“颜色”复选框，使用带有颜色的自发光；另一种是取消勾选该复选框，使用可以调节数值的单一颜色的自发光，对数值进行调节可以看作对自发光颜色的灰度比例进行调节。

- 不透明度：用于设置材质的不透明度百分比，默认值为 100，即不透明。减小值使不透明度减小，值为 0 时变为完全透明。对于透明材质，还可以调节它的透明衰减，这需要在“扩展参数”卷展栏中进行调节。
- 高光级别：影响反射高光的强度。随着该值增大，高光将越来越亮。对于标准材质，默认设置为 0；对于光线跟踪材质，默认设置为 50。
- 光泽度：影响反射高光的大小。随着该值增大，高光将越来越暗，材质将变得越来越亮。对于标准材质，默认设置为 10；对于光线跟踪材质，默认设置为 40。
- 柔化：柔化反射高光的效果，特别是由掠射光形成的反射高光。当“高光级别”很高，而“光泽度”很低时，材质表面上会出现剧烈的背光效果。增加“柔化”值可以减轻这种效果。0 表示没有柔化，1.0 表示应用最大量的柔化。默认设置为 0.1。

6.2.3　材质扩展参数

标准材质的“扩展参数”卷展栏中的参数基本都相同，包括不透明度、反射、线框模式以及折射率设置，如图 6-38 所示。下面对常用的参数进行介绍。

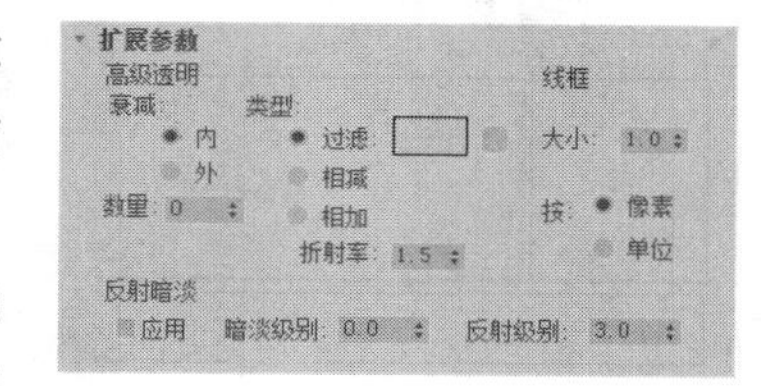

图 6-38

“高级透明”选项组中的“衰减”组包括“内”“外”两个单选按钮。其中“内”单选按钮用于设置由内向外逐渐增大不透明度的程度，而“外”单选按钮则用于设置由外向内逐渐减小不透明度的程度。这两个单选按钮的衰减程度取决于下方的“数量”值。

“类型”组中“过滤”右侧的色块用来产生彩色的材质。“相减”可根据背景色做递减色彩的处理；“相加”可根据背景色做递增色彩的处理，常被用来制作发光体。

在“线框”选项组中，“大小”用来调整线框网线的粗细，在设置大小时可以按“像素”或“单位”进行设置。

6.3 常用材质简介

材质编辑器中有许多常用的材质，本节将对这些常用的材质进行简单的介绍。

6.3.1 课堂案例——制作多维/子对象材质

学习目标：学会设置多维/子对象材质。

知识要点：根据材质分配材质 ID，对应材质 ID 设置每个子材质，参考效果如图 6-39 所示。

原始场景所在位置：云盘/场景/Ch06/设置多维/樱桃材质.max。

效果所在位置：云盘/场景/Ch06/设置多维/樱桃材质 o.max。

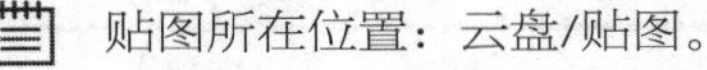

贴图所在位置：云盘/贴图。

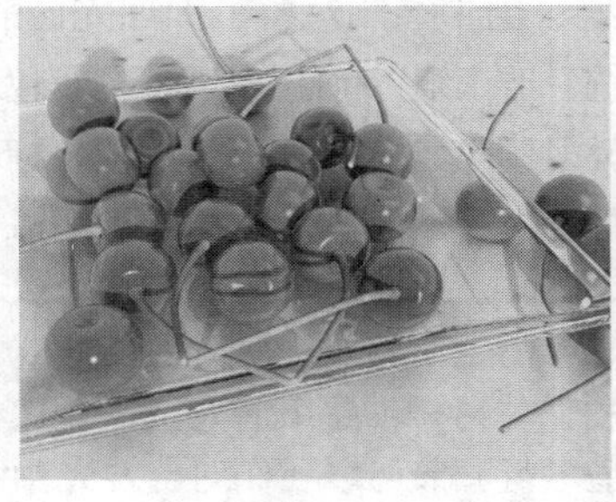

图 6-39

微课视频

制作多维/子对象材质

（1）打开原始场景文件“樱桃材质.max”，选择其中一个没有设置材质的樱桃模型，如图 6-40 所示。

（2）该樱桃模型的材质 ID 已经分配好，将选择集定义为“元素”，在“多边形：材质 ID”卷展栏的“选择 ID”按钮右侧的数值框中输入“1”，单击“选择 ID”按钮，可以看到当前材质 ID 为 1 的元素，如图 6-41 所示。

图 6-40

图 6-41

（3）在空白处单击取消选择元素，在“选择 ID”按钮右侧的数值框中输入“2”，单击“选择 ID”按钮，看到材质 ID 为 2 的元素，如图 6-42 所示。

（4）关闭选择集，按“M”键打开“材质编辑器”窗口，选择一个新的材质球。单击“Standard”

按钮，在弹出的“材质/贴图浏览器”对话框中选择“多维/子对象”材质，单击“确定”按钮，如图 6-43 所示。

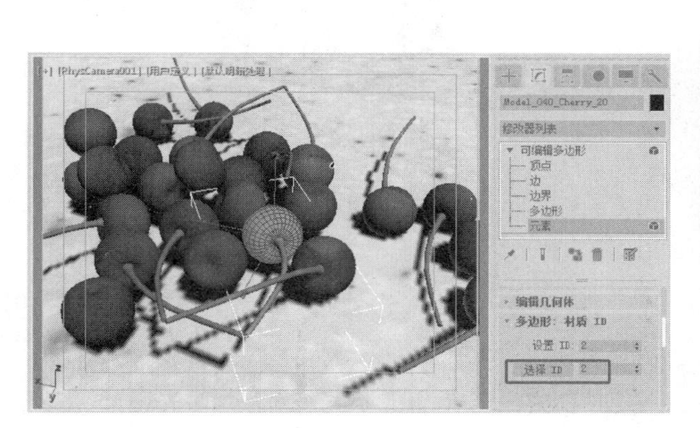

图 6-42

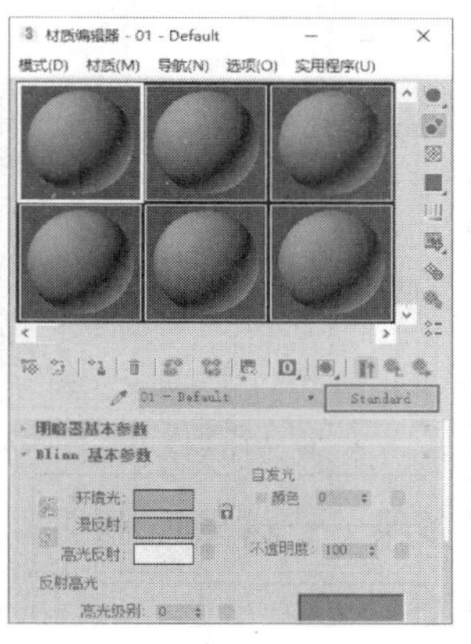

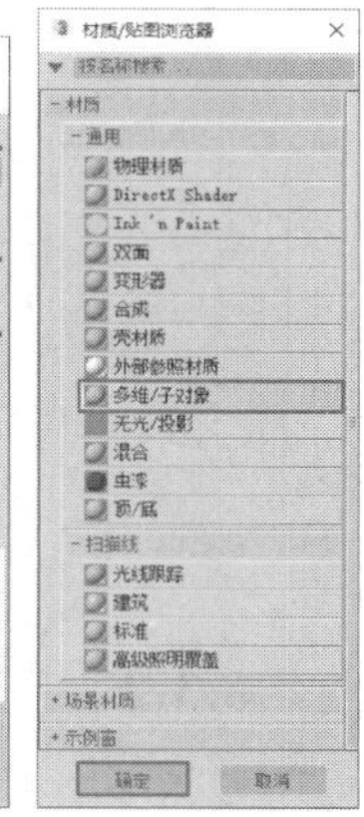

图 6-43

（5）在弹出的“替换材质”对话框中使用默认的参数，单击“确定”按钮，如图 6-44 所示。

（6）在“多维/子对象基本参数”卷展栏中单击“设置数量”按钮，在弹出的对话框中设置“材质数量”为 2，如图 6-45 所示。

（7）由于樱桃材质已经设置好了，使用（从对象选取）工具选择一个新的材质球，在场景中吸取樱桃柄的材质。继续选择新的材质球，使用（从对象选取）工具在场景中吸取樱桃的材质，如图 6-46 所示。

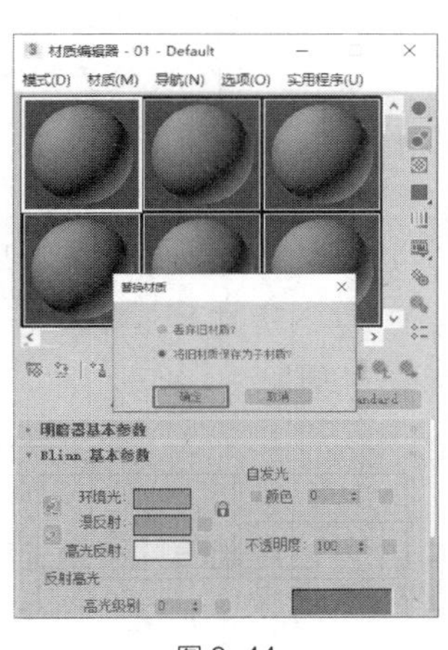

图 6-44

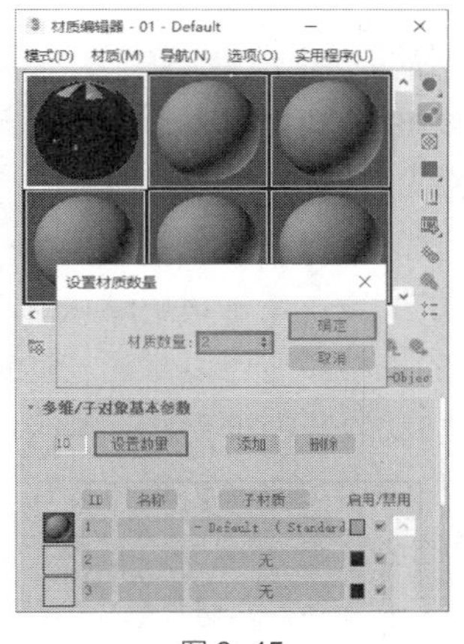

图 6-45

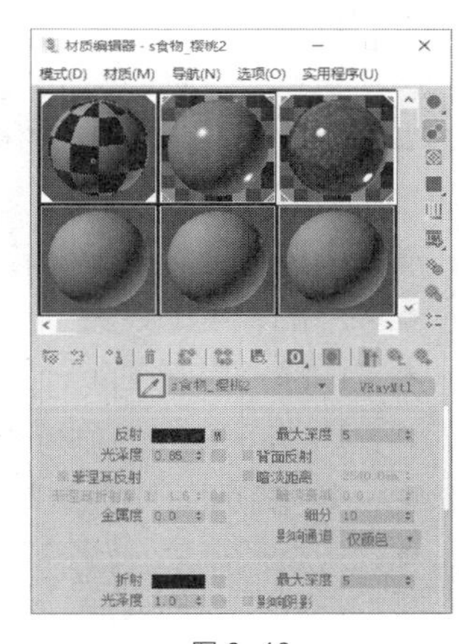

图 6-46

（8）选择多维/子对象材质球，将樱桃柄材质拖曳到 1 号材质后的材质按钮上，在弹出的对话框中选择“复制”单选按钮，单击“确定”按钮，如图 6-47 所示。使用相同的方法将樱桃材质拖曳到 2 号材质后的材质按钮上，如图 6-48 所示。

（9）拖曳复制材质到多维/子对象材质后，单击（将材质指定给选定对象）按钮，将材质指定给场景中的没有指定材质的樱桃模型。

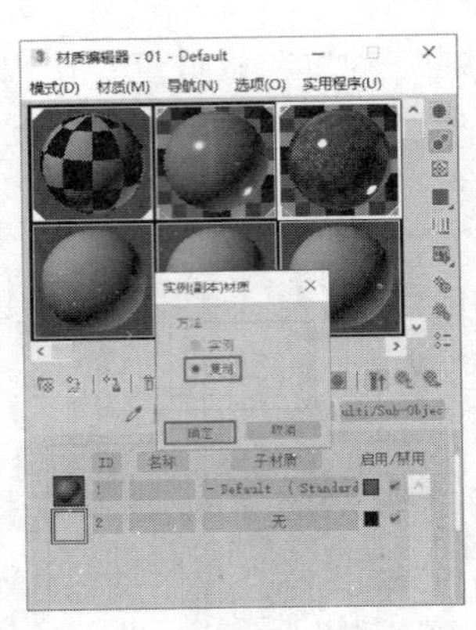

图 6-47

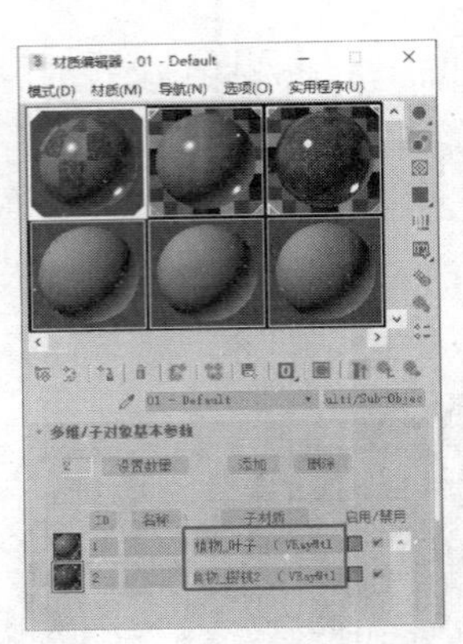

图 6-48

6.3.2 “多维/子对象”材质

要将多个材质组合为一个复合式材质，并分别指定给一个对象的不同子对象，可先通过“编辑多边形”修改器或“编辑网格”修改器的“多边形”或者“元素”子层级选择对象表面，并为需要表现不同材质的多边形指定不同的材质 ID，然后创建“多维/子对象”材质，分别为相应的材质 ID 设置材质，最后将设置好的材质指定给目标对象。

在介绍“多维/子对象”材质之前，先介绍一下材质 ID 的设置。

（1）选择需要设置材质 ID 的对象，前提是需要设置材质 ID 的对象是一个整体，添加“编辑多边形”修改器，将当前选择集定义为“多边形”，在视口中选择需要设置某种材质的多边形，然后在“多边形：材质 ID”卷展栏中设置“设置 ID”，按“Enter”键确定操作。使用同样的方法依次为其他多边形设置材质 ID。

（2）设置完材质 ID 后，在“材质编辑器”窗口中将“Standard”（标准）材质转换为“多维/子对象”材质，并设置相应的材质数量，然后分别进入子材质层级设置材质。

“多维/子对象基本参数”卷展栏的介绍如下。

- 设置数量：用于设置子材质的数目。注意，如果减少数目，则已经设置的材质会丢失。
- 添加：用于添加一个新的子材质。新子材质默认的 ID 在当前 ID 的基础上递增。
- 删除：用于删除当前选择的子材质。可以通过“撤销”命令取消删除。
- ID 排序：单击后按子材质 ID 的升序排列。
- 名称排序：单击后按名称栏中指定的名称进行排序。
- 子材质排序：可按子材质的名称进行排序。子材质列表中每个子材质都有一个单独的材质项。该卷展栏一次最多显示 10 个子材质，如果子材质数超过 10 个，则可以通过右边的滚动条滚动列表。

6.3.3 课堂案例——制作金属和木纹材质

微课视频

制作金属和木纹材质

学习目标：掌握使用“光线跟踪”材质和“位图”贴图的方法和技巧。

知识要点：使用“光线跟踪”材质，设置明暗器基本参数，通过为“反射”“漫反射”指定贴图来表现金属和木纹材质，参考效果如图 6-49 所示。

原始场景所在位置：云盘/场景/Ch06/木马.max。

效果所在位置：云盘/场景/Ch06/木马 o.max。

贴图所在位置：云盘/贴图。

（1）打开原始场景文件“木马.max”，该场景没有设置材质。

（2）在场景中选择木马模型，将选择集定义为“元素”，在场景中选择图6-50所示的元素，在“多边形：材质ID”卷展栏中设置“设置ID”为1。

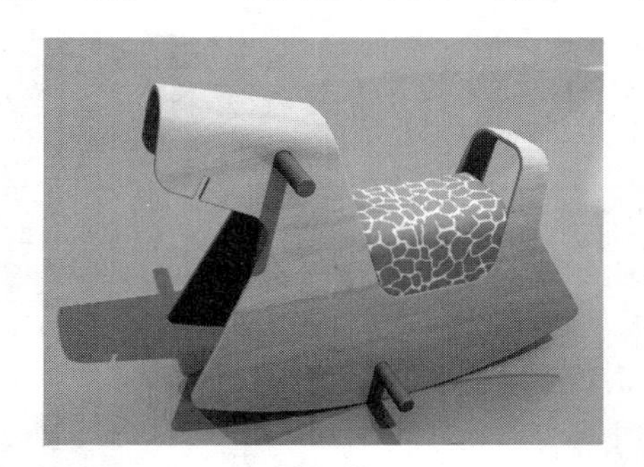
图6-49

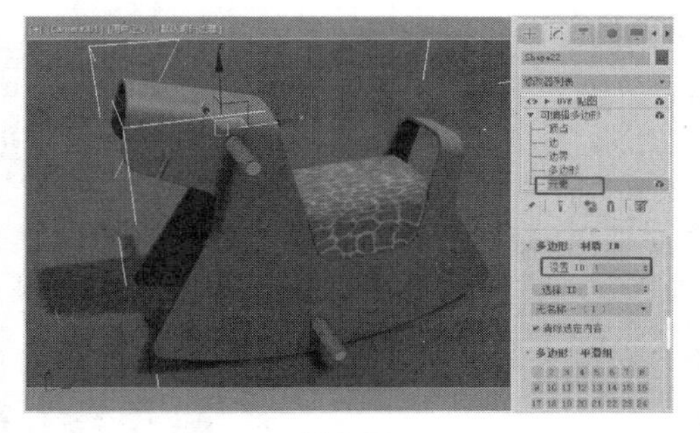
图6-50

（3）选择图6-51所示的元素，设置“设置ID”为2。选择图6-52所示的元素，设置“设置ID”为3。

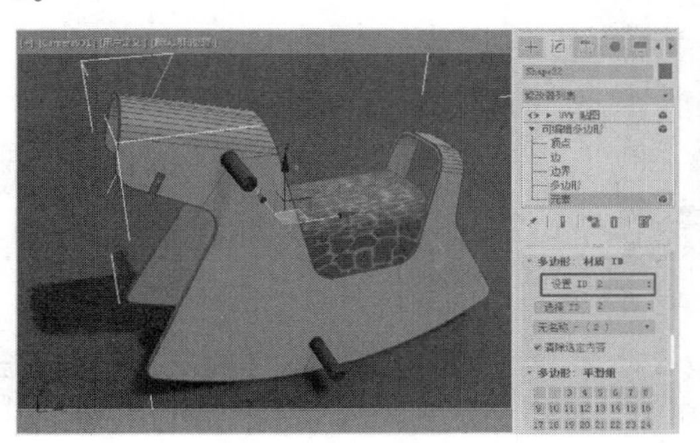
图6-51

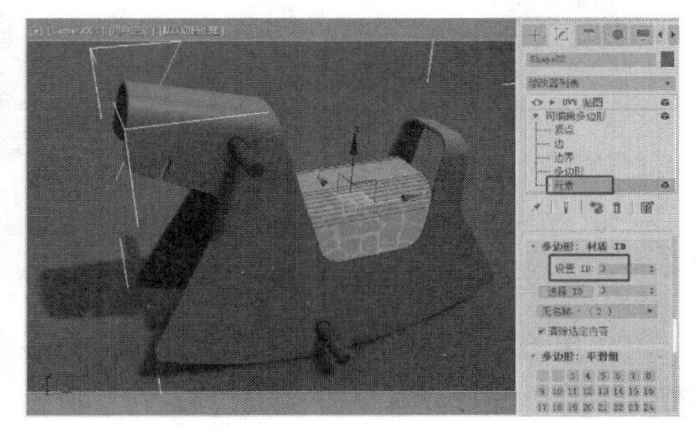
图6-52

（4）打开“材质编辑器”窗口，选择一个新的材质球。单击名称右侧的“Standard”按钮，在弹出的对话框中选择“多维/子对象”材质，单击“确定”按钮，弹出“替换材质”对话框，从中选择“将旧材质保存为子材质”单选按钮，单击“确定”按钮，如图6-53所示。

（5）转换为“多维/子对象”材质后，可以发现1号材质为标准材质，在“多维/子对象基本参数”卷展栏中单击“设置数量”按钮，在弹出的“设置材质数量”对话框中设置“材质数量”为3，单击“确定”按钮，如图6-54所示。

（6）单击1号材质后的材质按钮，进入1号材质层级，在“Blinn基本参数”卷展栏中设置“环境光”和“漫反射”的“红”“绿”“蓝”均为74、74、74，设置“反射高光”选项组的“高光级别”为20、“光泽度”为4，如图6-55所示。

（7）在“贴图”卷展栏中单击“反射”右侧的“无贴图”按钮，在弹出的“材质/贴图浏览器”对话框中选择“光线跟踪”贴图，单击“确定”按钮，进入贴图层级，使用默认的参数。单击（转到父对象）按钮，返回1号材质层级，设置“反射”的“数量”为5，如图6-56所示。

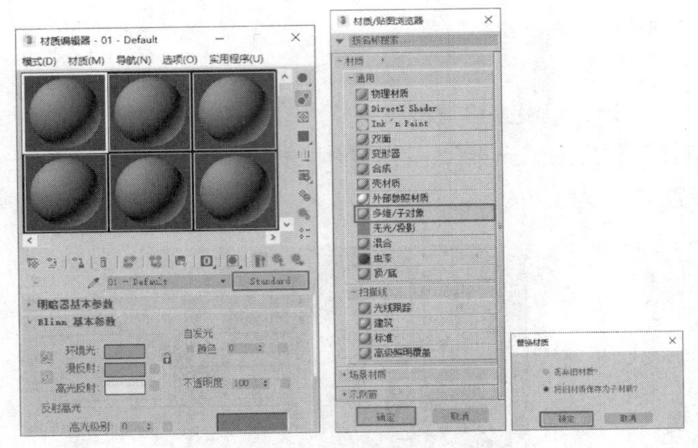

图 6-53

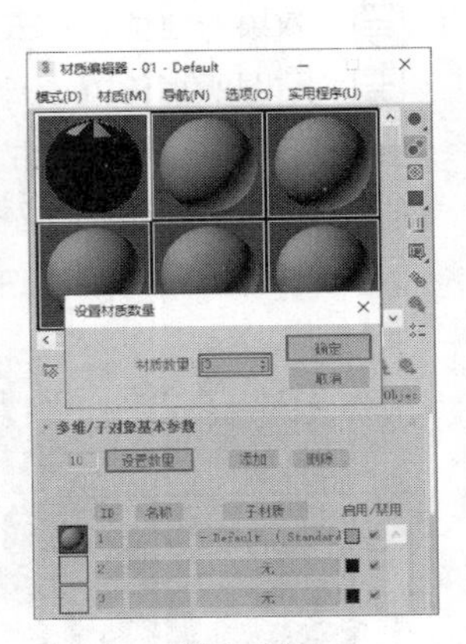

图 6-54

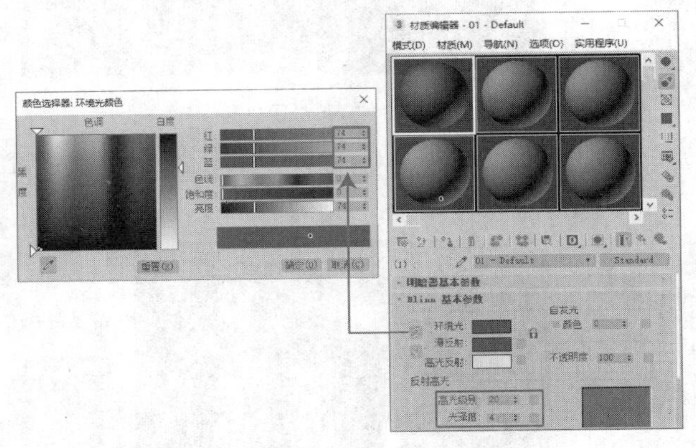

图 6-55

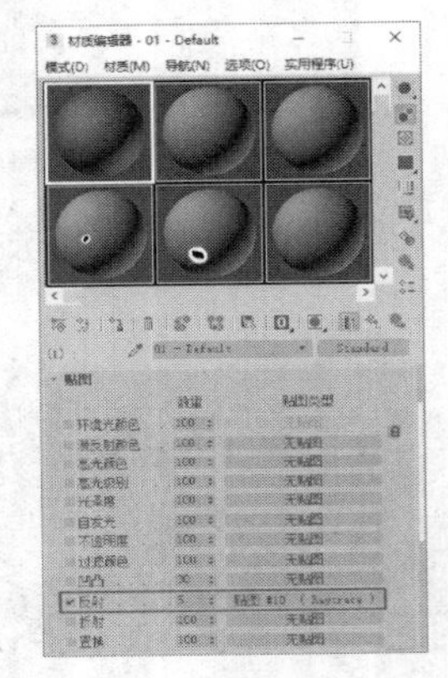

图 6-56

（8）单击（转到父对象）按钮，返回“多维/子对象”材质层级，单击 2 号材质右侧的“无”按钮，在弹出的对话框中选择“光线跟踪”材质，单击“确定”按钮，如图 6-57 所示。

（9）进入 2 号材质层级，在“光线跟踪基本参数”卷展栏中设置“反射”的“红”“绿”“蓝”均为 15，设置“高光级别”和“光泽度”分别为 50、40，如图 6-58 所示。

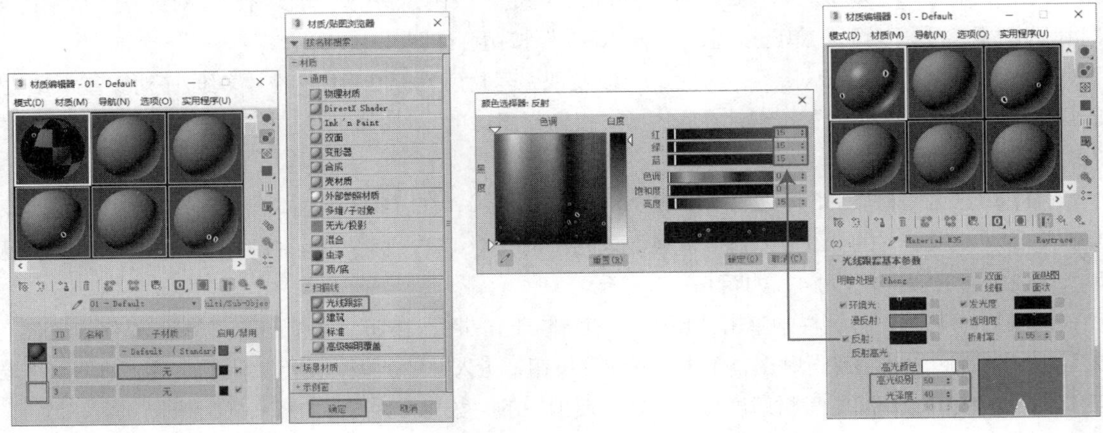

图 6-57

图 6-58

（10）在“贴图”卷展栏中单击“漫反射”右侧的“无”按钮，在弹出的“材质/贴图浏览器”对话框中选择“位图”贴图，继续在弹出的对话框中选择“107.JPG”文件，打开贴图文件后，单击（转到父对象）按钮，如图 6–59 所示。

（11）单击（转到父对象）按钮，返回主材质层级，单击 3 号材质后的（无）按钮，在弹出的“材质/贴图浏览器”对话框中选择“标准”材质，单击“确定”按钮，如图 6–60 所示。

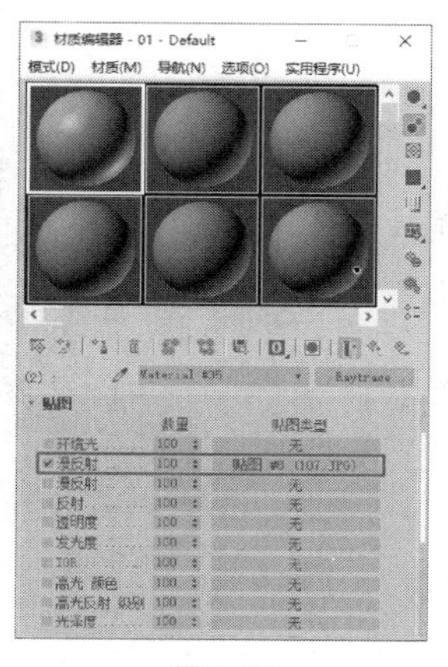
图 6–59

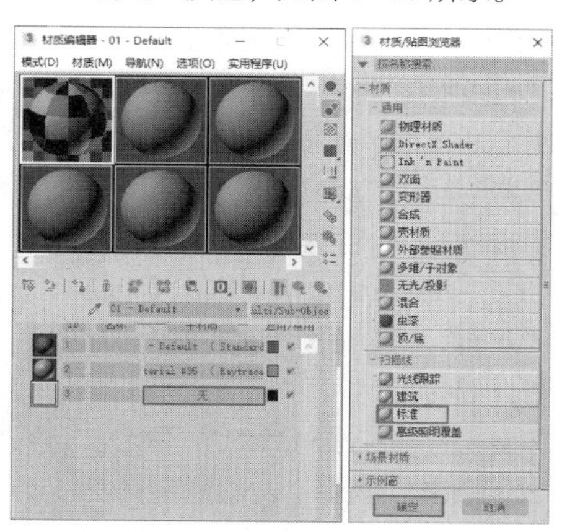
图 6–60

（12）进入 3 号材质层级，在“反射高光”选项组中设置“高光级别”为 6、“光泽度”为 0，如图 6–61 所示。

（13）在“贴图”卷展栏中单击“漫反射颜色”右侧的“无贴图”按钮，在弹出的“材质/贴图浏览器”对话框中选择“位图”贴图，继续在弹出的对话框中选择“22123.jpg”文件，打开贴图文件后，单击（转到父对象）按钮，如图 6–62 所示。

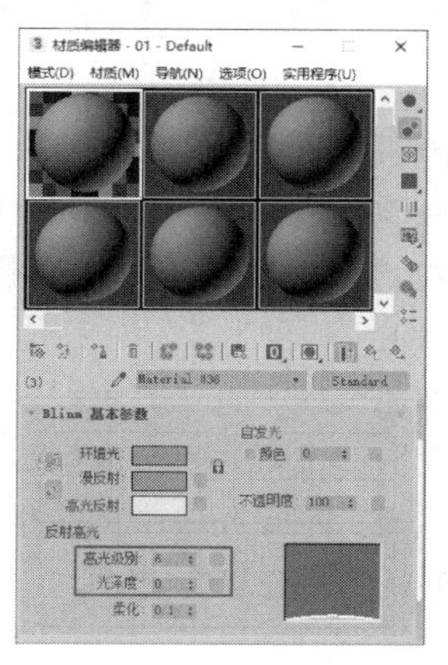
图 6–61

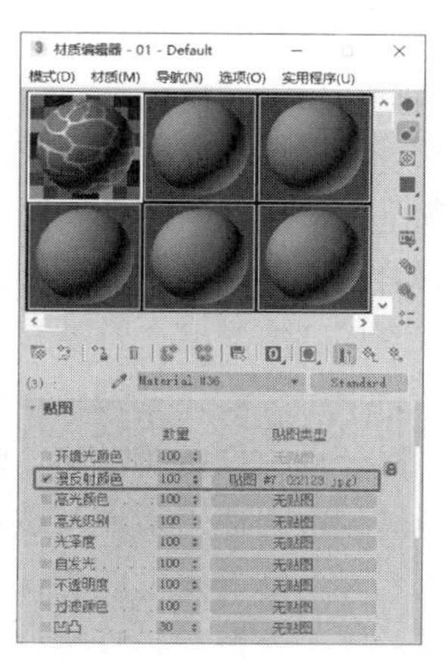
图 6–62

（14）单击（转到父对象）按钮，返回主材质层级，单击（将材质指定给选定对象）按钮，完成金属和木纹材质的制作。

6.3.4 “光线跟踪”材质

“光线跟踪”材质是一种比标准材质更高级的材质，它不仅包括标准材质具备的全部特性，还可以创建真实的反射和折射效果，并且还支持雾、颜色浓度、半透明、荧光灯等特殊效果。

“光线跟踪”的原理是：当光线在场景中移动时，通过跟踪对象来计算材质颜色，这些光线可以穿过透明对象，在光亮的材质上反射，得到真实的效果。“光线跟踪”贴图与“光线跟踪”材质是相同的，能提供反射和折射效果，但“光线跟踪”材质产生的反射和折射效果要比“光线跟踪”贴图更真实，并且使渲染速度变得更慢。

本节介绍“光线跟踪”材质各卷展栏的功能。

（1）“光线跟踪基本参数”卷展栏（见图 6-63）的介绍如下。

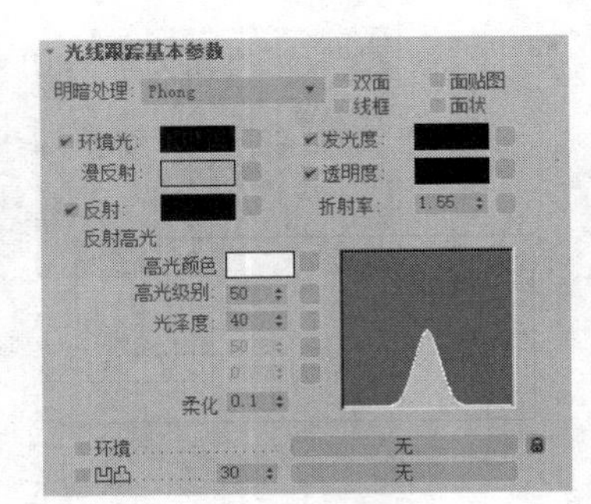

图 6-63

- 明暗处理：可在下拉列表中选择一个明暗器。选择的明暗器不同，“反射高光”选项组中显示的参数也会不同。明暗器有 5 种类型，分别为 Phong、Blinn、金属、Oren-Nayar-Blinn、各向异性。
- “双面”“面贴图”“线框”“面状”的作用与 6.2.1 小节介绍的相同。
- 环境光：与标准材质的“环境光”含义完全不同。对于“光线跟踪”材质，此项控制材质吸收环境光的多少，将它设置为纯白色等效于在标准材质中将“环境光”与“漫反射”锁定。默认为黑色。勾选名称左侧的复选框时，显示环境光的颜色，通过右侧的色块可以调整颜色；取消勾选复选框时，环境光为灰度模式，可以直接输入或者通过微调器设置环境光的灰度值。
- 漫反射：代表对象反射的颜色，不包括高光反射。反射与透明效果位于过渡区的最上层，当反射为 100%（纯白色）时，漫反射颜色不可见，默认为 50%的灰度。
- 反射：用于设置对象高光反射的颜色，即经过反射过滤的环境颜色，颜色值控制反射的量。与“环境光”一样，通过勾选或取消勾选名称左侧的复选框，可以设置反射的颜色或灰度值。
- 发光度：与标准材质的“自发光”设置近似（取消勾选则变为“自发光”设置），只是不依赖于“漫反射”进行发光处理，而是根据自身颜色来决定所发光的颜色。默认为黑色。取消勾选名称左侧的复选框，“发光度”变为“自发光”，通过微调器可以调节发光颜色的灰度值。
- 透明度：用于控制在“光线跟踪”材质背后经过颜色过滤所表现的色彩，黑色为完全不透明，白色为完全透明。将“漫反射”与“透明度”都设置为完全饱和的色彩，可以得到彩色玻璃的材质。取消勾选后，对象仍折射环境光，不受场景中其他对象的影响。取消勾选名称左侧的复选框后，可以通过微调器调整透明色的灰度值。
- 折射率：用于设置材质折射光线的强度。
- “反射高光”选项组：用于控制对象表面反射区反射的颜色，对象反射的颜色会根据场景中灯光颜色的不同而发生变化。
- 高光颜色：用于设置高光区域反射灯光的颜色，将它与“反射”颜色都设置为饱和色，可以制作出彩色铬钢效果。
- 高光级别：用于设置高光区域高光的强度。值越大，高光越明亮。默认值为 50。
- 光泽度：用于设置高光区域的大小。光泽度越高，高光区域越小，高光越锐利。默认值为 40。

- 柔化：用于柔化高光效果。
- 环境：允许指定一张环境贴图来覆盖全局环境贴图。默认的“反射”和“透明度”使用场景的环境贴图，在这里进行环境贴图的设置将取代原来的设置。利用这个特性，可以单独为场景中的对象指定不同的环境贴图，或者在一个没有环境的场景中为对象指定虚拟的环境贴图。
- 凹凸：与标准材质的“凹凸”贴图相同。勾选该复选框可以指定贴图。使用微调器可更改凹凸量。

（2）“扩展参数”卷展栏（见图 6-64）用于对“光线追踪”材质类型的特殊效果进行设置，其介绍如下。

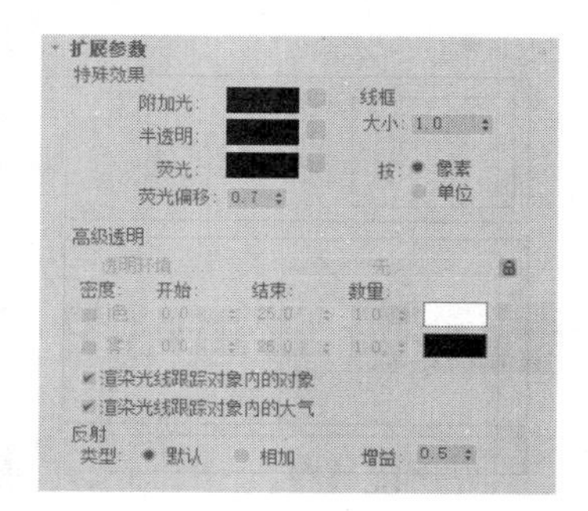

图 6-64

- 附加光：这项功能像“环境光”一样，能用于模拟从一个对象放射到另一个对象上的光。
- 半透明：可用于制作薄对象的表面效果，有阴影投在薄对象的表面。用在厚对象上时，可以用于制作类似于蜡烛或有雾的玻璃效果。
- 荧光/荧光偏移：“荧光”使材质发出类似在黑色灯光下的荧光颜色，它可将材质照亮，就像材质被白光照亮，而不管场景中光的颜色。而“荧光偏移”决定亮度，1.0 表示最亮，0 表示不起作用。

“高级透明”选项组：可以使用颜色密度创建彩色玻璃效果，其效果取决于对象的厚度和“数量”值。

- “开始”：用于设置“颜色”开始的位置。
- “结束”：用于设置“颜色”达到最大值的距离。
- “雾”：与“颜色”相似，都是基于对象厚度，可用于创建烟状效果。

“反射”选项组：决定反射时漫反射颜色的发光效果。

- “默认”：选择该单选按钮时，反射光被分层，把反射颜色放在当前漫反射颜色的顶端。
- “相加”：选择该单选按钮时，给漫反射颜色添加反射颜色。
- 增益：用于控制反射光的亮度，取值范围为 0 ~ 1。

6.3.5 “混合”材质

“混合”材质可以将两种不同的材质融合在一起，根据混合量的不同，控制两种材质表现出的强度，并且可以制作成材质变形的动画；另外还可以指定一张图像作为融合的遮罩，利用它本身的明暗度来决定两种材质融合的程度。

“混合基本参数”卷展栏（见图 6-65）的介绍如下。

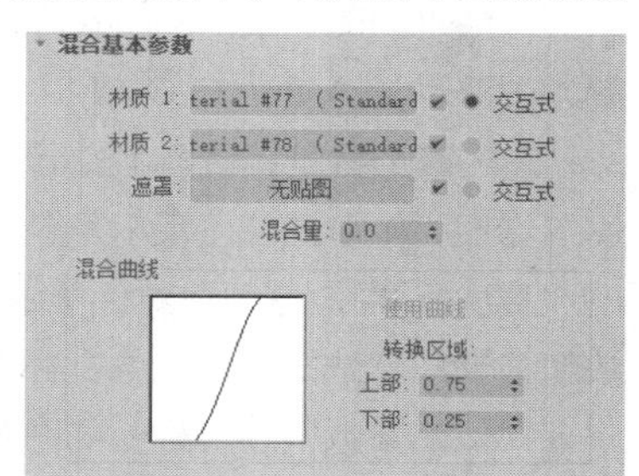

图 6-65

- 材质 1/材质 2：通过单击名称右侧的空白按钮选择相应的材质。
- 遮罩：选择一个图案或程序贴图作为蒙版，利用蒙版贴图的明暗度来决定两个材质的融合情况。
- 交互式：在视口中以“平滑+高光”方式交互渲染时，

选择显示在对象表面的材质。

- 混合量：确定融合的百分比，对无蒙版贴图的两个材质进行融合时，依据它来调节混合程度。值为 0 时，材质 1 完全可见，材质 2 不可见；值为 100 时，材质 1 不可见，材质 2 完全可见。

“混合曲线”选项组：控制蒙版贴图中黑白过渡区中材质融合的尖锐或柔和程度，专用于使用了蒙版贴图的融合材质。

- 使用曲线：确定是否使用混合曲线来影响融合效果。
- 转换区域：调节“上部”和“下部”数值来控制混合曲线。两值相近时，会产生清晰、尖锐的融合边缘；两值差距很大时，会产生柔和、模糊的融合边缘。

6.4 常用贴图

贴图能够在不增加对象几何结构复杂程度的基础上增加对象的精细程度，它最大的用途就是提高材质的真实程度。贴图可以用于设置环境或灯光投影效果。

3ds Max 2020 提供了 43 种通用贴图，如图 6-66 所示。下面将介绍常用的贴图。

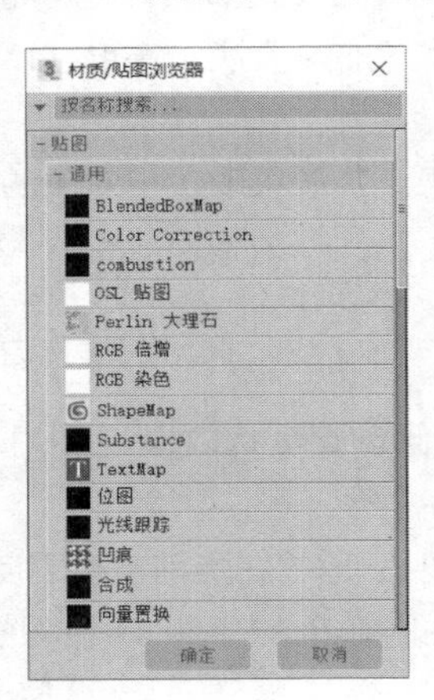

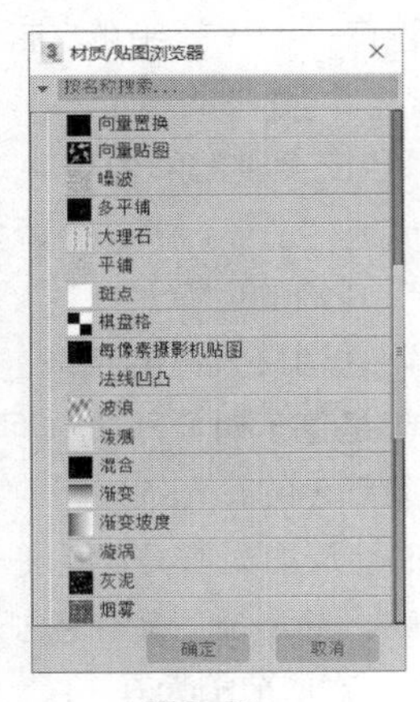

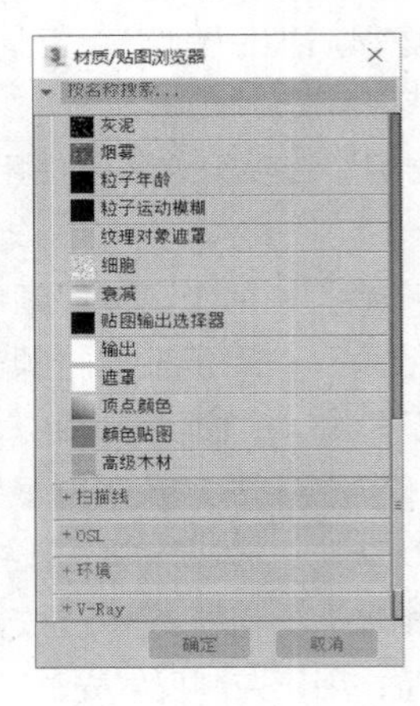

图 6-66

6.4.1 “位图”贴图

“位图”贴图是最简单的，也是最常用的二维贴图。它能在对象表面形成平面的图案。位图支持 JPG、TIF、TGA、BMP 等格式的静帧图像以及 AVI、FLC、FLI 等格式的动画文件。

单击 （材质编辑器）按钮，打开“材质编辑器”窗口，在“贴图”卷展栏中单击“漫反射颜色”右侧的“无贴图”按钮，在弹出的“材质/贴图浏览器”对话框中选择“位图”贴图，单击“确定”按钮，弹出“选择位图图像文件”对话框，从中查找贴图，打开后进入“位图参数”卷展栏，如图 6-67 所示。

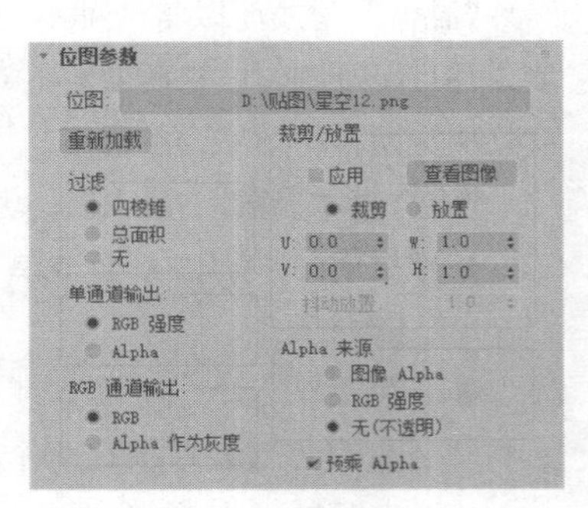

图 6-67

6.4.2 “渐变”贴图

渐变是指从一种颜色向另一种颜色的过渡。在“渐变”贴图中3个色块的颜色可以随意调节，区域比例的大小也可调，通过贴图可以产生无限级别的渐变和图像嵌套效果，如图6-68所示。

单击（材质编辑器）按钮，打开“材质编辑器”窗口，在“贴图”卷展栏中单击“漫反射颜色”右侧的“无贴图”按钮，在弹出的“材质/贴图浏览器”对话框中选择“渐变”贴图，单击“确定”按钮，打开“渐变参数”卷展栏，如图6-69所示。

图6-68

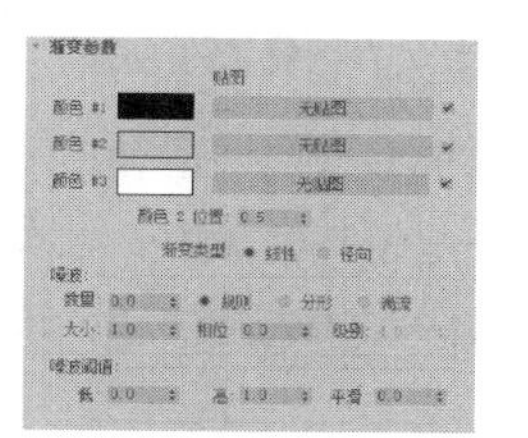

图6-69

6.4.3 “噪波”贴图

“噪波”贴图可以使对象表面产生起伏而不规则的噪波效果，如图6-70所示。在建模中经常会在“凹凸”贴图通道中使用该贴图。

单击（材质编辑器）按钮，打开“材质编辑器”窗口，在“贴图”卷展栏中单击“漫反射颜色”右侧的“无贴图”按钮，在弹出的“材质/贴图浏览器”对话框中选择“噪波”贴图，单击“确定”按钮，打开“噪波参数”卷展栏，如图6-71所示。

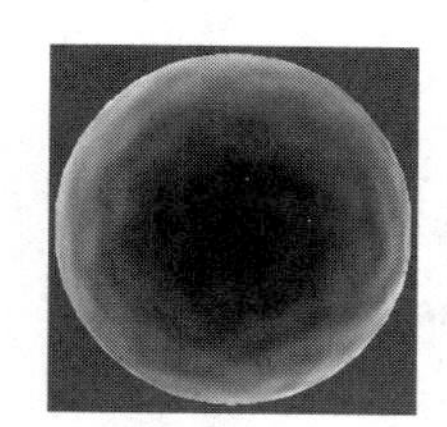

图6-70

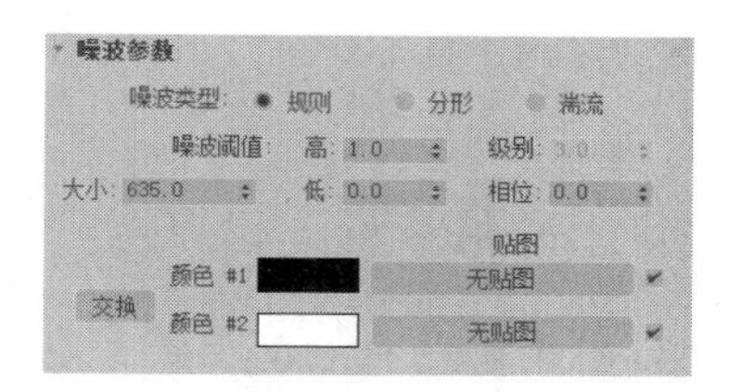

图6-71

6.4.4 “棋盘格”贴图

“棋盘格”贴图是一种程序贴图，可以生成两种颜色的方格图像，进行重复平铺后，效果与棋盘相似，如图6-72所示。

单击（材质编辑器）按钮，打开“材质编辑器”窗口，在“贴图”卷展栏中单击“漫反射颜色”右侧的“无贴图”按钮，在弹出的“材质/贴图浏览器”对话框中选择“棋盘格”贴图，单击“确定”按钮，打开“棋盘格参数”卷展栏，如图6-73所示。

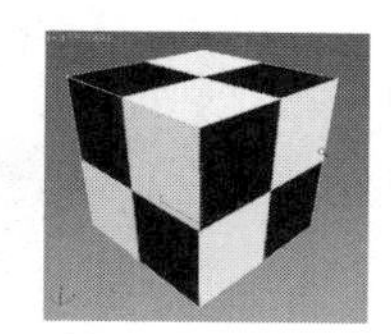

图6-72

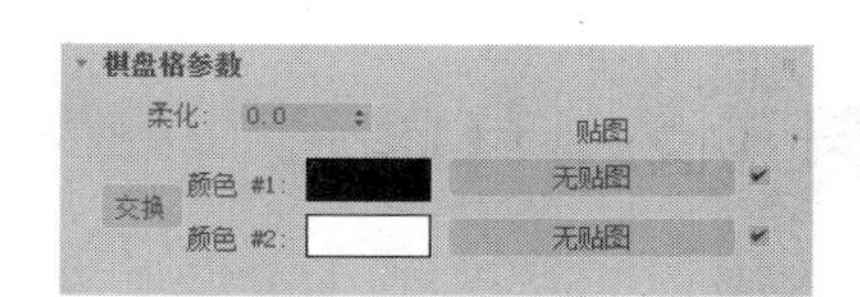

图6-73

6.5 VRay 渲染器

本节介绍3ds Max 2020中一个出色的渲染器插件——VRay渲染器。VRay渲染器在灯光、材质、摄影机、渲染、特殊模型等方面都有较为出色的表现。

6.5.1 VRay 渲染器简介

目前市场上有很多针对3ds Max 2020的第三方渲染器插件，VRay就是其中比较出色的一款。它主要用于渲染一些特殊的效果，如次表面散射、光线跟踪、焦散、全局照明等。VRay的主要渲染特点是结合了光线跟踪和光能传递，可创建真实的照明效果，因此它常用于建筑设计、灯光设计、展示设计等领域。

6.5.2 指定 VRay 渲染器

安装完VRay渲染器后，VRay的灯光、摄影机、物体、辅助对象、系统等工具会在命令面板中显示；右击模型，VRay属性、VRay网格导出等命令会在快捷菜单中显示；VRay材质只有在3ds Max 2020中指定了VRay渲染器之后才会显示。

调用VRay渲染器的操作如下。

（1）在工具栏中单击（渲染设置）按钮或按“F10”键，弹出“渲染设置”窗口，展开“渲染器”下拉列表，选择V-Ray，如图6-74所示。

（2）指定完成后的“渲染设置”窗口如图6-75所示。

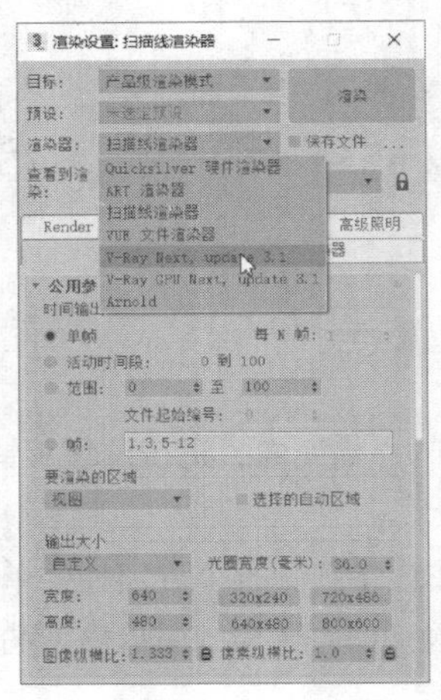

图6-74

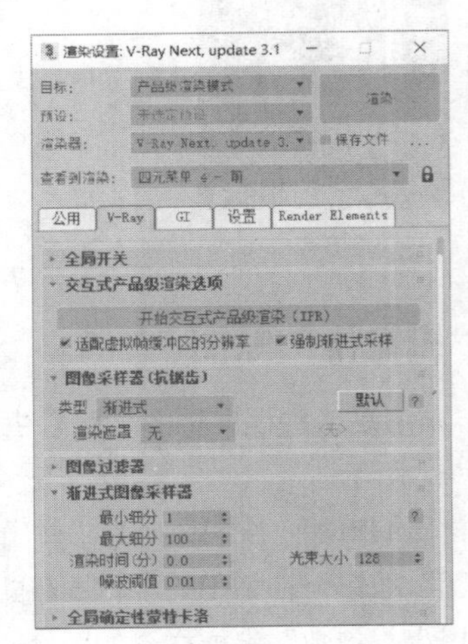

图6-75

6.6 VRay 材质

只有在指定VRay渲染器后，VRay的灯光、材质、摄影机、渲染、特殊模型等才可以正常应用。

6.6.1 “VRayMtl”材质

“VRayMtl”材质是 VRay 中使用频率最高、使用范围最广的一种材质，可以制作反射、折射等效果。

“VRayMtl”材质的参数分布在 6 个卷展栏中，分别为“基本参数”卷展栏、“贴图”卷展栏、“涂层参数”卷展栏、“光泽参数”卷展栏、“双向反射分布函数”卷展栏和“选项”卷展栏，如图 6-76 所示。

6.6.2 “VR 灯光”材质

“VR 灯光”材质主要用于制作霓虹灯、屏幕等自发光效果，其“参数”卷展栏如图 6-77 所示。

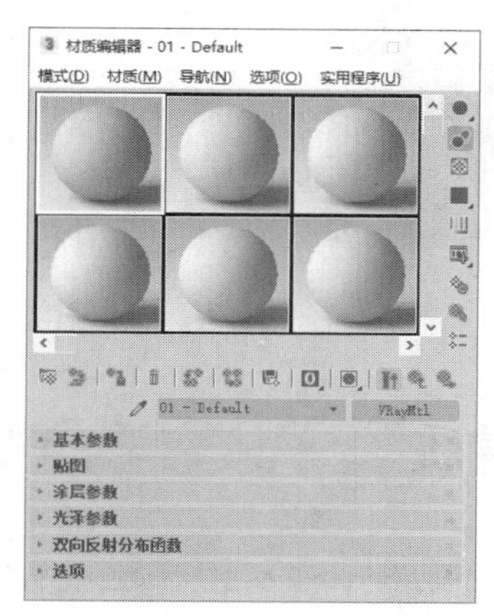

图 6-76

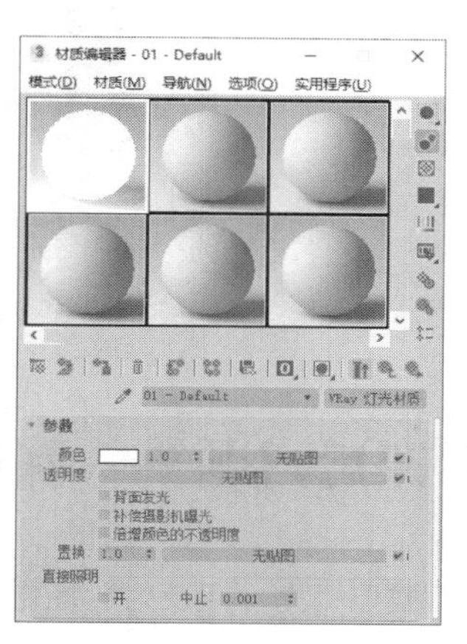

图 6-77

6.6.3 “VR 材质包裹器”材质

在使用 VRay 渲染器渲染场景时，可能会出现某种对象的反射影响到其他对象的现象，这就是色溢现象。VRay 提供了“VR 材质包裹器”材质，该材质可以有效地避免色溢现象。图 6-78 左图所示为控制色溢的效果，图 6-78 右图所示为将红色材质转换为“VR 材质包裹器”材质，并将“生成全局照明”设置为 0.3 后的效果。“VR 材质包裹器参数”卷展栏如图 6-79 所示。

图 6-78

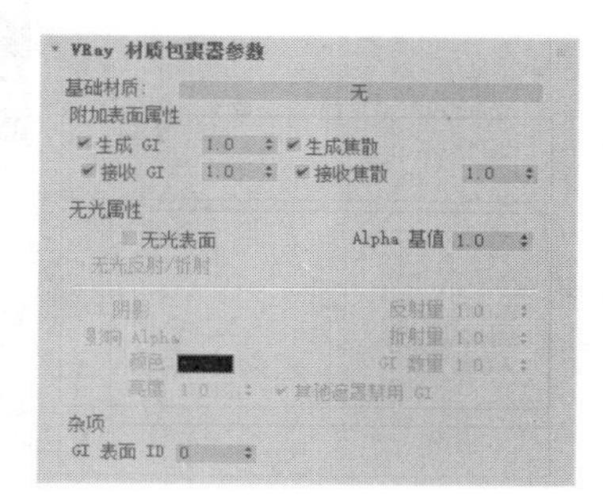

图 6-79

课堂练习——制作布料材质

知识要点：使用“衰减”贴图和“位图”模拟布料材质，参考效果如图 6-80 所示。

效果所在位置：云盘/场景/Ch06/绒布沙发 o.max。

图 6-80

微课视频

制作布料材质

课后习题——制作大理石材质

知识要点：为“漫反射”指定“位图”贴图，并设置一个“反射”颜色或贴图，制作出大理石材质，参考效果如图 6-81 所示。

效果所在位置：云盘/场景/Ch06/制作大理石材质.max。

图 6-81

微课视频

制作大理石材质

第 7 章 创建灯光和摄影机

本章将介绍 3ds Max 2020 中灯光和摄影机的创建及应用方法。通过本章的学习，读者可以灵活掌握各种灯光和摄影机的应用方法；将本章内容与前面学习的材质与贴图相结合，读者可以制作出真实、自然的视觉效果。

学习目标

- 掌握灯光及其特效的使用方法。
- 掌握摄影机及其效果的使用方法。
- 掌握 VRay 灯光的创建方法。

技能目标

- 掌握台灯光效的创建方法。
- 掌握天光的创建方法。
- 掌握体积光的创建方法。
- 掌握卫浴场景的布光方法。

素养目标

- 培养学生活学活用的能力。

7.1 灯光的使用和特效

光线是 3ds Max 2020 中建模的基础，没有光便无法体现出建模对象的形状、质感和颜色。

为当前场景创建平射式的白色照明或使用系统的默认照明非常容易。然而，平射式的照明通常对展现当前场景中对象的特别之处或奇特的效果不会有任何帮助。只有调整场景的灯光，使光线与当前的气氛或环境配合，才能起到强化环境的效果，使场景及对象更加真实。

7.1.1 课堂案例——创建台灯光效

学习目标：学习“体积光”特效。

知识要点：通过创建目标聚光灯，并为聚光灯添加“体积光”特效，完成台灯光效的制作，参考效果如图7-1所示。

图7-1

微课视频

创建台灯光效

原始场景所在位置：云盘/场景/Ch07/台灯.max。

效果所在位置：云盘/场景/Ch07/台灯光效.max。

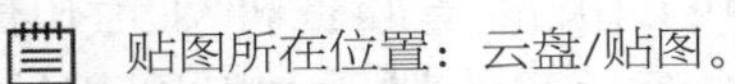

贴图所在位置：云盘/贴图。

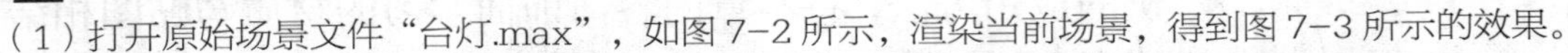

（1）打开原始场景文件“台灯.max”，如图7-2所示，渲染当前场景，得到图7-3所示的效果。

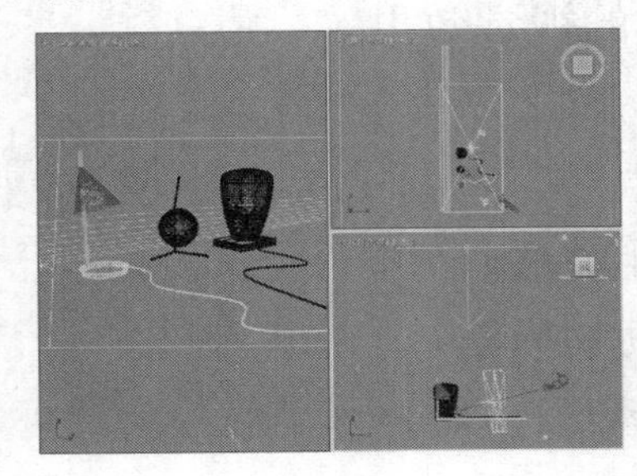

图7-2

图7-3

（2）单击“+（创建）>（灯光）>标准>目标聚光灯”按钮，在“前”视口中台灯的位置创建目标聚光灯，在场景中调整灯光的位置和照射角度。切换到（修改）命令面板，在“强度/颜色/衰减”卷展栏中设置“倍增”为0.2，在“远距衰减”选项组中勾选“使用”复选框和“显示”复选框，设置“开始”为300.0、“结束”为706.4。在“聚光灯参数”卷展栏中设置“聚光区/光束”为20.0、“衰减区/区域”为60.0。在“大气和效果”卷展栏中单击“添加”按钮，在弹出的“添加大气或效果”对话框中选择“体积光”，单击“确定”按钮，添加“体积光”，如图7-4所示。

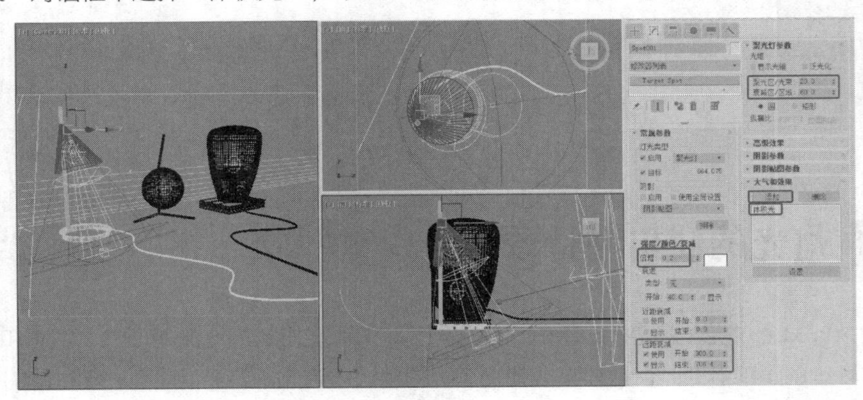

图7-4

（3）对场景进行渲染即可得到体积光效果，如果对当前效果不满意还可以调整其参数，完成台灯光效的制作。

7.1.2 标准灯光

3ds Max 2020 中的灯光可分为“标准”和“光度学”两种类型。标准灯光是 3ds Max 2020 的传统灯光。系统提供了 6 种标准灯光，分别是目标聚光灯、自由聚光灯、目标平行光、自由平行光、泛光和天光，如图 7–5 所示。

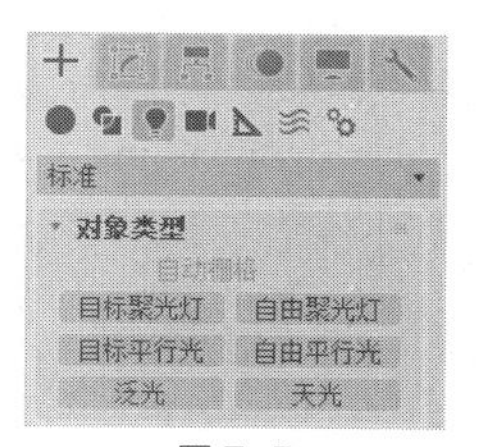

图 7–5

1. 标准灯光的创建

标准灯光的创建比较简单，直接在视口中拖曳或单击就可完成。

目标聚光灯和目标平行光的创建方法相同，在（创建）命令面板中单击“创建”按钮后，在视口中拖曳，在合适的位置释放鼠标左键即可完成创建。在创建过程中，移动鼠标指针可以改变目标点的位置。创建完成后，还可以单独选择光源和目标点，利用移动和旋转工具改变其位置和角度。

其他类型的标准灯光只需单击“创建”按钮，在视口中单击即可完成创建。

2. 目标聚光灯和自由聚光灯

聚光灯是一种有方向的光源，类似于舞台上的强光灯。它可以准确控制光束的大小、焦点、角度，是建模中经常使用的光源，如图 7–6 所示。

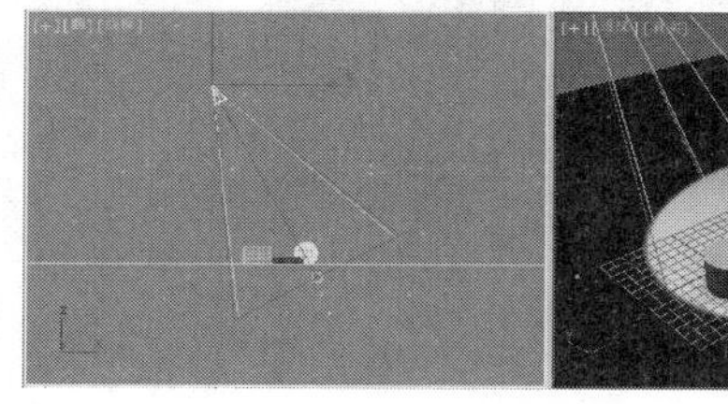
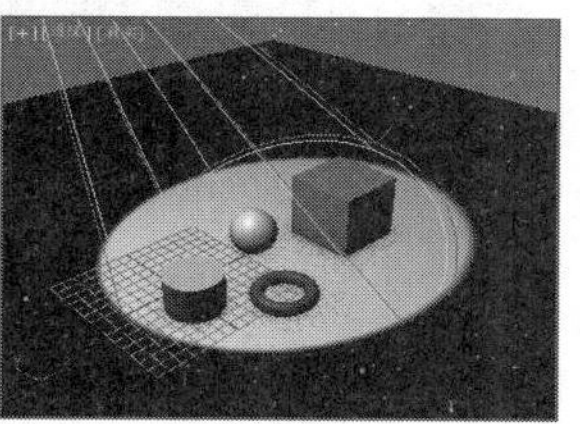

图 7–6

- 目标聚光灯：可以向移动目标点投射光，具有照射焦点和方向性，如图 7–7 所示。
- 自由聚光灯：功能和目标聚光灯一样，只是没有定位的目标点，光是沿着一个固定的方向照射的，如图 7–8 所示。自由聚光灯常用于动画制作中。

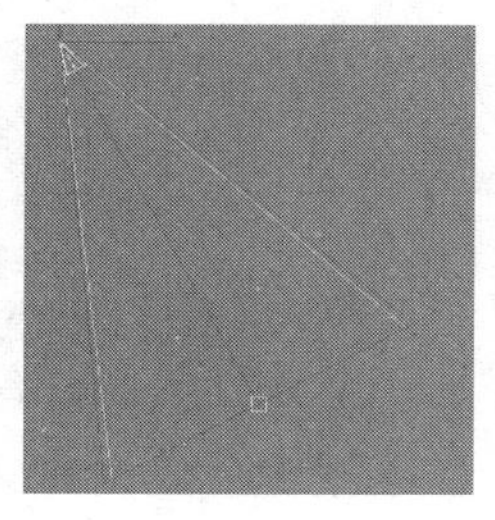

图 7–7

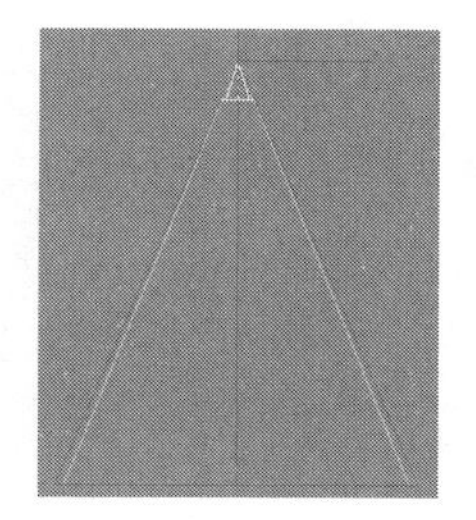

图 7–8

3. 目标平行光和自由平行光

平行光可以在一个方向上发射平行的光，与对象之间没有距离的限制，主要用于模拟太阳光。用户可以调整光的颜色、角度和位置等。

目标平行光和自由平行光没有太大的区别，当需要光线沿路径移动时，应该使用目标平行光；当光源位置不固定时，应该使用自由平行光。目标平行光的灯光形态如图 7–9 所示，自由平行光的灯光形态如图 7–10 所示。

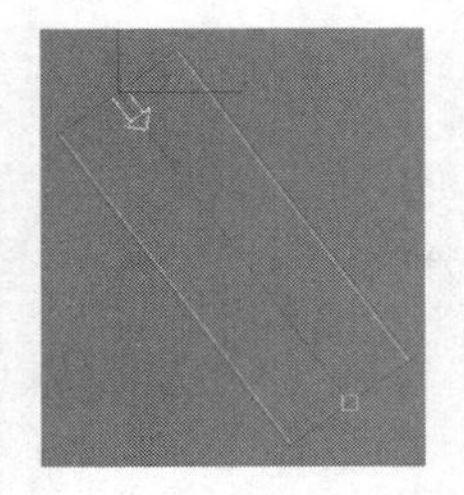

图 7-9

图 7-10

4. 泛光

泛光是一种点光源，向各个方向发射光线，能照亮所有面向它的对象，如图 7-11 所示。通常，泛光用于模拟点光源或作为辅助光在场景中添加充足的光照效果。

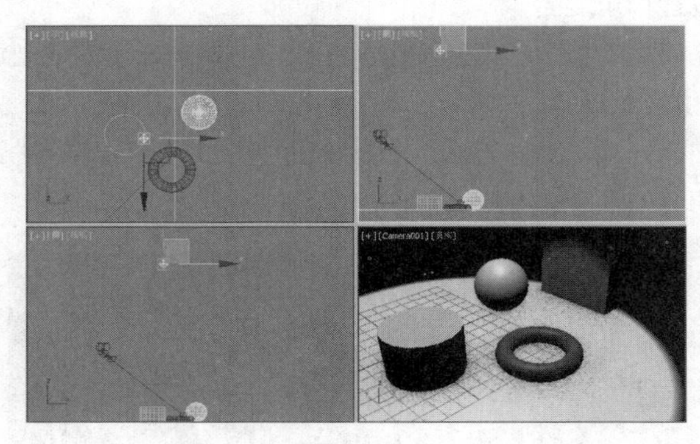

图 7-11

5. 天光

天光能够创建出全局光照效果，配合光能传递功能，可以创建出非常自然、柔和的渲染效果。天光没有明确的方向，就好像一个覆盖整个场景的、很大的半球发出的光，能从各个角度照射场景中的对象，如图 7-12 所示。

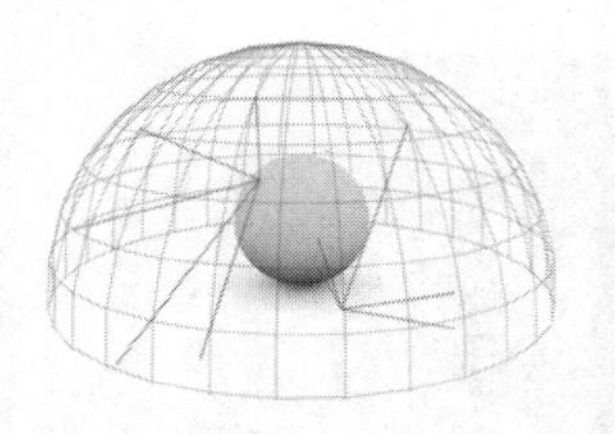

图 7-12

7.1.3 标准灯光的参数

标准灯光的参数大部分都是相同或相似的，只有天光具有独特的参数，但比较简单。下面就以目标聚光灯的参数为例，介绍标准灯光的参数。

单击“+（创建）> （灯光）> 标准 > 目标聚光灯”按钮，在视口中创建一盏目标聚光灯，切换到（修改）命令面板，（修改）命令面板中会显示出目标聚光灯的参数卷展栏，如图 7-13 所示。

1. “常规参数”卷展栏

该卷展栏是所有类型的灯光共有的，用于设置灯光的开启和关闭、灯光的阴影、包含或排除对象以及灯光阴影的类型等，如图 7-14 所示。

在 3ds Max 2020 中产生的阴影类型有 4 种，分别是“高级光线跟踪”“区域阴影”“阴影贴图”“光线跟踪阴影”，如果安装了 VRay 渲染器，则该下拉列表中会出现“VRay 阴影”。

“排除”按钮用于设置灯光是否照射某个对象，或者是否使某个对象产生阴影。单击该按钮，会弹出“排除/包含”对话框，如图 7-15 所示。在“排除/包含”对话框左侧选择要排除的对象，单击 >> 按钮即可将其排除；如果要撤销对对象的排除，则在右侧选择对象，单击 << 按钮即可。

图 7-13

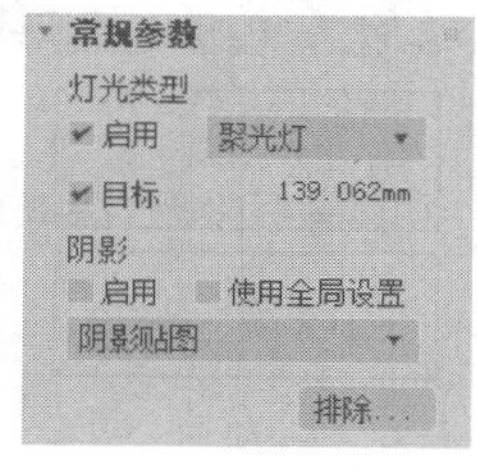

图 7-14

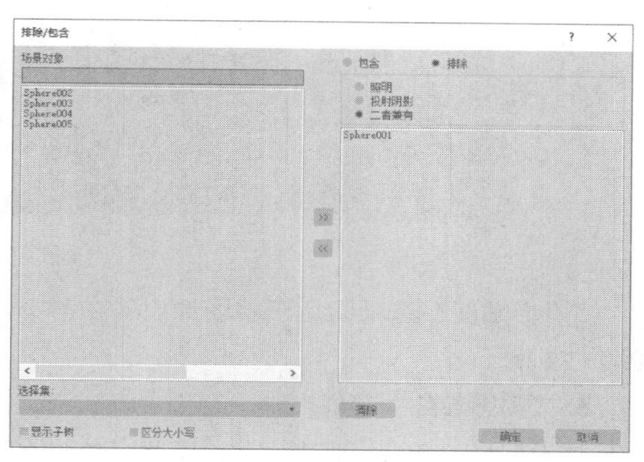

图 7-15

2. “强度/颜色/衰减”卷展栏

该卷展栏用于设置灯光的强弱、颜色以及灯光的衰减参数，如图 7-16 所示。

“近距衰减”选项组用于设置灯光亮度开始减弱的距离，效果如图 7-17 所示。

“远距衰减”选项组用于设置灯光亮度减弱为 0 的距离，效果如图 7-18 所示。

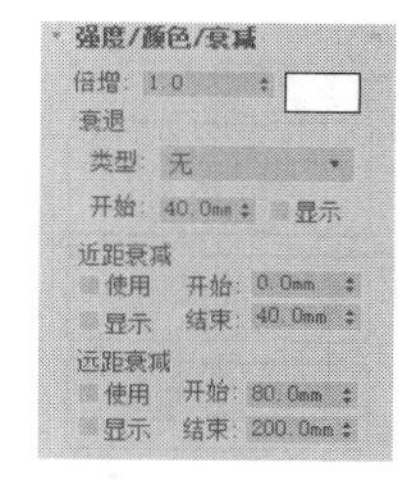

图 7-16

3. “聚光灯参数”卷展栏

该卷展栏用于控制聚光灯的“聚光区/光束”和“衰减区/区域”等，是聚光灯特有的参数卷展栏。

“聚光区/光束”和“衰减区/区域”两个参数可以用于调节灯光的内外衰减，效果如图 7-19 所示。

4. “高级效果”卷展栏

该卷展栏用于控制灯光影响表面区域的方式，并能对投影灯光进行调整和设置，如图 7-20 所示。

近距衰减
使用 开始: 0.0mm
显示 结束: 40.0mm

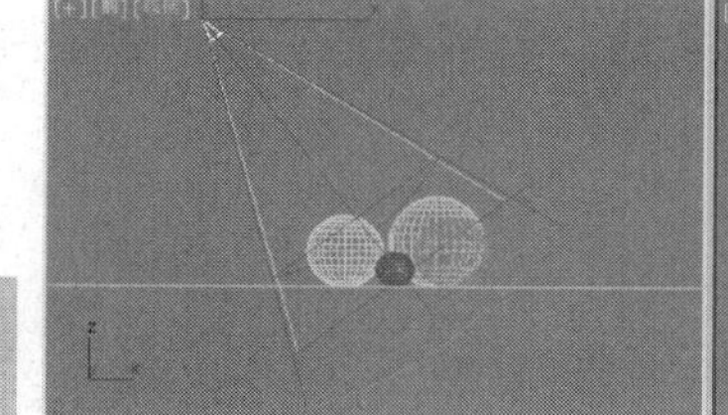

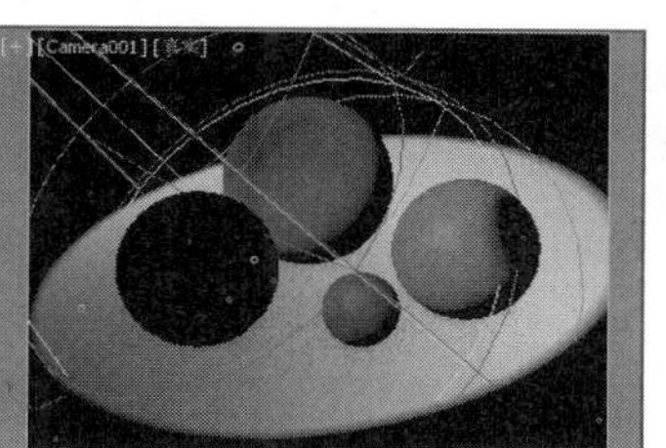

图 7-17

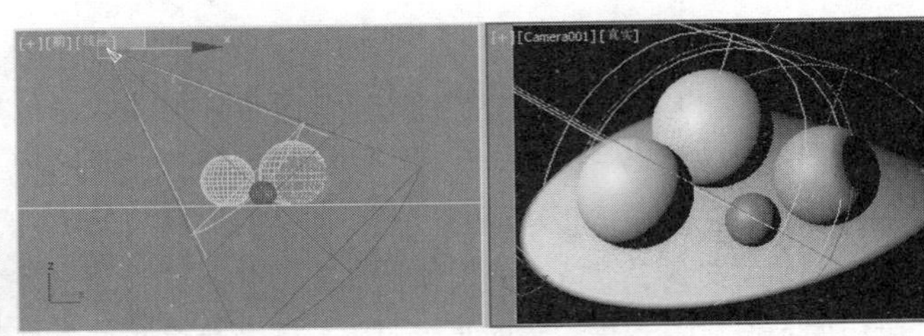

图 7-18

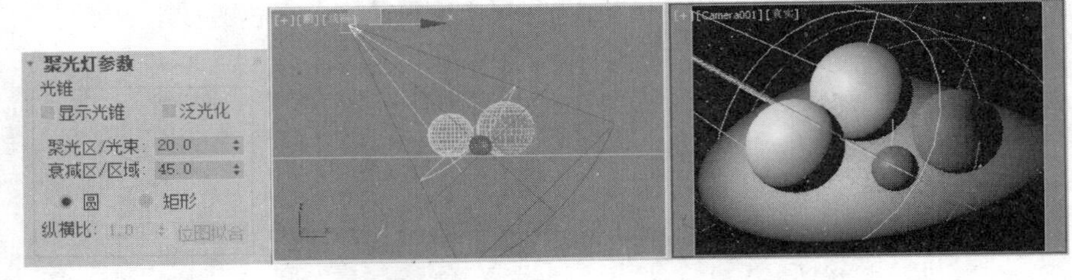

图 7-19

“投影贴图”选项组用于将图像投射在对象表面，可以模拟投影仪和放映机等的效果，效果如图 7-21 所示。

5. “阴影参数”卷展栏

该卷展栏用于选择阴影方式，设置阴影的效果，如图 7-22 所示。

“贴图”参数可以将对象产生的阴影变成所选择的图像，如图 7-23 所示。

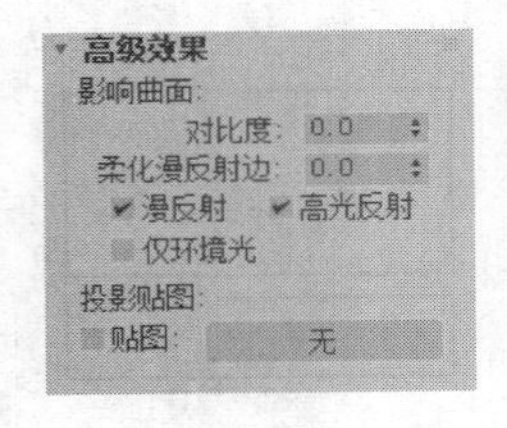

图 7-20

图 7-21

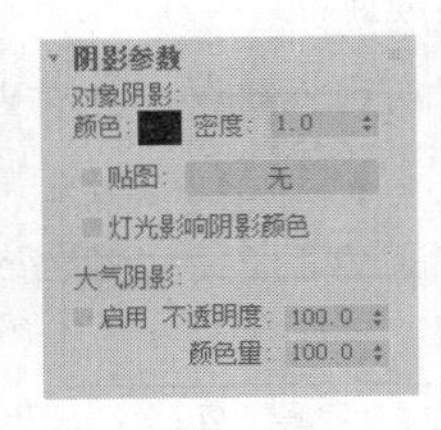

图 7-22

图 7-23

6. “阴影贴图参数”卷展栏

设置阴影类型为“阴影贴图”后，将出现“阴影贴图参数”卷展栏，如图 7-24 所示。其中的参数用于控制灯光投射阴影的质量。

“偏移”数值框用于调整对象与产生的阴影图像之间的距离。数值越大，阴影与对象之间的距离就越大。在图 7-25 中，左图为将“偏移”值设置为 1 的效果，右图为将“偏移”值设置为 10 的效果。右图中的对象看上去好像是悬浮在空中，实际上是影子与对象之间有距离。

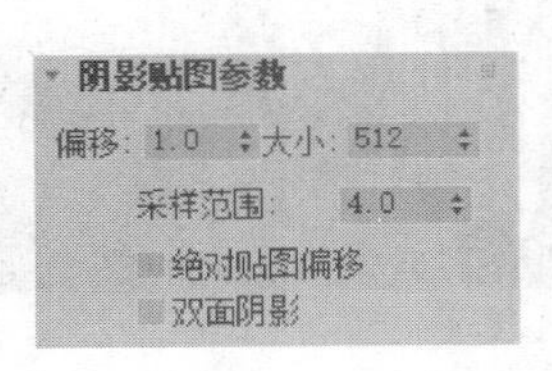

图 7-24

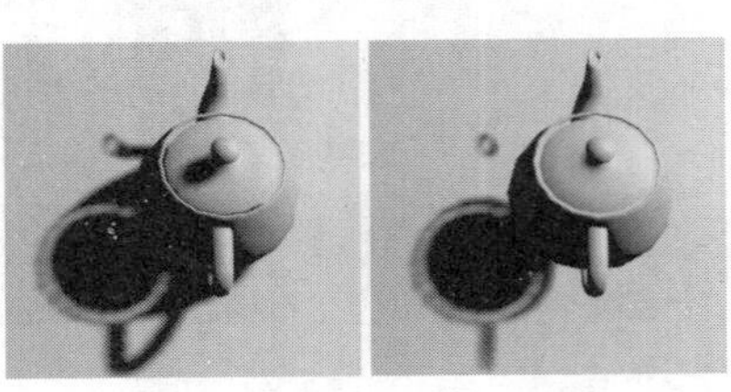

图 7-25

7.1.4 课堂案例——创建天光

学习目标：学习天光和“高级照明”选项卡的使用方法。

知识要点：在原始场景的基础上创建天光，在“渲染设置”窗口中选择“高级照明”>“光跟踪器”，参考效果如图 7-26 所示。

原始场景所在位置：云盘/场景/Ch07/铅笔.max。

效果所在位置：云盘/场景/Ch07/铅笔 o.max。

贴图所在位置：云盘/贴图。

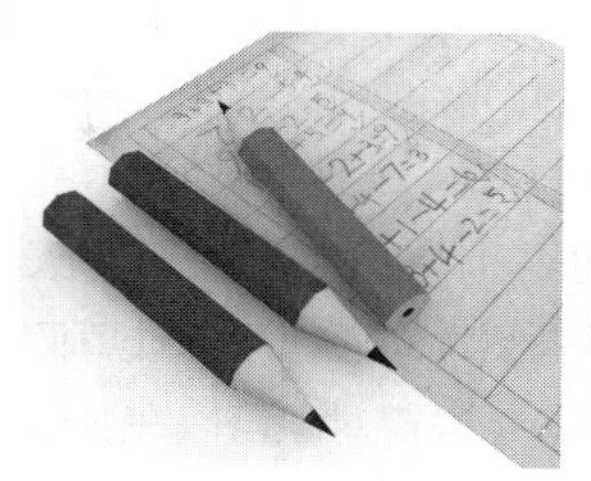

图 7-26

微课视频

创建天光

（1）打开原始场景文件“铅笔.max”，单击“+（创建）>（灯光）> 标准 > 天光”按钮，在“顶”视口中创建天光，在“天光参数”卷展栏中设置“倍增”为 1.0，如图 7-27 所示。

（2）按“F10”键，打开“渲染设置”窗口，打开“高级照明”选项卡，在“选择高级照明”卷展栏的下拉列表中“光跟踪器”，如图 7-28 所示，完成天光的创建。

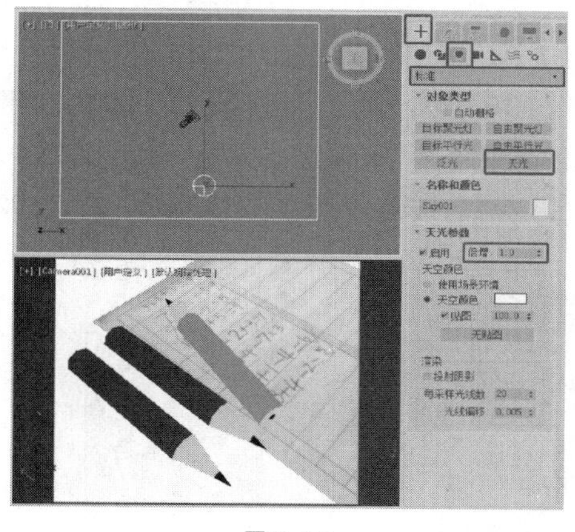

图 7-27

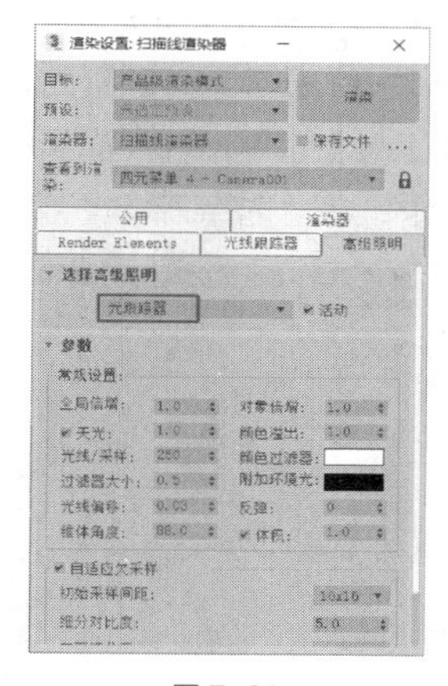

图 7-28

7.1.5 天光的特效

天光在标准灯光中是比较特殊的一种，主要用于模拟自然光线，能表现全局光照的效果。在真实世界中，由于空气中有灰尘等介质，因此即使在阳光照不到的地方也不会觉得暗，也能够看到物体。但在 3ds Max 2020 中，光线就好像在真空中一样，光照不到的地方是黑暗的，所以，在创建灯光时，一定要让光照射在物体上。只有天光可以不考虑位置和角度，在视口中的任意位置创建天光，都会有自然光的效果。下面介绍天光的参数。

“天光参数”卷展栏（见图 7-29）的介绍如下。

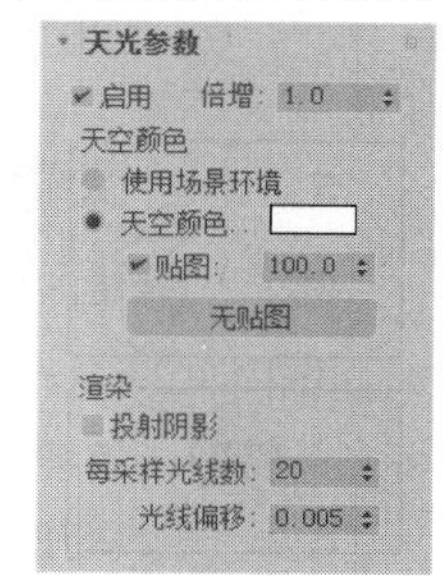

图 7-29

- 启用：用于打开或关闭天光。勾选该复选框后，将在阴影和渲染计算的过程中利用天光来照亮场景。
- 倍增：通过设置“倍增”的数值调整天光的强度。
- 使用场景环境：选择该单选按钮，将利用“环境和效果”窗口中的环境设置来设定天光的颜色。只有“光线跟踪”处于激活状态时，该设置才有效。

- 天空颜色：选择该单选按钮，可通过单击色块显示“颜色选择器”对话框，并从中选择天光的颜色。一般使用自然天光，保持默认的颜色即可。
- 贴图：可利用贴图来影响天光的颜色，复选框用于控制是否激活“贴图”，右侧的微调器用于设置使用贴图的百分比，小于 100%时，贴图颜色将与“天空颜色”混合，“无贴图”按钮用于指定一个贴图。只有“光线跟踪”处于激活状态时，贴图才有效。
- 投射阴影：勾选该复选框后，天光可以投射阴影。默认取消勾选的。
- 每采样光线数：设置用于计算照射到场景中给定点上的天光的光线数量。默认值为 20。
- 光线偏移：设置对象可以在场景中给定点上投射阴影的最小距离。

提 示

使用天光一定要注意，天光必须配合“高级照明”使用才能起作用，否则，即使创建了天光，也不会有自然光的效果。

下面介绍如何使用天光表现全局光照效果，操作步骤如下。

（1）随便打开一个模型场景，在视口中创建一盏天光。在工具栏中单击（渲染产品）按钮，渲染效果如图 7-30 所示。可以看出，渲染后的效果并不是真正的全局光照效果。

（2）在工具栏中单击（渲染设置）按钮或按“F10”键，弹出“渲染设置”窗口，切换到“高级照明”选项卡，在“选择高级照明”卷展栏的下拉列表中选择“光跟踪器”渲染器，如图 7-31 所示。

（3）单击“渲染”按钮，或按“F9”键再次渲染场景，得到的全局光照效果如图 7-32 所示。

图 7-30

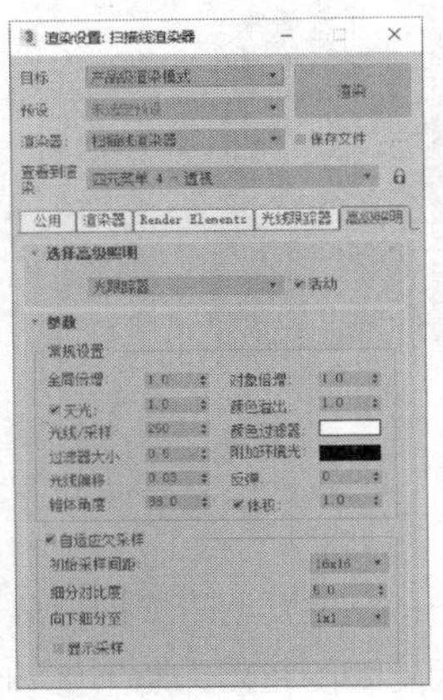

图 7-31

图 7-32

7.1.6 课堂案例——创建室内体积光

学习目标：学会使用“体积光”特效。

知识要点：为场景中的目标聚光灯添加“体积光”特效，参考效果如图 7-33 所示。

原始场景所在位置：云盘/场景/Ch07/室内体积光.max。

效果所在位置：云盘/场景/Ch07/室内体积

图 7-33

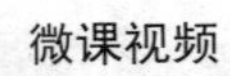

创建室内体积光

光 o.max。

贴图所在位置：云盘/贴图。

（1）打开原始场景文件“室内体积光.max”，如图 7-34 所示。该场景中有一盏目标聚光灯，并设置了合适的参数。接下来将为该灯光设置“体积光”特效，具体灯光参数可以参考该场景。渲染当前场景，得到图 7-35 所示的效果。

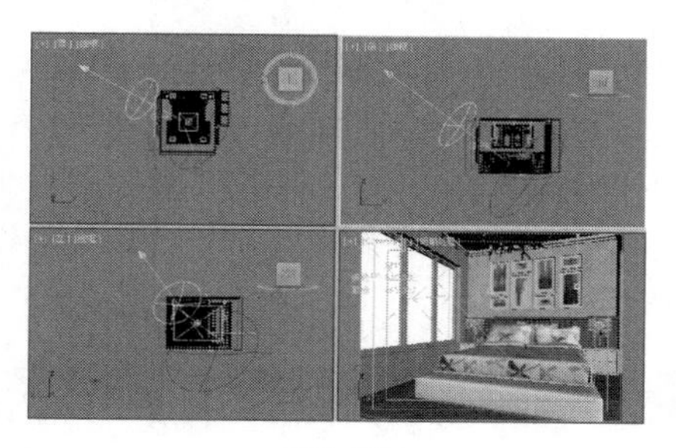

图 7-34

图 7-35

（2）按“8”键，打开“环境和效果”窗口，单击“大气”卷展栏中的“添加”按钮，在弹出的对话框中选择“体积光”，单击“确定”按钮，如图 7-36 所示。

（3）在“体积光参数”卷展栏中单击“拾取灯光”按钮，在场景中拾取目标聚光灯，在“体积”选项组中勾选“指数”复选框，设置“密度”为 0.5，如图 7-37 所示。

（4）设置好“体积光”后，按“F9”键对场景进行渲染，完成体积光的创建。

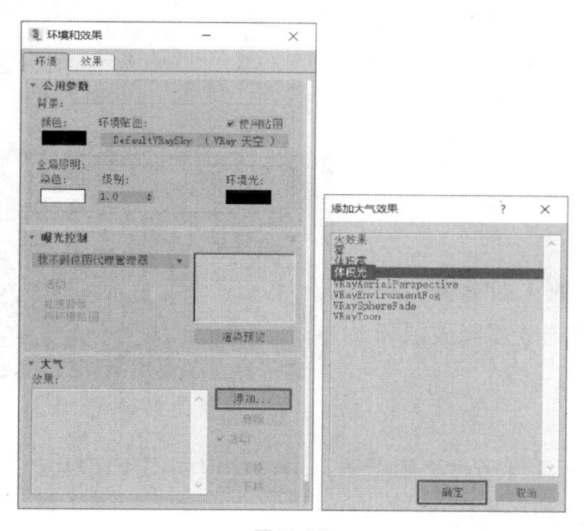

图 7-36

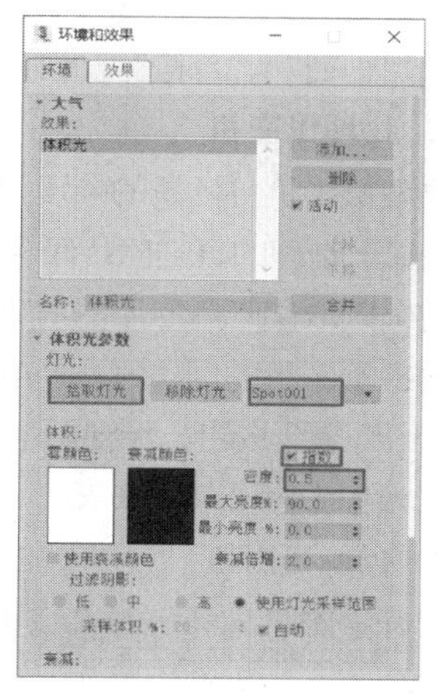

图 7-37

7.1.7 灯光的特效

标准灯光的“大气和效果”卷展栏用于制作灯光特效，如图 7-38 所示。

- 添加：用于添加特效。单击该按钮后，会弹出“添加大气或效果”对话框，可以从中选择“体积光”和“镜头效果”，如图 7-39 所示。
- 删除：删除列表框中所选定的大气或环境特效。
- 设置：用于对列表框中选定的大气或环境特效进行参数设定。

在添加了特效后，选择特效名称，单击“设置”按钮，打开“环境和效果”窗口，在其中设置相应的特效参数。

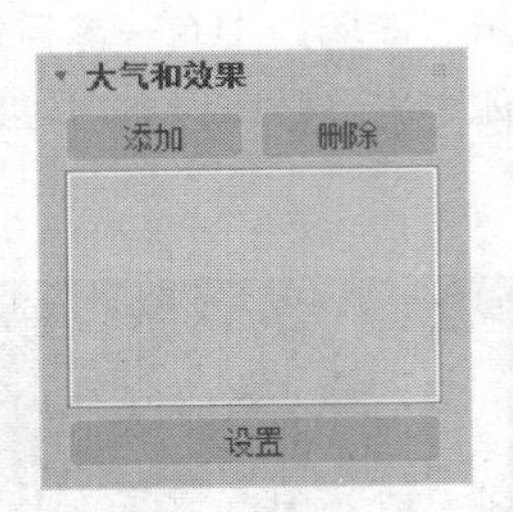

图 7-38

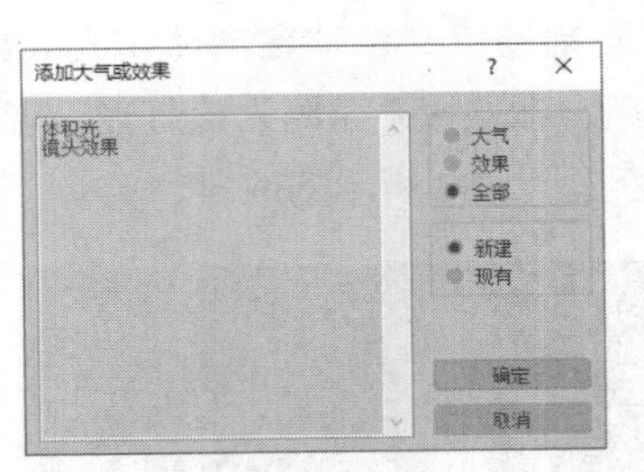

图 7-39

7.2 摄影机的使用及效果

摄影机是制作三维场景不可缺少的重要工具，就像场景中不能没有灯光一样。3ds Max 2020 中的摄影机与现实生活中的摄影机十分相似。用户可以自由调整摄影机的视角和位置，还可以利用摄影机的移动制作浏览动画。系统提供了景深和运动模糊等特殊效果。

7.2.1 摄影机的创建

单击（创建）命令面板上的（摄影机）按钮，将显示 3ds Max 2020 提供的“物理”“目标”“自由”3 种摄影机类型，如图 7-40 所示。

图 7-40

1. 物理摄影机

物理摄影机将场景的帧设置、曝光控制以及其他效果集成在一起，是基于物理的真实照片级渲染的最佳摄影机。物理摄影机功能的支持级别取决于所使用的渲染器。

物理摄影机的创建方法：单击“（创建）>（摄影机）> 标准 > 物理”按钮，在视口中进行拖曳，在合适的位置释放鼠标左键，效果如图 7-41 所示。

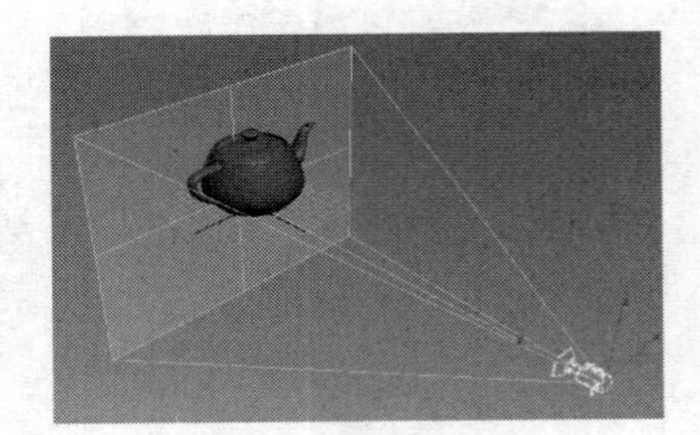
图 7-41

2. 目标摄影机

目标摄影机包括摄影机镜头和目标点，用于查看目标对象周围的区域。与自由摄影机相比，它更容易定位。在效果图的制作过程中，它主要用来确定最佳构图。

创建目标摄影机的具体操作如下。

（1）在场景中创建一个茶壶作为观察对象。

（2）单击“（创建）>（摄影机）> 标准 > 目标”按钮，在“顶”视口中要创建摄影机的位置按住鼠标左键并拖动至目标所在的位置，然后释放鼠标左键，效果如图 7-42 所示。选择“透视”视口，按“C”键切换到摄影机视口，在“参数”卷展栏中设置常用的“镜头”参数。

（3）分别在各个视口中调整摄影机的位置，或在视口控制区直接调整角度和距离。

3. 自由摄影机

自由摄影机用于在摄影机指向的方向查看区域，效果如图 7-43 所示。它没有目标点，不能进行单独的调整，但是容易沿着路径运动，可以用来制作室内外装潢的环游动画。

自由摄影机的创建比目标摄影机要简单，只要单击“自由”按钮，然后在任意视口中单击就可以完成。

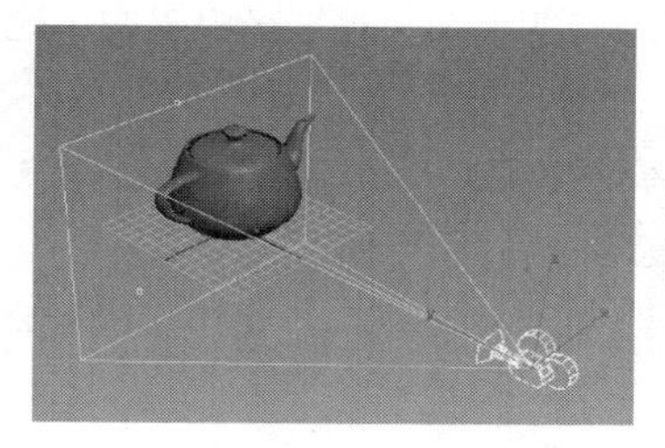

图 7-42

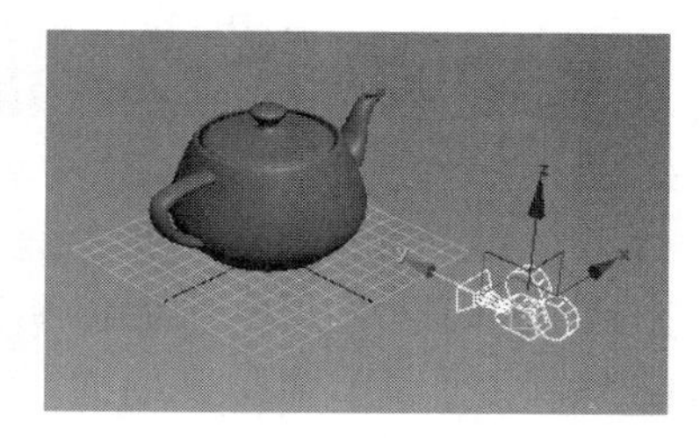

图 7-43

7.2.2 目标摄影机和自由摄影机的参数

目标摄影机与自由摄影机的参数绝大部分都相同，下面统一进行介绍。

摄影机的“参数”卷展栏（见图 7-44）的介绍如下。

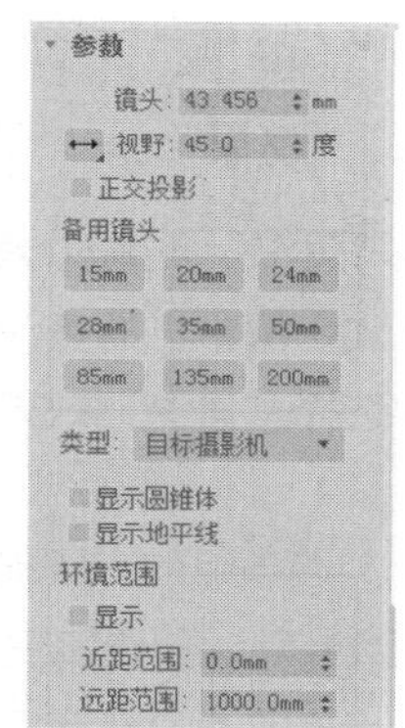

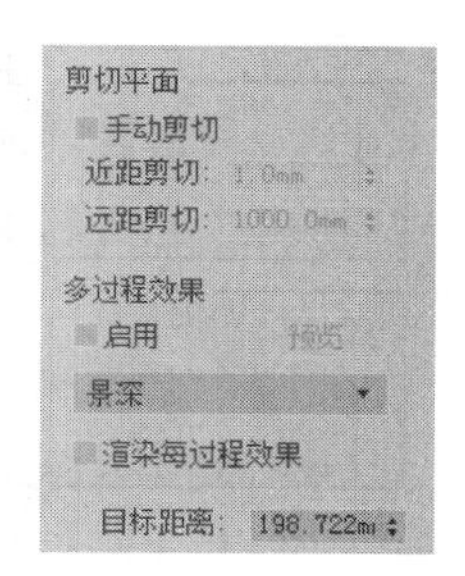

图 7-44

- 镜头：以 mm 为单位设置摄影机的焦距。使用微调器来指定焦距值，而不是使用“备用镜头”选项组中各按钮上的预设备用值。更改“渲染设置”窗口中的“光圈宽度”值也会更改“镜头”值。这样并不会通过摄影机更改视口，但将更改“镜头”值和 FOV（视场角）值之间的关系，也将更改摄影机锥形光线的纵横比。
- 视野：决定用摄影机查看的区域的宽度（视野）。当“视野方向”设置为水平（默认设置）时，“视野”参数直接决定了摄影机的地平线的弧形。
- 正交投影：勾选此复选框后，摄影机视口看起来就像用户视口；取消勾选此复选框后，摄影机视口像标准的“透视”视口。虽然“透视”功能仍然能移动摄影机并且更改 FOV，但“正交投影”取消执行这两个操作，以便禁用“正交投影”后可以看到所做的更改。

“备用镜头”选项组：用于设置摄影机的焦距（以 mm 为单位），提供了 15mm、20mm、24mm、28mm、35mm、50mm、85mm、135mm、200mm 共 9 种常用焦距供用户快速选择。

- 类型：用于切换摄影机类型。
- 显示圆锥体：用于显示摄影机视野定义的锥形光线（实际上是一个四棱锥）。锥形光线出现在其他视口中，但是不出现在摄影机视口中。
- 显示地平线：用于显示地平线。摄影机视口中的地平线显示为深灰色的线条。

“环境范围”选项组：用于设置环境大气的影响范围，通过“近距范围”和“远距范围”参数确定。

- 显示：显示在摄影机锥形光线内的矩形，用以显示“近距范围”和“远距范围”的设置。
- 近距范围/远距范围：确定在“环境”面板上设置的大气效果的近距范围和远距范围限制。在两个限制之间的对象消失在远距值和近距值之间。

"剪切平面"选项组：用于定义剪切平面。在视口中，剪切平面在摄影机锥形光线内显示为红色的矩形（带有对角线）。

- 手动剪切：用于排除场景中的一些几何体并只查看或渲染场景中的某些部分。
- 近距剪切/远距剪切：用于设置近距剪切平面和远距剪切平面。对摄影机来说，比近距剪切平面近或比远距剪切平面远的对象是不可视的。

"多过程效果"选项组：用于指定摄影机的景深或运动模糊效果。

- 启用：勾选该复选框后，渲染效果；取消勾选该复选框后，不渲染效果。
- 预览：单击该按钮可在活动摄影机视口中预览效果。如果活动视口不是摄影机视口，则该按钮无效。
- "效果"下拉列表：使用该下拉列表可以选择生成哪个多重过滤效果：景深或运动模糊。这两个效果相互排斥。默认设置为"景深"。
- 渲染每过程效果：勾选此复选框后，可以渲染景深或运动模糊效果的模糊过程；取消勾选此复选框后，将只渲染最终的模糊效果。默认取消勾选，可以缩短渲染时间。
- 目标距离：用于设置目标摄影机镜头和目标点之间的距离。

7.2.3 "景深"效果

摄影机可以产生"景深"多重过滤效果，通过在摄影机镜头与目标点之间产生模糊效果来模拟现实中摄影机的景深效果。景深效果可以显示在视口中。在"多过程效果"选项组中选择"景深"效果后，会出现相应的"景深参数"卷展栏，如图 7-45 所示。

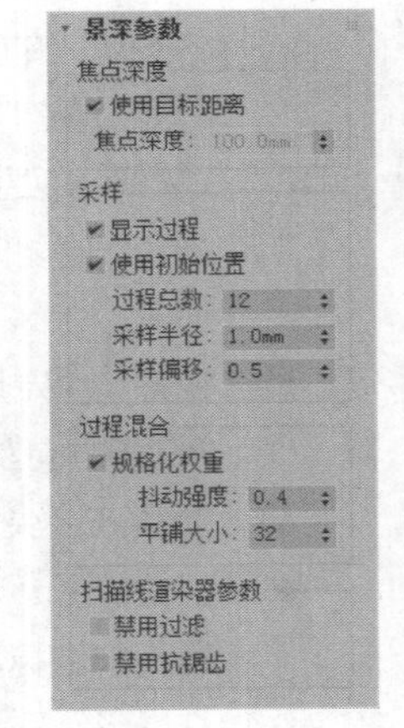

图 7-45

（1）"焦点深度"选项组的介绍如下。

- 使用目标距离：默认勾选该复选框，将摄影机的目标距离用作每过程偏移摄影机的点；取消勾选该复选框后，则以"焦点深度"值进行摄影机偏移。
- 焦点深度：当取消勾选"使用目标距离"复选框时，用于设置偏移摄影机的距离。

（2）"采样"选项组的介绍如下。

- 显示过程：勾选该复选框，渲染帧窗口中会显示多个渲染通道；取消勾选该复选框，渲染帧窗口中只显示最终结果。此控件对于在摄影机视口中预览景深效果无效。默认勾选。
- 使用初始位置：勾选该复选框，在摄影机的初始位置渲染第 1 个过程；取消勾选该复选框，与所有随后的过程一样偏移和渲染过程。默认勾选。
- 过程总数：用于设置产生效果的过程总数。增加该值可以增加效果的准确性，但会增加渲染时间。默认值为 12。
- 采样半径：场景为产生模糊效果而进行图像偏转的半径。增加此值可以增强整体的模糊效果，减小此值可以减少模糊效果。
- 采样偏移：设置模糊效果远离或靠近采样半径的权重值。增加该值可以增加景深模糊效果的数量级，产生更为一致的效果；减小该值可以减小景深模糊效果的数量级，产生更为随意的效果。

（3）“过程混合”选项组的介绍如下。

- 规格化权重：过程通过随机的权重值进行混合，以避免出现斑纹等异常现象。勾选该复选框时，权重值为统一标准，所产生的结果更为平滑；取消勾选该复选框时，结果更为尖锐，且通常更颗粒化。
- 抖动强度：设置作用于过程的抖动强度。增加该值可以增加抖动的程度，产生更颗粒化的效果，对象的边缘尤为明显。
- 平铺大小：以百分比计算抖动使用图案的重复尺寸。

（4）“扫描线渲染器参数”选项组：用于在渲染多过程场景时取消过滤和抗锯齿效果，提高渲染速度。

- 禁用过滤：勾选该复选框后，禁用过滤过程。默认取消勾选。
- 禁用抗锯齿：勾选该复选框后，禁用抗锯齿。默认取消勾选。

7.2.4 物理摄影机的参数

物理摄影机的参数与目标摄影机、自由摄影机的参数有所不同，本节对其进行单独的介绍。

1. “基本”卷展栏

物理摄影机的“基本”卷展栏如图 7-46 所示。

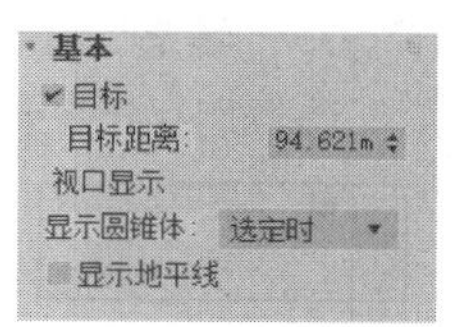

图 7-46

- 目标：勾选此复选框后，摄影机包括目标对象，摄影机的行为与目标摄影机的行为相似——用户可以通过移动目标设置摄影机的目标；取消勾选此复选框后，摄影机的行为与自由摄影机的行为相似——用户可以通过变换摄影机对象本身设置摄影机的目标。默认勾选。
- 目标距离：设置目标与焦平面之间的距离。目标距离会影响聚焦、景深等。
- 显示圆锥体：可在下拉列表中选择显示摄影机圆锥体时的类型，包括“选定时”（默认设置）、“始终”或“从不”。
- 显示地平线：勾选该复选框后，地平线在摄影机视口中显示为水平线（假设摄影机帧包括地平线）。默认取消勾选。

2. “物理摄影机”卷展栏

该卷展栏用于设置物理摄影机的主要物理属性，如图 7-47 所示。

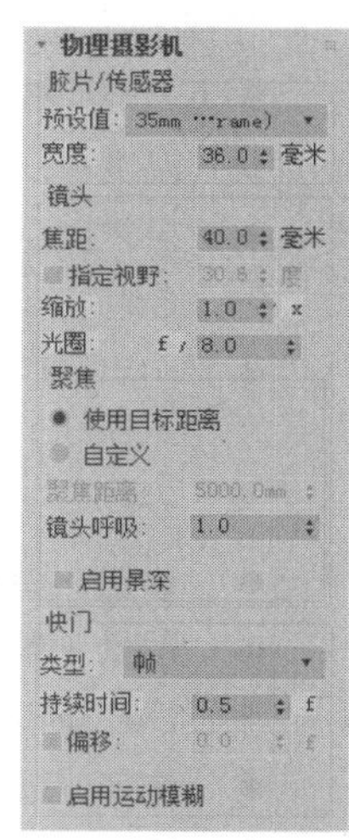

图 7-47

- 预设值：选择胶片模型或电荷耦合传感器。选项包括 35mm（全画幅）胶片（默认设置），以及多种行业标准传感器设置。每个设置都有默认宽度值。“自定义”选项用于设置任意宽度。
- 宽度：用于手动调整帧的宽度。
- 焦距：设置镜头的焦距。默认值为 40.0 毫米。
- 指定视野：勾选该复选框时，可以设置新的视场角（FOV）。默认的视场角值取决于所选的胶片/传感器预设值。默认取消勾选。
- 缩放：在不更改摄影机位置的情况下缩放镜头。
- 光圈：用于设置光圈数。该值将影响曝光和景深。光圈数越小，光圈越大并且景深越窄。

“聚焦”选项组：用于设置聚焦参数。

- 使用目标距离：使用目标距离作为焦距（默认设置）。
- 自定义：使用不同于目标距离的焦距。
- 聚焦距离：选择“自定义”单选按钮后，用户可在此设置焦距。
- 镜头呼吸：通过将镜头向焦距方向或远离焦距方向移动来调整视野。“镜头呼吸”值为 0 表示禁用此效果。默认值为 1。
- 启用景深：勾选该复选框时，摄影机在不等于焦距的距离上生成模糊效果。景深效果的强度基于光圈设置。默认取消勾选。
- 类型：选择测量快门速度使用的单位。“帧”（默认设置）通常用于计算机图形，“秒”或“分秒”通常用于静态摄影，“度”通常用于电影摄影。
- 持续时间：根据所选的单位设置快门速度。该值可能影响曝光、景深和运动模糊。
- 偏移：勾选该复选框时，指定相对于每帧的开始时间的快门打开时间。更改该值会影响运动模糊。默认取消勾选。
- 启用运动模糊：勾选该复选框后，摄影机可以生成运动模糊效果。默认取消勾选。

3. “曝光”卷展栏

该卷展栏用于设置物理摄影机的曝光，如图 7-48 所示。

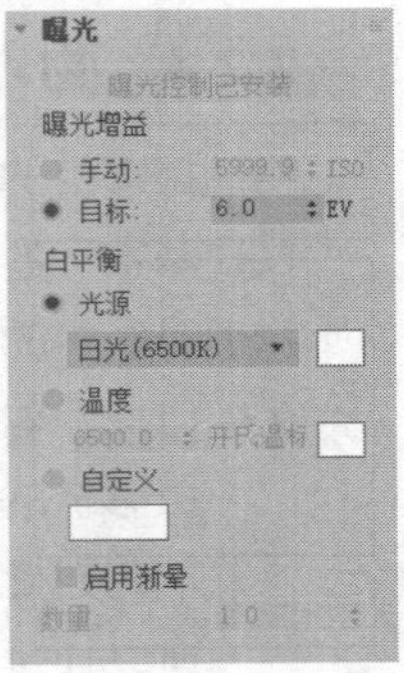

- 安装曝光控制：单击该按钮以使物理摄影机曝光控制处于活动状态；如果物理摄影机曝光控制已处于活动状态，则会禁用该按钮，此时按钮上将显示“曝光控制已安装”。
- 手动：通过“ISO”值设置曝光增益。当选择该单选按钮时，通过“ISO”值、快门速度和光圈设置计算曝光。该数值越大，曝光时间越长。
- 目标（默认设置）：设置与 3 个摄影曝光值的组合相对应的单个曝光值。每次增大或减小“EV”值，对应的、有效的曝光也会分别减少或增加。值越大，生成的图像越暗；值越小，生成的图像越亮。默认设置为 6。

图 7-48

“白平衡”选项组：用于调整色彩平衡。

- 光源：按照标准光源设置色彩平衡。默认设置为“日光（6500K）”。
- 温度：以色温的形式设置色彩平衡，以开尔文表示。
- 自定义：用于设置任意色彩平衡。单击下方色块打开“颜色选择器”对话框，可以从中设置希望使用的颜色。
- 启用渐晕：勾选该复选框时，会渲染出在胶片平面边缘的变暗效果。要在物理上更加精确地模拟渐晕，可使用“散景（景深）”卷展栏中的“光学渐晕（CAT 眼睛）”控制。
- 数量：增大该值可以增加渐晕效果。默认值为 1。

4. “散景（景深）”卷展栏

该卷展栏可设置用于景深的散景效果，如图 7-49 所示。

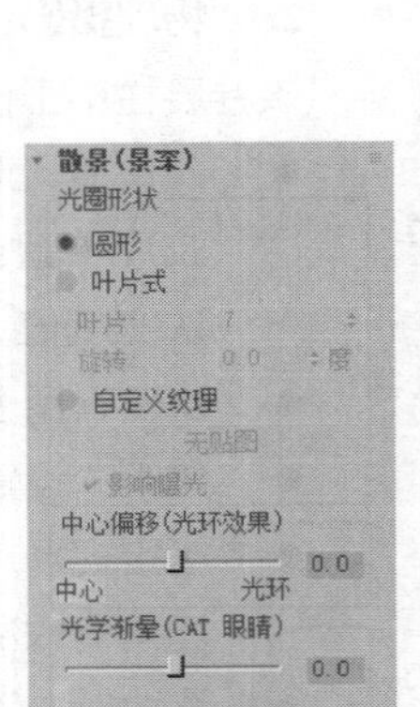

图 7-49

- 圆形：圆形散景效果基于圆形光圈。
- 叶片式：散景效果使用带有边的光圈。使用“叶片”参数设置每个模糊圈的边数，使用“旋转”参数设置每个模糊圈旋转的角度。

- 自定义纹理：使用贴图来替换每种模糊圈。（如果贴图为填充黑色背景的白色圈，则它等效于标准模糊圈。）
- 影响曝光：勾选该复选框时，“自定义纹理”将影响场景的曝光。根据纹理的透明度，这样可以允许相对标准的圆形光圈通过更多或更少的灯光。取消勾选该复选框后，纹理允许的通光量始终与通过圆形光圈的灯光量相同。默认勾选。
- 中心偏移（光环效果）：使光圈透明度向中心（负值）或边（正值）偏移。正值会增加焦外区域的模糊量，而负值会减小模糊量。采用中心偏移设置的场景中的散景效果尤其明显。
- 光学渐晕（CAT 眼睛）：通过模拟“猫眼”效果使帧呈现渐晕效果（部分广角镜头可以形成这种效果）。
- 各向异性（失真镜头）：通过垂直（负值）或水平（正值）拉伸光圈模拟失真镜头。

5. “透视控制”卷展栏

该卷展栏可调整摄影机视口的透视，如图 7-50 所示。

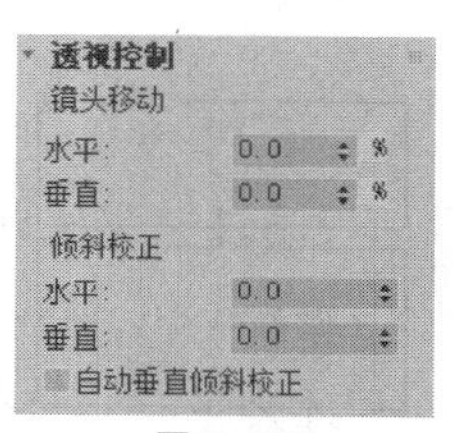

图 7-50

- “镜头移动”选项组：其中的参数用于沿水平或垂直方向移动摄影机视口，而不旋转或倾斜摄影机。在 x 轴和 y 轴上，它们将以百分比形式表示模/帧宽度（不考虑图像纵横比）。
- “倾斜校正”选项组：其中的参数用于沿水平或垂直方向倾斜摄影机。用户可以使用它们来更正透视，特别是在摄影机已向上或向下倾斜的场景中。

6. “镜头扭曲”卷展栏

该卷展栏可以向渲染添加扭曲效果，如图 7-51 所示。

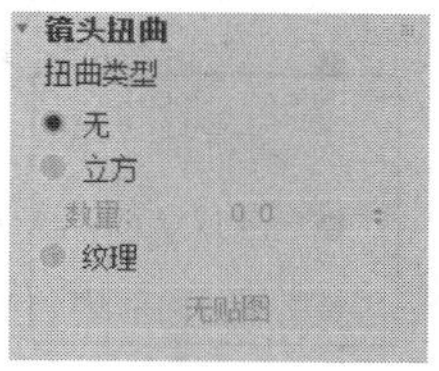

图 7-51

- 无：不应用扭曲效果。
- 立方：“数量”值不为零时，将扭曲图像。“数量”值为正值会产生枕形扭曲，“数量”值为负值会产生筒体扭曲。
- 纹理：基于纹理贴图扭曲图像。单击“无贴图”按钮可打开“材质/贴图浏览器”对话框，然后指定贴图。

7. “其他”卷展栏

该卷展栏可以设置剪切平面和环境范围，如图 7-52 所示。

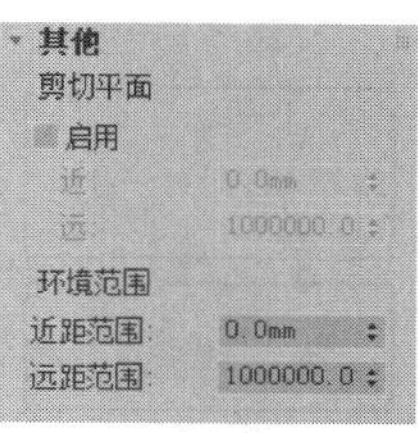

图 7-52

- 启用：勾选该复选框可启用此功能。在视口中，剪切平面在摄影机锥形光线内显示为红色的栅格。
- 近/远：设置近距剪切平面和远距剪切平面，采用场景单位。对摄影机来说，比近距剪切平面近或比远距剪切平面远的对象是不可视的。
- 近距范围/远距范围：确定在“环境”面板上设置的大气效果的近距范围和远距范围限制。两个限制之间的对象将在远距值和近距值之间消失。这些值采用场景单位。默认情况下，它们将覆盖场景的范围。

7.3 创建 VRay 灯光

安装 VRay 渲染器，它为 3ds Max 2020 的“标准”灯光和“光度学”灯光提供了“VRay 阴影”类型，如图 7-53 所示；还提供了各种灯光，包括 VRay 灯光、VRay IES、VRay 环境光和 VRay 太阳，如图 7-54 所示。下面介绍常用的 VRay 阴影以及 VRay 灯光的各项参数。

图 7-53

图 7-54

7.3.1 VRay 阴影

将灯光的阴影类型指定为“VRay 阴影”时，相应的“VRay 阴影参数”卷展栏才会显示，如图 7-55 所示。

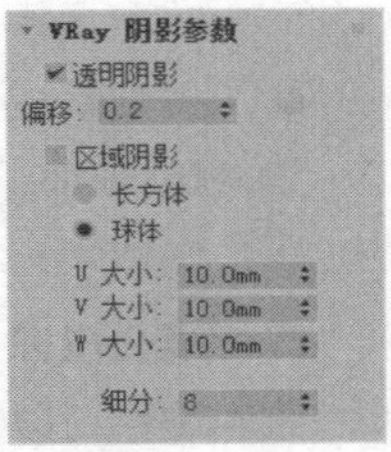

图 7-55

- 透明阴影：控制透明物体的阴影，必须使用 VRay 材质并选择材质中的“影响阴影”才能产生效果。
- 偏移：控制阴影与物体的偏移距离，一般用默认值。
- 区域阴影：控制物体阴影效果，勾选该复选框时会降低渲染速度，有“长方体”和“球体”两种模式。
- U/V/W 大小：值越大阴影越模糊，并且还会产生杂点，降低渲染速度。
- 细分：控制阴影的杂点，参数值越大，杂点越光滑，同时渲染速度会降低。

7.3.2 VR 灯光

VR 灯光主要用于模拟室内灯光或展示产品，是室内渲染中使用频率最高的一种灯光。

（1）“常规”卷展栏（见图 7-56）的介绍如下。

图 7-56

- 开：控制灯光的开关。
- 类型：提供了“平面”“穹顶”“球体”“网格”“圆形”5 种类型。这 5 种类型的灯光的形状各不相同，因此可以应用于各种用途。“平面”一般用于制作片灯、窗口自然光、补光；“穹顶”的作用类似于 3ds Max 2020 的天光，光线来自位于灯光 z 轴的半球形圆顶；“球体”是以球形的光来照亮场景，多用于制作各种灯的灯泡；“网格”用于制作特殊形状的灯带、灯池，必须有一个可编辑网格模型作为基础；“圆形”用于制作圆形的灯光。
- 目标：勾选该复选框后，显示灯光的目标点。

- 长度：设置平面灯光的长度。
- 宽度：设置平面灯光的宽度。
- 单位：灯光的强度单位。“默认（图像）”为默认单位，依靠灯光的颜色、亮度、大小控制灯光的强弱。
- 倍增：设置灯光的强度。
- 模式：选择照明模式，有“颜色”和“温度”两个模式。
- 颜色：可通过单击色块设置颜色。
- 温度：可通过设置“温度”值调整灯光的冷暖色调。
- 纹理：允许用户使用贴图作为半球光的光照。
- 无贴图：单击该按钮，可选择纹理贴图。
- 分辨率：贴图光照的计算精度，最大为 2048。

（2）“矩形/圆形灯光”卷展栏（见图 7-57）的介绍如下。

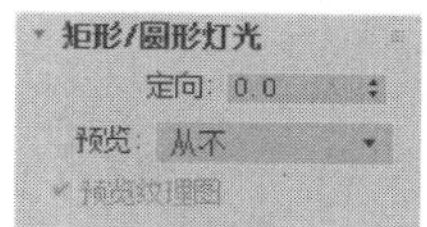

图 7-57

- 定向：在默认情况下，来自平面或灯光的光线在光点所在的侧面的各个方向上均匀地分布。当这个参数值增加到 1 时，扩散范围变窄，使光线更具有方向性。“定向”值为 0.0（默认值）时，光线在光源周围向各个方向照射。“定向”值为 0.5 时，形成 45° 光锥，“定向”值为 1（最大值）时，形成 90° 的光锥。
- 预览：用于设置是否允许显示光照的范围。
- 预览纹理图：如果使用纹理驱动光线，则使其能够在视口中显示纹理。

（3）“选项”卷展栏（见图 7-58）的介绍如下。

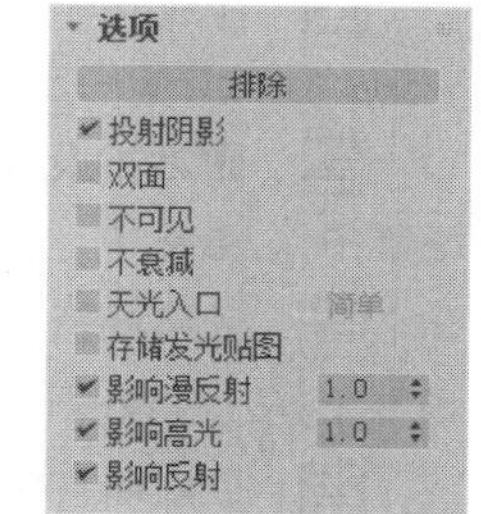

图 7-58

- 排除：单击该按钮会弹出“排除/包含”对话框，可从中选择排除或包含灯光的对象模型。在“排除”时“包含”失效，在“包含”时“排除”失效。
- 投射阴影：用于控制是否让对象产生照明阴影。
- 双面：用于控制是否让灯光的双面都产生照明效果，当灯光类型为“平面”时才有效，其他灯光类型无效。

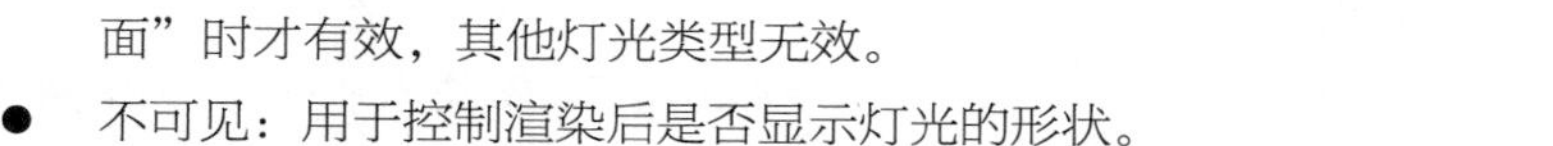

- 不可见：用于控制渲染后是否显示灯光的形状。
- 不衰减：在自然界中，所有的光线都会衰减，如果取消勾选该复选框，则 VRay 灯光将不计算灯光的衰减。
- 天光入口：如果勾选该复选框，会把 VRay 灯光转换为天光，此时的 VRay 灯光变成了“间接照明（GI）”，失去了直接照明。“投射阴影”“双面”“不可见”等参数将不可用，这些参数将被天光的参数所取代。
- 存储发光贴图：如果使用发光贴图来计算间接照明，则勾选该复选框后，发光贴图会存储灯光的照明效果。它有利于快速渲染场景，渲染完之后，可以把 VRay 灯光关闭或者删除。它对最后的渲染效果没有影响，因为光照信息已经保存在发光贴图里了。
- 影响漫反射：决定灯光是否影响对象材质属性的漫反射。
- 影响高光：决定灯光是否影响对象材质属性的高光。
- 影响反射：决定灯光是否影响对象材质属性的反射。

（4）“采样”卷展栏（见图 7-59）的介绍如下。

- 细分：用于控制渲染后的品质。参数值越小，杂点越多，渲染速度越快；参数值越大，杂点越少，渲染速度越慢。
- 阴影偏移：用于控制对象与阴影偏移的距离，一般保持默认即可。

（5）“视口”卷展栏（见图 7-60）的介绍如下。

- 启用视口着色：视口处于“真实”状态时，会对视口照明产生影响。
- 视口线框颜色：勾选该复选框时，表示光的线框在视口中以指定的颜色显示。
- 图标文本：可以启用或禁用视口中的光名预览。

（6）“高级选项”卷展栏（见图 7-61）的介绍如下。

- 使用 MIS：勾选该复选框（默认设置）时，光的贡献分为两部分，一部分是直接照明，另一部分是 GI（对于漫反射材料）或反射（对于光滑表面）。

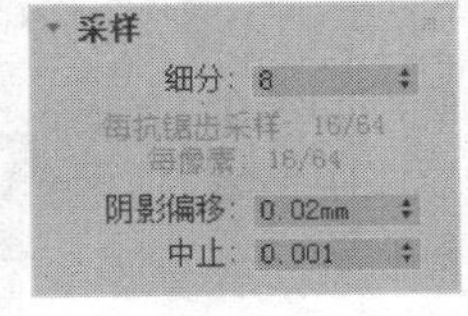

图 7-59

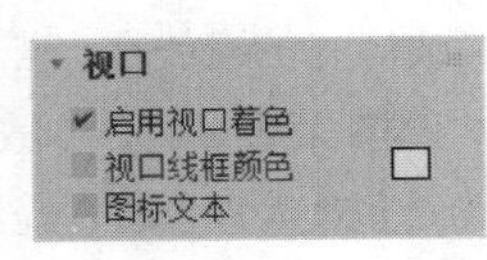

图 7-60

图 7-61

7.3.3 课堂案例——卫浴场景布光

学习目标：掌握 VRay 灯光的使用方法。

知识要点：通过为卫浴场景布光来学习 VRay 灯光的使用方法，参考效果如图 7-62 所示。

原始场景所在位置：云盘/场景/Ch07/卫浴场景布光.max。

最终场景所在位置：云盘/场景/Ch07/卫浴场景布光 o.max。

贴图所在位置：云盘/贴图。

图 7-62

微课视频

卫浴场景布光

（1）打开原始场景文件“卫浴场景布光.max”，如图 7-63 所示，渲染当前场景，得到图 7-64 所示的效果。

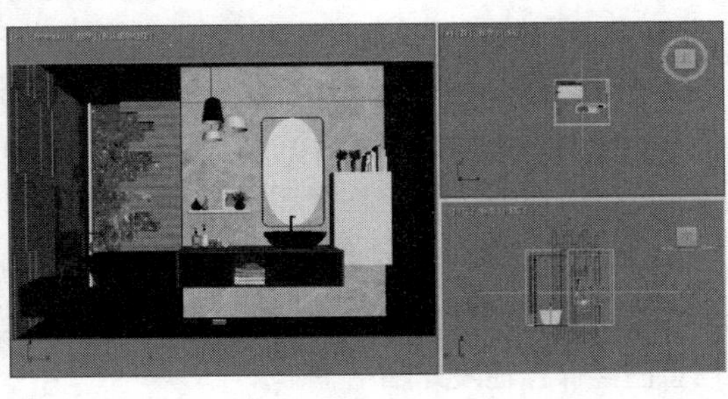
图 7-63

图 7-64

（2）从效果图可以看出窗外有发光材质。在此场景的基础上创建灯光。

（3）在窗户的位置创建 VRay 灯光，在场景中调整灯光的位置和朝向。切换到（修改）命令面板，在“常规”卷展栏中设置“类型”为“平面”，设置“倍增”为 5.0，设置灯光的颜色为冷色（“红”“绿”“蓝”为 177、206、255）；在“选项”卷展栏中勾选“不可见”复选框，取消勾选“影响高光”和“影响反射”两个复选框，如图 7-65 所示。

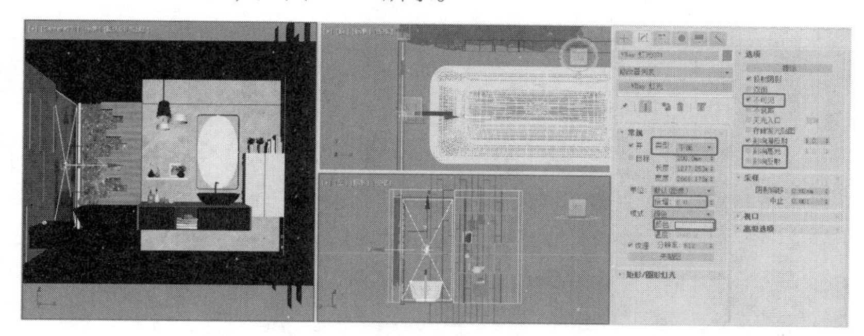

图 7-65

（4）在“左”视口中创建 VRay 灯光，在场景中调整灯光的位置和朝向。切换到（修改）命令面板，在“常规”卷展栏中设置“倍增”为 5.0，设置灯光的颜色为暖色（“红”“绿”“蓝”为 255、227、196）；在“选项”卷展栏中勾选“不可见”复选框，取消勾选“影响高光”和“影响反射”两个复选框，如图 7-66 所示。

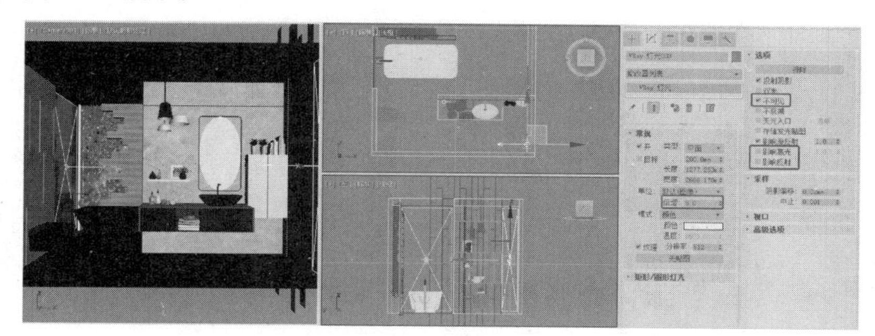

图 7-66

（5）在“前”视口中创建 VRay 灯光，在场景中调整灯光的位置和朝向。切换到（修改）命令面板，在“常规”卷展栏中设置“倍增”为 5.0，设置灯光的颜色为暖色（“红”“绿”“蓝”为 255、227、196）；在“选项”卷展栏中勾选“不可见”复选框，取消勾选“影响高光”和“影响反射”复选框，如图 7-67 所示。

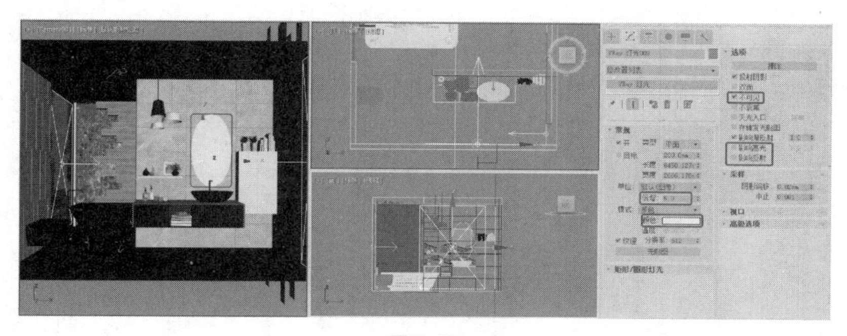

图 7-67

（6）在吊灯的位置创建 VRay 灯光，在场景中调整灯光的位置和朝向。切换到 （修改）命令面板，在“常规”卷展栏中设置“类型”为“球体”，设置“半径”为 20.0mm，设置“倍增”为 50.0mm，设置灯光的颜色为暖色（“红”“绿”“蓝”为 255、217、177），如图 7-68 所示。

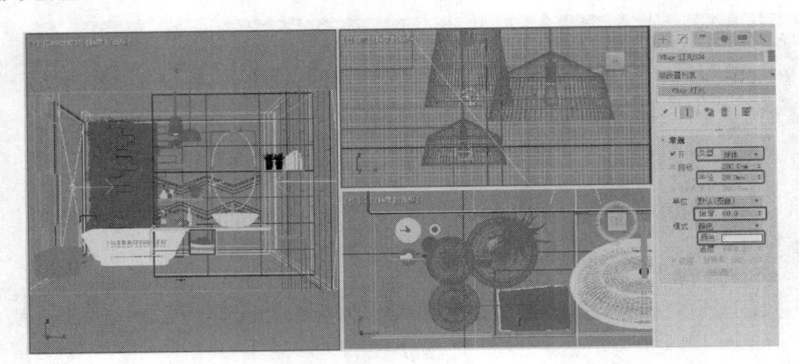

图 7-68

（7）在场景中选择镜面模型，在“顶”视口中按住“Shift”键，沿 y 轴向上拖动，释放鼠标左键，在弹出的“克隆选项”对话框中选择“复制”单选按钮，单击“确定”按钮，如图 7-69 所示，复制模型。

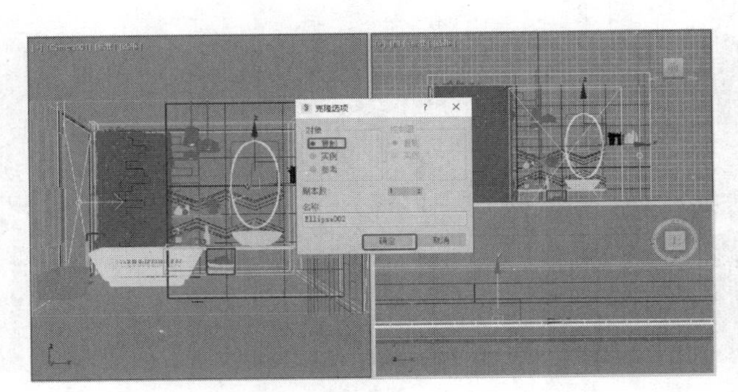

图 7-69

（8）在场景中创建 VRay 灯光，调整灯光的位置和朝向。切换到 （修改）命令面板，在“常规”卷展栏中设置“类型”为“网格”，设置“倍增”为 5.0，在“网格灯光”卷展栏中单击“拾取网格”按钮，在场景中拾取复制出的镜面模型，将该模型转换为灯光，如图 7-70 所示。

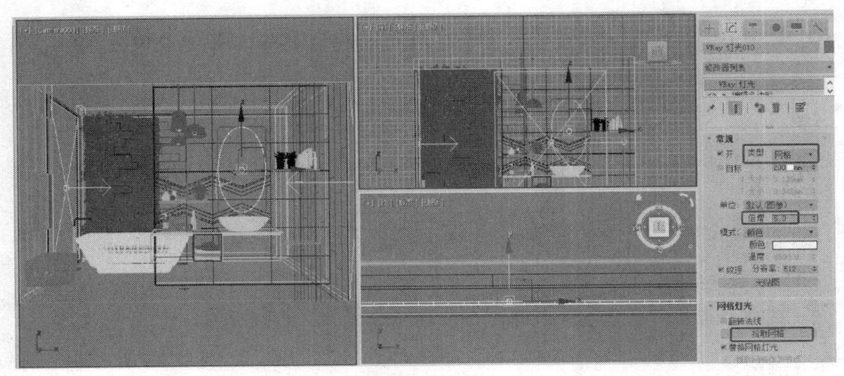

图 7-70

（9）在洗手台墙面的上方创建线，切换到（修改）命令面板，在修改器堆栈中选择“Line”，在“渲染”卷展栏中勾选“在渲染中启用”和“在视口中启用”复选框，选择“矩形”单选按钮，设置“长度”为20.0mm、“宽度”为20.0mm，如图7-71所示。

（10）为可渲染的线添加“编辑多边形”修改器，将其转换为多边形，如图7-72所示。

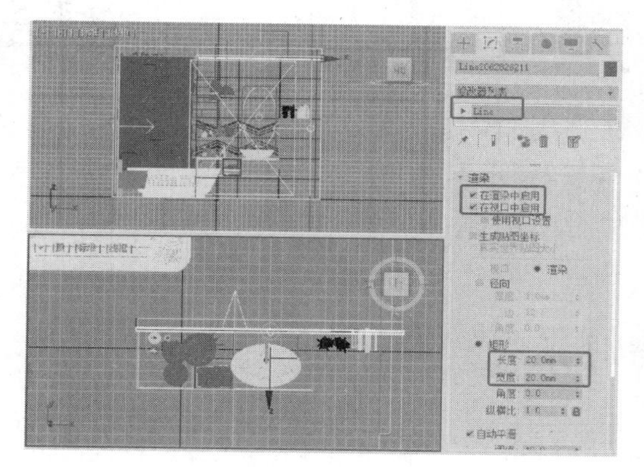

图7-71

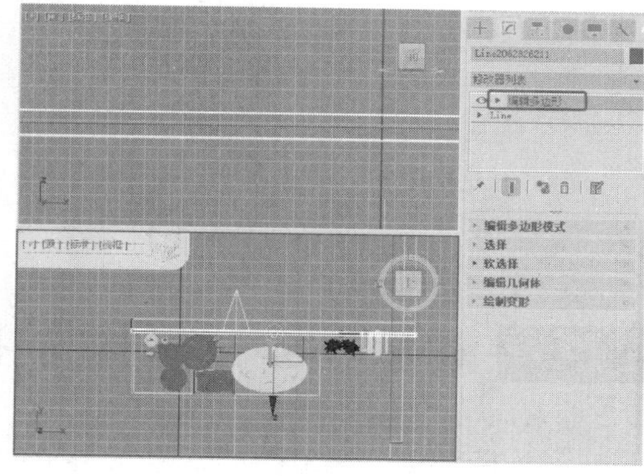

图7-72

（11）在场景中创建VRay灯光，调整灯光的位置和朝向。切换到（修改）命令面板，在“常规”卷展栏中设置“类型”为“网格”，设置“倍增”为5.0，在“网格灯光”卷展栏中单击“拾取网格”按钮，在场景中拾取转换为多边形的线，将其转换为灯光，作为墙面顶上的装饰线条灯，如图7-73所示。

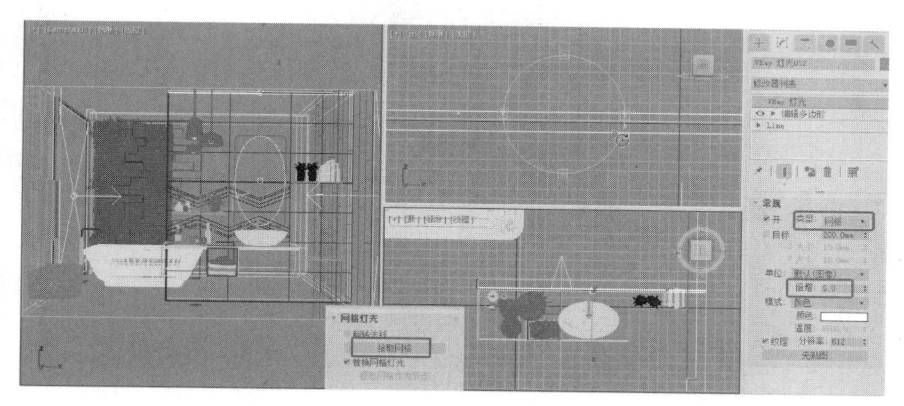

图7-73

（12）对场景进行渲染，如果场景过亮可以减小“倍增”值，完成卫浴场景的布光。

课堂练习——室内场景布光

知识要点：通过在场景中设置泛光和聚光灯来完成室内场景的布光，参考效果如图7-74所示。

效果所在位置：云盘/场景/Ch07/场景布光o.max。

图 7-74

微课视频

室内场景布光

课后习题——创建静物灯光

知识要点：在场景中创建两个互补的 VRay 灯光，作为静物的照明灯光，并设置合适的渲染参数，完成静物灯光的创建，参考效果如图 7-75 所示。

效果所在位置：云盘/场景/Ch07/静物灯光 o.max。

图 7-75

微课视频

创建静物灯光

第 8 章 动画制作技术

在 3ds Max 2020 中，对象的移动、旋转、缩放，以及对象的形状与表面的各种参数的改变都可以用来制作动画。通过本章的学习，读者可以掌握使用 3ds Max 2020 制作动画的方法与操作技巧。

学习目标

- 了解关键帧动画。
- 熟悉“轨迹视图-曲线编辑器”窗口。
- 熟悉“运动”命令面板。
- 了解动画约束。
- 掌握主要动画修改器的使用方法。

技能目标

- 掌握关键帧动画的创建方法。
- 掌握水面上的皮艇动画的制作方法。

素养目标

- 培养学生善于观察的能力。

8.1 创建关键帧

动画的产生基于视觉暂留的原理。人们在观看一组连续播放的图片时，每一张图片都会在人眼中短暂停留，只要图片播放的速度足够快，人们就会感觉到它们好像真的在运动一样。这种组成图片序列的每张图片都称为“帧”，“帧”是 3ds Max 2020 动画中最基本的概念。

8.1.1 关键帧的设置

设置动画最简单的方法就是设置关键帧，只需要单击“自动关键点”按钮后在某一帧改变对象状态，如移动对象至某一位置、改变对象的某一参数，然后将时间滑块调整到另一位置，这时就可以在动画控制区中的时间轴区域看到两个关键帧。这说明已经创建了关键帧，同时关键帧之间有动画出现，如图 8-1 所示。

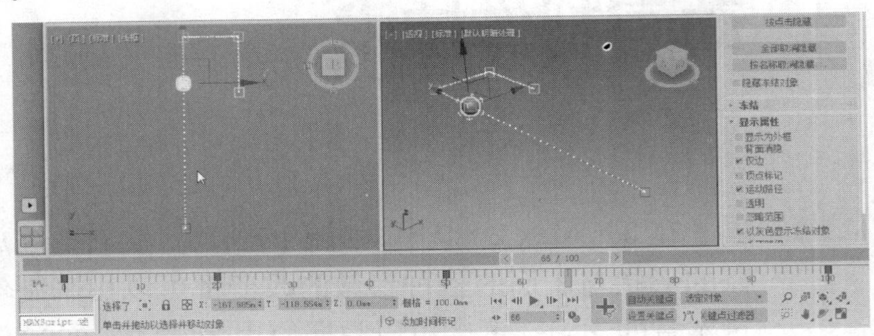

图 8-1

8.1.2 课堂案例——创建关键帧动画

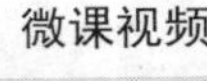

创建关键帧动画

学习目标：学会利用“自动关键点”按钮创建关键帧动画。

知识要点：打开一个原始场景文件，旋转和移动模型，从而记录旋转和移动的动画。分镜头效果如图 8-2 所示。

原始场景所在位置：云盘/场景/Ch08/小丑鱼.max。

效果所在位置：云盘/场景/Ch08/小丑鱼 o.max。

贴图所在位置：云盘/贴图。

（1）打开原始场景文件“小丑鱼.max”，选择场景中的一个小丑鱼模型，单击“自动关键点”按钮，拖动时间滑块到第 30 帧处，设置弯曲参数，制作弯曲动画，如图 8-3 所示。

（2）拖动时间滑块到第 58 帧处，设置弯曲参数，如图 8-4 所示。

图 8-2

图 8-3

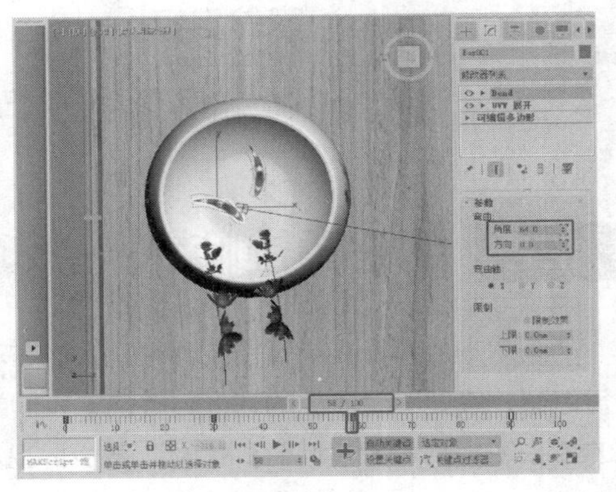

图 8-4

（3）拖动时间滑块到第 90 帧处，设置弯曲参数，如图 8-5 所示。

（4）拖动时间滑块到第 30 帧处，在场景中旋转“鱼”，如图 8-6 所示。

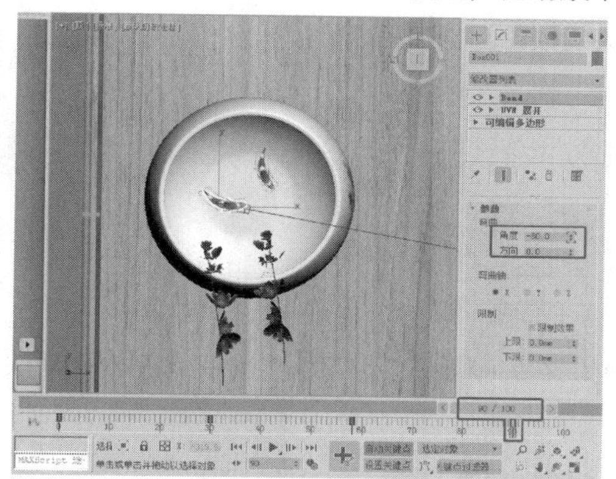

图 8-5

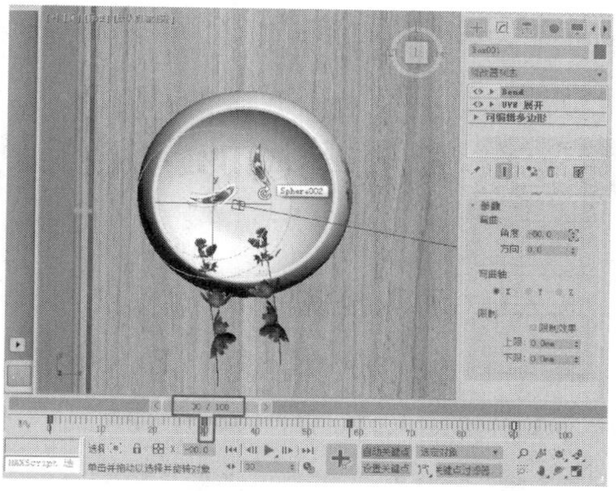

图 8-6

（5）拖动时间滑块到第 58 帧处，在场景中移动“鱼”，如图 8-7 所示。

（6）在场景中移动另外一条“鱼”，使用同样的方法设置该“鱼”的弯曲动画，如图 8-8 所示。

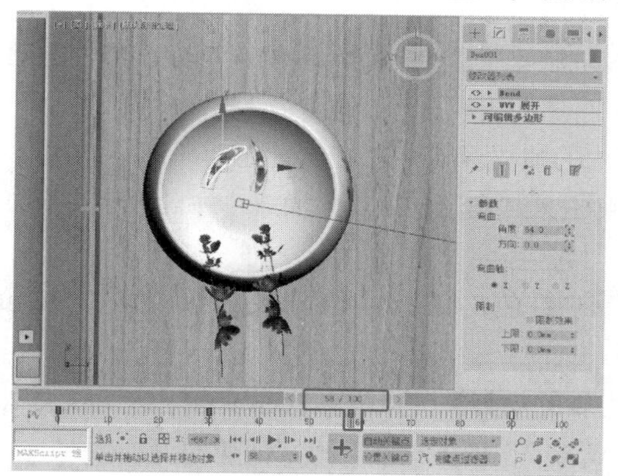

图 8-7

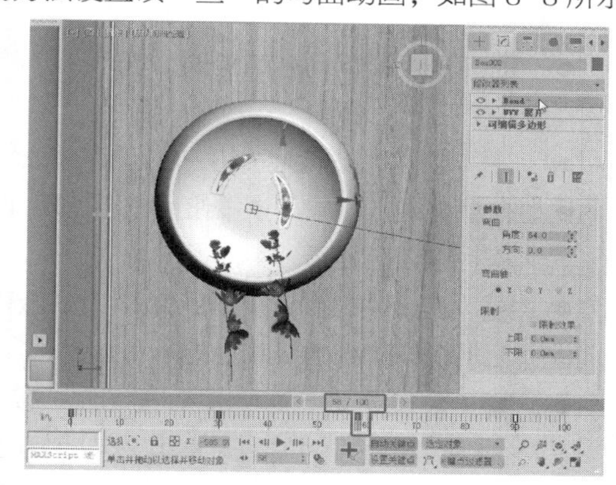

图 8-8

（7）单击（渲染设置）按钮，打开“渲染设置”窗口，在其中设置渲染尺寸，如图 8-9 所示。

（8）在“渲染输出”选项组中单击“文件”按钮，在弹出的对话框中选择一个存储路径，设置“保存类型”为 AVI 文件，单击“保存”按钮，如图 8-10 所示。

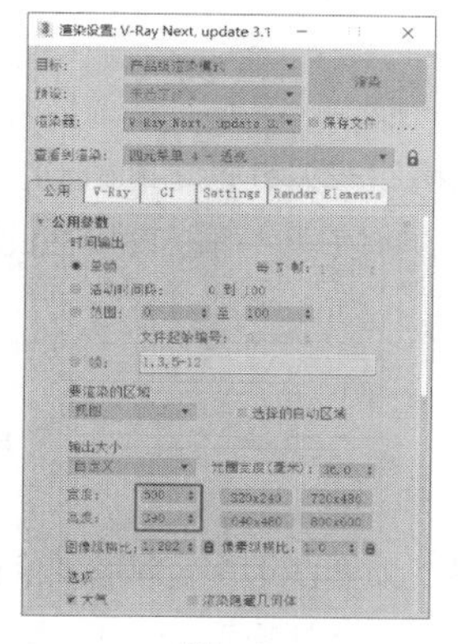

图 8-9

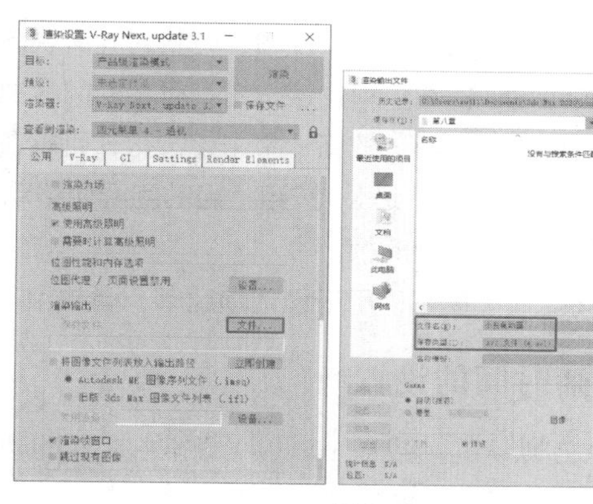

图 8-10

（9）在弹出的“保存类型设置”对话框中使用默认参数，单击“确定”按钮即可。单击“渲染”按钮渲染场景动画，渲染完成后即可观看动画效果。关键帧动画创建完成。

8.2 制作动画的常用工具

8.2.1 动画控制工具

图8-11所示为动画控制区，在此区域可以控制视口中的画面显示。动画控制区包括时间滑块、播放按钮和动画关键点等，详细介绍如下。

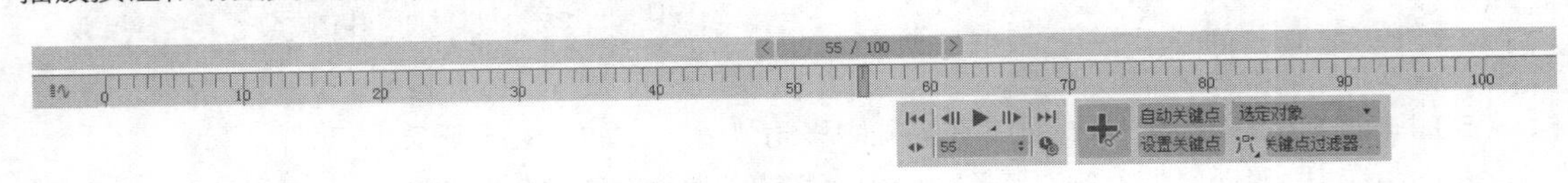

图8-11

- 时间滑块：移动时间滑块，显示“当前帧号/总帧号”。拖动时间滑块可观察视口中的动画效果。
- （创建关键点）按钮：在当前时间滑块所处的帧位置创建关键点。
- 自动关键点：单击该按钮，按钮呈现红色，将进入“自动关键点”模式，并且激活的视口边框也以红色显示。
- （设置关键点）按钮：单击该按钮，按钮呈现红色，将进入“手动关键点”模式，并且激活的视口边框也以红色显示。
- （新建关键点的默认入/出切线）按钮：为新的动画关键点提供快速设置默认切线类型的方法，这些新的关键点是用“手动关键点”或者“自动关键点”模式创建的。
- 关键点过滤器：用于设置关键帧的项目。
- （转到开头）按钮：单击该按钮，可将时间滑块移动到第一帧。
- （上一帧）按钮：单击该按钮，可将时间滑块向前移动一帧。
- （播放动画）按钮：单击该按钮，可在视口中播放动画。
- （下一帧）按钮：单击该按钮，可将时间滑块向后移动一帧。
- （转到结尾）按钮：单击该按钮，可将时间滑块移动到最后一帧。
- （关键点模式切换）按钮：单击该按钮，可以在前一关键帧和后一关键帧之间跳动。
- 55 （显示当前帧号）按钮：当时间滑块移动时，可显示当前帧号。可以直接在此输入数值以快速到达指定的帧。
- （时间配置）按钮：用于设置帧速率、播放和动画等参数。

8.2.2 动画时间的设置

3ds Max 2020默认的帧数是100帧，通常所制作的动画帧数比100帧要多很多，那么如何设置动画的长度呢？动画是通过随时间改变场景而创建的，在3ds Max 2020中可以使用大量的时间控制器，这些时间控制器的设置可以在“时间配置”对话框中完成。单击（时间配置）按钮，弹出“时间配置”对话框，如图 8-12 所示。

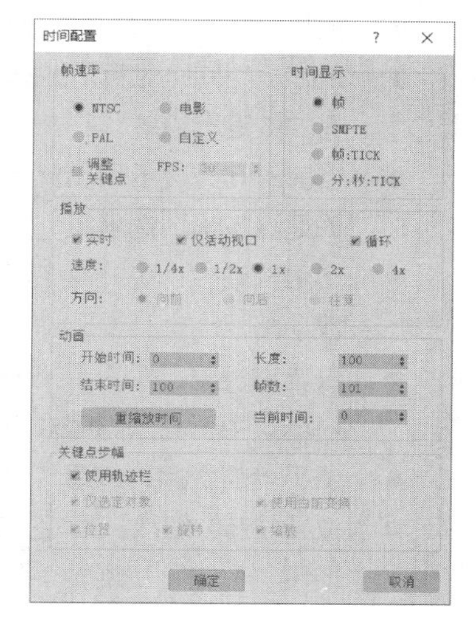

图 8-12

“时间配置”对话框的介绍如下。

1. “帧速率”选项组

- NTSC：北美、大部分中南美国家和日本所使用的电视标准，它的帧速率为每秒 30 帧或者每秒 60 场（每个场相当于电视屏幕上的隔行插入扫描线）。
- 电影：电影胶片的计数标准，它的帧速率为每秒 24 帧。
- PAL：根据相位交替扫描线制定的电视标准，在我国和欧洲大部分国家中使用，它的帧速率为每秒 25 帧或每秒 50 场。
- 自定义：选择该单选按钮，可以在其下的“FPS”数值框中输入自定义的帧速率，它的单位为“帧每秒”。
- FPS：以“帧每秒”为单位来设置动画的帧速率。视频使用 30 帧每秒的帧速率，电影使用 24 帧每秒的帧速率，而 Web 和媒体动画则使用更低的帧速率。

2. “时间显示”选项组

- 帧：默认的时间显示方式，单个帧代表的时间长度取决于所选择的当前帧速率，如每帧为 1/30s。
- SMPTE：这是广播级编辑机使用的时间计数方式，电视录像带的编辑都是在该计数方式下进行的，标准方式为 00:00:00（分:秒:帧）。
- 帧:TICK：使用帧和 3ds Max 2020 内定的时间单位——十字叉显示时间，十字叉是 3ds Max 2020 提供的查看时间增量的方式。因为每秒有 4800 个十字叉，所以访问时间实际上可以减少到每秒的 1/4800。
- 分:秒:TICK：与 SMPTE 相似，以分、秒和十字叉显示时间，其间用半角冒号分隔。例如，02:16:2240 表示 2 分 16 秒和 2240 十字叉。

3. “播放”选项组

- 实时：勾选该复选框，在视口中播放动画时，会保证真实的动画时间；当达不到此要求时，系统会跳格播放，省略一些中间帧来保证时间正确。
- 仅活动视口：可以使播放只在活动视口中进行。取消勾选该复选框后，所有视口都将显示动画。
- 循环：控制动画只播放一次或反复播放。
- 速度：用于设置播放时的速度。
- 方向：将动画设置为向前播放、向后播放或往复播放。

4. “动画”选项组

- 开始时间/结束时间：分别设置动画的开始时间和结束时间。默认设置开始时间为 0，根据需要可以设为其他值，包括负值。有时可能习惯于将开始时间设置为第 1 帧，这比 0 更容易计数。
- 长度：用于设置动画的长度，它其实是由“开始时间”和“结束时间”计算得出的结果。

- 帧数：被渲染的帧数，通常是设置数量再加上一帧。
- 重缩放时间：对目前的动画区段进行时间缩放，以加快或减慢动画的节奏，这会同时改变所有的关键帧设置。
- 当前时间：显示和设置当前帧号。

5. “关键点步幅”选项组

- 使用轨迹栏：使关键点模式能够遵循轨迹栏中的所有关键点，包括除变换动画之外的任何参数动画。
- 仅选定对象：在使用关键点步幅时只考虑选定对象的变换。如果取消勾选该复选框，则将考虑场景中所有未隐藏对象的变换。默认勾选。
- 使用当前变换：禁用“位置”“旋转”“缩放”，并在关键点模式中使用当前变换。
- 位置/旋转/缩放：指定关键点模式所使用的变换。取消勾选“使用当前变换”复选框，即可使用“位置”“旋转”“缩放”复选框。

8.2.3 轨迹视图

轨迹视图的管理场景和制作动画的功能非常强大。在主工具栏中单击（曲线编辑器）按钮或者在菜单栏中选择“图形编辑器 > 轨迹视图-曲线编辑器”命令，可打开“轨迹视图-曲线编辑器”窗口，如图8-13所示。

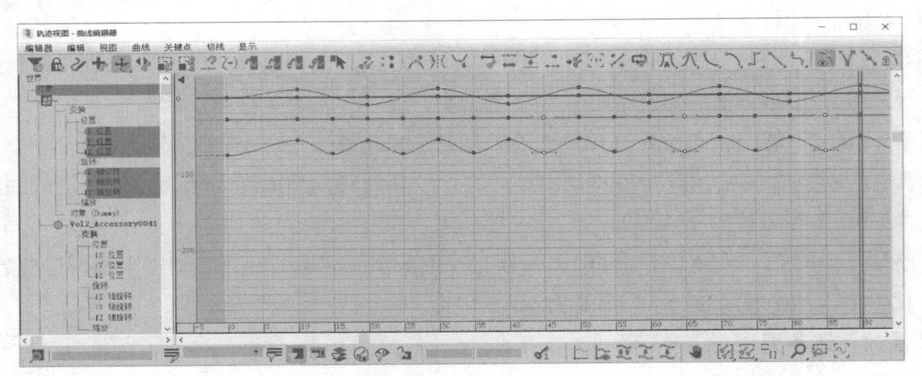

图 8-13

1. 轨迹视图的功能板块

（1）层级清单：位于窗口的左侧，它将场景中的所有项目显示在一个层级中，在层级中对对象名称进行选择即可选择场景中的对象。

（2）编辑窗口：位于窗口的右侧，显示轨迹和功能曲线，表示时间和参数值的变化。编辑窗口中使用浅灰色背景的时间段表示激活的时间段。

（3）菜单栏：整合了轨迹视图的大部分功能。

（4）工具栏：包括控制项目、轨迹和功能曲线的工具。

（5）状态栏：包含指示、关键时间、数值栏和导航控制等区域。

（6）时间标尺：测量编辑窗口中的时间，时间标尺上的标志反映了“时间配置”对话框中的设置。上下拖动时间标尺可以使它和任何轨迹对齐。

2. 轨迹视图的工具栏

轨迹视图的工具栏介绍如下。

- （过滤器）按钮：使用过滤器可以确定哪一个类别的项目出现在轨迹视口中。
- （锁定当前选择）按钮：该按钮处于激活状态时，用户不会意外取消选择高亮显示的关键点，或选择其他的关键点。当选择被锁定时，可以在编辑窗口中的任意位置拖动以移动或缩放关键点（而不仅限于高亮显示的关键点）。
- （绘制曲线）按钮：绘制新曲线，或直接在功能曲线上绘制草图来修改已有的曲线。
- （添加/移除关键点）按钮：在现有曲线上创建或删除关键点。
- （移动关键点）按钮：在编辑窗口中水平或垂直移动关键点。
- （滑动关键点）按钮：移动一组关键点（将高亮显示的关键点及所有未高亮显示的关键点移动到动画的一端）。"滑动关键点"按钮通过高亮显示的关键点拆分动画，并将动画分散在两端。在"编辑关键点"模式下可以使用"滑动关键点"按钮。
- （缩放关键点）按钮：将所有选定关键点沿着远离或靠近当前帧的方向成比例移动来进行扩大或缩小。
- （缩放值）按钮：可以使用"缩放值"以按比例增加或减少功能曲线上的选定关键点之间的垂直距离。
- （捕捉缩放）按钮：将缩放原点移动到第 1 个选定关键点处。
- （简化曲线）按钮：可使用该按钮减少轨迹中的关键点。
- （参数曲线超出范围类型）按钮：用于指定参数曲线在用户定义的关键点范围之外的行为方式。
- （减缓曲线超出范围类型）按钮：用于指定减缓曲线在用户定义的关键点范围之外的行为方式。调整减缓曲线会降低效果的强度。
- （增强曲线超出范围类型）按钮：用于指定增强曲线在用户定义的关键点范围之外的行为方式。调整增强曲线会增加效果的强度。
- （减缓/增强曲线切换）按钮：启用/禁用减缓曲线和增强曲线。
- （区域关键点工具）按钮：使用区域关键点工具。
- （选择下一个关键点）按钮：取消选择当前选择的关键点，然后选择下一个关键点。按住"Shift"键可选择上一个关键点。
- （增加关键点选择）按钮：选择与一个选定关键点相邻的关键点。按住"Shift"键可取消选择外部的两个关键点。
- （放长切线）按钮：增长选定关键点的切线。如果选择多个关键点，则按住"Shift"键可以仅增长内切线。
- （镜像切线）按钮：将选定关键点的切线镜像到相邻关键点。
- （缩短切线）按钮：缩短选定关键点的切线。如果选择多个关键点，则按住"Shift"键可以仅缩短内切线。
- （轻移）按钮：使用"轻移"按钮可将关键点稍微向左或向右移动。
- （展平到平均值）按钮：确定选定关键点的平均值，然后将平均值指定给每个关键点。按住"Shift"键可焊接所有选定关键点的平均值和时间。

- （展平）按钮：将选定关键点展平到与所选内容中的第 1 个关键点相同的值。
- （缓入到下一个关键点）按钮：减少选定关键点与下一个关键点之间的差值。按住“Shift”键可减少选定关键点与上一个关键点之间的差值。
- （分割）按钮：使用两个关键点替换选定关键点。
- （均匀隔开关键点）按钮：调整间距，使所有关键点按时间在第 1 个关键点和最后一个关键点之间均匀分布。
- （松弛关键点）按钮：减小和减缓第 1 个和最后一个选定关键点之间的关键点的值和切线。按住“Shift”键可对齐第 1 个和最后一个选定关键点之间的关键点。
- （循环）按钮：将第 1 个关键点的值复制到当前动画的最后一帧。按住“Shift”键可将当前动画的第 1 个关键点的值复制到最后一个动画。
- （将切线设置为自动）按钮：按关键点附近的功能曲线的形状进行计算，将高亮显示的关键点的切线设置为“自动”。
- （将切线设置为样条线）按钮：将高亮显示的关键点的切线设置为“样条线”，它具有控制柄，可以在编辑窗口中对其进行编辑。在编辑控制柄时按住“Shift”键可以中断连续性。
- （将切线设置为快速）按钮：将关键点的切线设置为“快速”。
- （将切线设置为慢速）按钮：将关键点的切线设置为“慢速”。
- （将切线设置为阶跃）按钮：将关键点的切线设置为“步长”。使用阶跃来冻结从一个关键点到另一个关键点的移动。
- （将切线设置为线性）按钮：将关键点的切线设置为“线性”。
- （将切线设置为平滑）按钮：将关键点的切线设置为“平滑”。用它来处理不能继续进行的移动。
- （显示切线切换）按钮：切换显示或隐藏切线。
- （断开切线）按钮：允许将两条切线（控制柄）连接到一个关键点，使其能够独立移动，以便不同的运动能够进出关键点。选择一个或多个带有统一切线的关键点，然后单击该按钮即可将切线断开。
- （统一切线）按钮：如果切线是统一的，则沿任意方向（请勿沿其长度方向，这将导致另一控制柄向相反的方向移动）移动控制柄，可以让控制柄之间保持最小角度。
- （锁定切线切换）按钮：锁定切线。
- （缩放选定对象）按钮：将当前选定对象放置在“层次”列表的顶部。
- （轨迹集编辑器）按钮：“轨迹集编辑器”窗口是一种无模式窗口，可以用来创建和编辑名为轨迹集的动画轨迹组。利用该功能可以同时使用多个轨迹，无须分别选择各轨迹即可对其进行重新调用。
- （过滤器 – 选定轨迹切换）按钮：激活此按钮后，编辑窗口仅显示选定轨迹。
- （过滤器 – 选定对象切换）按钮：激活此按钮后，编辑窗口仅显示选定对象的轨迹。
- （过滤器 – 动画轨迹切换）按钮：激活此按钮后，编辑窗口仅显示带有动画的轨迹。
- （过滤器 – 活动层切换）按钮：激活此按钮后，编辑窗口仅显示活动层的轨迹。
- （过滤器 – 可设置关键点轨迹切换）按钮：激活此按钮后，编辑窗口仅显示可设置关键点的轨迹。

- （过滤器 – 可见对象切换）按钮：激活此按钮后，编辑窗口仅显示包含可见对象的轨迹。
- （过滤器 – 解除锁定属性切换）按钮：激活此按钮后，编辑窗口仅显示未锁定其属性的轨迹。
- （显示选定关键点统计信息）按钮：在编辑窗口中显示当前选定关键点表示的统计信息。
- （使用缓冲区曲线）按钮：切换是否在移动曲线/切线时创建原始曲线的缓冲区（重影）图像。
- （显示/隐藏缓冲区曲线）按钮：切换显示或隐藏缓冲区（重影）曲线。
- （与缓冲区交换曲线）按钮：交换曲线与缓冲区（重影）曲线的位置。
- （快照）按钮：将缓冲区（重影）曲线重置到曲线的当前位置。
- （还原为缓冲区曲线）按钮：将曲线重置到缓冲区（重影）曲线的位置。
- （平移）按钮：可以在与当前视口平面平行的方向移动视口。
- （框显水平范围选定关键点）按钮：水平缩放编辑窗口，以显示所有选定关键点。
- （框显值范围选定关键点）按钮：垂直缩放编辑窗口，以显示选定关键点的完整高度。
- （框显水平范围和值范围）按钮：水平和垂直缩放编辑窗口，以显示选定关键点的全部范围。
- （缩放）按钮：在编辑窗口中，可以使用鼠标水平（缩放时间）、垂直（缩放值）或同时在两个方向（缩放）缩放视口。
- （缩放区域）按钮：在编辑窗口中框选一个区域并缩放该区域使其充满编辑窗口。除非单击鼠标右键或单击另一个按钮，否则该按钮将一直处于激活状态。
- （隔离曲线）按钮：默认情况下，编辑窗口中会显示所有选定对象的所有动画轨迹曲线。可以使用“隔离曲线”按钮暂时仅显示具有一个或多个选定关键点的曲线。多条曲线显示在编辑窗口中时，使用此按钮可以临时对其进行简化。

3. 轨迹视图的菜单栏

轨迹视图的菜单栏介绍如下。

（1）编辑器：使用轨迹视口时可在“曲线编辑器”和“摄影表”之间进行切换。

（2）编辑：提供用于调整动画和使用控制器的工具。

（3）视图：在“摄影表”和“曲线编辑器”模式下均显示，但并不是所有命令在这两个模式下都可用。其控件用于调整和自定义轨迹视口中项目的显示方式。

（4）曲线：在“曲线编辑器”和“摄影表”模式下都可以使用“曲线”菜单，但在“摄影表”模式下，该菜单中的所有命令并非都可用。使用此菜单中的命令可加快曲线调整。

（5）关键点：通过该菜单中的命令可以添加动画关键点，然后将其对齐到时间滑块并使用软选择变换关键点。

（6）时间：使用该菜单中的命令可以编辑、调整或反转时间。只有在“摄影表”模式下才能使用“时间”菜单。

（7）切线：只有在“曲线编辑器”模式下“切线”菜单才可用。此菜单中的命令用于管理动画的关键帧切线。

（8）显示：包含用于显示项目及在层级清单中处理项目的控件。

8.3 “运动”命令面板

（运动）命令面板可以用于控制选择的对象的运动轨迹、指定动画控制器，还可以用于对单个关键点信息进行编辑，如编辑动画的基本参数（位移、旋转和缩放）、创建和添加关键帧及关键帧信息，以及控制对象运动轨迹的转化和塌陷等。

单击（运动）按钮，即可打开（运动）命令面板。（运动）命令面板由“参数”和“运动路径”两部分组成，如图8-14所示。下面就来进行详细介绍。

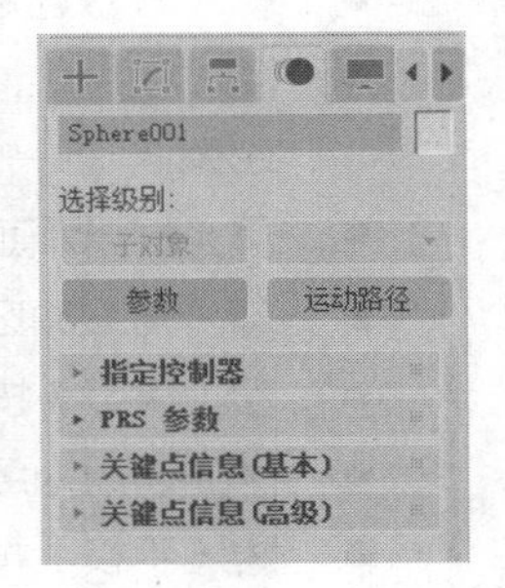

图8-14

8.3.1 参数

“指定控制器”卷展栏可以用于为选择的对象指定各种动画控制器，以完成不同类型的运动控制。

在它的列表框中可以观察到当前可以指定的动画控制器项目，一般由一个“变换”携带3个分支项目，即“位置”“旋转”“缩放”项目。每个项目可以提供多种不同的动画控制器。使用时要选择一个项目，这时左上角的（指定控制器）按钮变为可用状态，单击它弹出指定动画控制器的对话框，如图8-15所示。选择一个动画控制器，单击“确定”按钮，此时当前项目右侧会显示出新指定的动画控制器的名称。

在指定动画控制器后，“变换”下的“位置”“旋转”“缩放”3个项目会提供相应的控制面板，在有些项目上右击，在弹出的快捷菜单中选择“属性”命令，可以打开其控制面板。

1. “PRS参数”卷展栏

“PRS参数”卷展栏（见图8-16）主要用于创建和删除关键点。

- “创建关键点”选项组/“删除关键点”选项组：在当前帧处创建或删除一个移动、旋转或缩放关键点。其中的按钮是否处于可用状态取决于当前帧处的关键点类型。
- 位置/旋转/缩放：分别用于打开对应的控制面板，由于动画控制器不同，各自打开的控制面板也不同。

2. “关键点信息（基本）”卷展栏

“关键点信息（基本）”卷展栏（见图8-17）用于改变动画值、时间和所选关键点的中间插值方式。

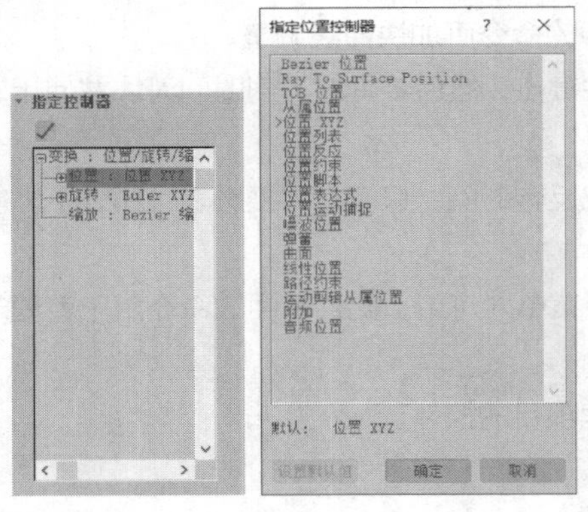

图8-15

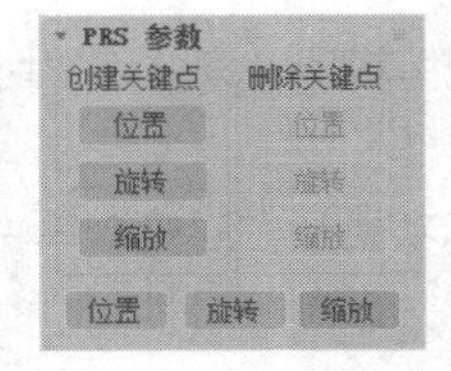

图8-16

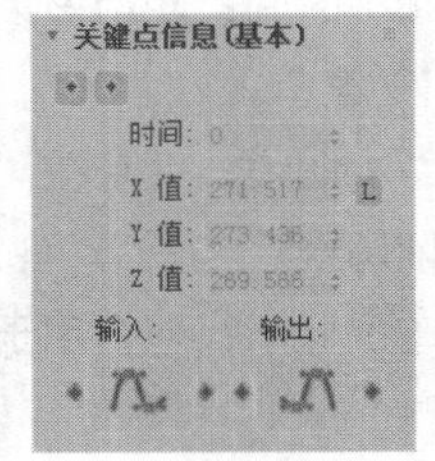

图8-17

- ⏮⏭：到前一个或下一个关键点。
- 时间：显示关键点所处的帧号，右侧的L（锁定）按钮可以防止编辑窗口中的关键点在水平方向上移动。
- X/Y/Z 值：调整选定对象在当前关键点处的位置。
- 输入/输出：通过切线上的两个按钮进行选择，“输入”用于确定入点切线的形态，“输出”用于确定出点切线的形态。左向箭头表示将当前插补形式复制到关键点左侧，右向箭头表示将当前插补形式复制到关键点右侧。

提 示

可以设置关键点切线的运动效果，如缓入缓出、速度均匀等。

3. “关键点信息（高级）”卷展栏

“关键点信息（高级）”卷展栏中的参数如图 8-18 所示。

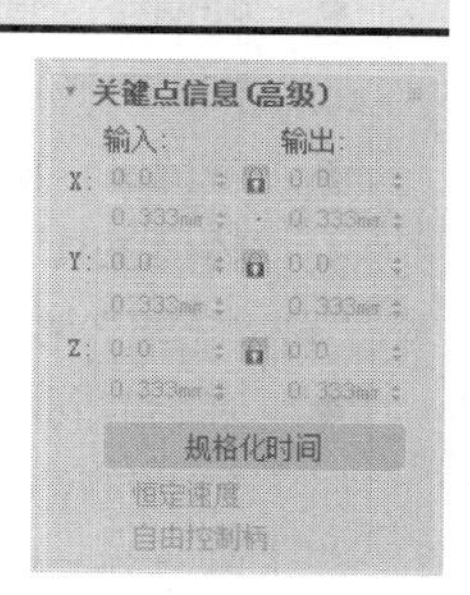

图 8-18

- 输入/输出：“输入”是参数接近关键点时的速度，“输出”是参数离开关键点时的速度。
- 🔒：单击该按钮后，更改一个自定义切线会同时更改另一个自定义切线，但是量相反。
- 规格化时间：平均时间中的关键点位置，并将它们应用于选定关键点的任何连续块。在需要反复为对象加速、减速并希望平滑运动时使用。
- 自由控制柄：用于自动更新切线控制柄的长度。取消勾选该复选框时，切线控制柄的长度与其相邻关键点的距离为固定的百分比，在移动关键点时，控制柄会进行调整，以保持与相邻关键点的距离为相同百分比。

8.3.2 运动路径

“运动路径”部分用于控制显示对象随时间变化而移动的路径。

1. “可见性”卷展栏

“可见性”卷展栏（见图 8-19）的介绍如下。

图 8-19

- 始终显示运动路径：勾选该复选框，视口中将显示运动路径。

2. “关键点控制”卷展栏

“关键点控制”卷展栏（见图 8-20）的介绍如下。

图 8-20

- 删除关键点：从运动路径中删除选定关键点。
- 添加关键点：将关键点添加到运动路径。这是无模式工具。单击该按钮后，可以通过一次或连续多次单击视口中的运动路径来添加任意数量的关键点。再次单击该按钮即可退出“添加关键点”模式。
- 切线：设置用于调整 Bezier 切线（通过关键点更改运动路径的形状）的模式。要调整切线，先选择变换方式（例如“移动”或“旋转”），然后拖动控制柄即可。

3. “显示”卷展栏

“显示”卷展栏（见图 8-21）的介绍如下。

- 显示关键点时间：在视口中每个关键点的旁边显示特定帧编号。
- 路径着色：设置运动路径的着色方式。
- 显示所有控制柄：显示所有关键点（包括未选定的关键点）的切线控制柄。
- 绘制帧标记：绘制白色标记以在特定帧处显示运动路径的位置。
- 绘制渐变标记：绘制渐变色标记以在特定帧处显示运动路径的位置。
- 绘制关键点：在选定的运动路径上绘制关键点。
- 绘制帧标记：绘制白色标记以在未选定的运动路径上的特定帧处显示运动路径的位置。
- 绘制关键点：在未选定的运动路径上绘制关键点。
- 修剪路径：勾选该复选框时，显示修剪运动路径。
- 帧偏移：通过仅显示当前帧之前和之后的指定数量的帧来修剪运动路径。例如，在“偏移”数值框中输入 100，则仅显示时间滑块当前位置的前 100 帧和后 100 帧的部分。
- 帧范围：设置要显示的帧范围。

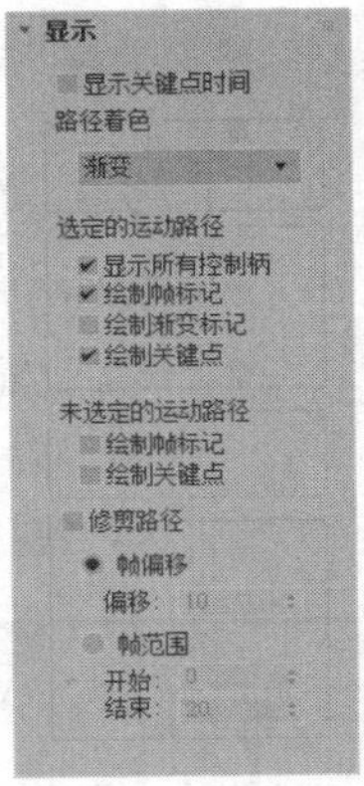

图 8-21

4. “转换工具”卷展栏

“转换工具”卷展栏（见图 8-22）的介绍如下。

- 开始时间/结束时间：为转换指定间隔。如果将位置关键帧轨迹转换为样条线对象，这就是运动路径采样的时间间隔；如果将样条线对象转换为位置关键帧轨迹，这就是新关键点的间隔。
- 采样：设置转换采样的数目。当向任意方向转换时，按照指定时间间隔对源进行采样，并且在目标对象上创建关键点或者控制点。
- 转化为/转化自：将位置关键帧轨迹转换为样条线对象，或将样条线对象转换为位置关键帧轨迹。这使用户可以为对象创建样条线运动路径，然后将样条线转换为对象的位置关键帧轨迹，以便执行各种特定的操作（例如应用恒定速度到关键点并规格化时间）；或者可以将对象的位置关键帧轨迹转换为样条线对象。
- 塌陷：塌陷选定对象的变换。
- 位置/旋转/缩放：指定想要塌陷的变换。

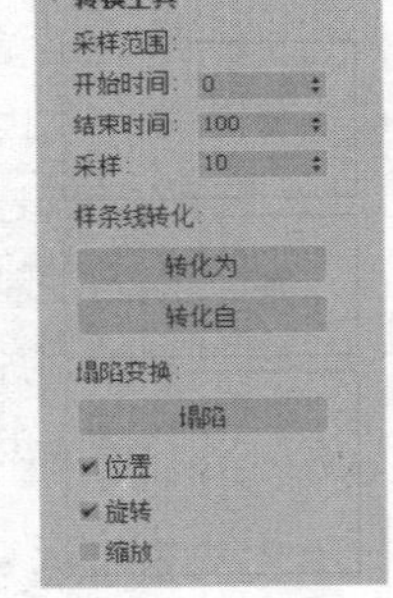

图 8-22

8.4 动画约束

动画约束将当前对象与其他目标对象进行绑定，从而可以使用目标对象控制当前对象的位置、角度或大小。动画约束至少需要一个目标对象；在使用多个目标对象时，可通过设置每个目标对象的权重来控制其对当前对象的影响程度。

可以在（运动）命令面板的“指定控制器”卷展栏中单击（指定控制器）按钮为参数添加动画约束；也可以选择菜单栏中的“动画 > 约束”命令，从弹出的子菜单中选择相应的动画约束，如图 8-23 所示。

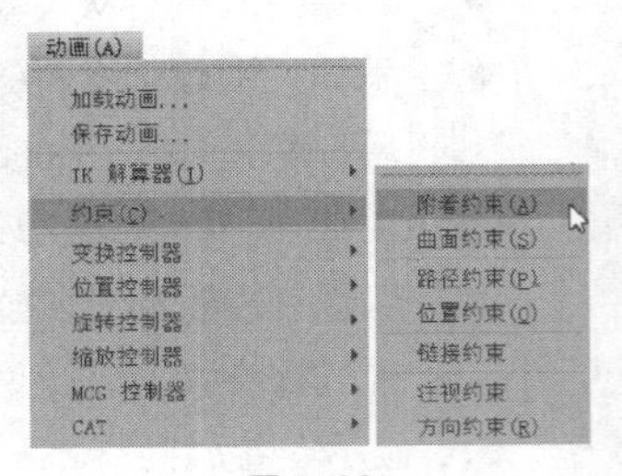

图 8-23

8.4.1 课堂案例——制作水面上的皮艇动画

学习目标：学会使用“附着约束”命令。

知识要点：打开水面场景，并将皮艇导入场景中，使用“附着约束”命令将皮艇附着约束在水面上，分镜头效果如图 8-24 所示。

原始场景所在位置：云盘/场景/Ch08/水面.max、皮艇.max。

效果所在位置：云盘/场景/Ch08/水面上的皮艇 o.max。

贴图所在位置：云盘/贴图。

（1）打开原始场景文件“水面.max”，如图 8-25 所示，渲染效果如图 8-26 所示。

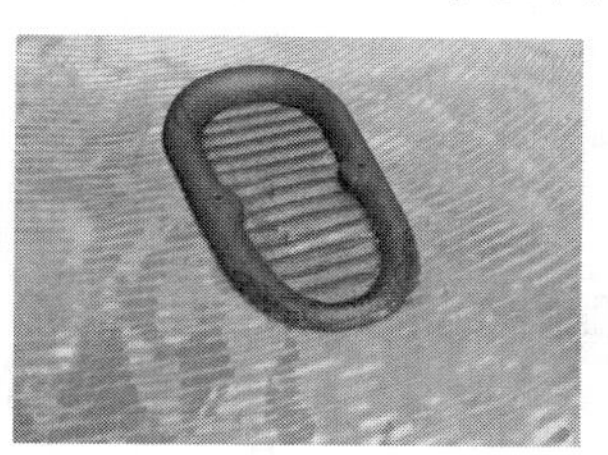

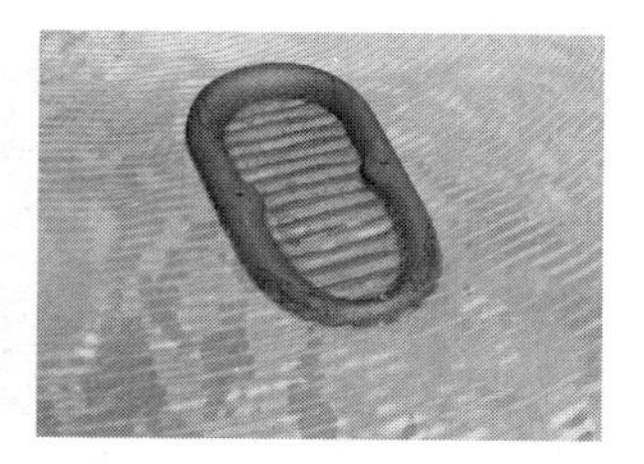

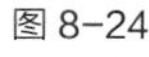

图 8-24

微课视频

制作水面上的皮艇动画

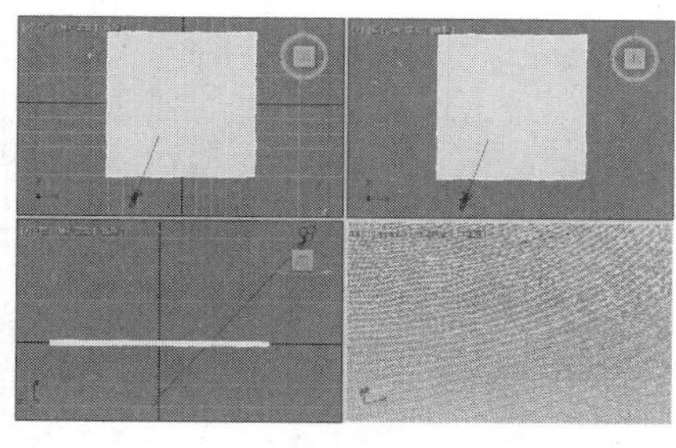

图 8-25

图 8-26

（2）在菜单栏中选择“文件 > 导入 > 合并”命令，在弹出的对话框中选择需要合并的“皮艇.max”场景文件，单击“打开”按钮，如图 8-27 所示。

（3）在弹出的对话框中选择皮艇场景，单击“确定”按钮，如图 8-28 所示。

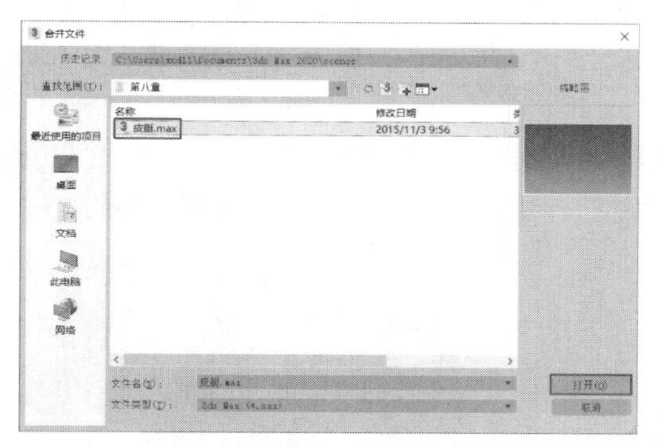

图 8-27

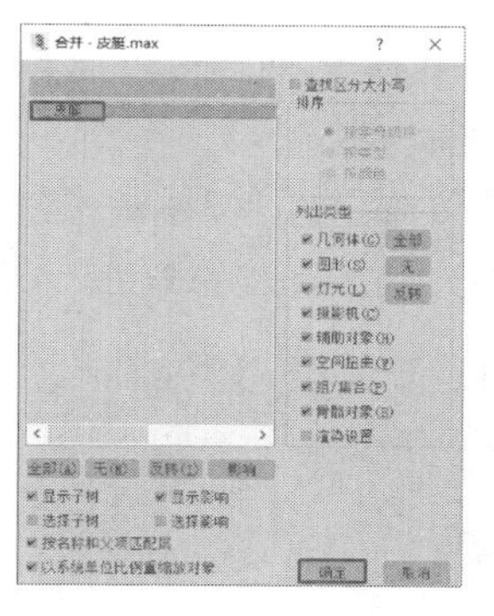

图 8-28

（4）合并皮艇模型后，视口如图 8-29 所示。在场景中调整模型至合适的位置和大小，效果如图 8-30 所示。

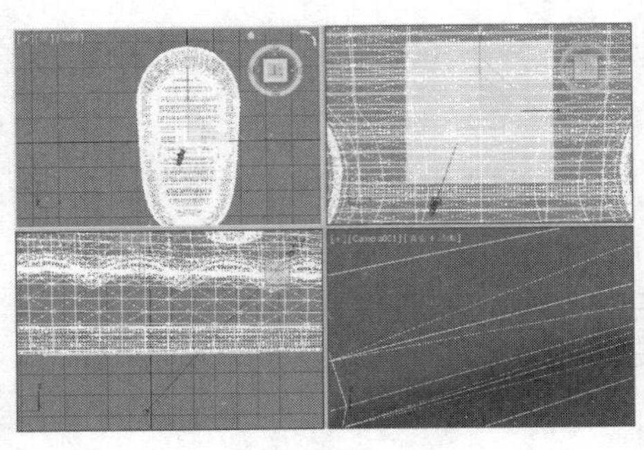

图 8-29

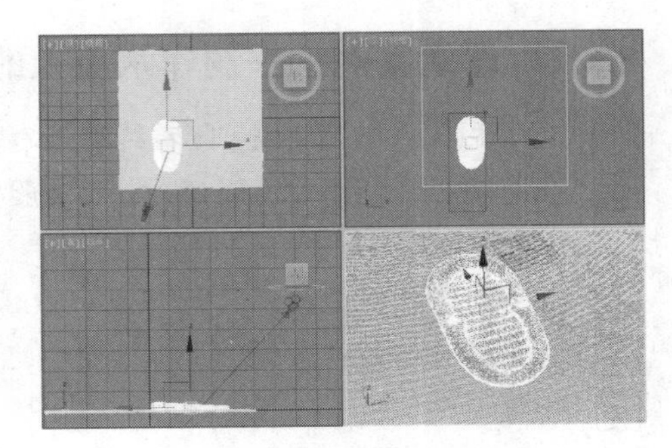

图 8-30

（5）在场景中选择皮艇模型，在菜单栏中选择“动画 > 约束 > 附着约束”命令，可以看到皮艇上出现了一条虚线，单击水平面即可绑定皮艇模型到水面，在“附着参数”卷展栏中单击“设置位置”按钮，如图 8-31 所示。

（6）在场景中，如果皮艇沉入大海，则可以调整其参数。不能调整其位置，可以调整其角度，还可以为其设置参数动画，如图 8-32 所示。设置“张力”为 1.0、“连续性”为 30.0、“偏移”为 23.3、“缓入”为 0.5、“缓出”为 0.5，如图 8-33 所示。

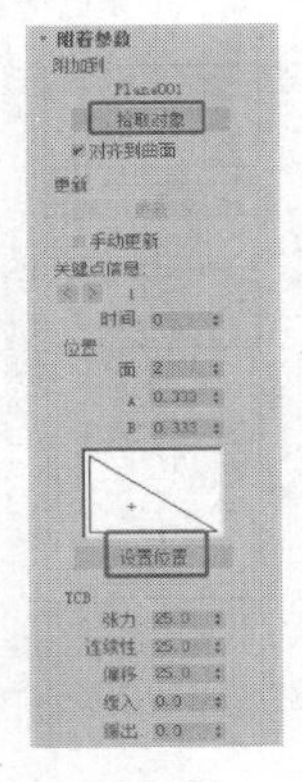

图 8-31

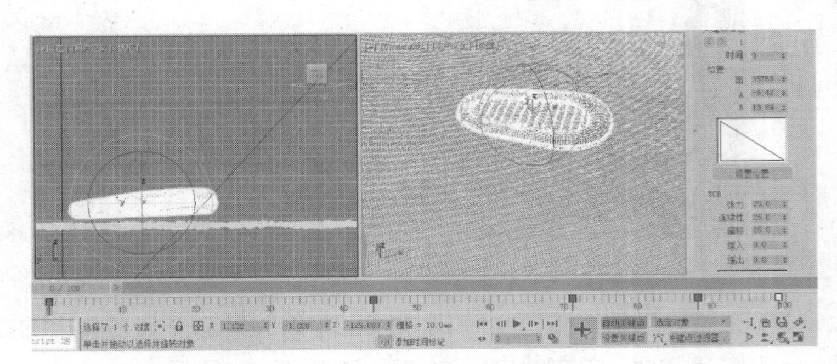

图 8-32

（7）单击（渲染设置）按钮，打开“渲染设置”窗口，在其中设置渲染尺寸。在“渲染输出”选项组中单击“文件”按钮，在弹出的对话框中选择一个存储路径，设置“保存类型”为 AVI 文件，单击“保存”按钮。

（8）在弹出的“保存类型设置”对话框中使用默认参数，单击“确定”按钮。单击“渲染”按钮渲染场景动画，渲染完成后即可观看动画效果，如图 8-34 所示。完成水面上皮艇动画的制作。

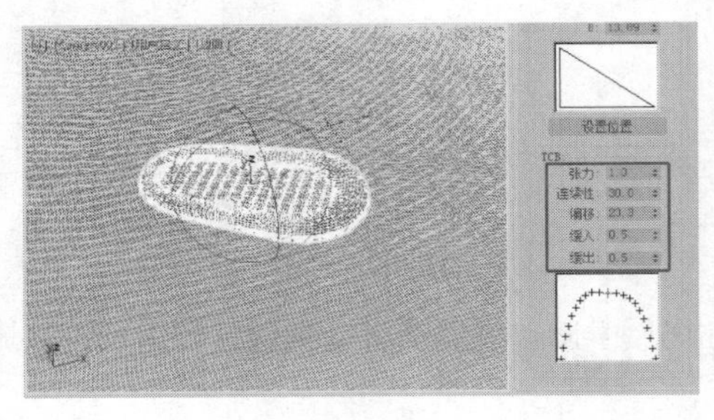

图 8-33

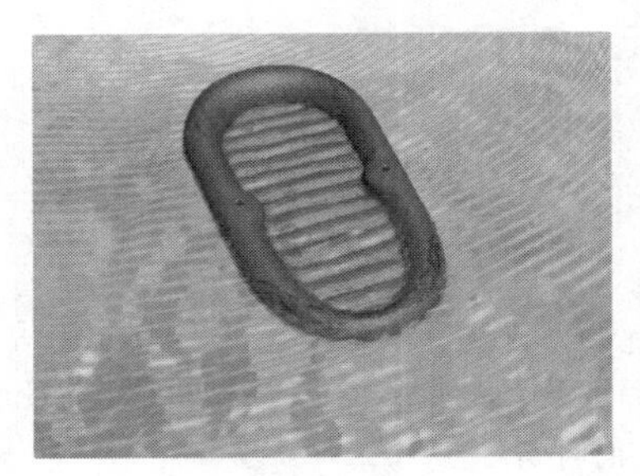

图 8-34

8.4.2 附着约束

附着约束是一种位置约束，它将一个对象的位置附着到另一个对象（目标对象不必是网格，但必须能够转化为网格）的面上。随着时间设置不同的附着关键点，可以在另一对象的不规则曲面上设置该对象位置的动画，即使这一曲面是随着时间而改变的。

在“指定控制器”卷展栏中选择“位置”，单击 （指定控制器）按钮，在弹出的对话框中选择“附加”，单击“确定”按钮，如图 8-35 所示。指定约束后，显示出“附着参数”卷展栏。

“附着参数”卷展栏（见图 8-36）的介绍如下。

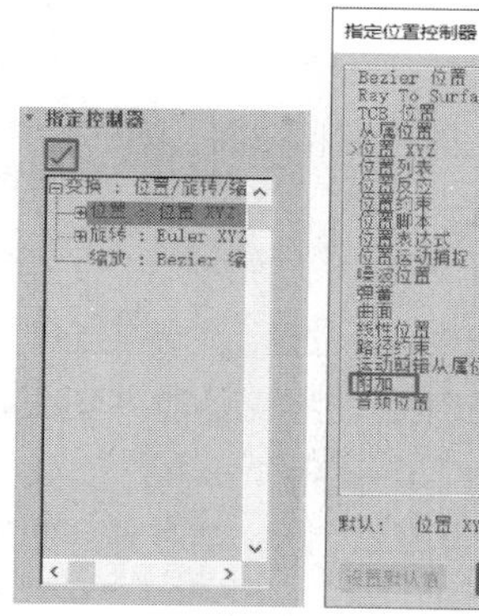

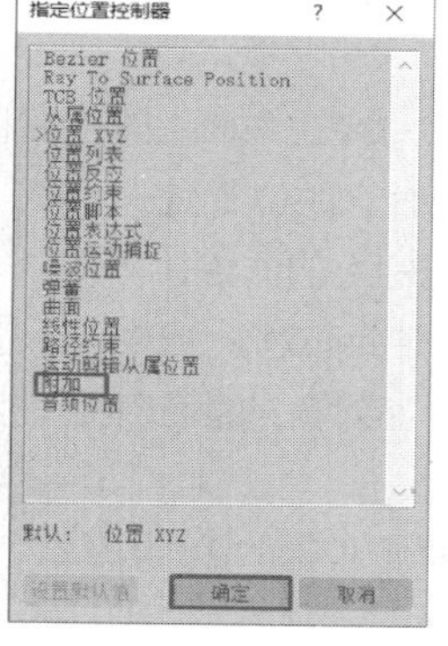

图 8-35

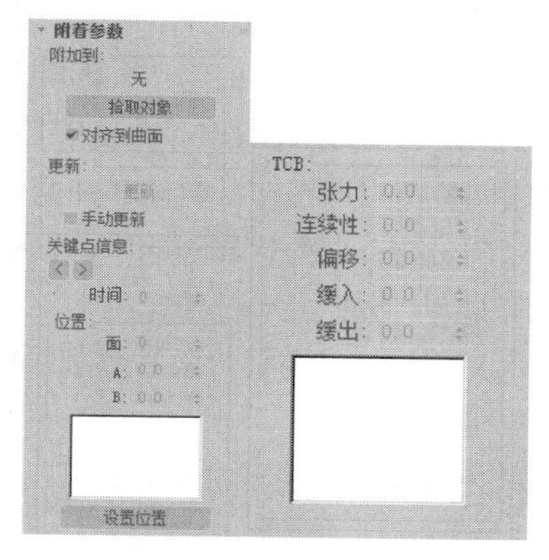

图 8-36

“附加到”选项组：用于设置附着对象。

- 拾取对象：在视口中为附着对象选择并拾取目标（被附着）对象。
- 对齐到曲面：将附着对象的方向固定在其所指定的面上。取消勾选该复选框后，附着对象的方向不受目标对象上面的方向影响。
- 更新：单击该按钮可更新显示。
- 手动更新：手动进行更新。
- 时间：显示当前帧，并可以将当前关键点移动到不同的帧中。
- 面：提供对象所附着到的面的索引。
- A/B：含有定义面上附着对象的位置的中心坐标。
- 设置位置：在目标对象上调整附着对象的位置，并拖动以指定面和面上的位置。附着对象会在目标对象上相应移动。

“TCB”选项组：该选项组中的所有参数与 TCB 控制器中的相同。附着对象的方向也受这些设置的影响并按照这些设置进行插值。

- 张力：控制动画曲线的曲率。
- 连续性：控制关键点处曲线的切线属性。
- 偏移：控制动画曲线偏离关键点的方向。
- 缓入：放慢动画曲线接近关键点时的速度。
- 缓出：放慢动画曲线离开关键点时的速度。

8.4.3 曲面约束

曲面约束能在对象的表面上定位另一对象。作为曲面的对象的类型是有限制的，即它们的表面必须能用参数表示。

在（运动）命令面板中的“指定控制器”卷展栏中选择“位置”，单击（指定控制器）按钮，在弹出的对话框中选择“曲面”，单击“确定”按钮。指定约束后，显示出“曲面控制器参数”卷展栏，如图 8-37 所示。

曲面控制器参数
当前曲面对象:
无
拾取曲面
曲面选项:
U 向位置: 0.0
V 向位置: 0.0
不对齐
对齐到 U
对齐到 V
翻转

图 8-37

“曲面控制器参数”卷展栏的介绍如下。

“当前曲面对象”选项组：提供用于选定曲面对象的方法。

- 拾取曲面：选择需要用作曲面的对象。

“曲面选项”选项组：提供了一些控件，用来调整对象在曲面上的位置和方向。

- U 向位置：调整控制对象在曲面对象 U 坐标轴上的位置。
- V 向位置：调整控制对象在曲面对象 V 坐标轴上的位置。
- 不对齐：选择此单选按钮后，不管控制对象在曲面对象上的什么位置，它都不会重定向。
- 对齐到 U：将控制对象的局部 z 轴对齐到曲面对象的曲面法线，将 x 轴对齐到曲面对象的 U 轴。
- 对齐到 V：将控制对象的局部 z 轴对齐到曲面对象的曲面法线，将 x 轴对齐到曲面对象的 V 轴。
- 翻转：翻转控制对象局部 z 轴的对齐方式。

8.4.4 路径约束

路径约束会对一个对象沿着样条线或在多个样条线间的平均位置上的移动进行限制，示例如图 8-38 所示。

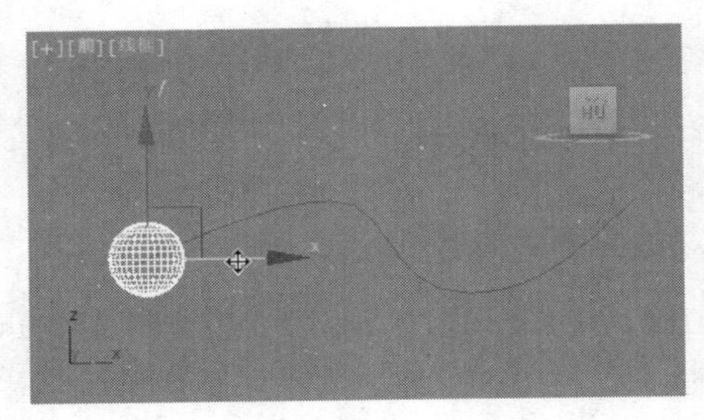

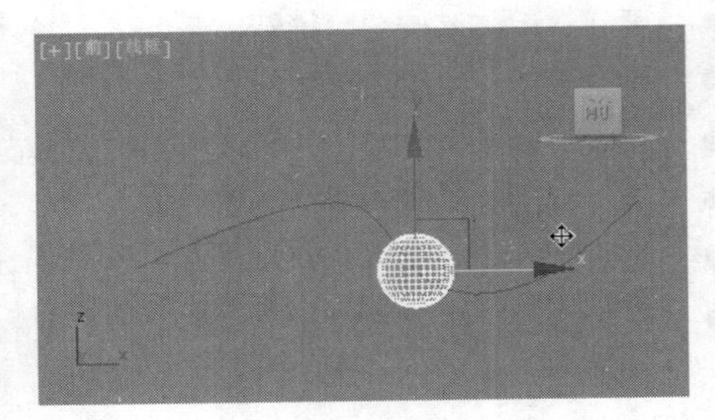

图 8-38

路径可以是任意类型的样条线。以路径的子层级设置关键点，如顶点或线段，虽然这会影响到受约束对象，但可以制作路径的动画。

几个目标对象可以影响受约束的对象。当使用多个目标对象时，每个目标对象都有一个权重值，该值定义它相对于其他目标对象影响受约束对象的程度。

在（运动）命令面板中的“指定控制器”卷展栏中选择“位置”，单击（指定控制器）按钮，在弹出的对话框中选择“路径约束”，单击“确定”按钮。指定约束后，显示出“路径参数”卷展栏，如图 8-39 所示。

"路径参数"卷展栏的介绍如下。

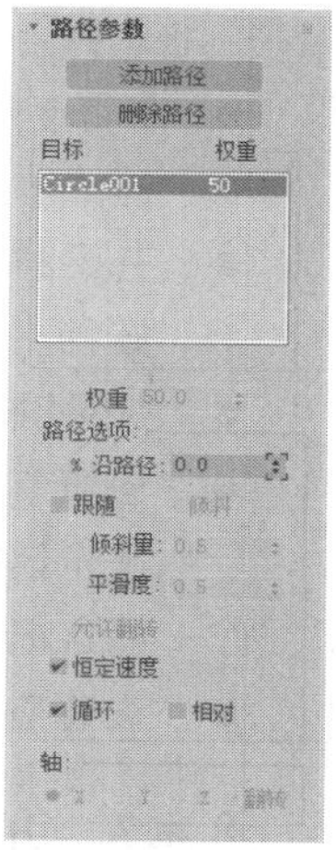

- 添加路径：单击该按钮，然后在场景中选择样条线（目标对象），使之对当前对象产生约束影响。
- 删除路径：从列表框中移除当前选择的样条线。
- 列表框：列出了所有被加入的样条线的名称。
- 权重：设置当前选择的样条线相对于其他样条线影响受约束对象的程度。
- %沿路径：用于设置受限对象在路径中的位置。整个路径被视为100%，路径始端被视为0%，路径末端被视为100%。该值超过100%，模型会返回始端继续沿路径运动；该值为负值时表示模型在逆向运动。为该值设置动画，可让受限对象在规定时间内沿路径进行运动。
- 跟随：使对象的某个局部坐标轴向与运动方向对齐，具体轴向可在下面的"轴"选项组中进行设置。

图 8-39

- 倾斜：当对象在样条线上移动时允许其进行倾斜。
- 倾斜量：用于设置倾斜从对象的哪一边开始，这取决于此值是正数还是负数。
- 平滑度：用于设置对象在经过转弯处时翻转速度改变的快慢程度。
- 允许翻转：取消勾选该复选框，可避免对象沿着垂直的路径移动时可能出现的翻转情况。
- 恒定速度：为对象提供一个恒定的沿路径运动的速度。
- 循环：勾选该复选框，当对象到达路径末端时会自动循环到始端。
- 相对：勾选该复选框，将保持对象的原始位置。

"轴"选项组：用于设置对象的哪个轴向与路径对齐。

- 翻转：勾选该复选框，将翻转当前轴的方向。

8.4.5 位置约束

位置约束用于将当前对象的位置限制到另一个对象的位置或多个对象的权重平均位置。

"位置约束"卷展栏（见图 8-40）的介绍如下。

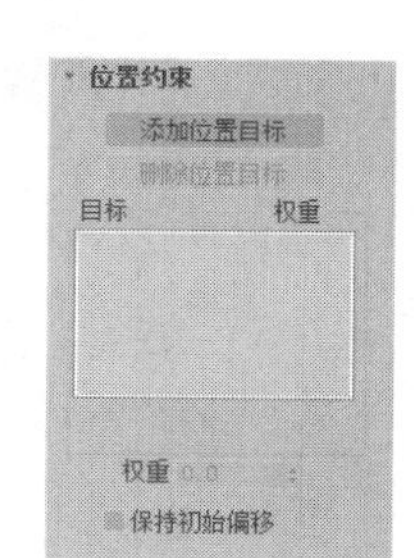

图 8-40

- 添加位置目标：添加影响受约束对象的新目标对象。
- 删除位置目标：移除目标对象。一旦将目标对象移除，它将不再影响受约束对象。
- 权重：为每个目标对象指定并设置动画。
- 保持初始偏移：勾选该复选框可保持受约束对象与目标对象之间的原始距离，这可避免将受约束对象捕捉到目标对象的轴上。默认取消勾选。

8.4.6 链接约束

链接约束可使当前对象继承目标对象的位置、角度和大小。使用链接约束可以制作用手拿起物体等动画。

"链接参数"卷展栏（见图 8-41）的介绍如下。

- 添加链接：单击该按钮，在场景中单击要加入"链接约束"的对象可使之成为目标对象，其名称会添加到下面的目标列表框中。

- 链接到世界：将对象链接到世界。
- 删除链接：移除列表框中当前选择的链接目标对象。
- 开始时间：用于设置当前选择的链接目标对象对施加对象产生影响的开始帧。
- 无关键点：选择该单选按钮，可在不插入关键点的情况下使用链接约束。
- 设置节点关键点：选择该单选按钮，将关键帧写入指定的选项。“子对象”表示仅在受约束对象上设置关键帧，“父对象”表示为受约束对象和其所有目标对象设置关键帧。
- 设置整个层次关键点：选择该单选按钮，将在整个链接层次上设置关键帧。

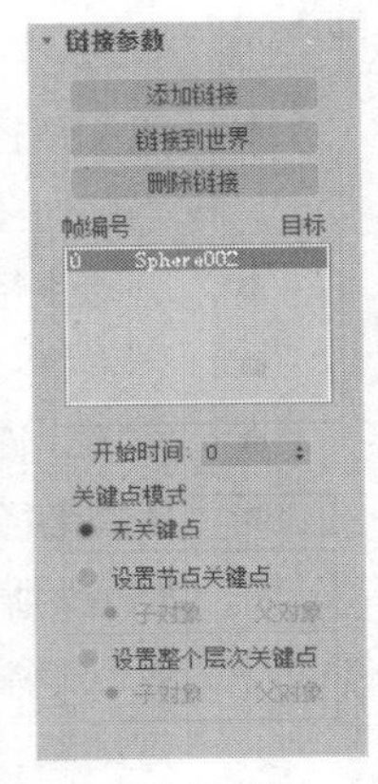

图 8-41

8.4.7 方向约束

方向约束会使某个对象朝向另一个对象的方向或若干对象的平均方向。

受约束的对象可以是任何可旋转对象，其将从目标对象处继承旋转。一旦约束后，便不能手动旋转该对象。只要约束对象的方式不影响对象的位置或缩放控制器，便可以移动或缩放该对象。

目标对象可以是任意类型的对象，其旋转会驱动受约束的对象。可以使用标准平移、旋转和缩放工具来设置目标对象的动画。

在 （运动）命令面板中的“指定控制器”卷展栏中选择“旋转”，然后指定“方向约束”，如图 8-42 所示，显示出当前约束参数。图 8-43 所示为“方向约束”卷展栏，其介绍如下。

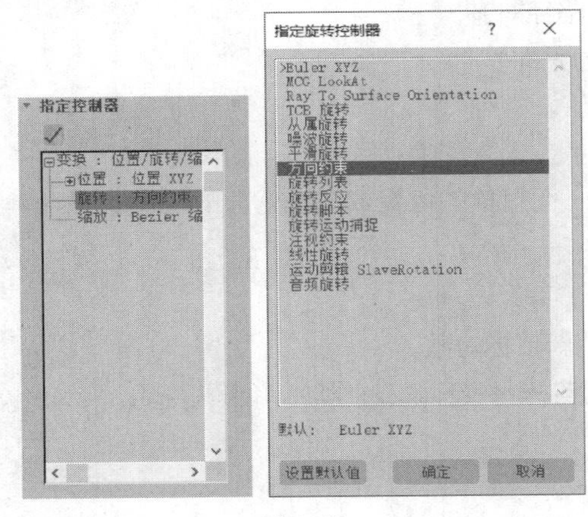

图 8-42

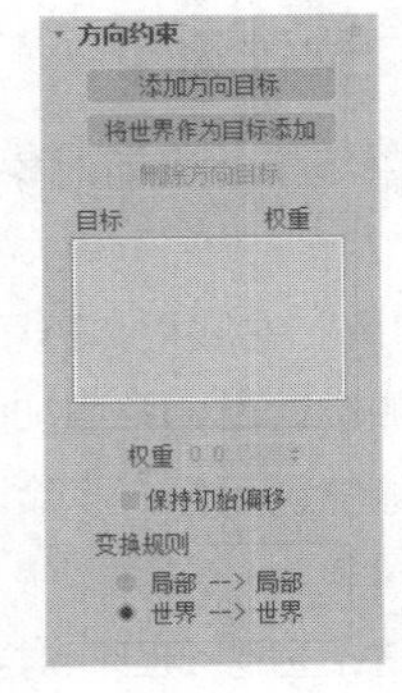

图 8-43

- 添加方向目标：添加影响受约束对象的新目标对象。
- 将世界作为目标添加：将受约束对象与世界坐标轴对齐。可以设置世界对象相对于任何其他目标对象对受约束对象的影响程度。
- 删除方向目标：移除目标对象。移除的目标对象将不再影响受约束对象。
- 权重：为每个目标对象指定并设置动画。
- 保持初始偏移：保留受约束对象的初始方向。取消勾选该复选框后，目标对象将调整其自身以匹配一个或多个目标对象的方向。默认取消勾选。

"变换规则"选项组：将方向约束应用于层次中的某个对象后，确定是将局部节点变换还是将父变换用于方向约束。

- 局部→局部：选择该单选按钮后，将局部节点变换用于方向约束。
- 世界→世界：选择该单选按钮后，将应用父变换或世界变换，而不是应用局部节点变换。

8.5 动画修改器的应用

3ds Max 2020 的"修改器列表"中有一些用于制作动画的修改器，如"路径变形""噪波""变形器"等，本节将对常用的动画修改器进行介绍。

8.5.1 "路径变形"修改器

"路径变形"修改器可以控制对象沿着路径变形。这是一个非常有用的动画工具，对象在指定的路径上不仅会沿路径移动，而且还会发生形变。此修改器常用于表现文字在空间滑行的动画效果。

"路径变形"修改器的"参数"卷展栏（见图 8-44）的介绍如下。

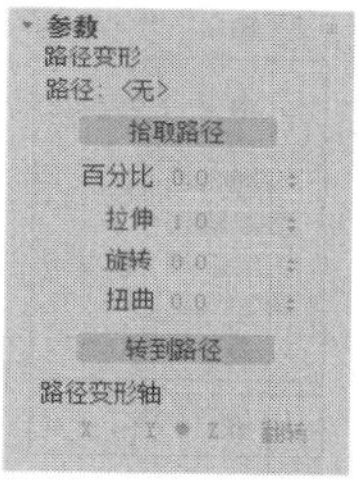

- 拾取路径：单击该按钮，在视口中选择作为路径的曲线，此时系统会复制一条关联曲线作为当前对象变形的 Gizmo 对象，对象原始位置保持不变，它与路径的相对位置通过"百分比"值来调节。如果想移动路径，可进入其子层级，调节 Gizmo 对象；如果要改变路径形态，直接编辑原始曲线即可。

图 8-44

- 百分比：用于调节对象在路径上的位置，可以将这个过程记录为动画。
- 拉伸：用于设置对象沿路径拉长自身的比例。
- 旋转：用于设置对象沿路径旋转的角度。
- 扭曲：用于设置对象沿路径扭曲的角度。

"路径变形轴"选项组：用于设置对象在路径上的放置轴向。

除了"路径变形"修改器，3ds Max 2020 还有一个"路径变形 WSM"修改器，它与"路径变形"修改器基本相同，只是它应用在整个空间范围内，使用更容易。常常使用它表现文字在轨迹上滑动变形或模拟植物缠绕茎盘向上生长的效果。

8.5.2 "噪波"修改器

"噪波"修改器可以将对象表面的顶点进行随机变动，使表面变得起伏、不规则。它常用于制作复杂的地形、地面，也常常被指定给对象，使对象产生不规则的造型，如石块、云团、皱纸等。它自带动画噪波设置，可以产生连续的噪波动画。

8.5.3 "变形器"修改器

变形是一种特殊的动画表现形式，可以将一个对象在三维空间中变形为另一个形态不同的对象。3ds Max 2020 中的"变形器"修改器可以实现不同形态模型之间的变形动画，但要求各形体拥有相同的顶点数目。下面就来介绍“变形器”修改器的各项参数。

1. “通道颜色图例”卷展栏

“通道颜色图例”卷展栏如图 8-45 所示。“通道颜色图例”卷展栏中没有实际的操作，只有一系列通道颜色的说明。下面对不同的通道颜色代表的含义进行解释。

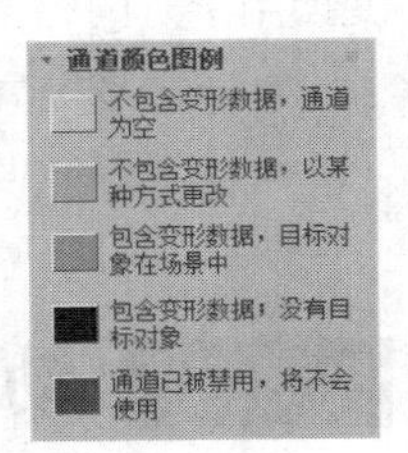

图 8-45

- 灰色：表示当前通道未被使用，无法进行编辑。
- 橙色：表示通道已经被改变，但没有包含变形数据。
- 绿色：表示通道是激活的，包含变形数据而且目标对象存在于场景中。
- 蓝色：表示通道包含变形数据，但场景中的目标对象已经被删除。
- 深灰色：表示通道失效。

2. “全局参数”卷展栏

“全局参数”卷展栏如图 8-46 所示。

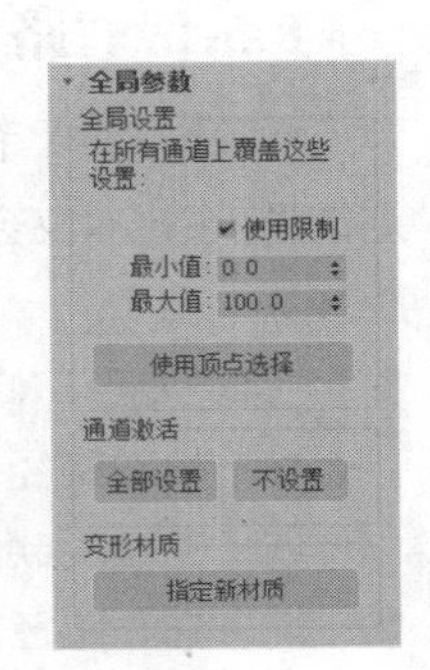

图 8-46

- 使用限制：勾选该复选框时，所有通道使用下面的最小值和最大值限制。默认限制在 0～100。如果取消限制，变形效果可能超出极限。
- 最小值：用于设置最小的变形值。
- 最大值：用于设置最大的变形值。
- 使用顶点选择：激活此按钮，则只对在“变形器”修改器之下的修改器堆栈中选择的顶点进行变形。
- 全部设置：单击该按钮后，激活全部通道，可以控制对象的变形程度。
- 不设置：单击该按钮后，关闭全部通道，不能控制对象的变形程度。
- 指定新材质：单击该按钮后，为变形对象指定特殊的“Morpher”变形材质。这种材质是专门配合“变形器”修改器使用的，材质设置面板中包含 100 个材质通道，分别对应于“变形器”修改器的 100 个变形通道，每个变形通道的数值变化对应于相应变形材质通道的材质，可以用“吸管”工具将材质吸到材质编辑器中进行编辑。

3. “通道列表”卷展栏

“通道列表”卷展栏如图 8-47 所示。

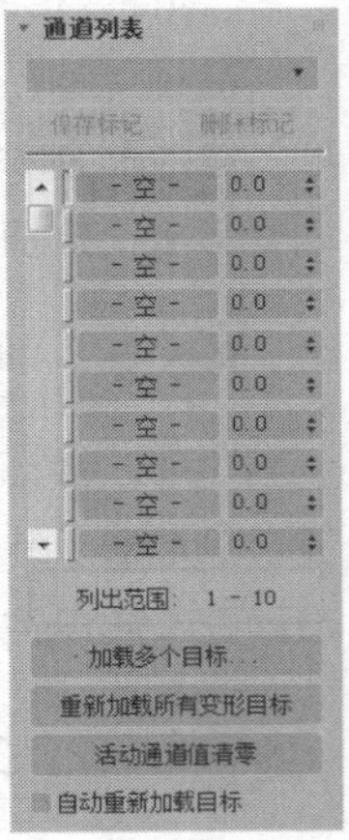

图 8-47

- 标记下拉列表：用于选择存储的标记。
- 保存标记：通过下方的垂直滑块选择变形通道的范围，在上方文本框中输入新标记名称，单击此按钮可保存标记。
- 删除标记：用于删除选择的标记。
- 通道列表：用于显示变形的所有通道，共计 100 个，可以通过左侧的垂直滑块进行选择。每个通道右侧都有一个数值可以调节，数值的范围可以自己设定，默认是 0～100。
- 列出范围：用于显示当前变形通道列表中可视通道的范围。
- 加载多个目标：打开一个对象名称选择框，可以一次选择多个目标对象并将其加入空白的变形通道中，它们会按照顺序依次排列。如果选择的目标对象超过了拥有的空白变形通道数目，将会给出提示。
- 重新加载所有变形目标：用于重新加载目标对象的信息到通道。

- 活动通道值清零：用于将当前激活的通道值还原为 0。如果激活“自动关键点”按钮，单击此按钮可以在当前位置记录关键点。首先，单击该按钮将通道值设置为 0，然后设置想要的变形值，这样可以有效地防止变形插值对模型造成破坏。
- 自动重新加载目标：勾选该复选框，动画的目标对象的信息会自动在变形通道中更新，不过会占用系统的资源。

4. “通道参数”卷展栏

“通道参数”卷展栏如图 8-48 所示。

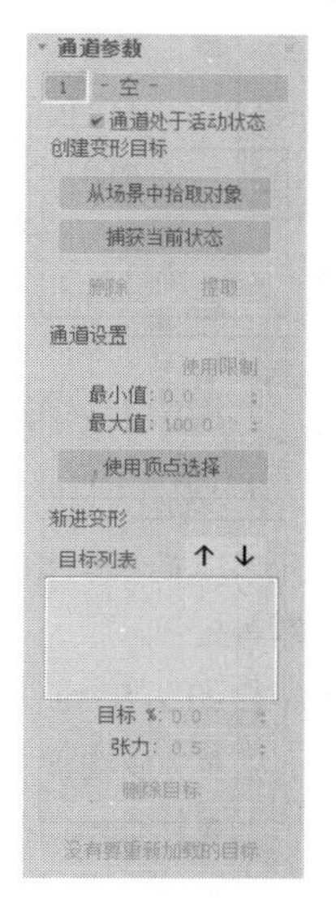

图 8-48

- 通道序列号：显示当前选择通道的名称和序列号。单击序号按钮会弹出一个菜单，用于组织和定位通道。
- 通道处于活动状态：用于控制选择通道的有效状态。如果取消勾选此复选框，通道会暂时失去作用，对它的数值进行调节依然有效，但不会在视口上显示和刷新。
- 从场景中拾取对象：单击该按钮，在视口中单击相应的对象，可将这个对象作为当前选择通道的变形目标对象。
- 捕获当前状态：选择一个“空”通道后，单击该按钮，将把当前模型的形态作为变形目标对象，系统会给出一个命名提示，为这个目标对象设定名称。指定后的通道总是以蓝色显示，因为这是没有真正几何体的变形目标对象，通过下面的“提取”按钮可以将这个目标对象提取出来，变成真正的几何模型实体。
- 删除：用于删除当前选择的通道的变形目标对象，使其变为空白通道。
- 提取：选择一个蓝色通道后单击此按钮，将依据变形数据创建一个对象。
  如果使用“捕获当前状态”按钮创建了一个变形目标对象，又希望能够对它进行编辑操作，这时可以先将它提取出来，再将其作为标准的变形目标对象指定给变形通道。这样即可对它进行编辑操作。

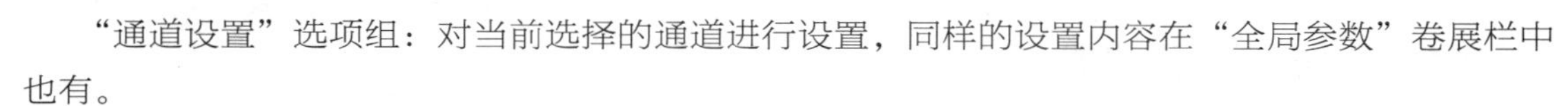

“通道设置”选项组：对当前选择的通道进行设置，同样的设置内容在“全局参数”卷展栏中也有。

- 使用限制：对当前选择的通道进行数值范围限制。只有在取消勾选“全局参数”卷展栏中的“使用限制”复选框时才起作用。
- 最小值：用于设置最小的变形值。
- 最大值：用于设置最大的变形值。
- 使用顶点选择：在当前通道中只对选择的顶点进行变形。
- 目标列表：显示当前通道中所有与目标模型关联的中间过渡模型。如果要为选择的通道添加中间过渡模型，可以直接单击“从场景中拾取对象”按钮，然后在视口中选取中间过渡模型。
- ↑（上升）按钮/↓（下降）按钮：用于改变列表中的中间过渡模型控制变形的先后顺序。
- 目标％：指定当前选择的中间过渡模型对整个变形的影响百分比。
- 张力：控制中间过渡模型变形间的插补方式。值为 1 时，创建比较放松的变化，导致整个变形效果松散；值为 0 时，在目标模型之间创建线性的插补变化，比较生硬。一般使用默认的 0.5 可以达到比较好的过渡效果。

- 删除目标：从目标列表中删除当前选择的中间过渡模型。

5. “高级参数”卷展栏

“高级参数”卷展栏如图 8-49 所示。

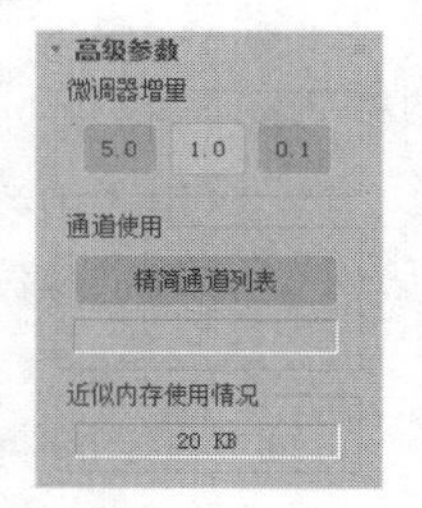

图 8-49

“微调器增量”选项组：通过下面 3 个按钮设置用鼠标调节变形通道右侧微调器时变化的数值精度。默认为 1.0，有 100 个数值可调；如果设置为 0.1，变形效果将更加细腻；如果设置为 5.0，变形效果会比较粗糙。

- 精简通道列表：单击该按钮，通道列表会自动重新排列，主要是向后调整空白通道，把全部有效通道按原来的顺序排列在最前面。如果两个有效通道之间有空白通道，会将其挪至所有的有效通道后。这样，列表的前部都是有效的变形通道。
- “近似内存使用情况”选项组：用于显示当前变形修改使用的存储空间的大小。

8.5.4 “融化”修改器

“融化”修改器常用来模拟变形、塌陷的效果，如融化的冰激凌。这个修改器几乎支持任何类型的对象，包括面片对象和 NURBS 对象，边界的下垂、面积的扩散等控制项目，可分别表现塑料、果冻等不同类型物质的融化效果。其“参数”卷展栏如图 8-50 所示。

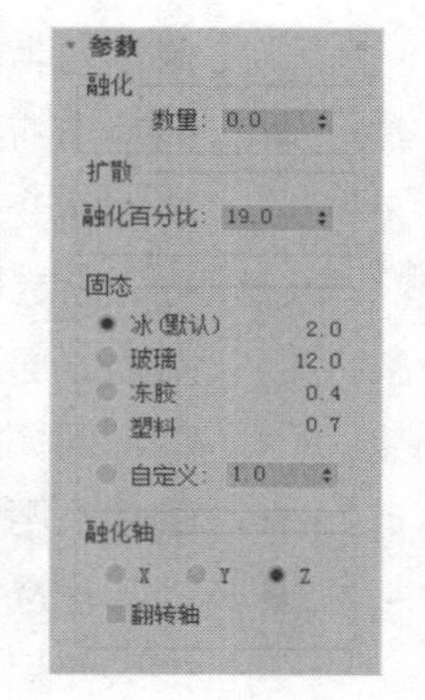

图 8-50

- 数量：指定 Gizmo 影响对象的程度，可以输入 0 ~ 1000 的值。
- 融化百分比：指定在“数量”值增加时对象融化蔓延的范围。
- “固态”选项组：用于设置融化对象中心的相对高度。可以选择预设的数值，也可自定义这个高度。
- “融化轴”选项组：设置融化作用的轴向。这个轴是作为 Gizmo 线框的轴，而非选择对象的轴。
- 翻转轴：用于改变作用轴的方向。

8.5.5 “柔体”修改器

“柔体”修改器使用对象顶点之间的虚拟弹力线模拟软体动力学。由于顶点之间建立的是虚拟的弹力线，所以可以通过设置弹力线的柔韧程度来调节顶点之间距离的远近。

“柔体”修改器对不同类型模型的表面的影响不同，具体介绍如下。

- 网格对象：“柔体”修改器影响对象表面的所有顶点。
- 面片对象：“柔体”修改器影响对象表面的所有控制点和控制柄，切线控制柄不会被锁定，可以受修改器影响自由移动。
- NURBS 对象：“柔体”修改器影响 CV 控制点和 Point 点。
- 二维图形：“柔体”修改器影响所有的顶点和切线控制柄。
- FFD 空间扭曲：“柔体”修改器影响 FFD 晶格的所有控制点。

下面分别介绍“柔体”修改器的各卷展栏。

1. “参数”卷展栏

“参数”卷展栏（见图 8-51）的介绍如下。

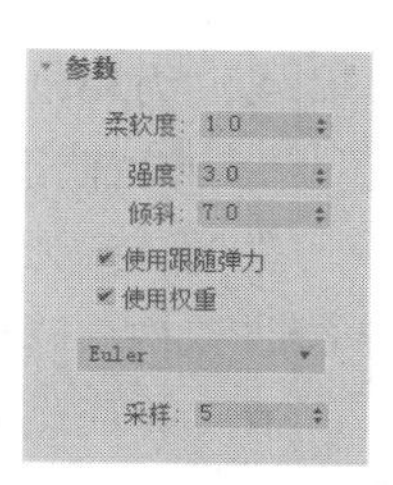

图 8-51

- 柔软度：用于设置对象被拉伸和弯曲的程度。在软体动画的制作过程中，软变形的程度还会受到运动剧烈程度和顶点权重值的影响。
- 强度：用于设置对象的反向弹力的强度。反向弹力是强制让对象返回初始形态的力，当对象受力产生弹性变形时，其自身可以产生一种相反的克制力，与外界的力相反，使对象返回初始形态。默认值为 3.0，取值范围为 0 ~ 100，当值为 100 时表现为完全刚性。
- 倾斜：用于设置对象摆动回到静止位置的时间。值越小对象返回静止位置需要的时间越长，表现出的效果是摆动比较缓慢，取值范围为 0 ~ 100，默认值为 7.0。
- 使用跟随弹力：勾选该复选框时“反向弹力”有效。
- 使用权重：勾选该复选框时，给对象顶点指定不同的权重进行计算，会产生不同的弯曲效果；取消勾选该复选框时，对象各部分受到一致的权重影响。
- 模拟求解下拉列表：从下拉列表中选择一种模拟求解类型，也可以换成另外两种更精确的求解方式，这两种高级求解方式往往还需要设定更高的“强度”“刚度”，但产生的结果更稳定、精确。
- 采样：用于控制模拟的精度，“采样”值越大，模拟越精确和稳定，所耗费的计算时间也越多。

2. “简单软体”卷展栏

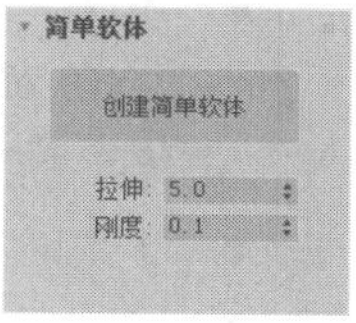

“简单软体”卷展栏（见图 8-52）的介绍如下。

- 创建简单软体：根据“拉伸”“刚度”为对象进行弹力设置。在单击该按钮后，调节“拉伸”“刚度”的值时可以不必再单击这个按钮。
- 拉伸：用于设置对象的边界可以拉伸的程度。
- 刚度：用于指定当前对象的硬度。

图 8-52

3. “权重和绘制”卷展栏

“权重和绘制”卷展栏（见图 8-53）的介绍如下。

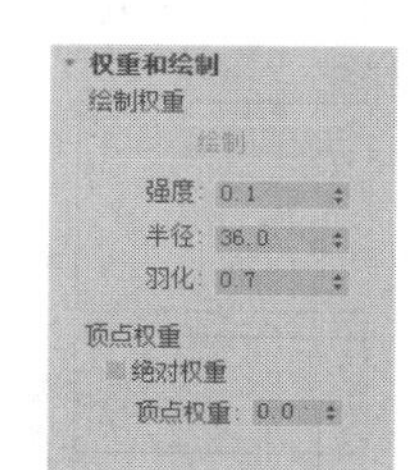

图 8-53

（1）“绘制权重”选项组

- 绘制：使用球形的笔刷在对象的顶点上绘制以设置顶点的权重。
- 强度：用于设置绘制时每次单击改变的权重大小。值越大，权重改变得越快。值为 0 时不改变权重，值为负时减小权重。取值范围是−1 ~ 1，默认值为 0.1。
- 半径：用于设置笔刷的大小，即影响范围，在视口中可以看到球形的笔刷。取值范围是 0.001 ~ 99999，默认值为 36.0。

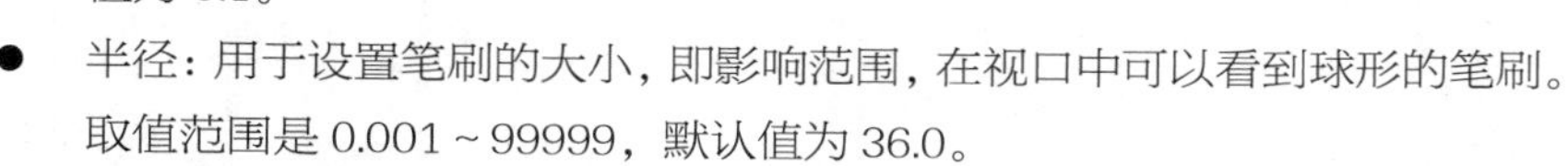

- 羽化：用于设置笔刷从中心到边界的强度衰减，取值范围是 0.001 ~ 1，默认值为 0.7。

（2）“顶点权重”选项组

- 绝对权重：勾选该复选框时，为绝对权重，可直接在“顶点权重”右侧的数值框中输入数值以设置权重。
- 顶点权重：用于设置选择的顶点的权重大小，如果没有勾选“绝对权重”复选框，此处不会保留当前顶点真实的权重数值，每次调节完成后都会自动归零。

4. “力和导向器”卷展栏

“力和导向器”卷展栏（见图8-54）的介绍如下。

“力”选项组：可为当前的“柔体”修改器增加空间扭曲，支持的空间扭曲包括贴图置换、拉力、重力、马达、粒子爆炸、推力、漩涡和风。

- 添加：单击该按钮后，在视口中可以单击空间扭曲对象，将它引入当前的“柔体”修改器中。
- 移除：从列表中删除当前选择的空间扭曲对象，解除它对柔体对象的影响。

“导向器”选项组：用通道导向板阻挡柔体对象和改变柔体对象运动的方向，限制柔体对象在一定空间内进行运动。

图8-54

5. “高级参数”卷展栏

“高级参数”卷展栏（见图8-55）的介绍如下。

- 参考帧：用于设置“柔体”修改器开始进行模拟的起始帧。
- 结束帧：用于设置“柔体”修改器模拟的结束帧，对象会在此帧结束的返回初始形态。
- 影响所有点：影响整个对象，没有任何子对象被忽略。
- 设置参考：用于更新视口。
- 重置：用于恢复顶点的权重为默认值。

6. “高级弹力线”卷展栏

“高级弹力线”卷展栏（见图8-56）的介绍如下。

- 启用高级弹力线：勾选该复选框，下面的数值设置才有效。
- 添加弹力线：在“权重和弹力线”子层级中，在当前选择的顶点上增加更多的弹力线。
- 选项：用于设置要添加的弹力线的类型。单击该按钮后，弹出“弹力线选项”对话框，里面提供了5种弹力线类型，如图8-57所示。

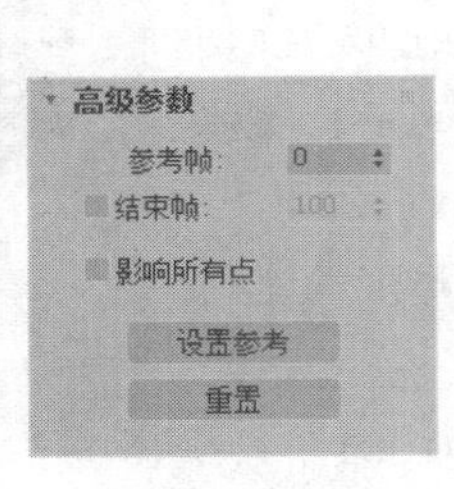

图8-55

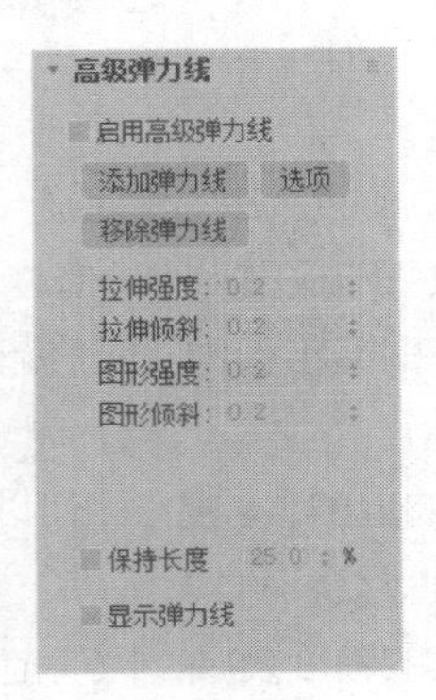

图8-56

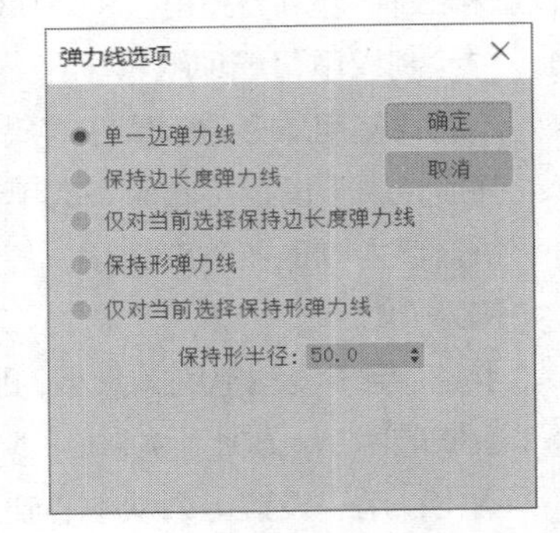

图8-57

- 移除弹力线：用于在“权重和弹力线”子层级中删除选择的顶点的全部弹力线。
- 拉伸强度：用于设置边界弹力线的强度。值越大，产生变化的距离越小。
- 拉伸倾斜：用于设置边界弹力线的摆动幅度。值越大，产生变化的角度越小。
- 图形强度：用于设置形态弹力线的强度。值越大，产生变化的距离越小。
- 图形倾斜：用于设置形态弹力线的摆动幅度。值越大，产生变化的角度越小。

- 保持长度：用于在指定的百分比内保持边界弹力线的长度。
- 显示弹力线：在视口中以蓝色的线显示出边界弹力线，以红色的线显示出形态弹力线。此功能只有在“柔体”修改器的子层级下才能在视口上显示效果。

课堂练习——制作掉落的枫叶动画

知识要点：设置一个环境，创建平面作为枫叶，并创建样条线作为枫叶的运动路径，制作出枫叶掉落的效果，参考效果如图 8–58 所示。

效果所在位置：云盘/场景/Ch08/掉落的枫叶 o.max。

图 8–58

微课视频

制作掉落的枫叶动画

课后习题——制作摇晃的木马动画

知识要点：使用简单的关键帧动画制作摇晃的木马动画。通过设置旋转的轴心、旋转动画来制作木马摇晃的效果，参考效果如图 8–59 所示。

效果所在位置：云盘/场景/Ch08/摇晃的木马 o.max。

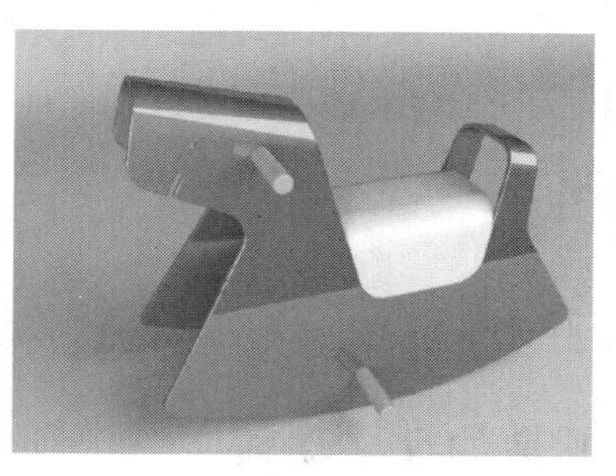

图 8–59

微课视频

制作摇晃的木马动画

第9章 粒子系统

使用 3ds Max 2020 可以制作各种类型的场景特效，如下雨、下雪、礼花等。要实现这些特殊效果，粒子系统的应用是必不可少的。本章将对 3ds Max 2020 中各种类型的粒子系统进行详细讲解，读者可以通过实际的操作来加深对 3ds Max 2020 中粒子系统的认识和了解。

学习目标

- 了解粒子系统的使用和修改方法。

技能目标

- 掌握被风吹散的文字动画的制作方法。
- 掌握星球爆炸效果的制作方法。

素养目标

- 培养学生积极实践的学习习惯。

9.1 粒子系统基础

使用粒子制作动画可以展现出对象灵动的魅力，下面通过一个案例来具体展示。

微课视频

制作被风吹散的文字动画

课堂案例——制作被风吹散的文字动画

学习目标：学会使用“粒子流源”和“风动力”粒子系统。

知识要点：使用“粒子流源”和“风动力”粒子系统制作被风吹散的文字动画，分镜头效果如图 9-1 所示。

效果所在位置：云盘/场景/Ch09/吹散的文字 o.max。

贴图所在位置：云盘/贴图。

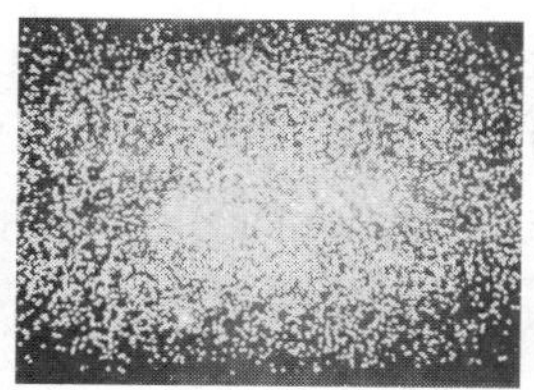

图 9-1

（1）单击“+（创建）> （图形）> 样条线 > 文本”按钮，在“前”视口中单击创建文本，在“参数”卷展栏中选择合适的字体，在“文本”文本框中输入“星光灿烂”，如图 9-2 所示。

（2）切换到（修改）命令面板，在“修改器列表”中选择“挤出”修改器，在“参数”卷展栏中设置“数量”为 30.0mm，如图 9-3 所示。

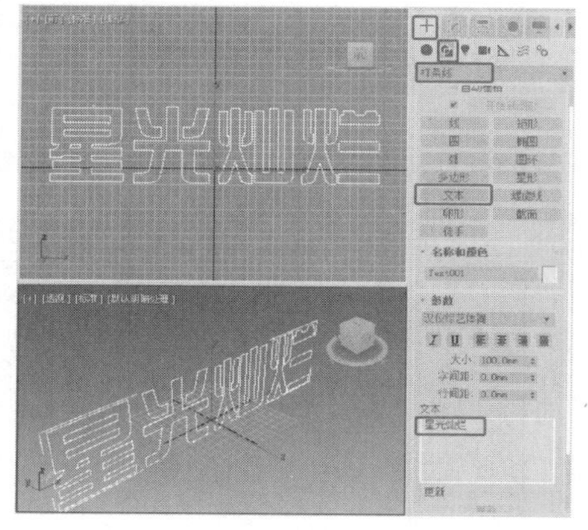

图 9-2

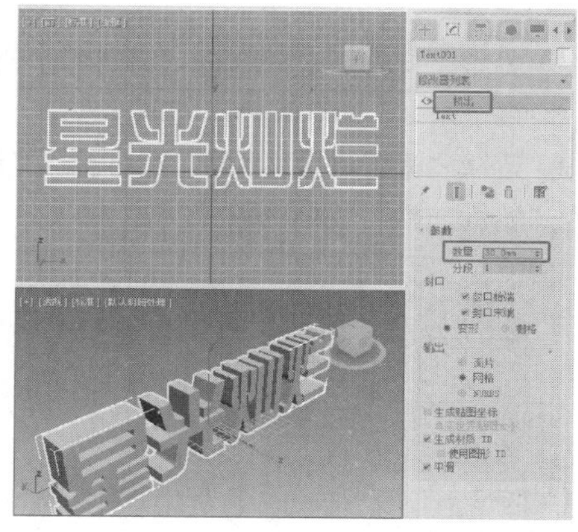

图 9-3

（3）单击“+（创建）> （几何体）> 粒子系统 > 粒子流源”按钮，在“前”视口中拖动鼠标创建粒子流源图标，如图 9-4 所示。

（4）在“设置”卷展栏中单击“粒子视图”按钮，弹出“粒子视图”窗口，在视口中选择“粒子流源”的“出生 001”事件，在右侧的“出生 001”卷展栏中设置“发射开始”和“发射停止”均为 0，设置“数量”为 20000（添加），如图 9-5 所示。

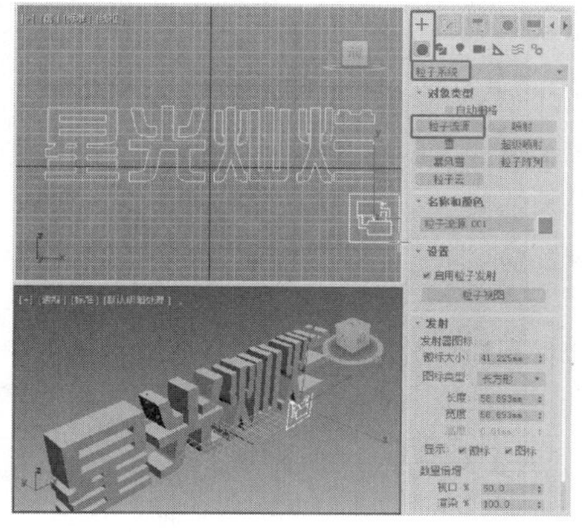

图 9-4

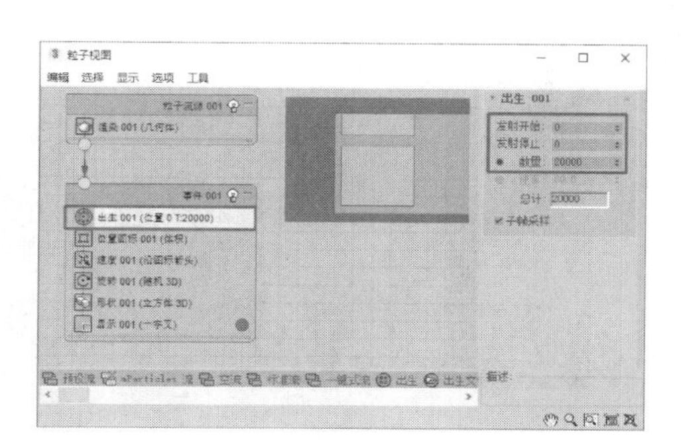

图 9-5

（5）在事件仓库中拖曳“位置对象”事件到“位置图标 001”事件上，如图 9-6 所示，将其替换。

（6）选择“位置对象 001”事件，在右侧的“位置对象 001”卷展栏中单击“发射器对象”选项组中的“添加”按钮，在场景中拾取文本模型，如图 9-7 所示。

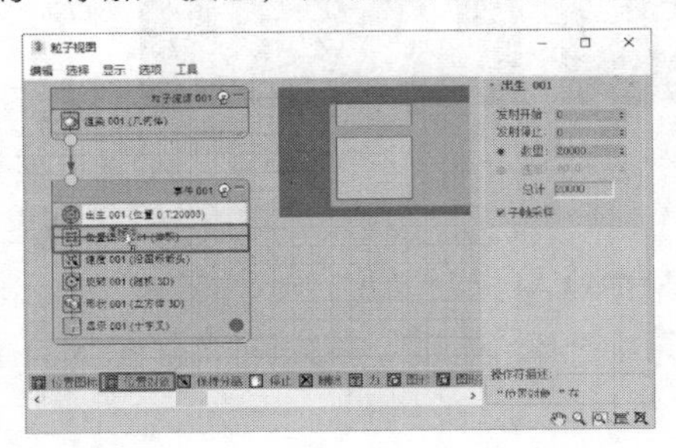

图 9-6

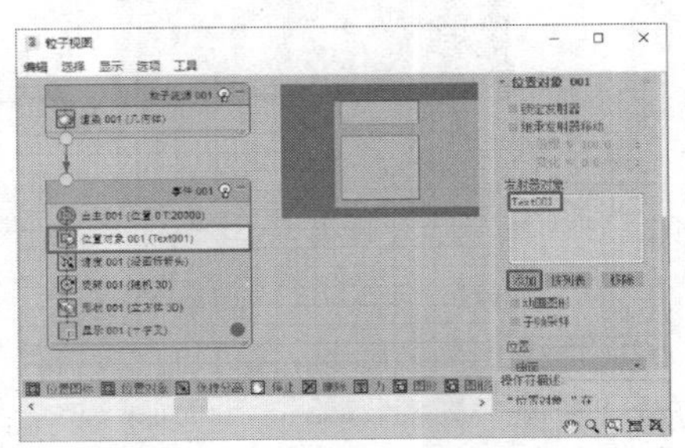

图 9-7

（7）选择“形状 001”事件，在右侧的“形状 001”卷展栏中选择“3D”单选按钮，选择“立方体”，设置“大小”为 3.0mm，如图 9-8 所示。

（8）选择“速度 001”事件，在右侧的“速度 001”卷展栏设置“速度”和“变化”，设置“方向”为“随机 3D”，如图 9-9 所示。

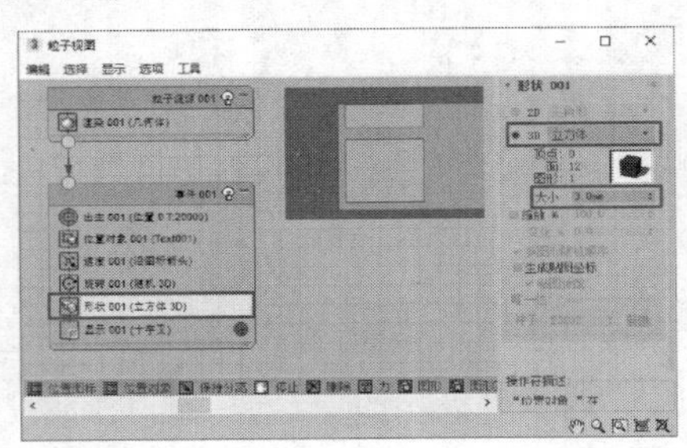

图 9-8

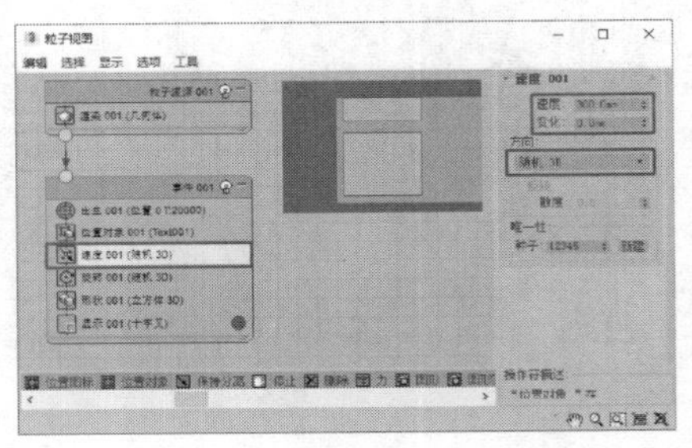

图 9-9

（9）渲染场景，得到图 9-10 所示的效果。

（10）在事件仓库中拖曳“力”事件到“事件 001”中，如图 9-11 所示。

图 9-10

（11）单击“+（创建）>（空间扭曲）> 力 > 风”按钮，在场景中创建风图标，在“参数”卷展栏中选择“球形”单选按钮，如图 9-12 所示。

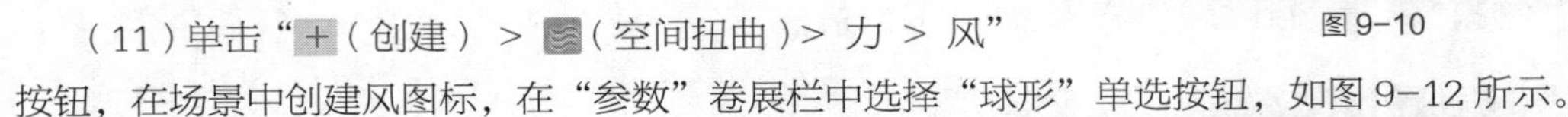

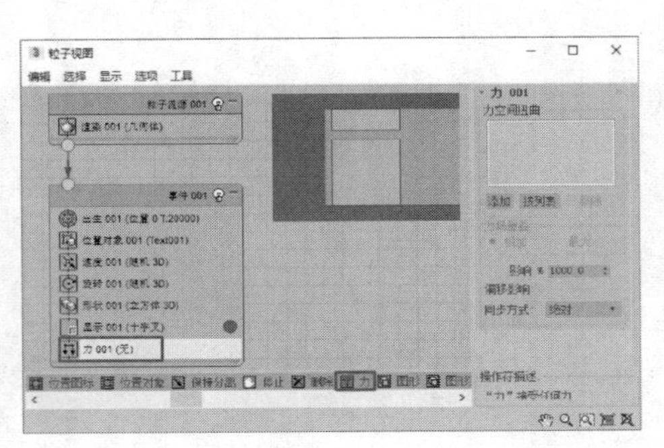

图 9-11

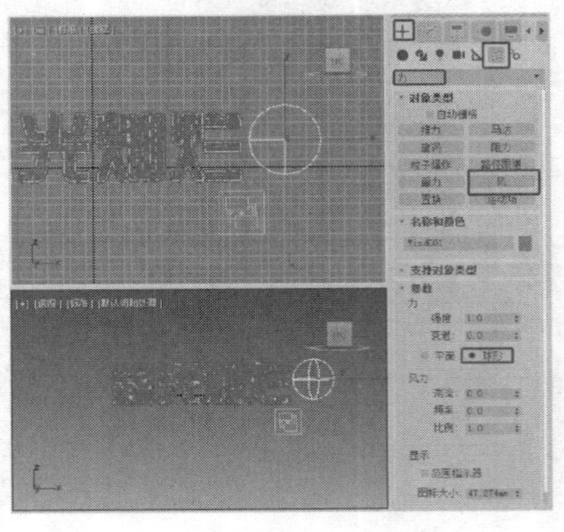

图 9-12

（12）打开“粒子视图”窗口，从中选择“力 001”事件，在右侧的“力 001”卷展栏中单击“添加”按钮，在场景中选择风空间扭曲，将其添加到列表框中，如图 9-13 所示。

（13）在场景中调整风空间扭曲图形的位置，效果如图 9-14 所示。

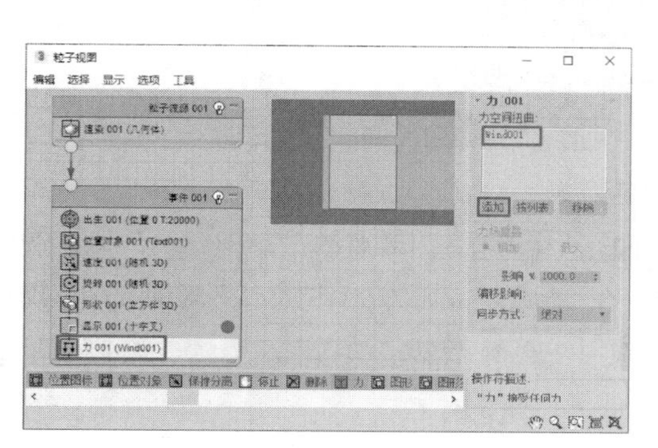

图 9-13

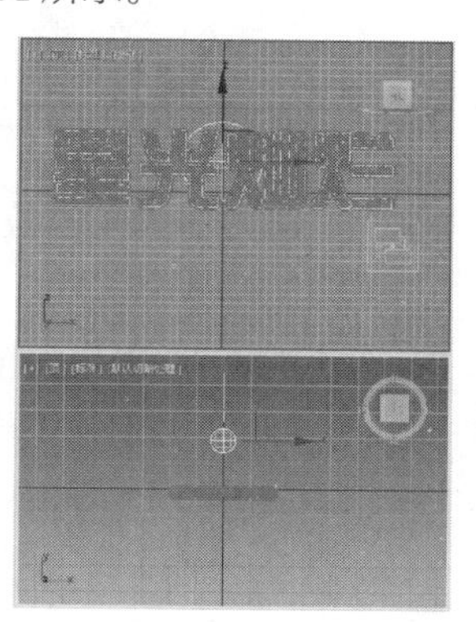

图 9-14

（14）激活“自动关键点”按钮，确定时间滑块处于第 0 帧，在场景中选择风空间扭曲，在“参数”卷展栏中设置“强度”“衰退”“湍流”“频率”“比例”均为 0.0，如图 9-15 所示。

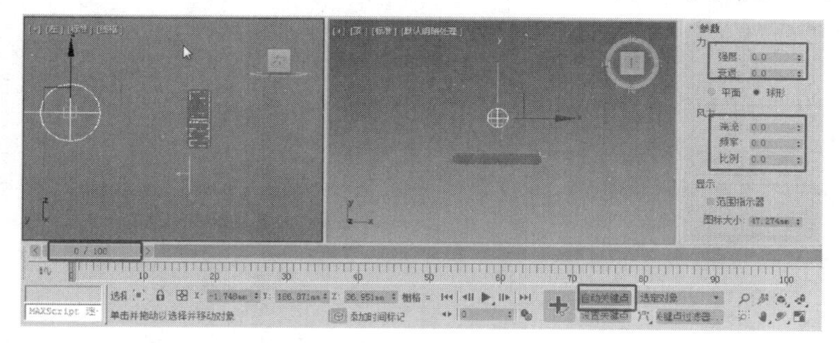

图 9-15

（15）拖动时间滑块到第 30 帧处，在“参数”卷展栏中设置“强度”“衰退”“湍流”“频率”“比例”均为 0.0，如图 9-16 所示。

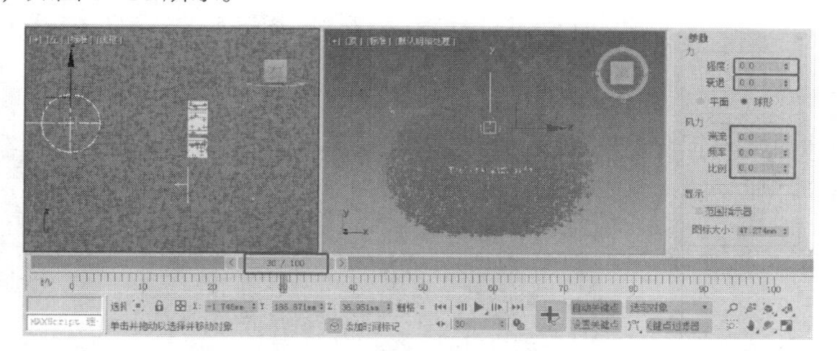

图 9-16

（16）拖动时间滑块到第 31 帧处，在“参数”卷展栏中设置“强度”为 1.0、“衰退”为 0.0、“湍流”为 1.74、“频率”为 0.7、“比例”为 2.14，如图 9-17 所示。

（17）打开“材质编辑器”窗口，选择一个新的材质球，设置“环境光”和“漫反射”的颜色为白色，设置“自发光”的“颜色”为 100，如图 9-18 所示。

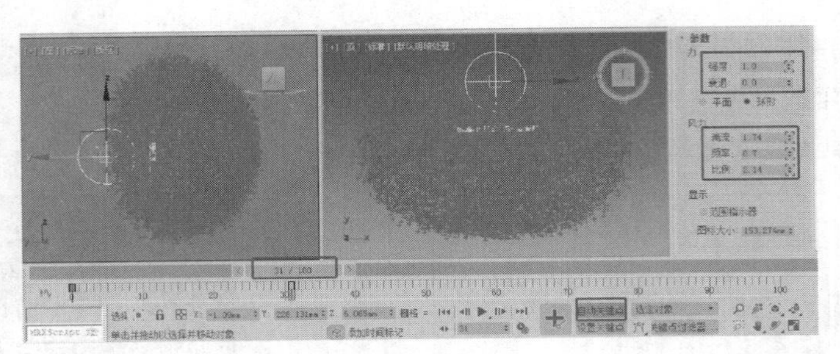
图 9-17

（18）打开“粒子视图”窗口，在事件仓库中拖动“材质静态”事件到“事件 001”中。选择该事件，在“材质静态 001”卷展栏中单击灰色按钮，在弹出的“材质/贴图浏览器”对话框中选择“示例窗”，从中选择设置的材质，返回“粒子视图”窗口，如图 9-19 所示。

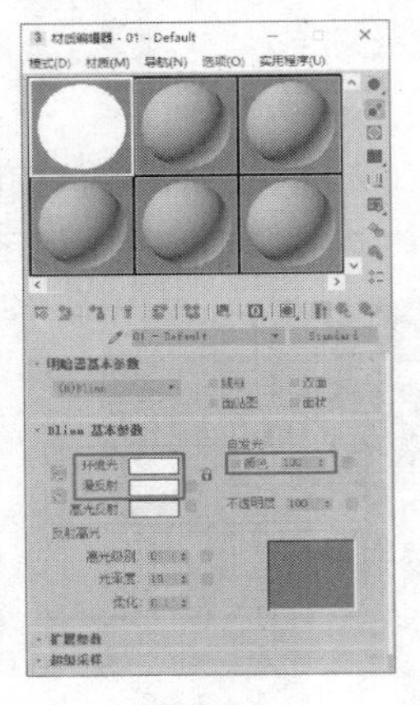
图 9-18

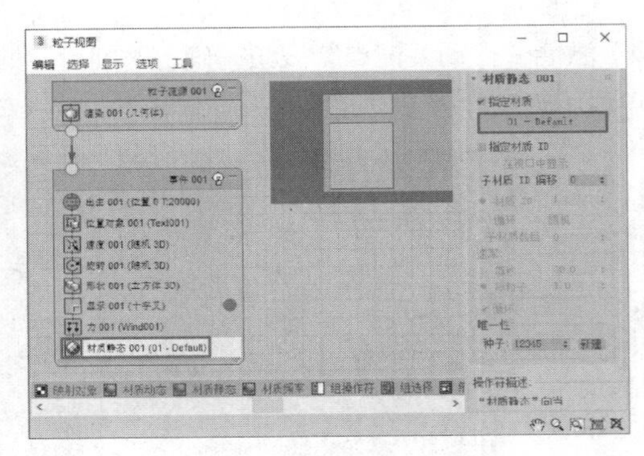
图 9-19

（19）在场景中右击文本模型，在弹出的快捷菜单中选择“对象属性”命令，弹出“对象属性”对话框，从中取消勾选“可渲染”复选框，如图 9-20 所示。

（20）在场景中调整合适的透视角度，按“Ctrl+C”快捷键创建摄影机，如图 9-21 所示。

（21）按“8”键，打开“环境和效果”窗口，为环境贴图指定“位图”贴图，如图 9-22 所示。

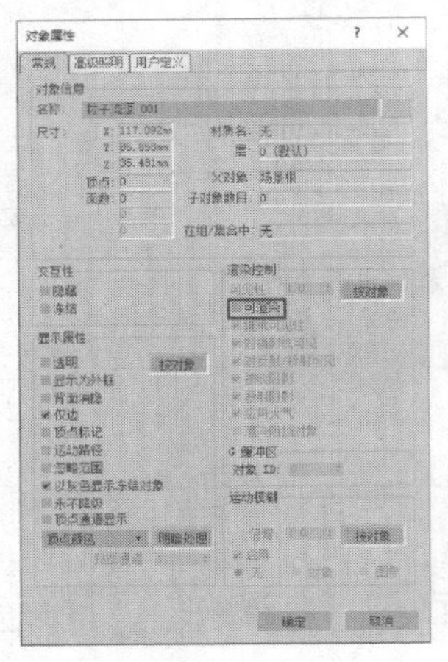
图 9-20

图 9-21

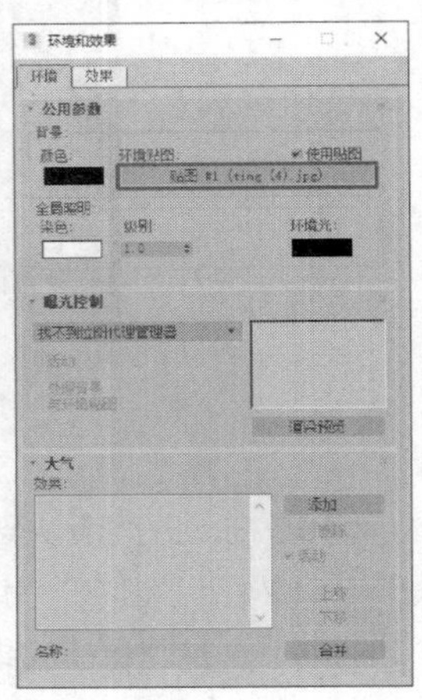
图 9-22

（22）将环境贴图拖曳到空白材质球上，以“实例”的方式复制贴图，在“坐标”卷展栏中设置“贴图”类型为“屏幕”，如图 9-23 和图 9-24 所示。

（23）测试一下场景，如果对场景中的粒子不满意，可以重新进入“粒子视图”窗口进行调整。如需调整数量，可以在图 9-25 所示的卷展栏中进行设置。

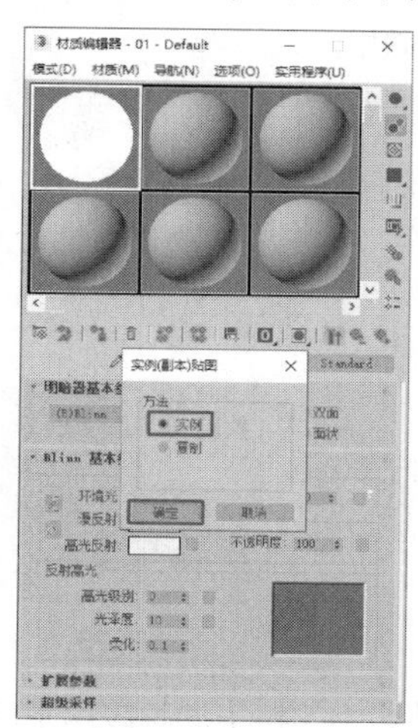

图 9-23

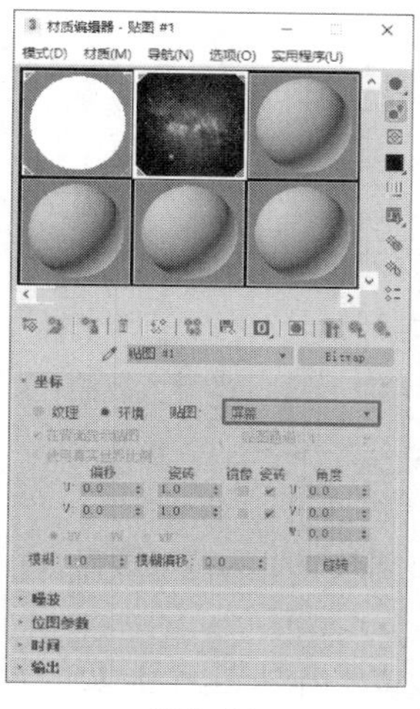

图 9-24

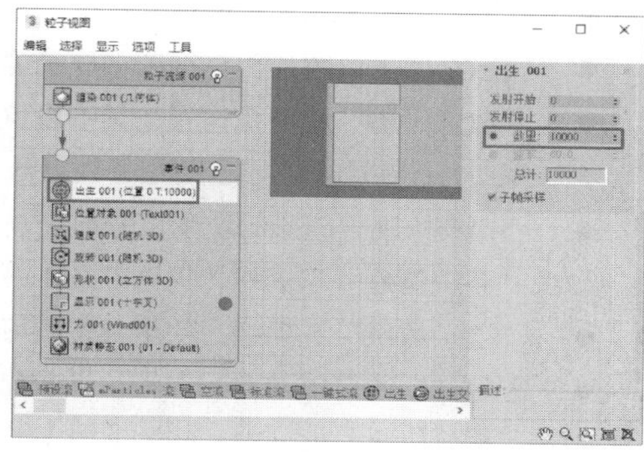

图 9-25

（24）修改一下粒子的材质，可以为其设置材质参数动画，如图 9-26 所示，最终将其渲染输出。完成被风吹散的文字的制作。

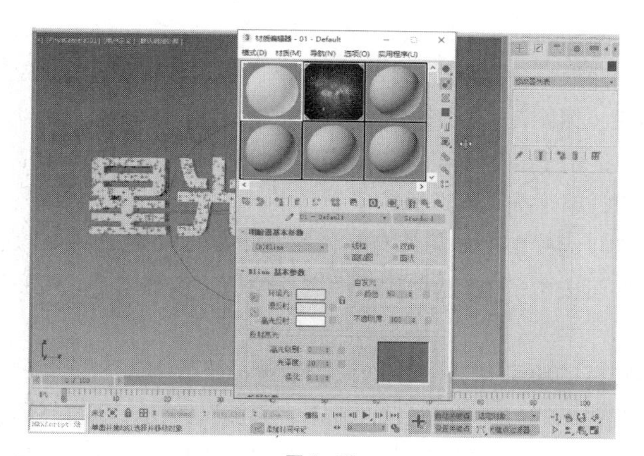

图 9-26

9.2 粒子系统应用

9.2.1 粒子流源

“粒子流源”系统是一种时间驱动型的粒子系统，使用它可以自定义粒子的行为，以及设置寿命、碰撞和速度等测试条件。每一个粒子根据其测试结果会产生相应的状态和形状。下面介绍“粒子流源”

粒子系统的各参数及其功能。

图 9-27

（1）“发射”卷展栏（见图 9-27）的介绍如下。

- “发射器图标”选项组：在该选项组中可设置发射器图标属性。
- 徽标大小：通过设置发射器的半径指定粒子的徽标大小。
- 图标类型：可从下拉列表中选择图标类型，图标类型影响粒子的反射效果。
- 长度：用于设置图标的长度。
- 宽度：用于设置图标的宽度。
- 高度：用于设置图标的高度。
- 显示：用于设置是否在视口中显示“徽标”和“图标”。
- “数量倍增”选项组：可在其中设置数量。
- 视口%：在场景中显示的粒子百分数。
- 渲染%：用于渲染的粒子百分数。

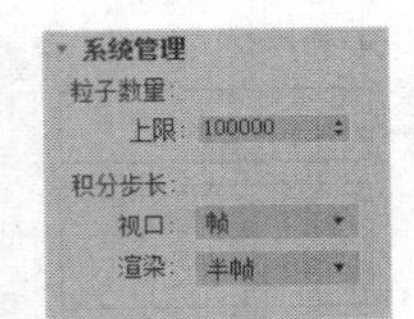

图 9-28

（2）“系统管理”卷展栏（见图 9-28）的介绍如下。

- “粒子数量”选项组：使用此设置可限制系统中的粒子数目。
- 上限：系统可以包含的最大粒子数目。
- “积分步长”选项组：此选项组中的设置使用户可以在渲染时对视口中的粒子动画应用不同的积分步长。对于每个积分步长，粒子流都会更新粒子系统，将每个活动动作应用于其事件中的粒子。较小的积分步长可以提高精度，却需要较多的计算时间。
- 视口：用于设置在视口中播放的动画的积分步长。
- 渲染：用于设置渲染时的积分步长。

切换到（修改）命令面板，会出现“选择”“脚本”卷展栏。

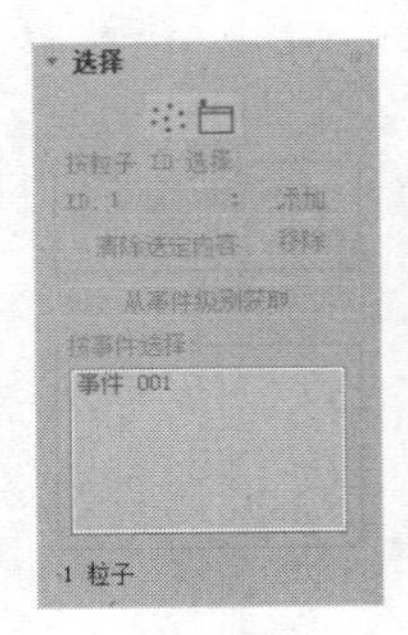

图 9-29

（3）“选择”卷展栏（见图 9-29）的介绍如下。

- （粒子）按钮：用于通过单击粒子或拖出一个区域来选择粒子。
- （事件）按钮：用于按事件选择粒子。

“按粒子 ID 选择”选项组：每个粒子都有唯一的 ID，第 1 个粒子的 ID 为 1，依次递增。使用这些控件可按粒子 ID 选择和取消选择粒子（仅适用于“粒子”选择集）。

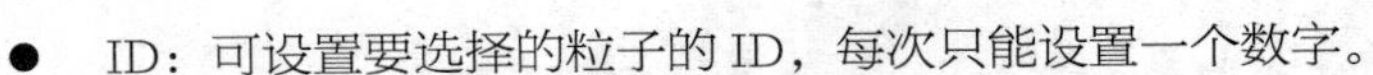

- ID：可设置要选择的粒子的 ID，每次只能设置一个数字。
- 添加：设置完要选择的粒子的 ID 后，单击“添加”按钮，可将其添加到选择中。
- 移除：设置完要取消选择的粒子的 ID 后，单击“移除”按钮，可将其从选择中移除。
- 清除选定内容：勾选该复选框后，单击“添加”按钮选择粒子，会取消选择所有其他粒子。
- 从事件级别获取：单击该按钮，可将“事件”级别转换为“粒子”级别。仅适用于“粒子”选择集。
- “按事件选择”：该列表框中显示了粒子流中的所有事件，并高亮显示选定的事件。要选择所有事件的粒子，可单击其中的选项或使用标准视图选择方法。

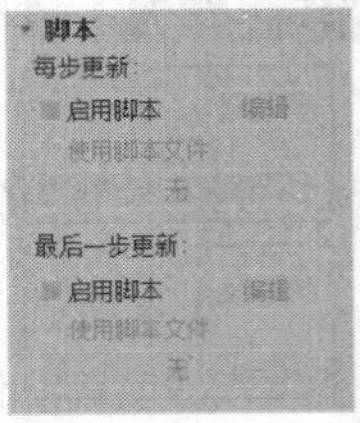

图 9-30

（4）“脚本”卷展栏（见图 9-30）的介绍如下。

“每步更新”选项组：在粒子系统模拟过程中，粒子的每个积分步骤结束，在计算完所有动作和粒子的最终状态后，以及在各自的事件触发后，进行额外的计算。

- 启用脚本：勾选该复选框，可打开当前脚本的文本编辑器窗口。
- 编辑：单击“编辑”按钮将弹出“打开”对话框。
- 使用脚本文件：勾选该复选框时，可以通过单击下面的“无”按钮加载脚本文件。
- 无：单击该按钮可弹出“打开”对话框，可通过此对话框指定要从磁盘加载的脚本文件。

“最后一步更新”选项组：完成所查看（或渲染）的每帧的最后一个积分步长后，执行“最后一步更新”脚本。

9.2.2 喷射

“喷射”粒子系统用于发射垂直的粒子流，粒子可以是四面体尖锥，也可以是正方形面片。该粒子系统的参数较少，易于控制，使用起来很方便。

单击“+（创建）> ●（几何体）> 粒子系统 > 喷射”按钮，在视口中进行拖曳，即可创建一个“喷射”粒子系统。

“喷射”粒子系统的“参数”卷展栏（见图 9-31）的介绍如下。

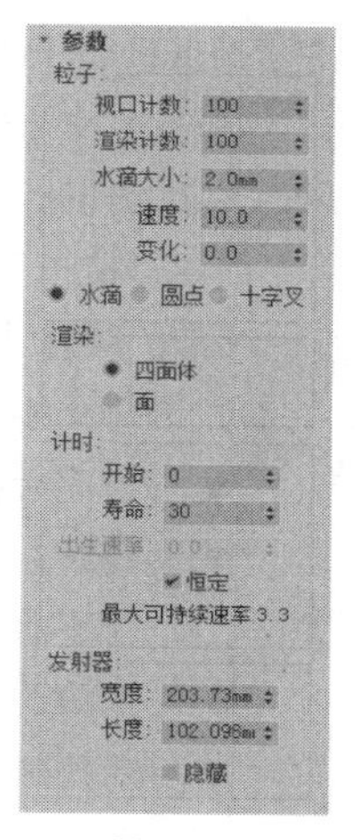

图 9-31

1. “粒子”选项组

- 视口计数：用于设置在视口中显示出的粒子数量。
- 渲染计数：用于设置最后渲染时可以同时出现在一帧中的粒子的最大数量，它与“计时”选项组中的参数组合使用。
- 水滴大小：用于设置渲染时每个粒子的大小。
- 速度：用于设置粒子从发射器发射出时的初速度。
- 变化：可影响粒子的初速度和方向，值越大，粒子喷射得越猛烈，喷洒的范围也越大。
- 水滴/圆点/十字叉：用于设置粒子在视口中的显示状态。“水滴”是一些类似雨滴的条纹，“圆点”是一些点，“十字叉”是一些小的加号。

提 示

将“视口计数”值设置得小于“渲染计数”值，可以提高视口的性能。

2. “渲染”选项组

- 四面体：以四面体（尖三棱锥）作为粒子的外形进行渲染，常用于表现水滴。
- 面：以正方形面片作为粒子的外形进行渲染，常用于有贴图的粒子。

3. “计时”选项组

- 开始：用于设置粒子从发射器喷出的帧号，可以是负值，表示在 0 帧以前已开始。
- 寿命：用于设置每个粒子所存在（从出现到消失）的帧数。
- 出生速率：用于设置每一帧产生的新粒子数目。
- 恒定：勾选该复选框后，“出生速率”参数将不可用，出生速率等于最大可持续速率；取消勾选该复选框后，“出生速率”参数可用。

4. “发射器”选项组

- 宽度/长度：分别用于设置发射器的宽度和长度。在粒子数目确定的情况下，发射器面积越大，粒子越稀疏。

- 隐藏：勾选该复选框后，可以在视口中隐藏发射器；取消勾选该复选框后，可以在视口中显示发射器，发射器不会被渲染。

9.2.3 雪

“雪”粒子系统与“喷射”粒子系统的效果类似，只是“雪”粒子可以是六角形面片，用来模拟雪花，而且“雪”粒子系统增加了翻滚参数，控制每一片雪花在落下的同时进行翻滚运动。

单击“+（创建）> ●（几何体）> 粒子系统 > 雪”按钮，在视口中进行拖曳，即可创建“雪”粒子系统。

“雪”粒子系统的“参数”卷展栏（见图 9-32）的介绍如下。

因为“雪”粒子系统与“喷射”粒子系统的参数基本相同，所以下面仅对不同的参数进行介绍。

- 雪花大小：用于设置渲染时每个粒子的大小。
- 翻滚：雪花粒子的随机旋转量。此参数值可以是 0 ~ 1。设置为 0 时，雪花不旋转；设置为 1 时，雪花旋转量最大。每个粒子的旋转轴随机生成。
- 翻滚速率：雪花旋转的速度，值越大，旋转得越快。
- 六角形：以六角形面进行渲染，常用于表现雪花。

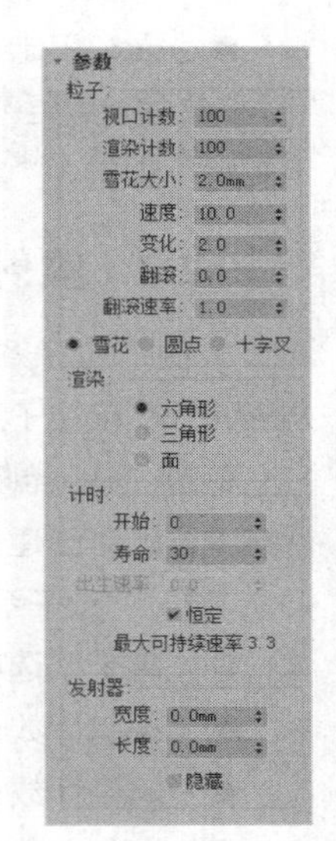

图 9-32

9.2.4 暴风雪

“暴风雪”粒子系统是“雪”粒子系统的高级版本。“暴风雪”粒子系统从一个平面向外发射粒子流，与“雪”粒子系统相似，但其功能更为复杂。“暴风雪”并非强调它的猛烈，而是指它的功能强大，不仅可以用于普通雪景的制作，还可以表现火花迸射、气泡上升、开水沸腾、满天飞花和烟雾升腾等特殊效果。

单击“+（创建）> ●（几何体）> 粒子系统 > 暴风雪”按钮，在视口中进行拖曳，即可创建“暴风雪”粒子系统。下面介绍其各卷展栏。

1. “基本参数”卷展栏

“基本参数”卷展栏如图 9-33 所示。

- 宽度/长度：用于设置发射器平面的宽度和长度，即确定粒子发射器覆盖的面积。
- 发射器隐藏：用于设置是否将发射器图标隐藏。

“视口显示”选项组：用于设置粒子在视口中以哪种方式进行显示，这和最后的渲染效果无关，其中包括“圆点”“十字叉”“网格”“边界框”等方式。

2. “粒子生成”卷展栏

“粒子生成”卷展栏如图 9-34 所示。

- 使用速率：其下的参数值决定了每一帧产生的粒子

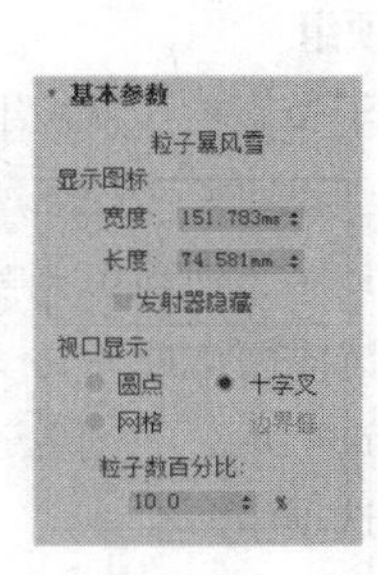

图 9-33

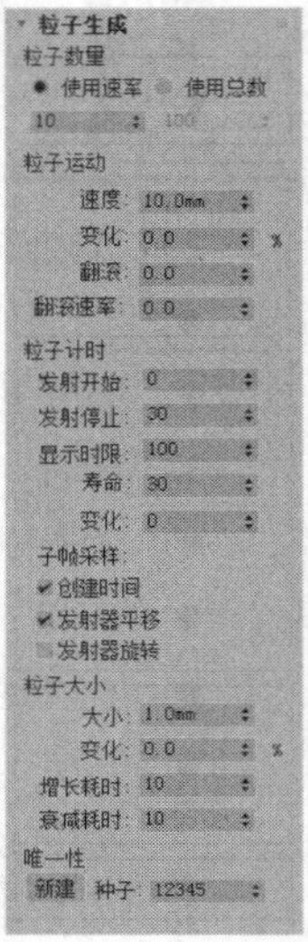

图 9-34

数目。

- 使用总数：其下的参数值决定了在系统整个生命周期中产生的粒子总数目。
- 速度：用于设置在粒子生命周期内粒子每一帧的运行距离。
- 变化：为每一个粒子的发射速度指定一个百分比变化量。
- 翻滚：用于设置粒子的随机旋转量。
- 翻滚速率：用于设置粒子旋转的速度。
- 发射开始：用于设置粒子从哪一帧开始出现在场景中。
- 发射停止：用于设置粒子最后被发射出的帧号。
- 显示时限：用于设置到多少帧时，粒子将不显示在视口中，这不影响粒子的实际效果。
- 寿命：用于设置每个粒子诞生后的生存时间。
- 变化：用于设置每个粒子寿命的变化百分比值。
- “子帧采样”组：提供了“创建时间”“发射器平移”“发射器旋转”3 个选项，用于避免粒子在普通帧计数下产生“肿块”，而不能完全打散，并可提供更高的分辨率。
- 创建时间：在时间上增加偏移处理，以避免时间上的“肿块”堆积。
- 发射器平移：如果发射器本身在空间中有移动变化，可以避免移动中的“肿块”堆积。
- 发射器旋转：如果发射器自身在发射粒子时会旋转，勾选该复选框可以避免“肿块”堆积，并且产生平稳的螺旋效果。
- 大小：用于设置粒子的尺寸。
- 变化：用于设置每个可进行尺寸变化的粒子的尺寸变化百分比。
- 增长耗时：用于设置粒子从尺寸极小变化到尺寸正常所经历的时间。
- 衰减耗时：用于设置粒子从正常尺寸到消失的时间。
- 新建：随机指定一个种子数。
- 种子：指定种子数。

3. “粒子类型”卷展栏

“粒子类型”卷展栏如图 9-35 所示。

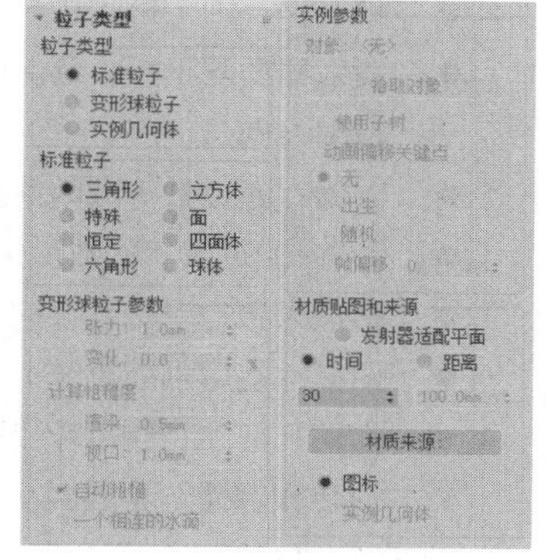

图 9-35

“粒子类型”选项组中提供了 3 种粒子类型。此选项组下方是与 3 种粒子类型对应的参数，只有当前选择的类型的对应参数才有效，其余的以灰色显示。对每一个粒子进行阵列，只允许设置为一种类型，但允许用户将多个粒子阵列绑定到同一个目标对象上，这样就可以产生不同类型的粒子。

“标准粒子”选项组中提供了 8 种基本几何体作为粒子，它们分别为“三角形”“立方体”“特殊”“面”“恒定”“四面体”“六角形”“球体”。

在“粒子类型”选项组中选择“变形球粒子”单选按钮后，即可对“变形球粒子参数”选项组中的参数进行设置。

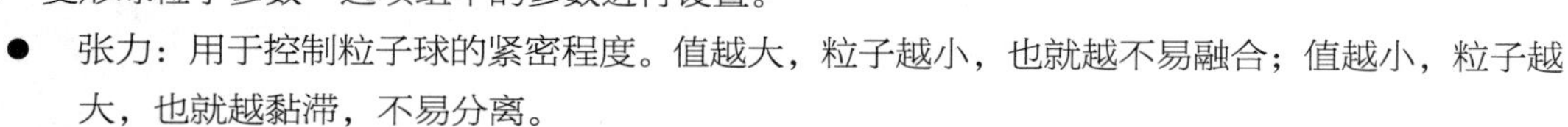

- 张力：用于控制粒子球的紧密程度。值越大，粒子越小，也就越不易融合；值越小，粒子越大，也就越黏滞，不易分离。
- 变化：可影响张力的变化值。

- 计算粗糙度：粗糙度可控制每个粒子的细腻程度，系统默认进行“自动粗糙”处理，以加快显示速度。
- 渲染：用于设定最后渲染时的粗糙度，值越小，粒子球越平滑，否则会变得有棱角。
- 视口：用于设置在视口中看到的粒子的粗糙程度，这里一般设得较高，以保证屏幕的正常显示速度。
- 自动粗糙：根据粒子的尺寸，在1/4到1/2尺寸之间自动设置粒子的粗糙程度。视口粗糙度会设置为渲染粗糙度的两倍。
- 一个相连的水滴：勾选该复选框后，使用一种只对相互融合的粒子进行计算和显示的简便算法。这种方式可以加速粒子的计算，但使用时应注意所有的变形球粒子应融合在一起（如一摊水），否则只能显示和渲染最主要的一部分。

在“粒子类型”选项组中选择“实例几何体”单选按钮后，即可对“实例参数”选项组中的参数进行设置。

- 拾取对象：单击该按钮，在视口中选择一个对象，可以将它作为一个粒子的源对象。
- 使用子树：如果选择的对象有连接的子对象，勾选该复选框，可以将子对象一起作为粒子的源对象。
- “动画偏移关键点”组：用于选择偏移关键点的位置。
- 无：不产生动画偏移，即每一帧场景中产生的所有粒子在这一帧都与源对象在这一帧时的动画效果相同。例如一个球体源对象自身在第0～30帧产生一个压扁动画，那么在第20帧，所有这时可看到的粒子都与此时的源对象具有相同的压扁效果，每一个新出生的粒子都继承这一帧源对象的动作作为初始动作。
- 出生：每个粒子从自身诞生的帧数开始，进行与源对象相同的动作。
- 随机：根据“帧偏移”值设置起始动画帧的偏移数。当值为0时，与“无”的结果相同；否则，粒子的运动将根据“帧偏移”值产生随机偏移。
- 帧偏移：用于指定相对于源对象的偏移值。
- 发射器适配平面：选择该单选按钮后，将对发射平面进行贴图坐标的指定，贴图方向垂直于发射方向。
- 时间：通过其下的数值指定粒子诞生后在多少帧处将一个完整贴图贴在粒子表面。
- 距离：通过其下的数值指定粒子诞生后间隔多少帧将完成一次完整的贴图。
- 材质来源：单击该按钮，可更新粒子的材质。
- 图标：使用当前系统指定给粒子的图标颜色。
- 实例几何体：使用粒子的源对象材质。

4. “旋转和碰撞”卷展栏

“旋转和碰撞”卷展栏如图9-36所示。

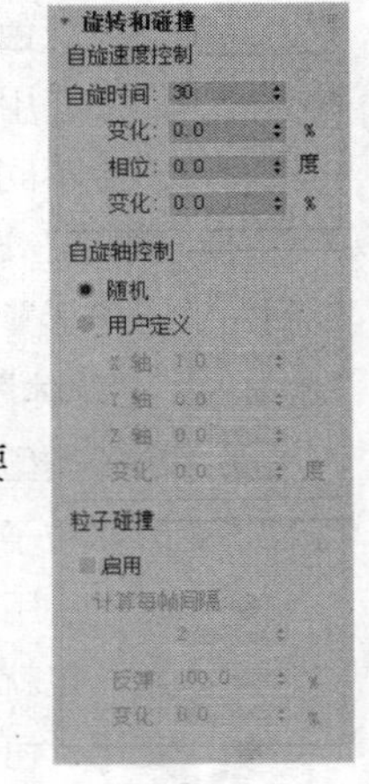

图9-36

- 自旋时间：用于控制粒子自身旋转的节拍，即一个粒子进行一次自旋需要的时间。值越大，自旋越慢。值为0时，不发生自旋。
- 变化：用于设置自旋时间变化的百分比值。
- 相位：用于设置粒子诞生时的旋转角度。
- 变化：用于设置相位变化的百分比值。

- 随机：可随机为每个粒子指定自旋轴向。
- 用户定义：用户可通过下方的 3 个轴向数值框自行设置粒子沿各轴向进行自旋的角度。
- 变化：用于设置粒子沿 3 个轴向自旋的变化百分比值。
- 启用：勾选该复选框后，才会进行粒子之间碰撞的计算。
- 计算每帧间隔：用于设置在粒子碰撞过程中每次渲染的间隔。数值越大，模仿越准确，渲染速度越慢。
- 反弹：用于设置碰撞后恢复的速率。
- 变化：用于设置粒子碰撞变化的百分比值。

5. “对象运动继承”卷展栏

“对象运动继承”卷展栏如图 9-37 所示。

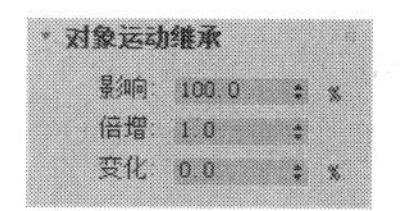

图 9-37

- 影响：当发射器有移动动画时，此值决定粒子的运动情况。值为 100 时，粒子会在发射后仍保持与发射器相同的速度，在自身发散的同时，跟随发射器进行运动，形成动态发散效果；值为 0 时，粒子发散后会马上与目标对象脱离关系，自身进行发散，直到消失，产生边移动边脱落的效果。
- 倍增：用来加大移动目标对象对粒子造成的影响。
- 变化：用于设置“倍增”参数的变化百分比值。

6. “粒子繁殖”卷展栏

“粒子繁殖”卷展栏如图 9-38 所示。

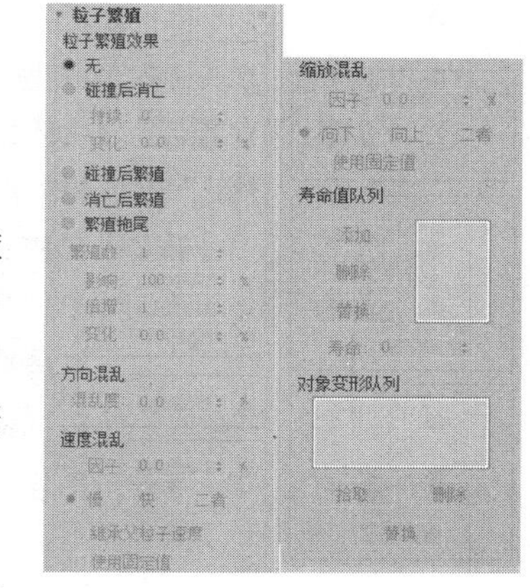

图 9-38

- 无：用于控制整个繁殖系统的开关。
- 碰撞后消亡：粒子在碰撞到绑定的空间扭曲对象后消亡。
- 持续：用于设置粒子在碰撞后持续的时间。默认为 0，即碰撞后立即消失。
- 变化：用于设置每个粒子持续变化的百分比值。
- 碰撞后繁殖：粒子在碰撞到绑定的空间扭曲对象后按“繁殖数”进行繁殖。
- 消亡后繁殖：粒子在生命结束后按“繁殖数”进行繁殖。
- 繁殖拖尾：粒子在经过每一帧后都会产生一个新个体，沿其运动轨迹继续运动。
- 繁殖数：用于设置一次繁殖产生的新个体数目。
- 影响：用于设置在所有粒子中有多少粒子进行繁殖。此值为 100 时，表示所有的粒子都会进行繁殖。
- 倍增：设置繁殖数的增长倍数。注意，当此值增大时，成倍增长的新个体会相互重叠，只有进行了方向与速率等参数的设置，才能将它们分离开。
- 变化：用于指定“倍增”值在每一帧发生变化的百分比值。
- 混乱度：用于设置新个体在其父粒子方向上的变化值。值为 0 时，不发生方向变化；值为 100 时，它们会沿随机方向运动；值为 50 时，它们的运动方向与父粒子的路径的夹角最大为 90°。
- 因子：用于设置新个体相对于父粒子的速度百分比变化范围。值为 0 时，不发生速度改变，否则会依据其下的 3 种方式进行速度的改变。

- 慢/快/二者：随机减慢或加快新个体的速度，或是一部分减慢速度、一部分加快速度。
- 继承父粒子速度：新个体在继承父粒子速度的基础上进行速度变化，形成拖尾效果。
- 使用固定值：勾选该复选框后，设置的范围将变为一个恒定值来影响新个体，产生规则的效果。
- 因子：设置新个体相对于父粒子尺寸的百分比缩放范围，依据其下的3种方式进行改变。
- 向下/向上/二者：随机减小或增大新个体的尺寸，或者是一部分增大、一部分减小。
- 使用固定值：勾选该复选框时，设置的范围将变为一个恒定值来影响新个体，产生规则的缩放效果。

“寿命值队列”选项组：用来为产生的新个体指定一个新的寿命值，新个体不继承其父粒子的寿命值。在“寿命”数值框中输入新的寿命值，单击“添加”按钮，即可将它指定给新个体，其值也会出现在右侧列表框中；“删除”按钮可以将在列表框中选择的寿命值删除；“替换”按钮可以将在列表框中选择的寿命值替换为“寿命”数值框中的值。

- 寿命：可以设置一个值，然后单击“添加”按钮将该值加入上方的列表框。

“对象变形队列”选项组：用于制作父粒子造型与新指定的繁殖新个体造型之间的变形。其下的列表框中会列出新个体替身对象名称。

- 拾取：用于在视口中选择要作为新个体替身对象的对象。
- 删除：用于将列表框中选择的替身对象删除。
- 替换：可以将列表框中的替身对象与在视口中选取的对象替换。

7. “加载/保存预设”卷展栏

“加载/保存预设”卷展栏如图9-39所示。

- 预设名：用于输入名称。
- 保存预设：该列表框中提供了几种预设，包括“blizzard”（暴风雪）、“rain”（雨）、“mist”（薄雾）和“snowfall”（降雪）。
- 加载：单击该按钮，可以将在列表框中选择的预设调出。
- 保存：可以保存当前预设，其名称会出现在列表框中。
- 删除：可以将当前在列表框中选择的预设删除。

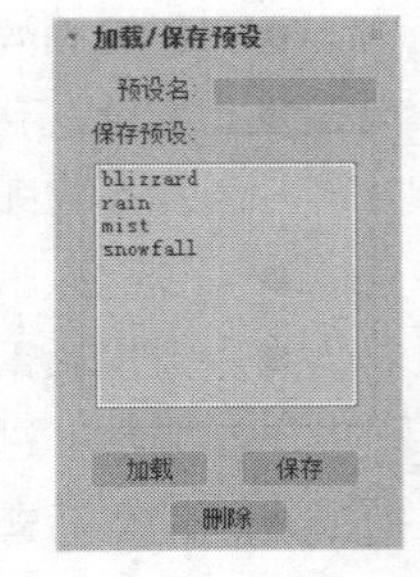

图9-39

9.2.5 超级喷射

“超级喷射”粒子系统可从一个点向外发射粒子流，产生线性或锥形的粒子群形态。在参数控制上，其与“粒子阵列”粒子系统几乎相同，既可以发射标准基本体，还可以发射其他替代对象。通过参数控制，可以实现喷射、拖尾、拉长、气泡晃动、自旋等多种特殊效果。该粒子系统常用来制作飞机喷火、潜艇喷水、机枪扫射、水管喷水、喷泉、瀑布等特效。它的功能比较复杂，下面就来进行详细介绍。

“超级喷射”粒子系统的“基本参数”卷展栏如图9-40所示。

- 轴偏离：用于设置粒子与发射器中心 z 轴的偏离角度，产生斜向的喷射效果。
- 扩散：用于设置粒子发射后在 z 轴方向上散开的角度。
- 平面偏离：用于设置粒子在发射器平面上的偏离角度。
- 扩散：用于设置粒子发射后在发射器平面上散开的角度，产生空间喷射效果。

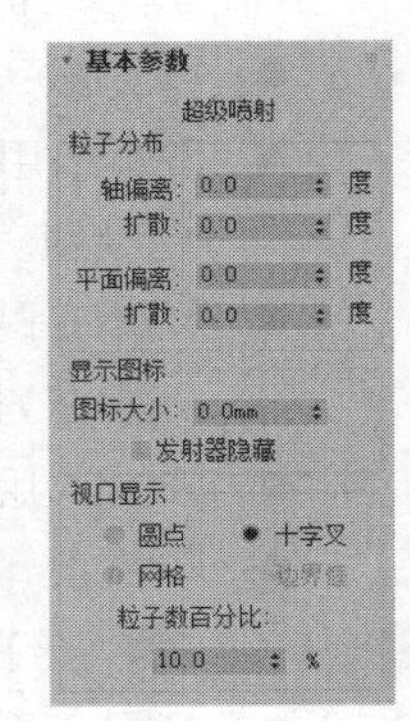

图9-40

- 图标大小：用于设置发射器图标的尺寸，它对发射效果没有影响。
- 发射器隐藏：用于设置是否将发射器图标隐藏。被隐藏的发射器图标即使在屏幕上也不会被渲染出来。

“视口显示”选项组：用于设置粒子在视口中以何种方式进行显示，这和最后的渲染效果无关。

- 粒子数百分比：用于设置粒子在视口中显示的数量百分比，如果全部显示可能会降低显示速度，因此建议将此值设置得小一些，能看到大致效果即可。

“加载/保存预设”卷展栏中提供了几种预设，包括“Bubbles”（泡沫）、“Fireworks”（礼花）、“Hose”（软管）、“Shockwave”（冲击波）、“Trail”（拖尾）、“Welding Sparks”（电焊火花）和“Default”（默认），如图 9-41 所示。

图 9-41

本小节没有介绍到的参数设置可以参见其他粒子系统的参数设置，其功能大都相似。

9.2.6 粒子阵列

“粒子阵列”粒子系统以一个三维对象作为分布对象，从它的表面向外发散出粒子阵列。分布对象对整个粒子宏观的形态起决定作用；粒子可以是标准基本体，也可以是其他替代对象，还可以是分布对象的外表面。

（1）“粒子阵列”粒子系统的“基本参数”卷展栏如图 9-42 所示。

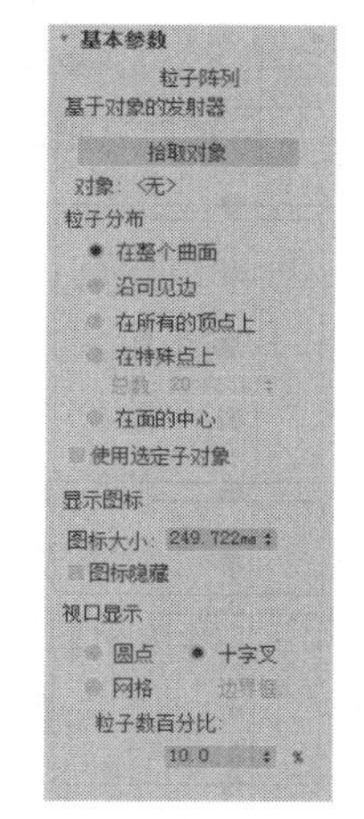

图 9-42

- 拾取对象：单击该按钮，可以在视口中选择要作为分布对象的对象。
- 对象：在视口中选择对象后，这里会显示出对象的名称。
- 在整个曲面：用于在整个发射器对象表面随机地发射粒子。
- 沿可见边：用于在发射器对象可见的边界上随机地发射粒子。
- 在所有的顶点上：用于在发射器对象的每个顶点上发射粒子。
- 在特殊点上：用于在发射器对象所有顶点中随机选择的若干个顶点上发射粒子，顶点的数目由“总数”决定。
- 总数：在选择“在特殊点上”单选按钮后，用于指定发射粒子的顶点数目。
- 在面的中心：用于从发射器对象每一个面的中心发射粒子。
- 使用选定子对象：使用网格对象和一定范围的面片对象作为发射器。可以通过“编辑网格”等修改器的帮助，选择自身的子对象来发射粒子。
- 图标大小：用于设置粒子系统图标在视口中的显示尺寸。
- 图标隐藏：用于设置是否将粒子系统图标隐藏。

“视口显示”选项组：设置粒子在视口中的显示方式，包括“圆点”“十字叉”“网格”“边界框”，与最终渲染的效果无关。

- 粒子数百分比：用于设置粒子在视口中显示的数量百分比，如果全部显示可能会降低显示速度，因此建议将此值设置得小一些，能看到大致效果即可。

（2）“粒子生成”卷展栏中的“散度”参数用于设置每一个粒子的发射方向相对于发射器表面法线的夹角，可以在一定范围内波动。该值越大，发射的粒子束越集中；该值越小，发射的粒子束越分散。

（3）“粒子类型”卷展栏的“粒子类型”选项组中提供了 4 种粒子类型，如图 9-43 所示。在此选项组下方是 4 种粒子类型的对应参数，只有当前选择的类型的对应参数才有效，其余的参数以灰色显示。对每一种粒子进行阵列，只允许设置为一种类型，但允许将多个粒子阵列绑定到同一个分布对象上，这样就可以产生不同类型的粒子。

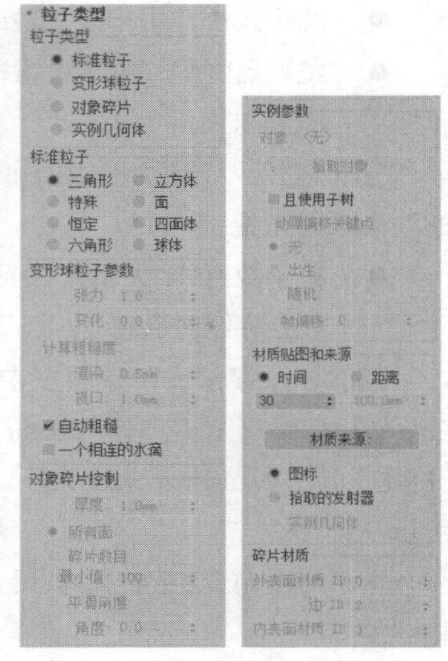

图 9-43

“对象碎片控制”选项组的介绍如下。

- 厚度：用于设置碎片的厚度。
- 所有面：用于将分布在对象上的所有三角面分离，“炸”成碎片。
- 碎片数目：通过其下的“最小值”数值框设置碎片的数目。值越小，碎片越少，每个碎片也越大。当要表现坚固、大的对象碎裂（如山崩等）时，值应偏小；当要表现粉碎性很高的炸裂时，值应偏大。
- 平滑角度：根据对象表面的平滑度进行面的分裂，其下的“角度”数值框用来设定角度值，值越小，对象表面分裂越碎。

“材质贴图和来源”选项组的介绍如下。

- 时间：通过数值指定粒子诞生后间隔多少帧将一个完整贴图贴在粒子表面。
- 距离：通过数值指定粒子诞生后间隔多少帧将完成一次完整的贴图。
- 材质来源：单击该按钮，可以更新粒子的材质。
- 图标：使用当前系统指定给粒子的图标颜色。
- 拾取的发射器：粒子系统使用分布对象的材质。
- 实例几何体：使用粒子的替身几何体材质。

“碎片材质”选项组的介绍如下。

- 外表面材质 ID：用于设置外表面材质 ID。
- 边 ID：用于设置边材质 ID。
- 内表面材质 ID：用于设置内表面材质 ID。

（4）“旋转和碰撞”卷展栏如图 9-44 所示。

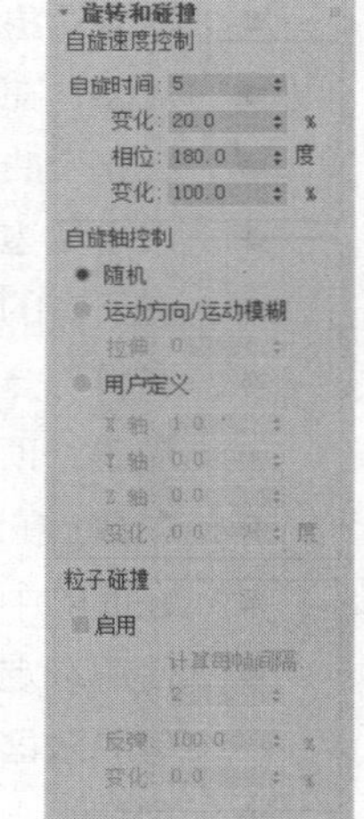

图 9-44

- 运动方向/运动模糊：以粒子的发射方向作为其自身的旋转轴向，这种方式会产生放射状粒子流。
- 拉伸：沿粒子发射方向拉伸粒子的外形，拉伸强度会依据粒子速度的不同而变化。

（5）“气泡运动”卷展栏如图 9-45 所示。

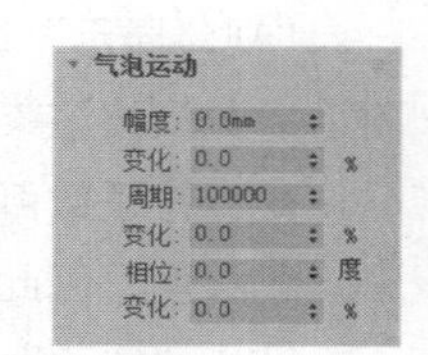

图 9-45

- 幅度：用于设置粒子因晃动而偏出其路径轨迹的距离。
- 变化：用于设置每个粒子幅度变化的百分比值。
- 周期：用于设置一个粒子沿着波浪曲线完成一次晃动所需的时间。
- 变化：用于设置每个粒子周期变化的百分比值。
- 相位：用于设置粒子在波浪曲线上的最初位置。

- 变化：用于设置每个粒子相位变化的百分比值。

（6）“加载/保存预设”卷展栏如图 9-46 所示。

该卷展栏中提供了几种预设，包括“Bubbles”（泡沫）、“Comet”（彗星）、“Fill”（填充）、“Geyser”（间歇喷泉）、“Shell Trail”（热水锅炉）、“Shimmer Trail”（弹片拖尾）、“Blast”（爆炸）、“Disintigrate”（裂解）、“Pottery”（陶器）、“Stable”（稳定的）、“Default”（默认）。

本小节中没有介绍到的参数设置可以参见其他粒子系统的参数设置，其功能大都相似。

图 9-46

提示

当同时使用粒子碰撞、导向板绑定和气泡运动时，可能会产生粒子浸过导向板的计算错误。为了解决这种问题，可以用动画贴图模仿气泡运动。方法是先制作一个气泡晃动的运动贴图，然后将粒子类型设置为正方形面片，最后将运动材质指定给粒子系统。

9.2.7 课堂案例——制作星球爆炸效果

- 学习目标：学会使用“粒子阵列”粒子系统。
- 知识要点：使用“粒子阵列”粒子系统制作星球爆炸效果，分镜头效果如图 9-47 所示。
- 原始场景所在位置：云盘/场景/Ch09/星球.max。
- 效果所在位置：云盘/场景/Ch09/星球爆炸 o.max。
- 贴图所在位置：云盘/贴图。

图 9-47

微课视频

制作星球爆炸效果

（1）打开原始场景文件“星球.max”，单击“+（创建）> ●（几何体）> 粒子系统 > 粒子阵列”按钮，如图 9-48 所示，在“基本参数”卷展栏中单击“拾取对象”按钮。

（2）在“加载/保存预设”卷展栏中选择“Blast”预，单击“加载”按钮，加载爆炸效果，如图 9-49 所示。

（3）在“材质贴图和来源”卷展栏中单击“材质来源”按钮将粒子材质设置为拾取的对象的材质，如图 9-50 所示。

（4）单击“隐藏选定对象”按钮将原始模型隐藏，如图 9-51 所示，然后拖动时间滑块观看动画效果，最后将动画渲染输出。完成星球爆炸效果的制作。

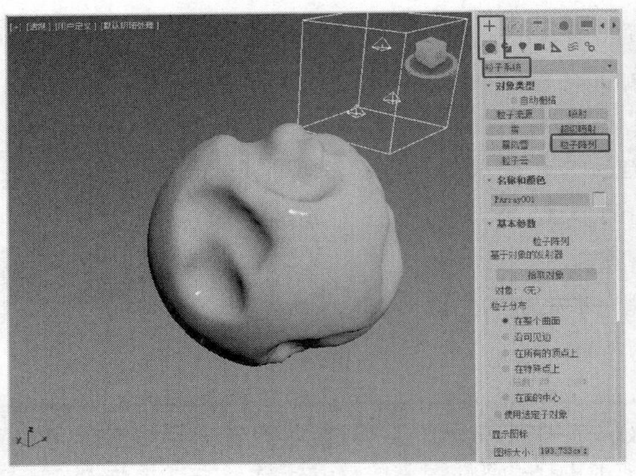

图 9-48

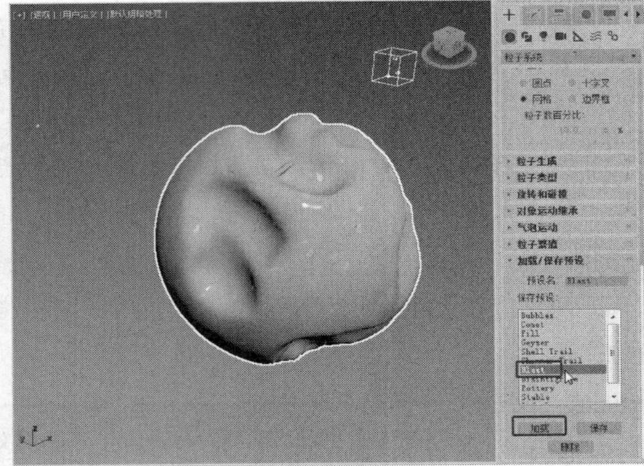

图 9-49

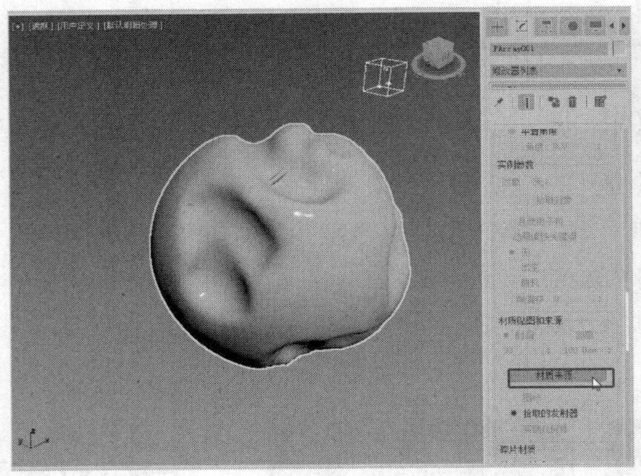

图 9-50

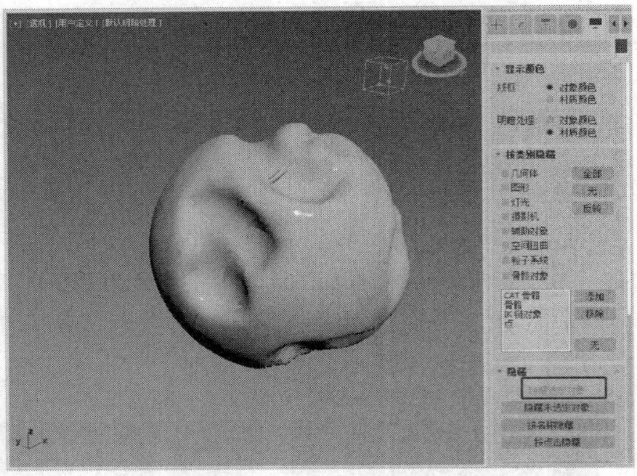

图 9-51

9.2.8 粒子云

如果希望使用“云”粒子填充特定的空间，使用“粒子云”粒子系统最合适。使用“粒子云”粒子系统可以创建一群鸟、一个星空或一队在地面上行军的士兵。

具体参数设置可以参考其他粒子系统的参数设置。

课堂练习——制作下雪动画

知识要点：创建“雪”粒子系统并修改参数制作出下雪动画，参考效果如图 9-52 所示。

效果所在位置：云盘/场景/Ch09/下雪 o.max。

微课视频

制作下雪动画

图 9-52

课后习题——制作气泡动画

知识要点：创建“暴风雪”粒子系统并修改参数制作出气泡效果，参考效果如图 9-53 所示。

效果所在位置：云盘/场景/Ch09/气泡 o.max。

微课视频

制作气泡动画

图 9-53

第 10 章 常用的空间扭曲

空间扭曲是 3ds Max 2020 中为对象制作特殊效果的一种方式，可以将其想象为一个作用区域，在这个区域创建力场会对区域内的对象产生影响，使对象发生形变，区域外的其他对象则不受影响。空间扭曲的功能与修改器有些类似，不过空间扭曲改变的是场景空间，而修改器改变的是对象。本章将介绍几种常用的空间扭曲。

学习目标

- 掌握“力”空间扭曲的设置方法。
- 掌握“几何/可变形”空间扭曲的设置方法。
- 掌握“导向器”空间扭曲的设置方法。

技能目标

- 掌握旋风中的树叶动画的制作方法。
- 掌握掉落的玻璃球动画的制作方法。

素养目标

- 培养学生的空间想象能力。
- 培养学生勇于创新的工作作风。

10.1 “力”空间扭曲

空间扭曲可以模拟自然界的各种动力效果，如重力、风力、爆发力、干扰力等。空间扭曲对象是一类在场景中影响其他对象的不可渲染对象，它们能够创建力场，使其他对象发生形变。利用空间扭曲可以创建涟漪、波浪、强风等效果。图 10-1 所示为被空间扭曲变形的表面。

图 10-1

微课视频

制作旋风中的树叶动画

10.1.1　课堂案例——制作旋风中的树叶动画

学习目标：学会使用“漩涡”空间扭曲。

知识要点：打开场景文件，创建“漩涡”空间扭曲，并将粒子系统绑定到“漩涡”空间扭曲上，完成旋风中树叶动画的制作，分镜头效果如图 10-2 所示。

图 10-2

原始场景所在位置：云盘/场景/Ch10/旋风落叶.max。

效果所在位置：云盘/场景/Ch10/旋风落叶 o.max。

贴图所在位置：云盘/贴图。

（1）打开原始场景文件“旋风落叶.max”，如图 10-3 所示。

（2）单击“+（创建）> （空间扭曲）>力 > 漩涡”按钮，在场景中创建“漩涡”空间扭曲，如图 10-4 所示。

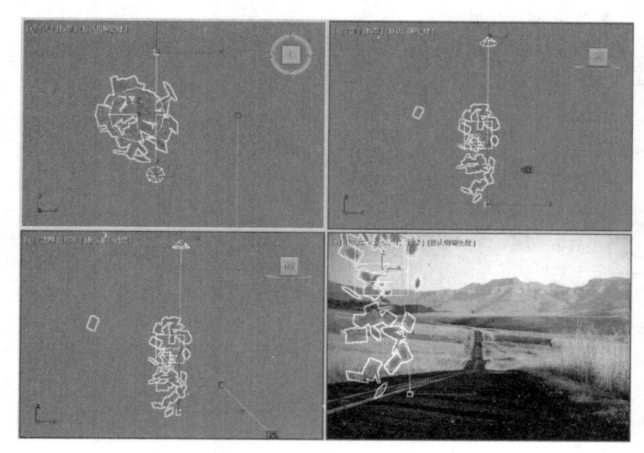

图 10-3

图 10-4

（3）在“参数”卷展栏的“计时”选项组中设置“开始时间”为-20、“结束时间”为 30，在“捕获和运动”选项组中设置“轴向下拉”为 0.19，如图 10-5 所示。

（4）在工具栏中单击（绑定到空间扭曲）按钮，在场景中将粒子系统绑定到“漩涡”空间扭曲上，如图 10-6 所示。

提 示

将粒子系统绑定到“旋涡”空间扭曲上后，拖动时间滑块可以观看扭曲的效果，移动发射器可以产生变换，这里读者可以自行尝试。

图 10-5

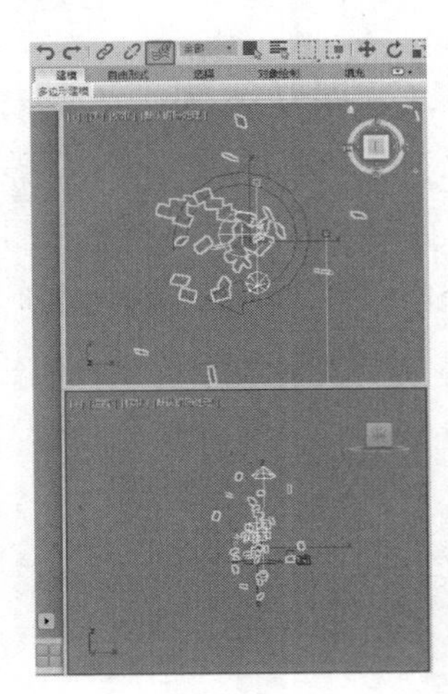

图 10-6

（5）单击“自动关键点”按钮，拖动时间滑块到第 100 帧处，在场景中选择粒子系统和“漩涡”空间扭曲图标，移动两个对象，制作旋风移动的效果，如图 10-7 所示。再次单击“自动关键点”按钮，将动画渲染输出，完成旋风中树叶动画的制作。

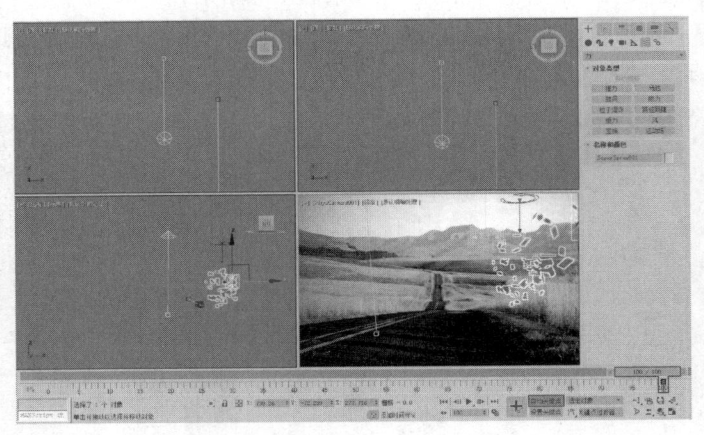

图 10-7

10.1.2 重力

“重力”空间扭曲可以在粒子系统所产生的粒子上模拟自然重力效果。重力具有方向性，沿重力箭头方向运动的粒子处于加速运动状态，逆着重力箭头方向运动的粒子处于减速运动状态。

“重力”空间扭曲的“参数”卷展栏（见图 10-8）的介绍如下。

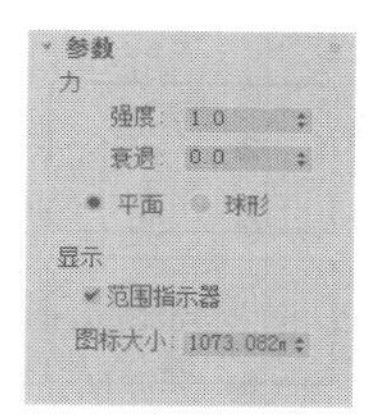

图 10-8

- 强度：增加“强度”值会增强重力的效果，即对象的移动与重力图标的方向箭头的相关程度。
- 衰退：设置“衰退”为 0 时，“重力”空间扭曲用相同的强度贯穿整个世界空间。增大“衰退”值会导致重力强度从重力扭曲对象的所在位置开始随距离的增加而减弱。
- 平面：重力效果垂直于贯穿场景的重力扭曲对象所在的平面。
- 球形：重力效果为球形，以重力扭曲对象为球心。该功能能够有效创建喷泉或行星效果。

10.1.3 风

“风”空间扭曲可以模拟风吹动粒子系统所产生的粒子的效果。风力具有方向性，顺着风力箭头方向运动的粒子处于加速运动状态，逆着风力箭头方向运动的粒子处于减速运动状态。在球形风力下，运动朝向或背离图标。

“风”空间扭曲的“参数”卷展栏（见图 10-9）的介绍如下。

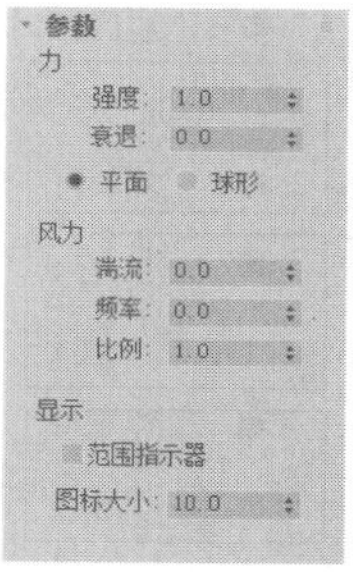

图 10-9

- 强度：增加“强度”值会增强风力的效果。“强度”值小于 0 会产生“吸力”，它会排斥沿与风力箭头方向相同的方向运动的粒子，而吸引沿与风力箭头方向相反的方向运动的粒子。
- 衰退：设置“衰退”为 0 时，“风”空间扭曲在整个世界空间内有相同的强度。增加“衰退”值会导致风力强度从风力扭曲对象的所在位置开始随距离的增加而减弱。
- 平面：风力效果垂直于贯穿场景的风力扭曲对象所在的平面。
- 球形：风力效果为球形，以风力扭曲对象为球心。
- 湍流：使粒子在被风吹动时随机改变路线。该值越大，“湍流”效果越明显。
- 频率：当该值大于 0 时，会使“湍流”效果随时间呈周期性变化。这种微妙的效果可能无法看见，除非绑定的粒子系统生成大量粒子。
- 比例：缩放“湍流”效果。当“比例”值较小时，“湍流”效果会更平滑，更规则；当“比例”值逐渐增大时，“湍流”效果会变得不规则、混乱。

10.1.4 漩涡

“漩涡”空间扭曲将力应用于粒子系统，使粒子在急转的漩涡中旋转，然后向下移动形成一个长而窄的喷流或者漩涡井。“漩涡”空间扭曲在创建黑洞、涡流、龙卷风和其他漏斗状对象时非常有用。图 10-10 所示为使用“漩涡”空间扭曲制作的扭曲粒子。

图 10-10

“漩涡”空间扭曲的“参数”卷展栏（见图 10-11）的介绍如下。

- 开始时间/结束时间：空间扭曲变为活动及

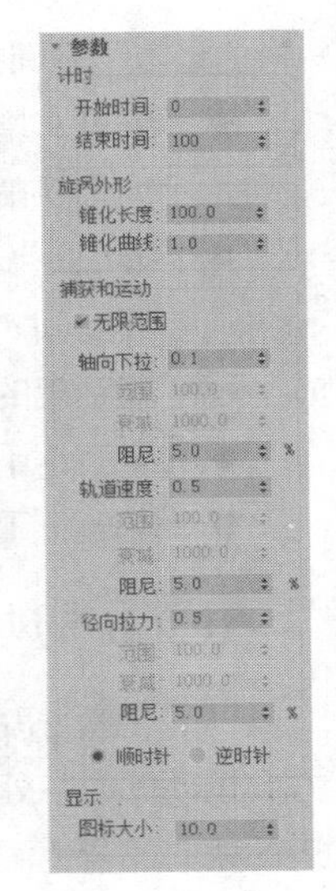

图 10-11

非活动状态时的帧号。

- 锥化长度：控制漩涡的长度及其外形。
- 锥化曲线：控制漩涡的外形。数值小时创建的漩涡宽而大，数值大时创建的漩涡的边几乎呈垂直状。
- 无限范围：勾选该复选框时，漩涡会在无限范围内施加全部阻尼强度。取消勾选该复选框后，“范围”和“衰减”设置生效。
- 轴向下拉：指定粒子沿下拉轴方向移动的速度。
- 范围：以系统单位表示的距“漩涡”图标中心的距离，该距离内的轴向阻尼为全效阻尼。仅在取消勾选“无限范围”复选框时生效。
- 衰减：指定在轴向范围外应用轴向阻尼的距离。
- 阻尼：用于控制平行于下拉轴的粒子运动时每帧受抑制的程度，默认设置为 5.0，取值范围为 0 ~ 100。
- 轨道速度：指定粒子旋转的速度。
- 范围：以系统单位表示的距“漩涡”图标中心的距离，该距离内的轴向阻尼为全效阻尼。
- 衰减：指定在轨道范围外应用轨道阻尼的距离。
- 阻尼：用于控制轨道粒子运动时每帧受抑制的程度。数值较小时产生的螺旋较宽，而数值较大值产生的螺旋较窄。
- 径向拉力：指定粒子旋转距下拉轴的距离。
- 范围：以系统单位表示的距“漩涡”图标中心的距离，该距离内的轴向阻尼为全效阻尼。
- 衰减：指定在径向范围外应用径向阻尼的距离。
- 阻尼：用于控制径向拉力每帧受抑制的程度，取值范围为 0 ~ 100。
- 顺时针/逆时针：决定粒子顺时针旋转或逆时针旋转。

10.2 “几何/可变形”空间扭曲

单击“＋（创建）>（空间扭曲）”按钮，选择“几何/可变形”，即可列出所有的“几何/可变形”空间扭曲。

10.2.1 波浪

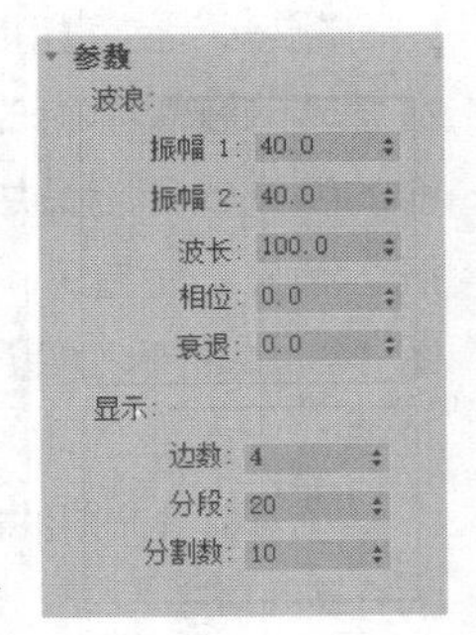

图 10-12

“波浪”空间扭曲可以在整个世界空间中创建线性波浪。它影响几何体和产生作用的方式与“波浪”修改器相同。

选择一个需要设置波浪效果的模型，单击（绑定到空间扭曲）按钮，将模型链接到“波浪”空间扭曲上，即可创建“波浪”空间扭曲。图 10-12 所示为“波浪”空间扭曲的“参数”卷展栏。

- 振幅 1/振幅 2：振幅 1 沿着 Gizmo 的 y 轴产生正弦波，振幅 2 沿着 x 轴产生波（两种情况下波峰和波谷的方向都一致）。将值在正负之间切换将反转波峰和波谷的位置。

- 波长：以活动单位设置每个波浪在其局部 y 轴上的长度。
- 相位：从波浪扭曲对象中央的原点开始偏移波浪的相位。整数无效，仅小数有效。该参数的波浪动画中的波浪看起来像是在空间中传播。
- 衰退：当该值为 0 时，波浪在整个世界空间中有相同的一个或多个振幅。增加“衰退”值会导致振幅从波浪扭曲对象的所在位置开始随距离的增加而减弱。默认值是 0。
- 边数：设置在波浪扭曲对象的局部 x 轴上的边分段数。
- 分段：设置在波浪扭曲对象的局部 y 轴上的分段数目。
- 分割数：在不改变波浪效果（缩放则会改变）的情况下调整“波浪”图标的大小。

10.2.2 置换

“置换”空间扭曲以力场的形式推动和重塑对象的几何外形。置换对几何体（可变形对象）和粒子系统都会产生影响，示例如图 10-13 所示。

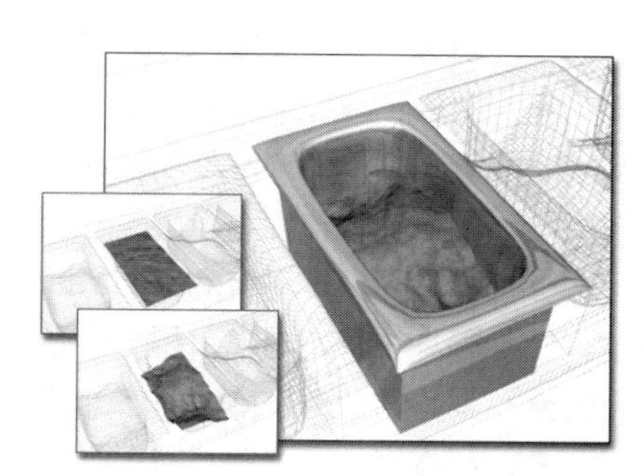

图 10-13

“置换”空间扭曲的“参数”卷展栏（见图 10-14）的介绍如下。

- 强度：该值为 0 时，“置换”空间扭曲没有任何效果；该值大于 0 时会使几何体或粒子按偏离置换扭曲对象所在位置的方向发生置换；该值小于 0 时会使几何体朝 Gizmo 置换。默认值为 0.0。
- 衰退：默认情况下，“置换”空间扭曲在整个世界空间内有相同的强度。增加“衰退”值会导致置换强度从置换扭曲对象的所在位置开始随距离的增加而减弱。
- 亮度中心：默认情况下，“置换”空间扭曲使用中等（50%）灰色值作为零置换值来定义亮度中心。大于 128 的灰色值以向外的方向（背离置换扭曲对象）进行置换，而小于 128 的灰色值以向内的方向（朝向置换扭曲对象）进行置换。
- 中心：可以调整亮度中心的默认值。

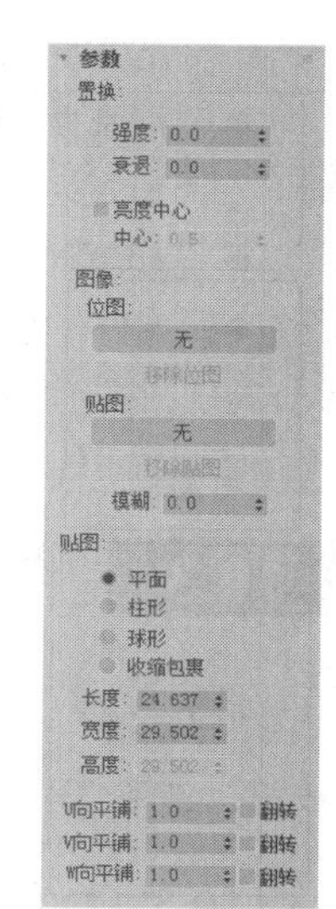

图 10-14

“图像”选项组：可以选择用于置换的位图和贴图。

- 位图/贴图：单击“无”按钮，可从弹出的对话框中指定位图/贴图。选择完位图/贴图后，该按钮会显示出位图/贴图的名称。
- 模糊：增加该值可以模糊或柔化位图/贴图的置换效果。

“贴图”选项组：用于设置贴图的类型。

- 平面：从单独的平面对贴图进行投影。
- 柱形：像将其环绕在圆柱体上那样对贴图进行投影。
- 球形：从球体出发对贴图进行投影，球体的顶部和底部，即贴图边缘在球体两极的交汇处均为极点。
- 收缩包裹：截去贴图的各个角，然后在一个单独的极点处将它们全部结合在一起。

- 长度/宽度/高度：指定空间扭曲 Gizmo 的边界框尺寸（“高度”对平面贴图没有任何影响）。
- U 向平铺/V 向平铺/W 向平铺：位图在指定轴向上重复的次数。

10.2.3 爆炸

“爆炸”空间扭曲能把对象“炸”成许多单独的面。

例如在场景中创建一个球体，并创建“爆炸”空间扭曲，将球体绑定到“爆炸”空间扭曲上，拖动时间滑块即可看到爆炸效果，如图 10-15 所示。通过设置“爆炸”空间扭曲的参数可以改变爆炸效果。图 10-16 所示为“爆炸参数”卷展栏，具体介绍如下。

图 10-15

- 强度：用于设置爆炸力。设置较大的数值能使粒子飞得更远。对象离爆炸点越近，爆炸的效果越强烈。
- 自旋：碎片旋转的速度，以“转数每秒”表示。碎片的旋转会受“混乱度”参数（使不同的碎片以不同的速度旋转）和“衰减”参数（使碎片离爆炸点越远时爆炸力越弱）的影响。
- 衰减：设置爆炸效果的衰减程度，以世界单位表示。超过此处设置的值的碎片不受“强度”和“自旋”设置影响，但会受“重力”设置影响。
- 最小值：指定由“爆炸”随机生成的每个碎片的最小面数。
- 最大值：指定由“爆炸”随机生成的每个碎片的最大面数。
- 重力：指定由重力产生的加速度。注意，重力的方向总是世界坐标系 z 轴的方向。重力值可以为负。

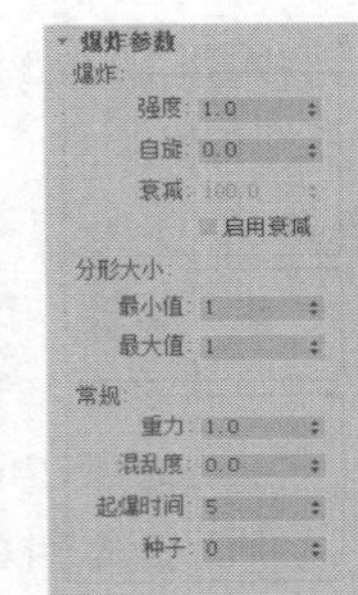

图 10-16

- 混乱度：增加爆炸的随机变化，使其不太均匀。设置为 0 表示完全均匀，设置为 1 最具真实感，设置大于 1 的数值会使爆炸效果特别混乱。取值范围为 0 至 10。
- 起爆时间：指定爆炸开始的帧。在该帧之前绑定的对象不受影响。
- 种子：更改该设置可以改变爆炸中随机生成碎片的数目。在保持其他设置不变的同时更改“种子”可以实现不同的爆炸效果。

10.3 “导向器”空间扭曲

“导向器”空间扭曲用于为粒子导向或影响动力学系统。单击“＋（创建）> （空间扭曲）”按钮，选择“导向器”，可显示导向器类型，如图 10-17 所示。

10.3.1 导向球

“导向球”空间扭曲起着球状粒子导向器的作用，如图 10-18 所示。

“导向球”空间扭曲的“基本参数”卷展栏（见图 10-19）的介绍如下。

“粒子反弹”选项组：决定导向球影响绑定粒子的方式。

- 反弹：决定粒子从导向球反弹的速度。

- 变化：每个粒子所能偏离“反弹”设置的量。
- 混乱度：偏离完全反射角度（当将“混乱度”设置为 0 时的角度）的变化量。设置为 100 时，会导致反射角度的最大变化为 90°。
- 摩擦：粒子沿导向球表面移动时减慢的量。该值为 0 时表示粒子根本不会减慢。
- 继承速度：当该值大于 0 时，导向球的运动会和其他设置一样对粒子产生影响。例如，要设置导向球穿过被动的粒子阵列的动画，可加大该值以影响粒子。

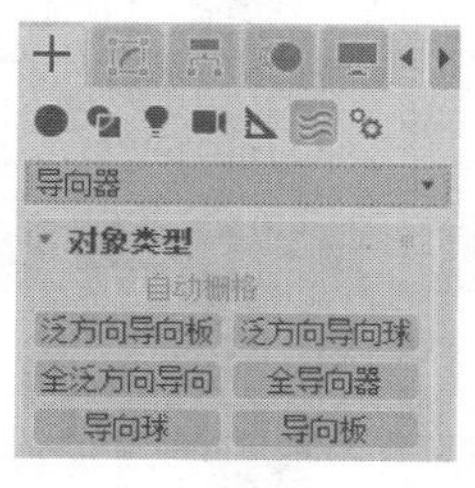

图 10-17

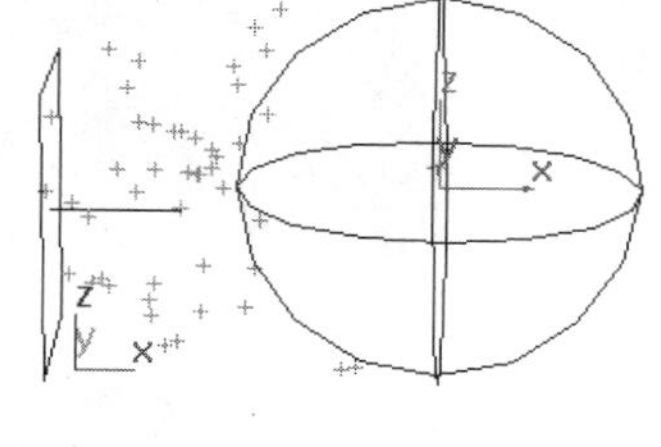
图 10-18

图 10-19

“显示图标”选项组：下方的“直径”参数会影响图标的显示效果。

- 直径：指定“导向球”图标的直径。该设置会改变导向效果，因为粒子会从图标的边界上反弹。图标的缩放也会影响粒子。

10.3.2 课堂案例——制作掉落的玻璃球动画

学习目标：学会设置“重力”空间扭曲和“泛方向导向板”空间扭曲。

知识要点：创建平面和“超级喷射”粒子系统，结合使用“重力”空间扭曲和“泛方向导向板”空间扭曲来制作掉落的玻璃球动画，分镜头效果如图 10-20 所示。

效果所在位置：云盘/场景/Ch10/掉落的玻璃球 o.max。

贴图所在位置：云盘/贴图。

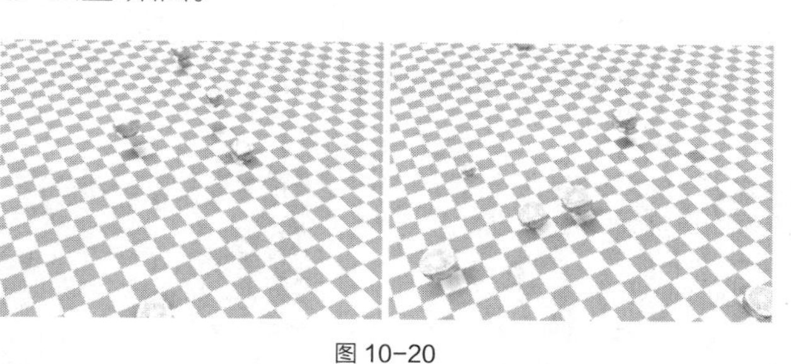
图 10-20

微课视频

制作掉落的玻璃球动画

（1）在“顶”视口中创建平面，如图 10-21 所示，并设置合适的参数。

（2）在“顶”视口中创建“超级喷射”粒子系统，设置“超级喷射”粒子系统的参数，如图 10-22 所示。

（3）单击“+（创建）> （空间扭曲）> 导向器 > 泛方向导向板”按钮，在“顶”视口中创建与平面大小相同的“泛方向导向板”空间扭曲，如图 10-23 所示。

（4）在工具栏中单击 （绑定到空间扭曲）按钮，在场景中将粒子绑定到“泛方向导向板”空间扭曲上。在场景中设置“泛方向导向板”空间扭曲的参数，如图 10-24 所示。

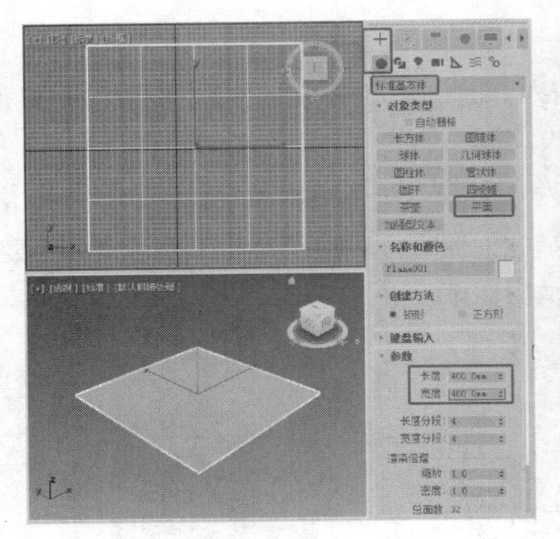

图 10-21

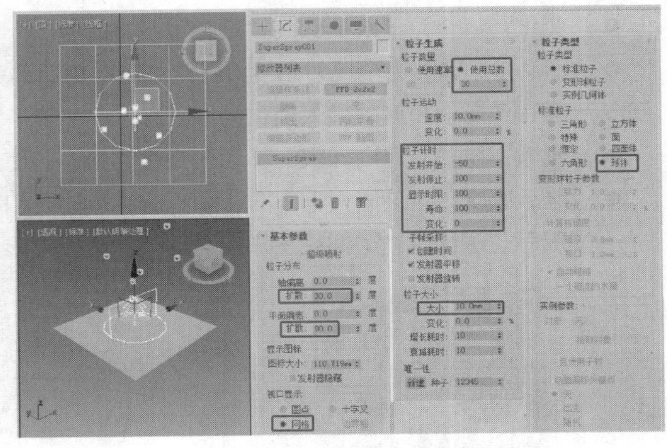

图 10-22

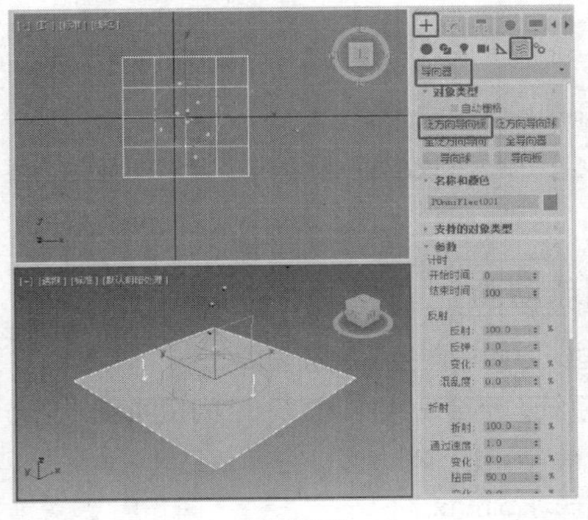

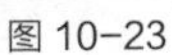

图 10-23

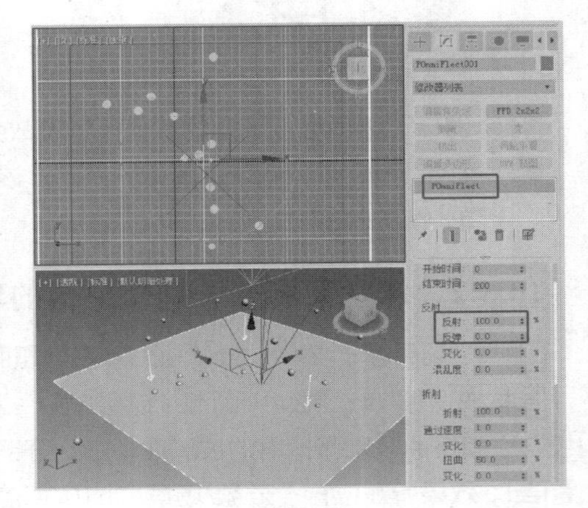

图 10-24

（5）单击“+（创建）>（空间扭曲）> 力 > 重力”按钮，在“顶”视口中创建“重力”空间扭曲，设置“重力”空间扭曲的参数，如图 10-25 所示。将粒子系统绑定到“重力”空间扭曲上，如图 10-26 所示。

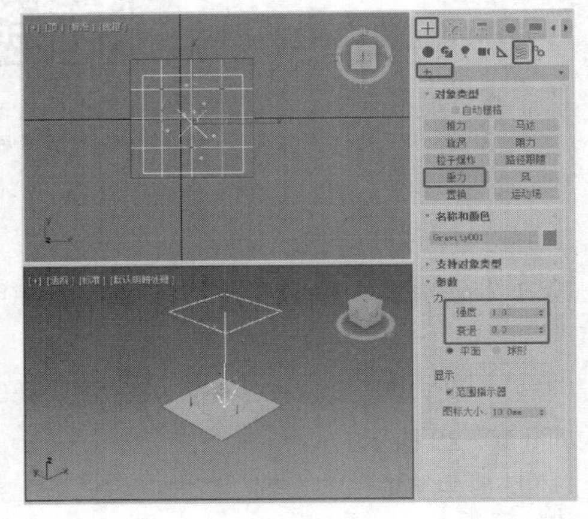

图 10-25

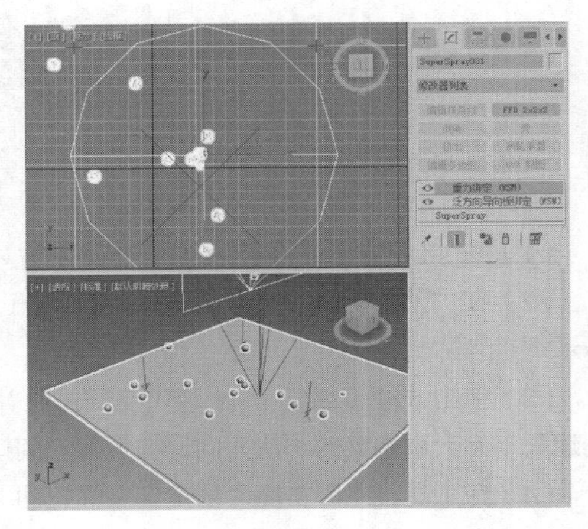

图 10-26

（6）在场景中为平面设置棋盘格效果，为粒子指定玻璃材质，并为场景创建简单的灯光和摄影机。这里就不详细介绍了。最后将动画渲染输出，完成掉落玻璃球动画的制作。

10.3.3 全导向器

"全导向器"是一种能让用户使用任意对象作为粒子导向器的导向器，其"基本参数"卷展栏（见图 10-27）的介绍如下。

基本参数
基于对象的导向器
项目：〈无〉
拾取对象
粒子反弹
反弹：1.0
变化：0.0 %
混乱度：0.0 %
摩擦：0.0 %
继承速度：1.0
显示图标
图标大小：0.0

图 10-27

"基于对象的导向器"选项组：指定要用作导向器的对象。

- 拾取对象：单击该按钮，然后单击要用作导向器的任意可渲染网格对象，即可添加对象。

课堂练习——制作风中的气球动画

知识要点：使用"风"空间扭曲制作气球动画，通过旋转"风"空间扭曲来制作气球在空中飘忽不定的效果，分镜头效果如图 10-28 所示。

效果所在位置：云盘/场景/Ch10/风中的气球 o.max。

图 10-28

微课视频

制作风中的气球动画

课后习题——制作飘动的窗帘动画

知识要点：使用"风"空间扭曲制作风中飘动的窗帘动画，分镜头效果如图 10-29 所示。

效果所在位置：云盘/场景/Ch10/飘动的窗帘 o.max。

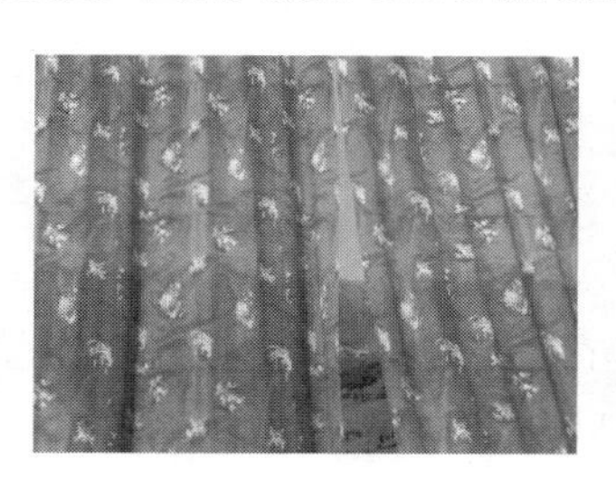
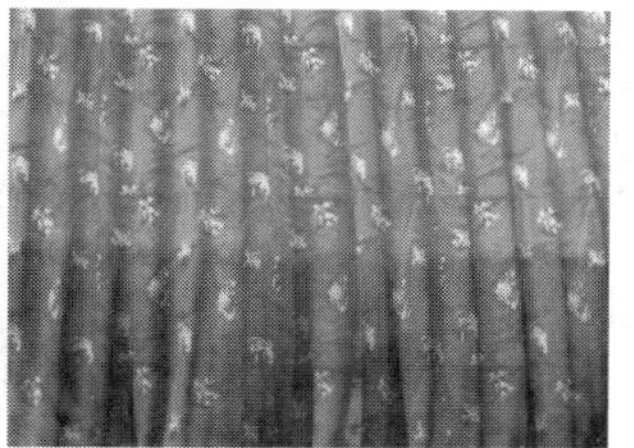

图 10-29

微课视频

制作飘动的窗帘动画

第 11 章 环境特效动画

通过“环境和效果”窗口可以控制场景曝光，制作出火效果、体积雾、体积光、毛发、毛皮、模糊、运动模糊等效果；通过“视频后期处理”窗口可以制作出各种光效。本章将介绍几种常用的环境特效动画的制作方法。

学习目标

- 掌握“环境”选项卡的“公共参数”和“曝光控制”卷展栏中参数的设置方法。
- 了解大气效果并掌握各类效果参数的设置方法。
- 掌握“效果”选项卡中参数的设置技巧。
- 掌握视频后期处理的方法。

技能目标

- 掌握壁炉火效果的制作方法。
- 掌握水面雾气效果的制作方法。

素养目标

- 培养学生积极实践的学习精神。

11.1 “环境”选项卡简介

“环境”选项卡主要用于制作背景和大气特效。在菜单栏中选择“渲染 > 环境”命令，如图 11-1 所示，或按“8”键，打开“环境和效果”窗口，如图 11-2 所示。

“环境和效果”窗口的功能如下。

- 制作静态或变化的单色背景。
- 将图像或贴图作为背景。所有类型的贴图都可以使用，因此所制作出的效果千变万化。

- 设置环境光及环境光动画。
- 通过 3ds Max 2020 中的各种大气外挂模块制作特殊的大气效果，包括燃烧、雾、体积雾、体积光等，同时也可以引入第三方大气模块。
- 将“曝光控制”应用于渲染。

图 11-1

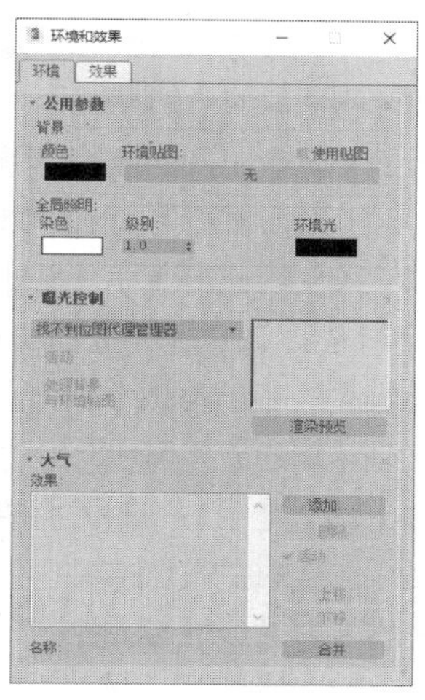

图 11-2

11.1.1 公用参数

在“环境”选项卡的“公用参数”卷展栏的“背景”选项组中可以设置背景贴图，在“全局照明”选项组中可以对场景中的环境光进行调节，如图 11-3 所示。

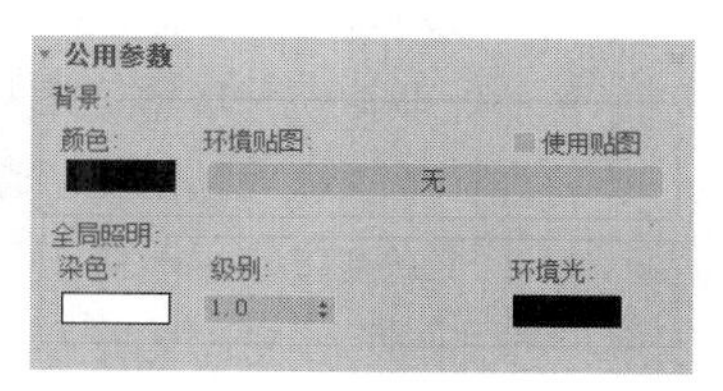

图 11-3

“公用参数”卷展栏的介绍如下。

“背景”选项组：可在该选项组中设置背景的效果。

- 颜色：通过颜色选择器指定单色背景的颜色。
- 环境贴图：通过其下的“无”按钮，可以在弹出的“材质/贴图浏览器”对话框中选择相应的贴图。
- 使用贴图：当指定贴图作为背景后，该复选框自动激活，只有将它勾选，贴图才有效。

“全局照明”选项组：该选项组中的参数主要用于对整个场景的环境光进行调节。

- 染色：对场景中的所有灯光进行染色处理。默认为白色，不进行染色处理。
- 级别：增强场景中全部照明的强度。值为 1 时不对场景中的灯光强度产生影响，值大于 1 时整个场景的灯光强度都增强，值小于 1 时整个场景的灯光强度都减弱。
- 环境光：设置环境光的颜色，它与任何灯光无关，不属于定向光源，类似现实生活中空气里的漫反射光。默认为黑色，即没有环境光照明，这样材质完全受到可视灯光的照明，同时在材质编辑器中，材质的“Ambient”属性也没有任何作用；当指定了环境光后，材质的“Ambient”属性就会根据当前的环境光设置产生影响，最明显的效果是材质的暗部不再是黑色，而是染上了所设置的环境光色。环境光尽量不要设置得太亮，因为这样会降低图像的饱和度，使效果变得平淡而发灰。

11.1.2 曝光控制

渲染图像精度的一个受限因素是用户计算机显示器的动态范围（Dynamic Range）。显示器的动态范围是指显示器可以产生的最高亮度和最低亮度之间的比例。在一个光线较弱的房间里，这种比例近似 100：1；在一个明亮的房间里，比例接近于 30：1；真实环境的动态范围可以达到 10000：1 或者更大。3ds Max 2020 的“曝光控制”功能会对显示器的动态范围进行补偿，对灯光亮度值进行转换，会影响渲染图像和视口显示的亮度和对比度，但它不会对场景中实际的灯光产生影响，只是将这些灯光的亮度值转换到一个正确的显示范围之内。

“曝光控制”是用于调整渲染的输出级别和颜色范围的插件。和调整胶片曝光一样，此过程就是所谓的调色。如果渲染使用光能传递并且处理高动态范围（HDR）的图像，这些控制尤其有用。

“曝光控制”可补偿计算机显示器的限定动态范围，该范围的数量级通常约为 2，即显示器所显示的最明亮的颜色比最暗的颜色要亮 100 倍。相比较而言，眼睛可以感知大约 16 个数量级的动态范围。换句话说，眼睛可以感知的最亮颜色比最暗颜色亮大约 10^{16} 倍。“曝光控制”可调整颜色，使颜色可以更好地匹配眼睛的动态范围，同时仍保持在可以渲染的颜色范围内。

3ds Max 2020 包含的“曝光控制”有“对数曝光控制”“伪彩色曝光控制”“物理摄影机曝光控制”“自动曝光控制”“线性曝光控制”。

“曝光控制”卷展栏（见图 11-4）的介绍如下。

图 11-4

- 曝光控制下拉列表：选择要使用的“曝光控制”。
- 活动：勾选该复选框时，在渲染中使用该“曝光控制”；取消勾选该复选框时，不应用该“曝光控制”。
- 处理背景与环境贴图：勾选该复选框时，场景背景贴图和场景环境贴图受“曝光控制”的影响；取消勾选该复选框时，不受“曝光控制”的影响。
- 预览窗口：显示应用了活动“曝光控制”的渲染场景的预览缩略图。渲染后，在更改“曝光控制”设置时将交互式更新。
- 渲染预览：单击该按钮可以渲染预览缩略图。

1. 对数曝光控制

“对数曝光控制”使用亮度、对比度、色调等将物理值映射为 RGB 值，以进行曝光控制。“对数曝光控制参数”卷展栏如图 11-5 所示。

图 11-5

- 亮度：用于调整转换颜色的亮度值，该值为 30 时的效果如图 11-6 所示。
- 对比度：用于调整转换颜色的对比度值，将该值调整为 10 时的效果如图 11-7 所示。
- 中间色调：用于调整中间色的色值范围，将该值设置为 1.5 时的效果如图 11-8 所示（亮度为 50、对比度为 100）。

图 11-6

图 11-7

图 11-8

- 物理比例：用于设置“曝光控制”的物理比例，用于非物理灯光。结果是调整渲染，使其与人眼对场景的反应相同。
- 颜色校正：校正由于灯光颜色影响产生的视角色彩偏移。
- 降低暗区饱和度级别：一般情况下，如果环境的光线过暗，眼睛对颜色的感觉会非常迟钝，几乎分辨不出颜色的色相。通过此功能，可以模拟出这种视觉效果。勾选该复选框后，渲染的图像看起来灰暗，当亮度值低于 5.62 英尺烛光（1 英尺烛光=10.76lx）时，调节效果就不明显了；如果亮度值小于 0.00562 英尺烛光，场景完全为灰色。
- 仅影响间接照明：勾选该复选框，“曝光控制”仅影响间接照明区域。如果使用标准类型的灯光并勾选此复选框，“光线跟踪”和“曝光控制”将会模拟默认的扫描线渲染，产生的效果与取消勾选此复选框时的效果截然不同。
- 室外日光：专门用于处理“IES Sun”灯光产生的场景照明，这种灯光会产生曝光过度的效果，必须勾选该复选框才能校正。

2. 伪彩色曝光控制

“伪彩色曝光控制”实际上是一个照明分析工具，可以使用户直观地观察和计算场景中的照明效果。“伪彩色曝光控制”是将亮度值或照度值映射为显示转换值亮度的伪彩色，“伪彩色曝光控制”卷展栏如图 11-9 所示。

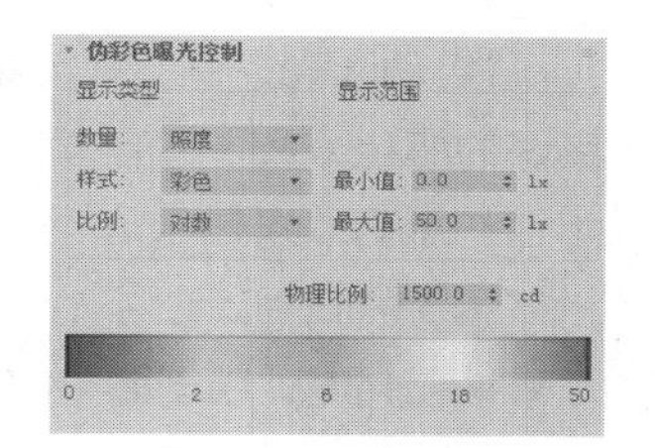

图 11-9

- 数量：该下拉列表用于选择所测量的值，其中包括“照度”和“亮度”。“照度”用于设置物体单位表面所接收光线的数量，“亮度”用于显示光线离开反射表面时的光能。
- 样式：选择显示值的方式，包括“彩色”和“灰度”两种，其中“彩色”表示显示光谱，“灰度”表示显示从白色到黑色的灰色色调。
- 比例：选择用于映射值的方法，包括“对数”和“线性”两种，其中“对数”是指使用对数比例，“线性”是指使用线性比例。
- 最小值：用于设置在渲染过程中要测量和表示的最小值。此数量或小于此数量的值将全部映射为左端的显示颜色（或灰度值）。
- 最大值：用于设置在渲染过程中要测量和表示的最大值。此数量或大于此数量的值将全部映射为右端的显示颜色（或灰度值）。
- 物理比例：用于设置“曝光控制”的物理比例。结果是调整渲染，使其与人眼对场景的反应相同。

3. 物理摄影机曝光控制

可使用“曝光值”和“颜色-响应”曲线设置物理摄影机的曝光。图 11-10 所示为“物理摄影机曝光控制”卷展栏，具体介绍如下。

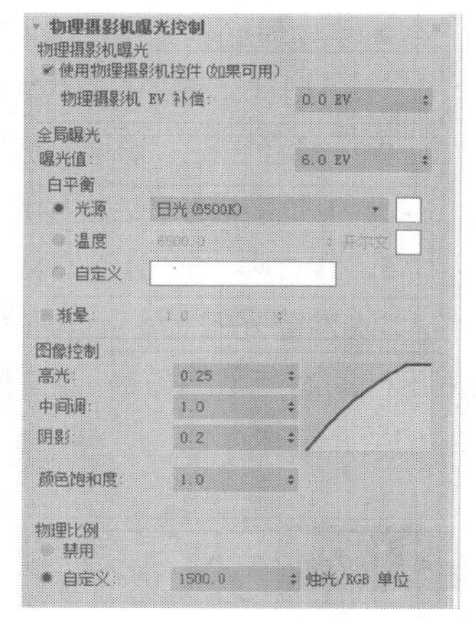

图 11-10

- 使用物理摄影机控件（如果可用）：可在每个摄影机的“曝光”卷展栏中调整“曝光控制”的效果。
- 物理摄影机 EV 补偿：设置物理摄影机的曝光补偿。
- 曝光值：调整全局曝光值。
- 光源：按照标准光源设置色彩平衡。默认设置为“日光（6500K）”。

- 温度：以色温的形式设置色彩平衡，以开尔文表示。
- 自定义：用于设置任意色彩平衡。单击色块以打开“颜色选择器”对话框，可以从中设置希望使用的颜色。
- 渐晕：勾选此复选框时，渲染会模拟摄影胶片边缘的变暗效果。
- 高光/中间调/阴影：可调整“颜色-响应”曲线。
- 颜色饱和度：在渲染过程中更改颜色饱和度。值大于 1 会增加颜色饱和度，值小于 1 会降低颜色饱和度。默认值为 1。

“物理比例”选项组：设置“曝光控制”的物理比例，用于非物理灯光。结果是调整渲染，使其与人眼对场景的反应相同。

- 禁用：禁用“物理比例”。如果场景使用非“光度学”灯光，灯光效果可能会暗淡。
- 自定义：每个标准灯光的倍增值乘以“物理比例”值，得出灯光强度值（单位为 cd）。“物理比例”还用于影响反射、折射和自发光。

4. 自动曝光控制

“自动曝光控制”在渲染的效果中进行采样，然后生成一个柱状图，在渲染的整个动态范围提供良好的颜色分离。“自动曝光控制”可以增强某些照明效果，防止这些照明效果过于暗淡而看不清。“自动曝光控制参数”卷展栏如图 11-11 所示。

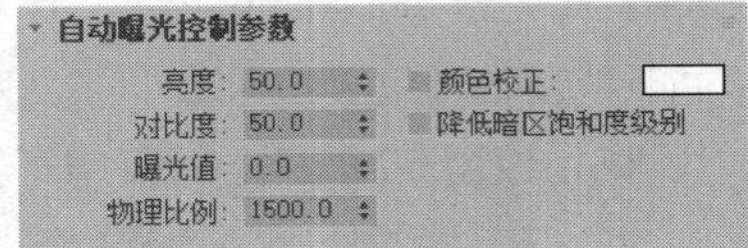

图 11-11

- 亮度：用于调整渲染效果的颜色亮度。
- 对比度：用于调整渲染效果的颜色对比度。

提 示

动画场景不适合使用“自动曝光控制”，因为“自动曝光控制”会在每帧产生不同的柱状图，会造成渲染的动态图像出现抖动。

- 曝光值：用于调整渲染效果的总体亮度，它的调整范围只能控制在-5～5。“曝光值”相当于具有自动曝光功能的摄影机中的曝光补偿。
- 物理比例：用于设置“曝光控制”的物理比例，用于非物理灯光。结果是调整渲染，使其与人眼对场景的反应相同。
- 颜色校正：如果勾选该复选框，则会改变渲染效果的所有颜色。用户可以在其右侧单击色块，在弹出的对话框中选择相应的颜色，从而改变渲染效果的颜色。

5. 线性曝光控制

“线性曝光控制”用于对渲染图像进行采样，计算出场景的平均亮度值并将其转换成 RGB 值，适用于低动态范围的场景。它的参数类似于“自动曝光控制”的参数，具体内容请参见“自动曝光控制”的相关介绍。

11.2 大气效果

3ds Max 2020 默认提供了“火效果”“雾”“体积雾”“体积光”4 种大气效果，每种大气效果都有独特的光照特性、云层形态、气象特点等。下面就来学习丰富多彩的大气效果，其参数卷展栏如图 11-12 所示，介绍如下。

- 添加：用户可以单击该按钮，在弹出的对话框中选择相应的大气效果，其中列出了 8 种大气效果，如图 11-13 所示（其中后 4 种是 VRay 渲染器自带的，这里就不详细介绍了）。用户可以在该对话框中选择任意一种大气效果，选择完成后单击“确定”按钮，“大气”卷展栏中的“效果”列表框中会出现添加的大气效果，该卷展栏的下方也会出现相应的设置项，如图 11-14 所示。

图 11-12

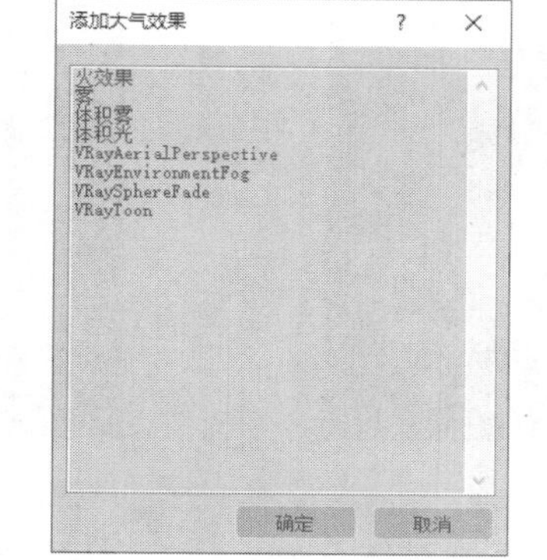

图 11-13

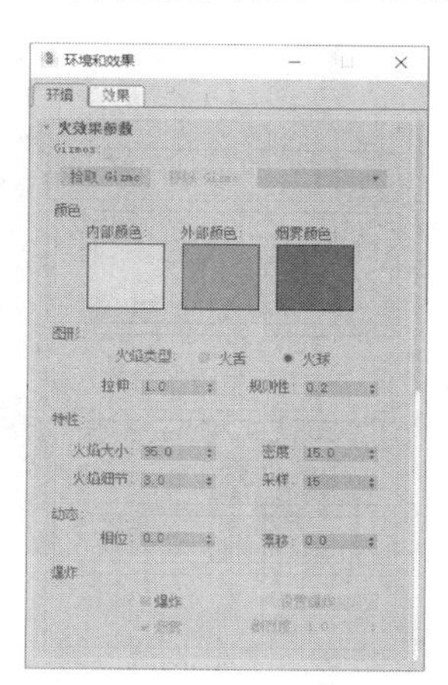

图 11-14

- 删除：可以单击该按钮删除所设置的大气效果。
- 活动：勾选该复选框时，“效果”列表框中的大气效果有效；取消勾选该复选框时，大气效果无效，但是参数仍然保留。
- 上移/下移：用户可以通过单击“上移”“下移”按钮来调整左侧列表框中大气效果的顺序，以此来决定渲染计算的先后顺序（最下面的先进行计算）。
- 合并：可以单击该按钮，在弹出的对话框中选择要合并大气效果的场景，但这样会将所有 Gizmo（线框）对象和灯光一同合并。
- 名称：用于显示当前选择的大气效果的名称。

提 示

在 4 种大气效果中，除“雾”是由摄影机直接控制以外，其他 3 种大气效果都需要指定一个“载体”作为依附对象。

11.2.1 课堂案例——制作壁炉火效果

学习目标：学会使用“火效果”。

知识要点：创建半球体 Gizmo，并为半球体 Gizmo 指定“火效果”，以制作火堆燃烧效果，参考效果如图 11-15 所示。

原始场景所在位置：云盘/场景/Ch11/火堆.max。

图 11-15

微课视频

制作壁炉火效果

效果所在位置：云盘/场景/Ch11/火堆 o.max。

贴图所在位置：云盘/贴图。

（1）打开原始场景文件“火堆.max”，如图 11-16 所示。

（2）单击“+（创建）> （辅助对象）> 大气装置 > 球体 Gizmo”按钮，在“顶”视口中创建球体 Gizmo，在“球体 Gizmo 参数”卷展栏中勾选“半球”复选框，如图 11-17 所示。

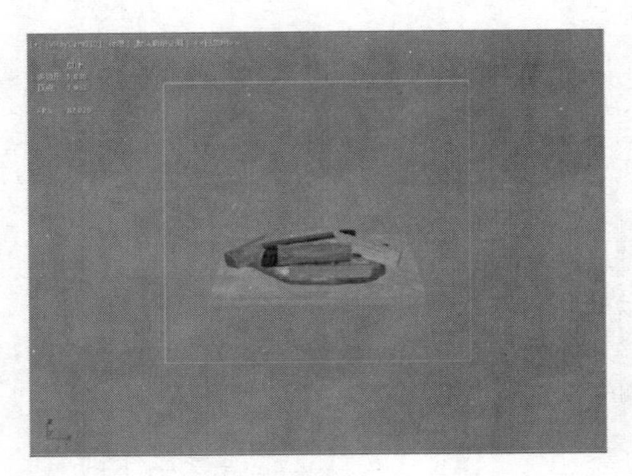

图 11-16

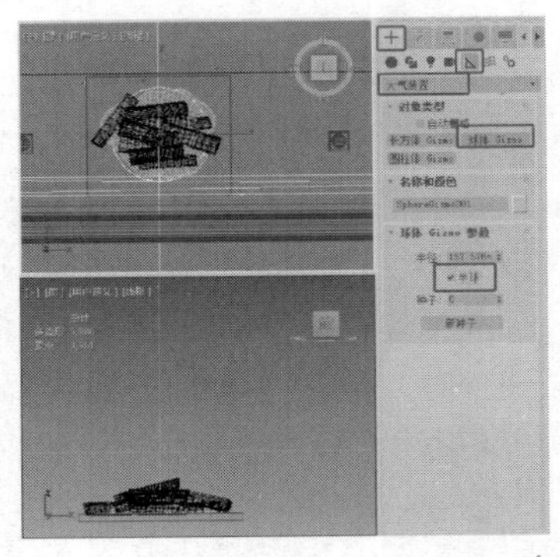

图 11-17

（3）在场景中复制球体 Gizmo，调整球体 Gizmo 的位置并对其进行缩放，如图 11-18 所示。

（4）按“8”键，打开“环境和效果”窗口，在“大气”卷展栏中单击“添加”按钮，添加“火效果”，如图 11-19 所示。

（5）在“火效果参数”卷展栏中单击“拾取 Gizmo”按钮，在场景中拾取球体 Gizmo。在“图形”组中选择“火舌”单选按钮，设置“拉伸”为 1.0、“规则性”为 0.2；在“特性”选项组中设置“火焰大小”为 35.0、“火焰细节”为 3.0、“密度”为 15.0、“采样”为 15，如图 11-20 所示。

（6）将其渲染输出，完成壁炉火效果的制作。

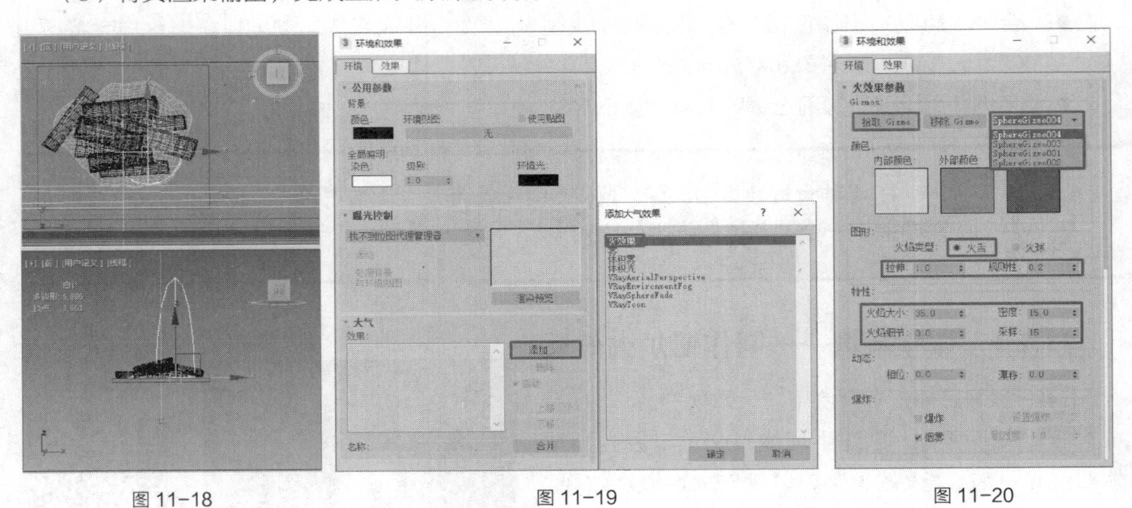

图 11-18　　图 11-19　　图 11-20

11.2.2 “火效果”参数

“火效果”通过 Gizmo 对象确定火焰的形状，上一小节案例中的火焰是由一组 Gizmo 组成的。

用户可以通过“大气”卷展栏中的“合并”按钮将其利用到其他场景中。

每个火焰效果都具备自己的参数，当在“效果”列表框中选择“火效果”时，其参数将会在“环境和效果”窗口中显示。

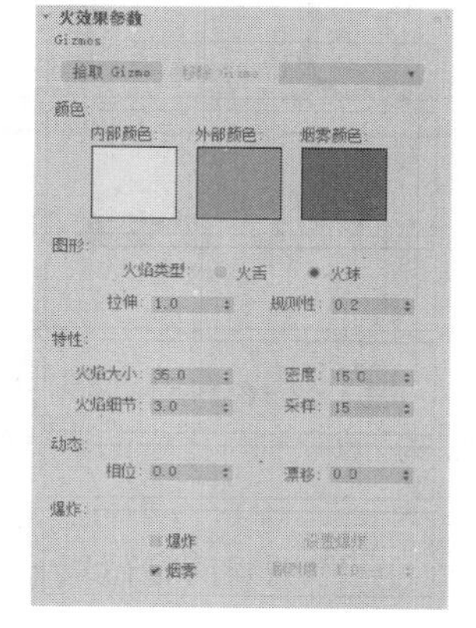

图 11-21

“火效果参数”卷展栏（见图 11-21）的介绍如下。

- 拾取 Gizmo：单击该按钮，进入拾取模式，然后单击场景中的某个大气装置即可将其拾取。在渲染时，装置会显示火焰效果，装置的名称将添加到“装置”下拉列表中。
- 移除 Gizmo：移除所选的 Gizmo。Gizmo 仍在场景中，但是不再显示火焰效果。
- 颜色：可以使用下方的 3 个色块为火焰效果设置 3 个颜色属性。
- 内部颜色：用于设置效果中最密集部分的颜色。对于典型的火焰，此颜色代表火焰中最热的部分。
- 外部颜色：用于设置效果中最稀薄部分的颜色。对于典型的火焰，此颜色代表火焰中较冷的散热边缘。

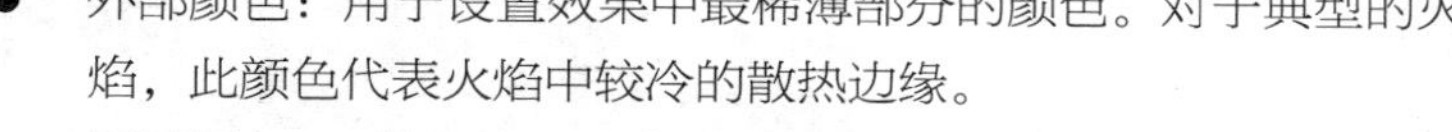

- 烟雾颜色：可设置用于“爆炸”的烟雾颜色。

“图形”选项组：可控制火焰效果中火焰的形状、大小和图案。

- 火舌：沿着中心使用纹理创建带方向的火焰。火焰方向沿着火焰装置的局部 z 轴，可以创建类似篝火的火焰。
- 火球：创建圆形的爆炸火焰，很适合创建“爆炸”效果。
- 拉伸：将火焰沿着装置的 z 轴缩放。
- 规则性：修改火焰填充装置的方式。如果值为 1，则填满装置，效果在装置边缘附近衰减，但是总体形状仍然非常明显；如果值为 0，则生成很不规则的效果，效果有时可能会到达装置的边界，但是通常会被修剪，会小一些。

“特性”选项组：可设置火焰的大小和外观。

- 火焰大小：用于设置装置中各个火焰的大小。装置大小会影响火焰大小，装置越大，需要的火焰也越大。
- 密度：用于设置火焰效果的不透明度和亮度。
- 火焰细节：用于控制每个火焰的颜色更改量和边缘尖锐度。设置较小的值可以生成平滑、模糊的火焰，渲染速度较快；设置较大的值可以生成带图案的清晰火焰，渲染速度较慢。
- 采样：用于设置效果的采样率。该值越大，生成的效果越准确，渲染所需的时间也越长。

“动态”选项组：可以设置火焰的涡流和上升的动画。

- 相位：调节火焰速率，控制火焰动态效果，实现所需视觉效果。
- 漂移：设置火焰沿着火焰装置的 z 轴的渲染方式。设置较小的值提供燃烧较慢的冷火焰，设置较大的值提供燃烧较快的热火焰。

“爆炸”选项组：可以自动设置爆炸动画。

- 爆炸：根据“相位”自动设置动画的大小、密度和颜色。
- 烟雾：控制爆炸是否产生烟雾。
- 设置爆炸：单击该按钮，弹出“设置爆炸相位曲线”对话框，在其中可设置爆炸的开始时间和结束时间。

● 剧烈度：改变“相位”参数的涡流效果。

提 示

如果勾选了“爆炸”选项组中的“爆炸”和“烟雾”复选框，则将对烟雾颜色设置动画；如果取消勾选了“爆炸”和“烟雾”复选框，则将忽略烟雾颜色。

11.2.3 课堂案例——制作水面雾气效果

学习目标：学会使用“体积雾”效果。

知识要点：使用球体 Gizmo，并结合使用“体积雾”效果制作出水面雾气效果，参考效果如图 11-22 所示。

效果所在位置：云盘/场景/Ch11/体积雾o.max。

贴图所在位置：云盘/贴图。

图 11-22

微课视频

制作水面雾气效果

（1）按“8”键，打开“环境和效果”窗口，单击“公用参数”卷展栏中的“无”按钮，在弹出的“材质/贴图浏览器”对话框中选择“位图”贴图，单击“确定”按钮，如图 11-23 所示。

（2）在弹出的“选择位图图像文件”对话框中选择“体积雾.jpg”背景图像，单击“打开”按钮，如图 11-24 所示。

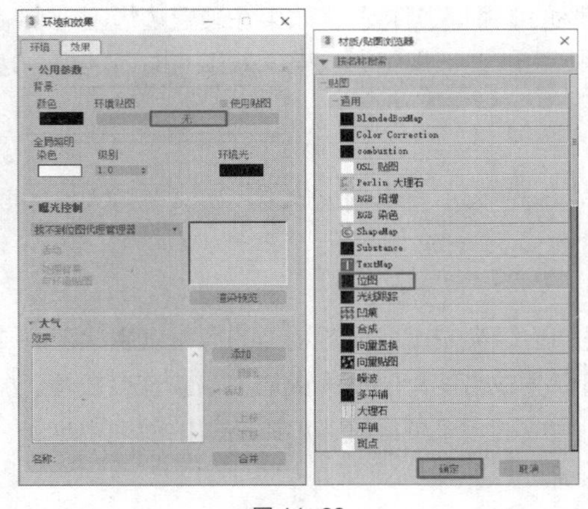

图 11-23

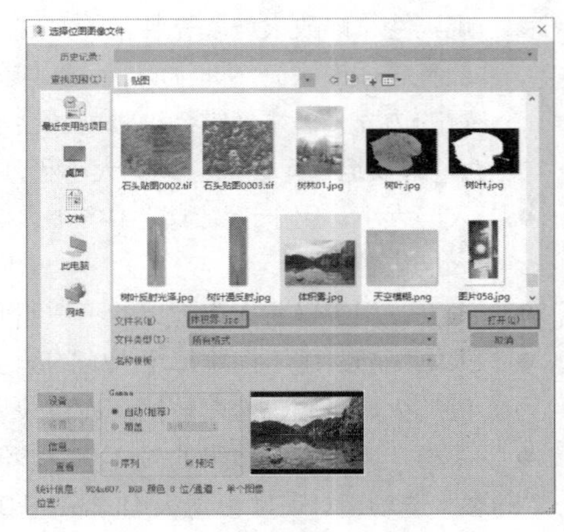

图 11-24

（3）切换到“透视”视口，按“Alt+B”快捷键，在弹出的对话框中选择“背景”选项卡，从中选择“使用环境背景”单选按钮，单击“应用到活动视图”按钮，如图 11-25 所示。这时可以在“透视”视口中看到背景图像，如图 11-26 所示。

（4）将环境贴图拖曳到“材质编辑器”窗口中新的材质球上，以“实例”的方式进行复制，在“坐标”卷展栏中选择“环境”单选按钮，设置“贴图”类型为“屏幕”，如图 11-27 所示。

（5）单击“＋（创建）> （辅助对象）> 大气装置 > 球体 Gizmo”按钮，在场景中创建球体 Gizmo，在“球体 Gizmo 参数”卷展栏中设置“半径”为 100.0mm，如图 11-28 所示。

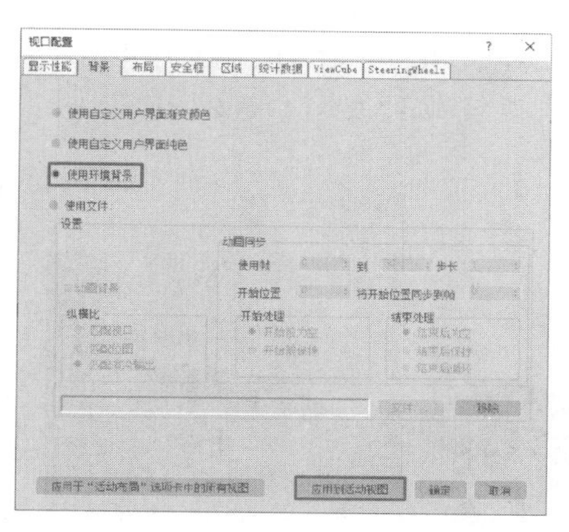

图 11-25

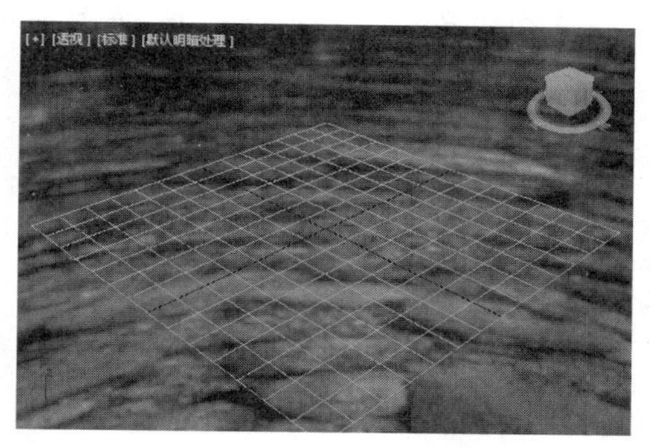

图 11-26

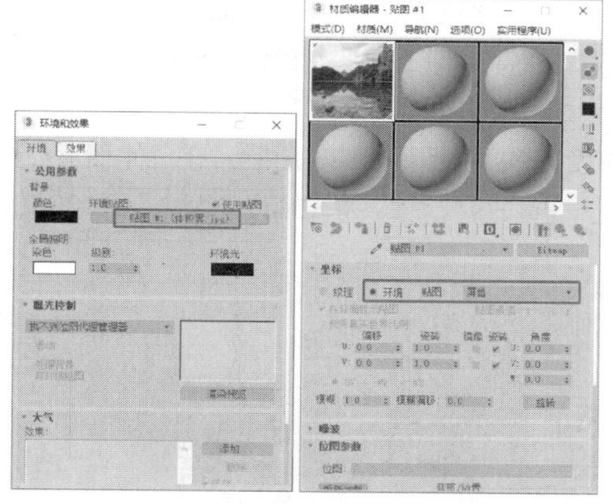

图 11-27

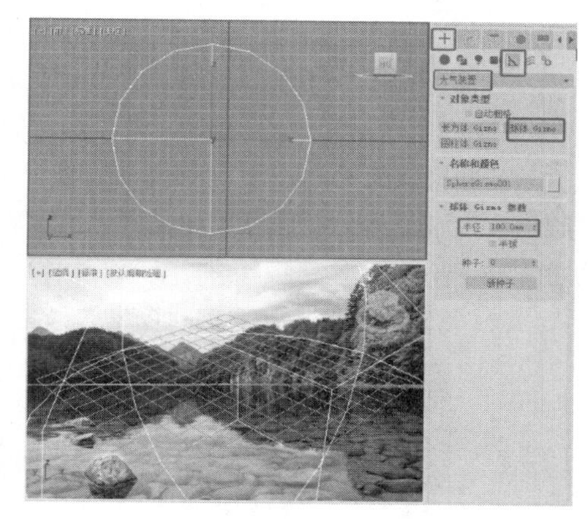

图 11-28

（6）在“前”视口中缩放球体 Gizmo，如图 11-29 所示。

（7）在“环境和效果”窗口中单击“大气”卷展栏中的“添加”按钮，在弹出的“添加大气效果”对话框中选择“体积雾”，单击“确定”按钮，如图 11-30 所示。

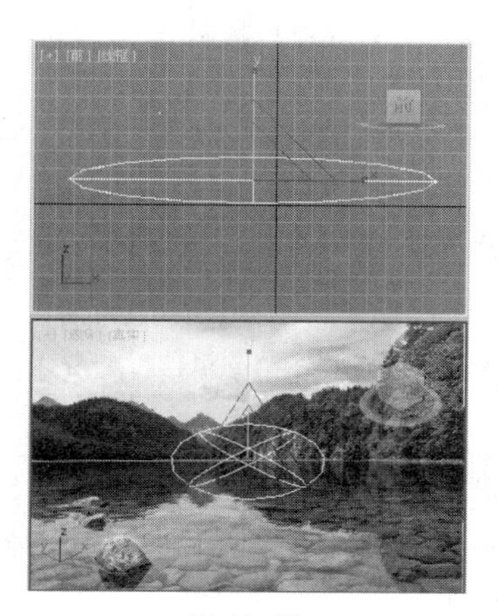

图 11-29

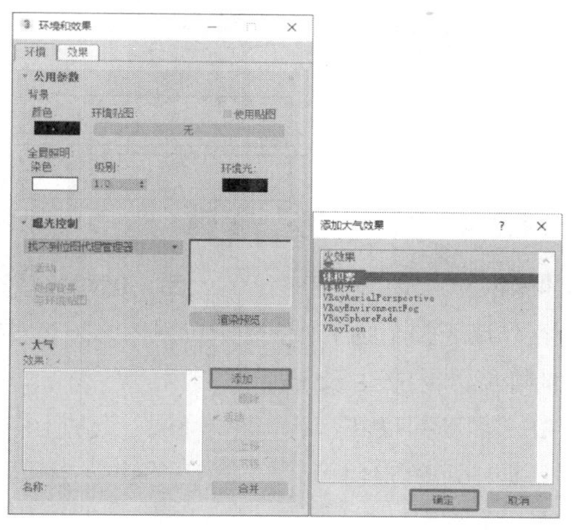

图 11-30

（8）添加效果后，显示“体积雾参数”卷展栏，单击“拾取 Gizmo”按钮，在场景中拾取创建的球体 Gizmo，如图 11-31 所示。使用默认参数渲染场景并观察效果，如图 11-32 所示。

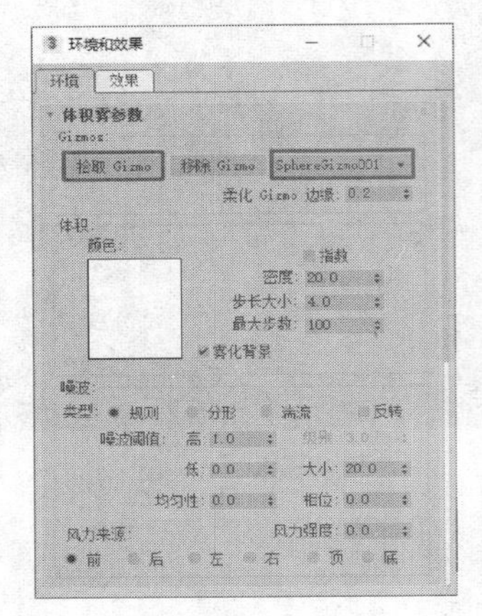

图 11-31

图 11-32

（9）调整球体 Gizmo，并调整“透视”视口的角度，效果如图 11-33 所示。在“体积雾参数”卷展栏中设置“体积”选项组中的“密度”为 10.0，设置“噪波”选项组中的“大小”为 30.0，如图 11-34 所示。

（10）将其渲染输出，完成水面雾气效果的制作。

图 11-33

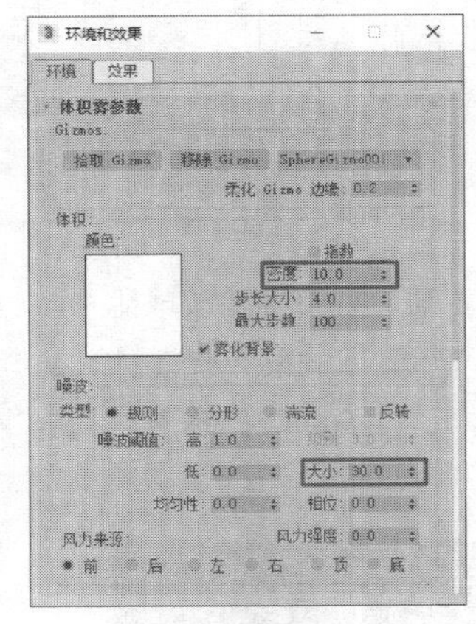

图 11-34

11.2.4 “体积雾”参数

“体积雾”可以产生三维的云团，创建比较真实的云雾效果。“体积雾”有两种使用方法。一种是直接作用于整个场景，但要求场景内必须有对象存在；另一种是作用于 Gizmo 对象，在 Gizmo 对象限制的区域内产生云团。

在“环境和效果”窗口的“环境”选项卡中单击“大气”卷展栏中的“添加”按钮，然后在弹出的对话框中选择“体积雾”，单击“确定”按钮，如图 11-35 所示，即可添加该效果。当添加完成后，“环境”选项卡中将显示与“体积雾”相关的设置，如图 11-36 所示。

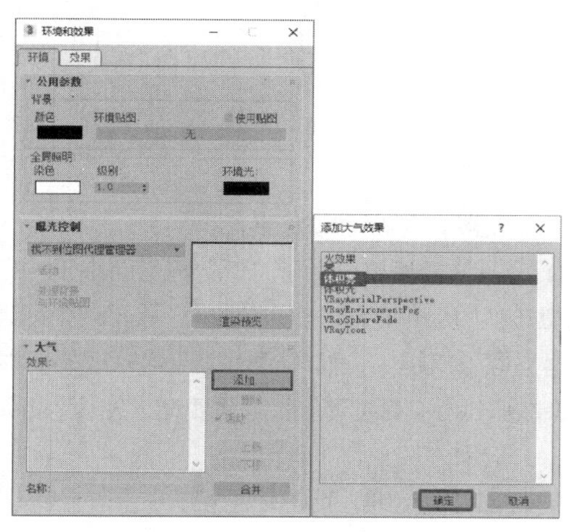

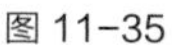
图 11-35

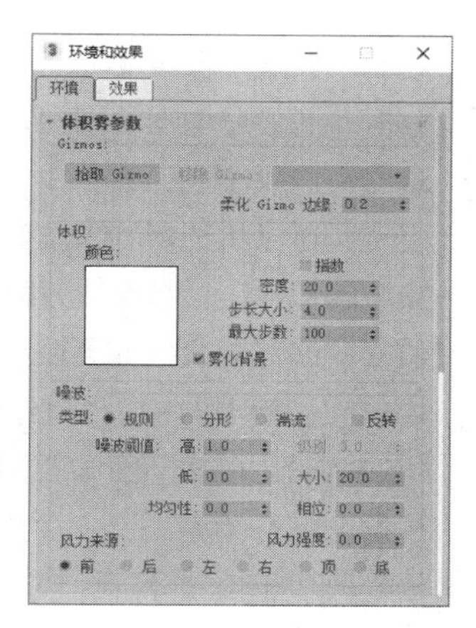

图 11-36

默认情况下，“体积雾”填满整个场景。不过，可以选择让 Gizmo 对象包含雾。Gizmo 对象可以是球体、长方体、圆柱体或这些几何体的特定组合。下面介绍“体积雾”常用的几种参数及其功能。

- 拾取 Gizmo：可以通过该按钮在场景中选择要创建“体积雾”的 Gizmo 对象，选择 Gizmo 对象后，其名称将会在右侧的下拉列表中显示。
- 移除 Gizmo：单击该按钮后，会将所设置的“体积雾”Gizmo 删除。
- 柔化 Gizmo 边缘：可以对“体积雾”的边缘进行羽化处理，其值越大，边缘越柔化，其取值范围为 0 ~ 1。图 11-37 所示为该参数值为 0 和 0.4 时的效果。将“柔化 Gizmo 边缘”设置为 0，可能会造成边缘出现锯齿。
- 颜色：可以通过其下方的颜色框来改变雾的颜色，如果在更改的过程中激活了“自动关键点”按钮，那么可以将变换颜色的过程设置为动画。
- 指数：可以随距离按指数增大密度。当取消勾选该复选框时，密度随距离呈线性增大；当勾选该复选框后，可以只渲染“体积雾”中的透明对象。勾选该复选框和取消勾选该复选框时的效果如图 11-38 所示。

图 11-37

图 11-38

- 密度：用于控制雾的密度。其值越大，雾的透明度越低。将该参数值设置为 20 以上时，可能会看不见场景。
- 步长大小：用于确定雾采样的粒度。值越小，颗粒越细，雾的效果越好；值越大，颗粒越粗，雾的效果越差。
- 最大步数：用于限制采样量，避免雾的计算无限进行下去。此功能比较适用于雾密度较小的场景。
- 雾化背景：勾选该复选框时，会对背景图像进行雾化，渲染后的效果会比较真实。

- 类型：用户可以在其中选择需要的噪波类型，包括“规则”“分形”“湍流”3 种类型。
- 规则：标准的噪波图案。
- 分形：迭代分形噪波图案。
- 湍流：迭代湍流图案。
- 反转：可以将选择的噪波效果反向，厚的地方变薄，薄的地方变厚。
- 噪波阈值：可限制噪波效果，取值范围为 0 ~ 1。如果噪波值大于“低”阈值而小于“高”阈值，动态范围会拉伸到填满。这样，在阈值转换时会补偿较小的不连续，从而减少锯齿。
- 均匀性：范围为−1 ~ 1，作用与高通滤波器类似。值越小，雾越透明，包含分散的烟雾泡。值在−0.3 左右时，图像看起来像灰斑。此参数值越小，雾越薄，所以需要增大密度，否则“体积雾”将开始消失。
- 级别：用于设置分形计算的迭代次数，值越大，雾越精细，计算也越慢。
- 大小：用于确定雾块的大小。
- 相位：用于控制风的速度。如果进行了“风力强度”的设置，雾将按指定风向进行运动；如果没有进行风力设置，雾将在原地翻滚。对“相位”参数进行动画设置，可以产生风中云雾飘动的效果；为“相位”参数指定特殊的动画控制器，还可以产生阵风等特殊效果。
- 风力强度：用于控制雾沿风向移动的速度。如果“相位”值变化很快，而“风力强度”值变化较慢，雾将快速翻滚而缓慢漂移；如果“相位”值变化很慢，而“风力强度”值变化较快，雾将快速漂移而缓慢翻滚；如果只需要雾在原地翻滚，则将“风力强度”设置为 0 即可。
- 风力来源：用于确定风吹来的方向，有 6 个正方向可选。

11.3 效果

“效果”选项卡用于制作背景和大气效果。在菜单栏中选择“渲染 > 效果”命令，如图 11-39 所示，即可打开“环境和效果”窗口中的“效果”选项卡，如图 11-40 所示，具体介绍如下。

- 添加：用于添加新的效果。单击该按钮后，可以在弹出的对话框中选择需要的效果，如图 11-41 所示。

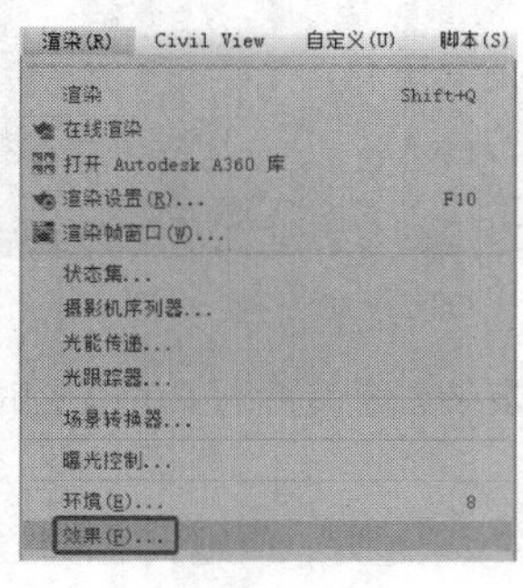

图 11-39

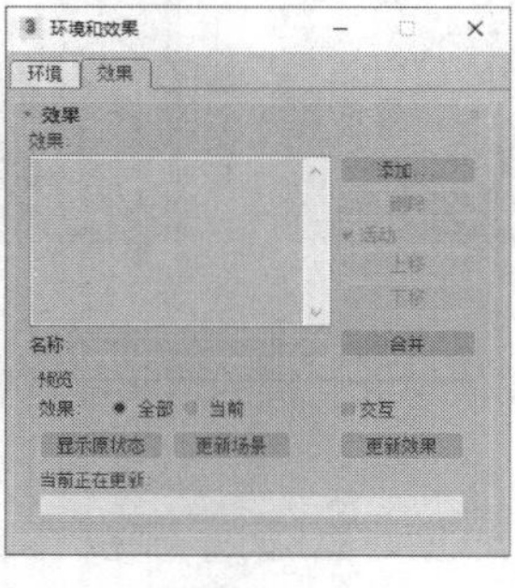

图 11-40

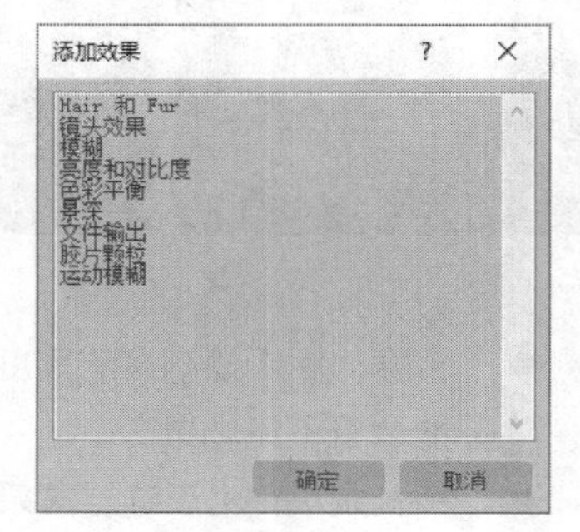

图 11-41

- 删除：用于删除列表框中当前选择的效果。
- 活动：在勾选该复选框的情况下，当前效果才会发挥作用。

- 上移：用于将当前选择的效果向上移动。新建的效果总是放在最下方，渲染时是按照从上至下的顺序进行计算处理的。
- 下移：用于将当前选择的效果向下移动。
- 合并：单击该按钮后，可在弹出的对话框中选择要合并大气效果的场景，同时会将 Gizmo 对象和灯光一同合并。
- 名称：用于显示当前在列表框中选择的效果的名称，用户可以自定义其名称。

下面对 3ds Max 中比较常用的几个效果进行简单的介绍。

11.3.1 毛发和毛皮

在完成毛发类造型的创建和调整之后，为了渲染输出时得到更好的效果，可以通过“Hair 和 Fur”卷展栏对毛发的渲染输出参数进行设置，如图 11–42 所示。该卷展栏提供了“毛发渲染选项”选项组、“运动模糊”选项组、“缓冲渲染选项”选项组、“合成方法”选项组等，利用它们可为最终的渲染结果增添许多修饰效果，示例如图 11–43 所示。

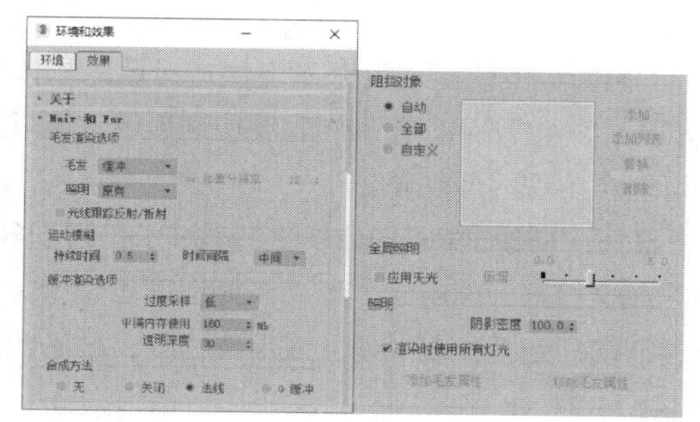

图 11–42

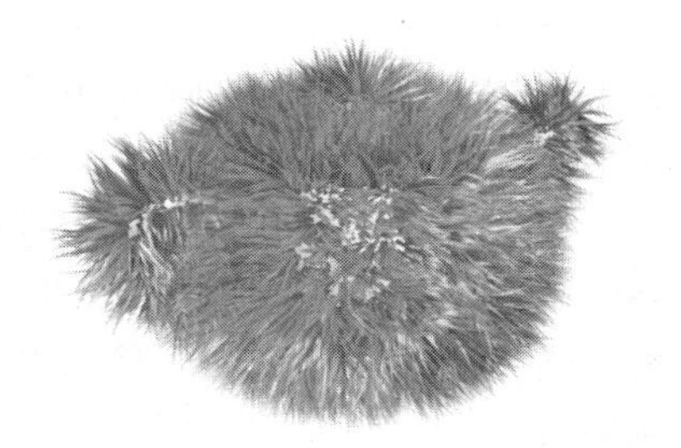

图 11–43

11.3.2 模糊

“模糊”效果提供了 3 种不同的对图像进行模糊处理的方法，可以针对整个场景、去除背景的场景或场景元素进行模糊。“模糊”效果常用于创建梦幻或摄影机移动拍摄的效果，示例如图 11–44 所示。

“模糊参数”卷展栏如图 11–45 所示，其中包括“模糊类型”“像素选择”两个选项卡。“模糊类型”选项卡主要包括“均匀型”“方向型”“径向型”3 种模糊方式，它们分别都有相应的参数设置；“像素选择”选项卡主要用于设置需要进行模糊的像素位置。

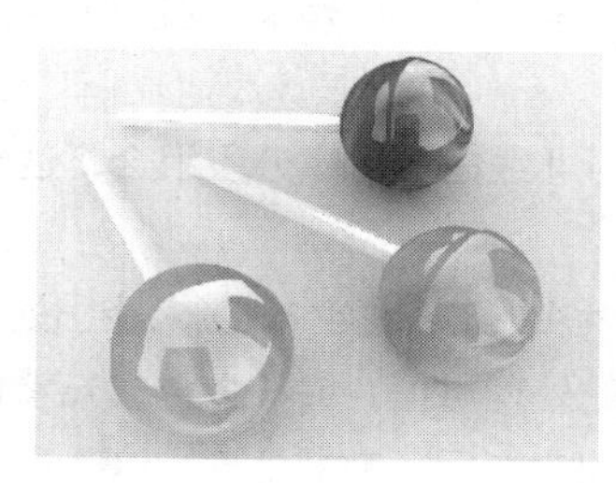

图 11–44

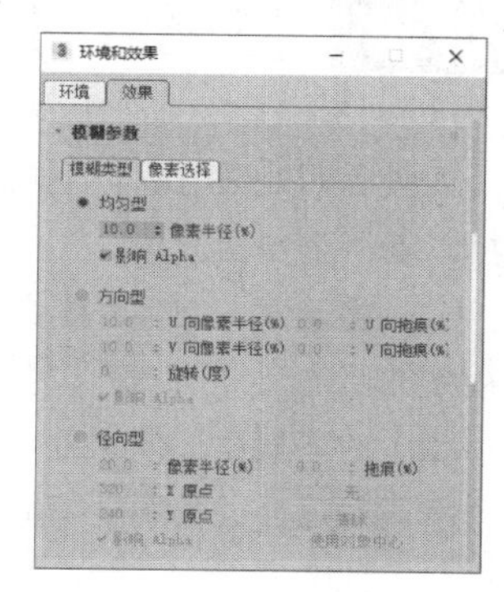

图 11–45

11.3.3 色彩平衡

“色彩平衡”效果通过在相邻像素之间填补过渡色，以消除色彩之间强烈的反差，使对象更好地匹配到背景图像或背景动画上，示例如图 11-46 所示。

“色彩平衡参数”卷展栏如图 11-47 所示，可以通过“青/红”“洋红/绿”“黄/蓝”3 个色值通道进行调整。如果不想改变颜色的亮度，可以勾选“保持发光度”复选框。

图 11-46

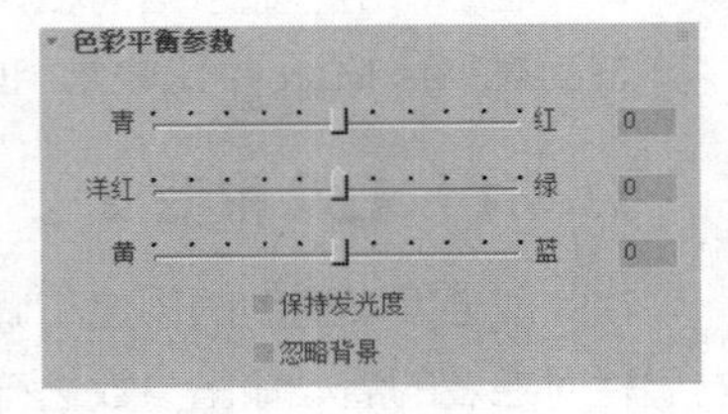

图 11-47

11.3.4 运动模糊

“运动模糊”效果可以模拟在现实拍摄当中，摄影机的快门速度跟不上快速运动的物体的速度而产生的模糊效果，能增加画面的真实感，示例如图 11-48 所示。在制作表现快速度的动画效果时，如果不使用“运动模糊”效果，最终生成的动画可能会出现闪烁现象。

“运动模糊参数”卷展栏如图 11-49 所示，通过“持续时间”参数可控制快门速度延长的时间，值为 1 时，快门在这一帧和下一帧之间的时间内完全打开，值越大，运动模糊程度也越大。勾选“处理透明”复选框时，被透明对象遮挡的对象仍进行模糊处理；取消勾选该复选框时，被透明对象遮挡的对象不进行模糊处理，可以提高模糊渲染速度。

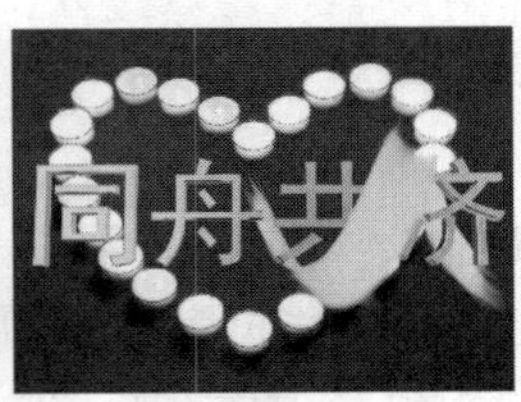

图 11-48

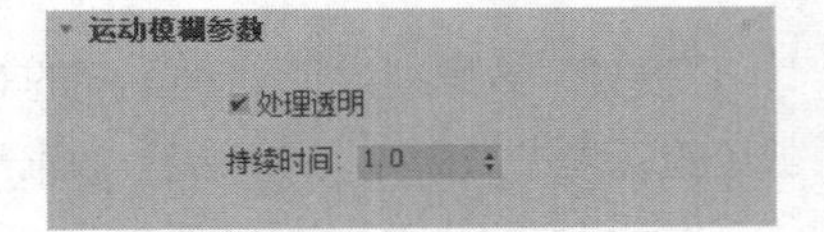

图 11-49

11.4 视频后期处理

视频后期处理可以将不同的图像、效果、图像过滤器和当前的动画场景结合起来，它的主要作用包括以下两个方面。

（1）将动画、文字、图像、场景等合成在一起，对动态影像进行非线性编辑、分段组合，达到剪辑视频的目的。

（2）对场景添加效果处理功能，比如对画面进行发光处理，在两个场景转换时做淡入淡出处理。

所谓动画合成，就是指把几个不同的动画场景合成为一个场景的处理过程。每一个合成元素包含在一个单独的事件中，而多个事件排列在一个列队中，并且按照排列的先后顺序被处理。这些列队可以包括一些循环事件。

在菜单栏中选择“渲染>视频后期处理”命令，可以打开“视频后期处理”窗口，如图 11-50 所示。

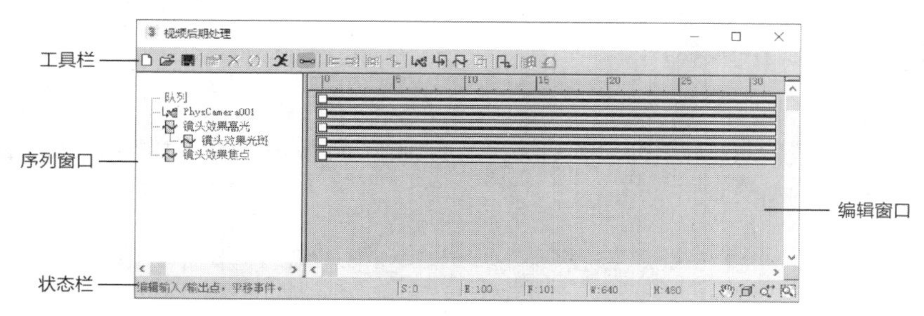

图 11-50

“视频后期处理”窗口和“轨迹视图-曲线编辑器”窗口类似，左侧的序列窗口中的每一个事件都对应着一条深色的范围线，可以拖动两端的小方块来编辑这些范围线。“视频后期处理”窗口由序列窗口、编辑窗口、工具栏、状态栏组成。

11.4.1 序列窗口和编辑窗口

“视频后期处理”窗口的主要工作区域是序列窗口和编辑窗口。

1. 序列窗口

“视频后期处理”窗口的左侧区域为序列窗口，序列窗口中以分支树的形式列出了后期处理序列中包括的所有事件，如图 11-51 所示。这些事件按照被处理的先后顺序排列，背景图像应该放在最上层。如果要调整某些事件的先后顺序，只需要将相应的事件拖放到新的位置即可。

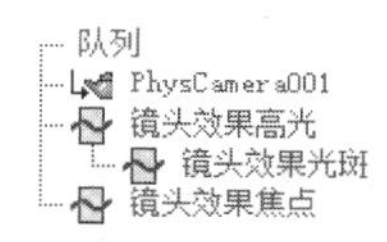

图 11-51

在按住“Ctrl”键的同时单击事件的名称，可以同时选择多个事件；先选择某个事件，然后按住“Shift”键再单击另一个事件，则两个事件之间的所有事件都会被选择。双击某个事件可以打开相应的对话框进行参数设置。

2. 编辑窗口

“视频后期处理”窗口的右侧区域为编辑窗口，以深蓝色的范围线表示事件作用的时间段。选择某个事件以后，编辑窗口中对应的范围线会变成红色，如图 11-52 所示。选择多条范围线可以进行各种对齐操作，双击某个事件对应的范围线可以直接打开对应的对话框进行参数设置，如图 11-53 所示。

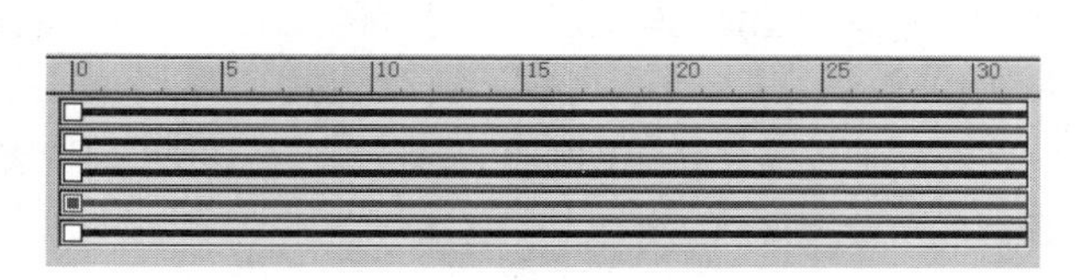

图 11-52

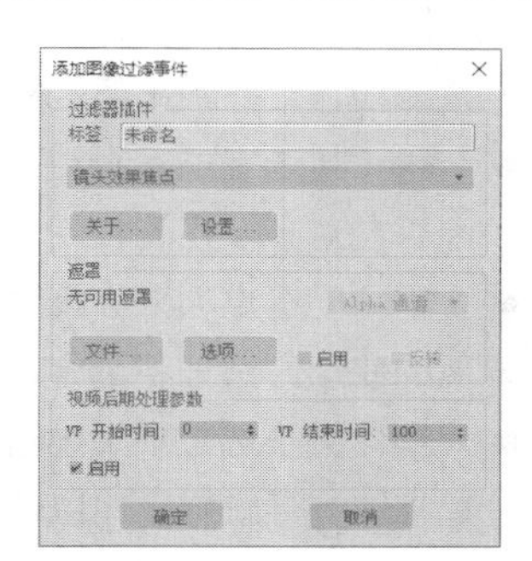

图 11-53

范围线两端的方块代表该事件的最初一帧和最后一帧，拖动两端的方块可以延长或缩短事件作用的时间段，拖动两个方块之间的部分则可以整体移动范围线。如果范围线超出了给定的动画帧数，系统会自动添加一些附加帧。

11.4.2 工具栏和状态栏

1. 工具栏

工具栏位于“视频后期处理”窗口的上部，由不同的功能按钮组成，主要用于编辑图像和动画场景事件，如图11-54所示。

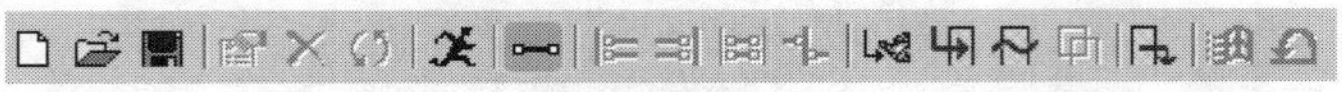

图11-54

工具栏中的各按钮介绍如下。

- （新建序列）按钮：创建一个新的序列，同时将当前的所有序列设置删除。实际上相当于删除全部序列的命令。
- （打开序列）按钮：打开一个VPX标准格式文件，当保存的序列被打开后，当前的所有事件会被删除。
- （保存序列）按钮：将当前的“视频后期处理”窗口中的序列保存为VPX标准格式文件，以便将来用于其他场景。
- （编辑当前事件）按钮：如果序列窗口中有可编辑事件，该按钮变成可用状态，单击它可以打开对话框以编辑事件参数。
- （删除当前事件）按钮：将当前选择的事件删除。
- （交换事件）按钮：当两个相邻的事件同时被选择时，该按钮成为可用状态，可以将两个事件交换。
- （执行序列）按钮：对当前“视频后期处理”窗口中的序列进行输出渲染前的最后设置。单击此按钮将弹出参数设置对话框，其中的设置参数与“轨迹视图-曲线编辑器”窗口中的几乎完全相同，但它们是各自独立的，不会产生相互影响。
- （编辑范围栏）按钮：视频后期处理中的基本编辑工具，对序列窗口和编辑窗口都有效。
- （将选定项靠左对齐）按钮：使选择的多条范围线左对齐。对齐范围线的选择有严格要求，要对齐的目标范围线（即本身不变动的范围线）必须最后一个被选择，它的两个方块以红色显示，而其他方块以白色显示，这就表明白色方块要向红色方块对齐。可以同时选择多条范围线，对齐到一条范围线上。
- （将选定项靠右对齐）按钮：使选择的多条范围线右对齐，该按钮的使用方法与将选定项靠左对齐按钮的使用方法相同。
- （使选定项大小相同）按钮：使选择的多条范围线与最后一个选择的范围线对齐，该按钮的使用方法与将选定项靠左对齐按钮相同。
- （关于选定项）按钮：根据按钮图像显示效果，进行范围线的对接操作。该操作不考虑选择的先后顺序，可以快速地将几段影片连接起来。
- （添加场景事件）按钮：用于添加新的场景，并可以从当前使用的几种标准视口中选择。

可以使用多台摄影机在不同的角度拍摄场景，通过视频后期处理将它们以时间段组合在一起，编辑成一段连续切换镜头的影片。

- （添加图像输入事件）按钮：可以加入各种格式的图像事件，将它们通过合成控制连接在一起。
- （添加图像过滤事件）按钮：使用 3ds Max 2020 提供的多种过滤器对已有的图像添加效果并进行特殊处理。
- （添加图像层事件）按钮：专门的视频编辑工具，用于将两个子级事件以某种特殊方式与父级事件合成在一起，能合成输入图像和输入场景事件，也可以合成图层事件，产生嵌套的层级。可以将两个图像或场景合成在一起，利用 Alpha 通道控制透明度，产生一个新的合成图像；或将两段影片连接在一起，添加淡入淡出等效果。
- （添加图像输出事件）按钮：与添加图像输入事件按钮的用法相同，但是支持的图像格式较少，可以将最后的合成结果保存为图像文件。
- （添加外部事件）按钮：将当前事件加入一个外部处理软件，如 Photoshop。打开外部处理软件，将保存在系统剪贴板中的图像粘贴为新文件，在 Photoshop 中对它进行编辑，再复制到剪贴板中，关闭该软件后，剪贴板上加工过的图像会自动回到 3ds Max 2020 中。
- （添加循环事件）按钮：对指定事件进行循环处理，可对所有类型的事件进行操作，包括其自身。加入循环事件后会产生一个层级，子事件为原事件，父事件为循环事件。

2. 状态栏

“视频后期处理”窗口的底部是状态栏，如图 11-55 所示，其中包括提示行、事件值域和一些视口工具按钮。

编辑输入/输出点，平移事件。 | S:0 | E:100 | F:101 | W:640 | H:480 |

图 11-55

状态栏中的各工具功能介绍如下。

- S：显示当前选择的项目的起始帧。
- E：显示当前选择的项目的结束帧。
- F：显示当前选择的项目的总帧数。
- W/H：显示当前序列最后输出图像的尺寸，单位为“像素”。
- （平移）按钮：用于上下左右移动编辑窗口。
- （最大化显示）按钮：以左右宽度为准将编辑窗口中的全部内容最大化显示，使它们都出现在屏幕上。
- （缩放时间）按钮：用于缩放时间。
- （缩放区域）按钮：用于放大编辑窗口中的某个区域以充满窗口。

11.4.3 镜头效果光斑

“镜头效果光斑”窗口用于将镜头光斑效果作为后期处理添加到渲染中。通常对场景中的灯光应用光斑效果，随后对象周围会产生镜头光斑，如图 11-56 所示。可以在“镜头效果光斑”窗口中控制镜头光斑的表现。

“镜头效果光斑”窗口（见图 11−57）的介绍如下。

图 11−56

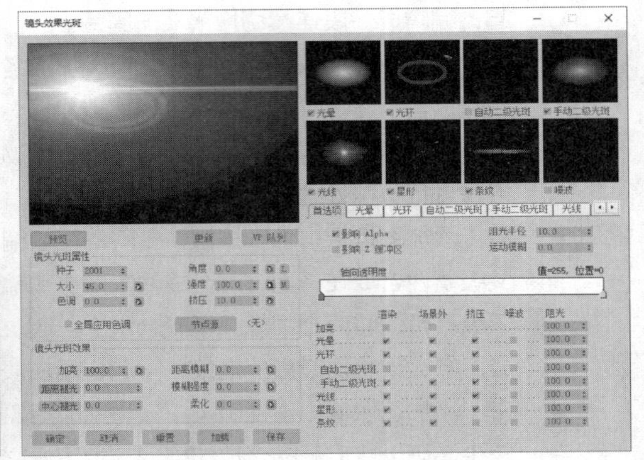

图 11−57

- 预览：单击该按钮时，如果光斑拥有自动或手动二级光斑元素，则光斑会在预览窗口左上角显示；如果光斑不包含这些元素，光斑会在预览窗口的中央显示。
- 更新：每次单击该按钮，都会更新整个预览窗口的内容和小窗口的内容。
- VP 队列：在预览窗口中显示 Video Post 队列的内容。

“镜头光斑属性”选项组：指定光斑的全局设置，如光斑源、大小、种子数和角度等。

- 种子：为镜头效果中的随机数生成器提供不同的起点，创建略有不同的镜头效果，而不更改任何设置。使用“种子”参数可以确保产生不同的镜头光斑，尽管这种差异非常小。
- 大小：影响整个镜头光斑的大小。
- 色调：如果勾选了“全局应用色调”复选框，此参数将控制镜头光斑效果中应用的“色调”的量。此参数可设置动画。
- 角度：影响光斑从默认位置开始旋转的量，如光斑位置相对于摄影机改变的量。
- 强度：用于控制光斑的总体亮度和不透明度。
- 挤压：在水平方向或垂直方向挤压镜头光斑，用于补偿不同的帧纵横比。
- 全局应用色调：将源对象的“色调”应用于其他光斑效果。
- 节点源：可以为镜头光斑效果选择源对象。

“镜头光斑效果”选项组：控制特定的光斑效果，如淡入淡出、亮度和柔化等。

- 加亮：用于设置影响整个图像的总体亮度。
- 距离褪光：随着与摄影机之间的距离的变化，镜头光斑效果会淡入淡出。
- 中心褪光：在光斑的中心附近，沿光斑主轴淡入淡出二级光斑。这是通过真实摄影机镜头可以观察到的效果。此参数使用 3ds Max 2020 世界单位。只有激活“中心褪光”按钮，此设置才能启用。
- 距离模糊：根据与摄影机之间的距离模糊光斑。
- 模糊强度：将模糊应用到镜头光斑上时控制其强度。
- 柔化：为镜头光斑提供整体柔化效果。此参数可设置动画。
- “首选项”选项卡：可以控制激活的镜头光斑部分，以及它们影响整个图像的方式。

- “光晕”选项卡：制作以光斑的源对象为中心的常规光晕。可以控制光晕的颜色、大小、形状和其他方面。
- “光环”选项卡：制作围绕源对象中心的彩色光环。可以控制光环的颜色、大小、形状等。
- “自动二级光斑”选项卡：制作自动二级光斑。通常看到的小圆圈会在镜头光斑的源对象上显现出来。随着摄影机的位置相对于源对象的更改，二级光斑也会随之移动。此选项卡处于活动状态时，二级光斑会自动产生。
- “手动二级光斑”选项卡：制作手动二级光斑，即添加到镜头光斑效果中的附加二级光斑，它们出现在与自动二级光斑相同的轴上而且外观也类似。
- “光线”选项卡：制作从源对象中心发出的明亮的直线，为对象提供很高的亮度。
- “星形”选项卡：制作从源对象中心发出的明亮的直线，通常包括 6 条或多于 6 条辐射线（而不是像“光线”一样有数百条）。“星形”通常比较粗并且要比“光线”从源对象的中心向外延伸得更远。
- “条纹”选项卡：制作穿越源对象中心的水平条带。
- “噪波”选项卡：在光斑效果中添加特殊效果，如“爆炸”效果。

“首选项”选项卡的介绍如下。

- 影响 Alpha：指定以 32 位文件格式渲染图像时，镜头光斑是否影响图像的 Alpha 通道。Alpha 通道用于无缝地在一个图像的上面合成另外一个图像。
- 影响 Z 缓冲区：Z 缓冲区会存储对象与摄影机之间的距离，用于创建光学效果，如雾。
- 阻光半径：光斑中心周围半径，它确定在镜头光斑跟随到另一个对象后，光斑效果何时开始衰减。以“像素”为单位。
- 运动模糊：确定是否使用“运动模糊”渲染设置动画的镜头光斑。“运动模糊”以较小的增量渲染同一帧的多个副本，从而显示出运动对象的模糊。对象快速穿过屏幕时，如果打开了“运动模糊”，动画效果会更加流畅。但使用“运动模糊”会显著增加渲染时间。
- 轴向透明度：标准的圆形透明度渐变，它会沿其轴并相对于其源影响镜头光斑二级元素的透明度。这使二级元素的一侧要比另外一侧亮，同时使光斑效果更加真实。
- 渲染：指定是否在最终图像中渲染镜头光斑的每个部分。使用这一组复选框可以启用或禁用镜头光斑的各部分。
- 场景外：指定其源在场景外的镜头光斑是否影响图像。
- 挤压：指定“挤压”设置是否影响镜头光斑的特定部分。
- 噪波：定义是否为镜头光斑启用“噪波”设置。
- 阻光：定义光斑部分被其他对象阻挡时出现的百分比。

11.4.4 镜头效果光晕

添加“镜头效果光晕”事件后，进入其设置窗口，显示出相关的选项卡。下面介绍其中常用的重要参数。

（1）“属性”选项卡（见图 11-58）的介绍如下。

“源”选项组：指定场景中要应用光晕的对象，可以同时选择多个。

图 11-58

- 全部：将光晕应用于整个场景，而不仅应用于几何体的特定部分。
- 对象 ID：如果具有特定对象 ID（在 G 缓冲区中）的对象与过滤器设置匹配，可将光晕应用于该对象或其中一部分。
- 效果 ID：如果具有特定 ID 通道的对象或该对象的一部分与过滤器设置相匹配，可将光晕应用于该对象或其中一部分。
- 零钳制：高亮度颜色比纯白色（255、255、255）要亮。
- 曲面法线：根据曲面法线与摄影机的角度使对象的一部分产生光晕。
- 遮罩：使图像的遮罩通道产生光晕。
- Alpha：使图像的 Alpha 通道产生光晕。
- Z 高/Z 低：根据对象到摄影机的距离使对象产生光晕。其中，较大值表示最大距离，较小值表示最小距离。这两个 Z 缓冲区之间的任何对象均会产生光晕。

“过滤”选项组：控制光晕的应用方式。

- 全部：选择场景中的所有源对象，并将光晕应用于这些对象上。
- 边缘：选择所有沿边界的源对象，并将光晕应用于这些对象上。沿对象边应用光晕会在对象的内外边上生成柔和的光晕。
- 周界 Alpha：根据对象的 Alpha 通道，将光晕仅应用于此对象的周界。
- 周界：根据边推论，将光晕仅应用于此对象的周界。
- 亮度：根据源对象的亮度值过滤源对象。只选定亮度值大于此处设置的对象，并使其产生光晕。
- 色调：按色调过滤源对象。单击右边的色块可以选择颜色。色块右侧的数值框可用于输入变化级别，从而使光晕能够在与选定颜色相同的范围内找到几种不同的色调。

（2）“首选项”选项卡（见图 11-59）的介绍如下。

- 影响 Alpha：指定渲染为 32 位文件格式时，光晕是否影响图像的 Alpha 通道。
- 影响 Z 缓冲区：指定光晕是否影响图像的 Z 缓冲区。
- 大小：用于设置总体光晕效果的大小。此参数可设置动画。
- 柔化：柔化和模糊光晕效果。

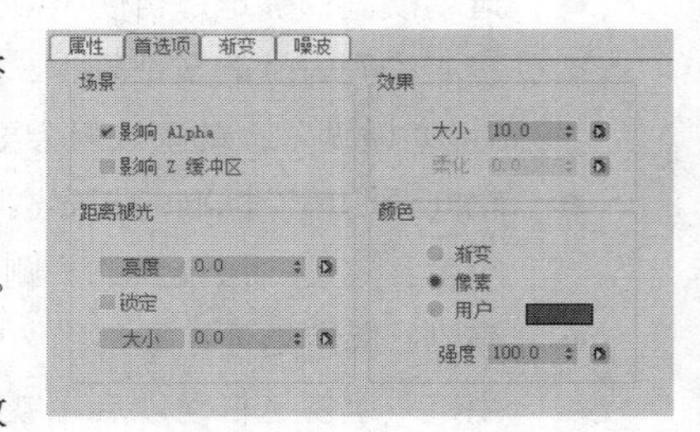

图 11-59

“距离褪光”选项组：根据光晕到摄影机的距离衰减光晕效果。与“镜头效果光斑”窗口中的“距离褪光”参数的作用相同。

- 亮度：可用于根据到摄影机的距离来降低光晕效果的亮度。
- 锁定：勾选该复选框时，同时锁定“亮度”值和“大小”值，因此大小和亮度同步减小和降低。
- 大小：可用于根据到摄影机的距离来减小光晕效果。
- 渐变：根据“渐变”选项卡中的设置创建光晕。
- 像素：根据对象的像素颜色创建光晕。这是默认方法，其速度很快。
- 用户：让用户选择光晕效果的颜色。
- 强度：控制光晕效果的强度或亮度。

（3）“噪波”选项卡（见图 11-60）的介绍如下。

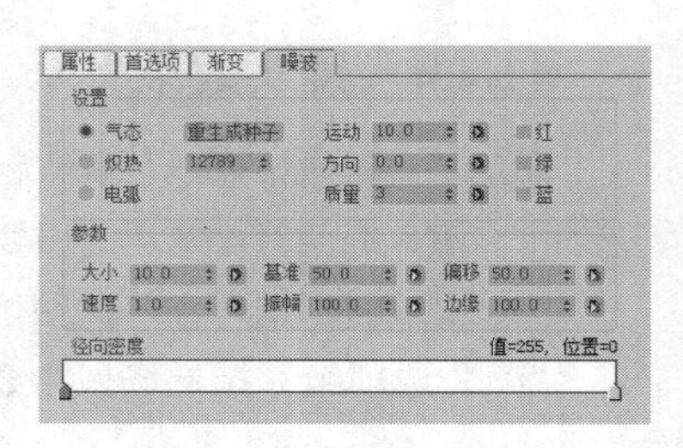

图 11-60

- 气态：一种松散、柔和的图案，通常用于模拟云和烟雾。

- 炽热：带有亮度、定义明确的分形图案，通常用于模拟火焰。
- 电弧：较长的、定义明确的卷状图案。设置动画时，可用于生成电弧。通过将图案质量调整为 0，可以创建水波反射效果。
- 重生成种子：可设置为任意数值来创建不同的分形效果。
- 运动：为噪波设置动画时，“运动”参数用来指定噪波图案在由“方向”参数设置的方向上的运动速度。
- 方向：指定噪波效果运动的方向（以度为单位）。
- 质量：指定噪波效果中分形噪波图案的总体质量。该值越大，会导致分形迭代次数越多，效果越细化，渲染时间也会有所延长。
- 红/绿/蓝：选择应用噪波效果的颜色通道。
- 大小：指定分形图案的总体大小。设置较小的数值会生成较小的粒状分形图案，设置较大的数值会生成较大的图案。
- 速度：在分形图案中设置制作动画时湍流的总体速度。设置较大的数值会在图案中生成更快的湍流。
- 基准：指定噪波效果中的颜色亮度。
- 振幅：使用“基准”值控制分形噪波图案每个部分的最大亮度。设置较大的数值会产生带有较亮颜色的分形图案，设置较小的数值会产生带有较柔和颜色的相同图案。
- 偏移：将效果颜色移向颜色范围的一端或另一端。
- 边缘：控制分形图案的亮区域和暗区域之间的对比度。设置较大的数值会产生较高的对比度和更多定义明确的分形图案，设置较小的数值会产生微小的效果。
- 径向密度：从效果中心到边缘以径向方式控制噪波效果的密度。无论何时，渐变为白色时，只能看到噪波；渐变为黑色时，可以看到基本的光晕。如果将渐变右侧设置为黑色，将左侧设置为白色，并将噪波效果应用到光斑的光晕中，那么当光晕的中心仍可见时，噪波效果将朝光晕的外边呈现。

11.4.5 镜头效果高光

使用“镜头效果高光”窗口可以指定明亮的、星形的高光，可将其应用在具有发光材质的对象上。其中“几何体”选项卡（见图 11-61）的介绍如下。

- 角度：控制制作动画的过程中高光点的角度。
- 钳位：确定高光必须读取的像素数，以此数量来放置单一高光效果。
- 交替射线：替换高光周围的点长度。

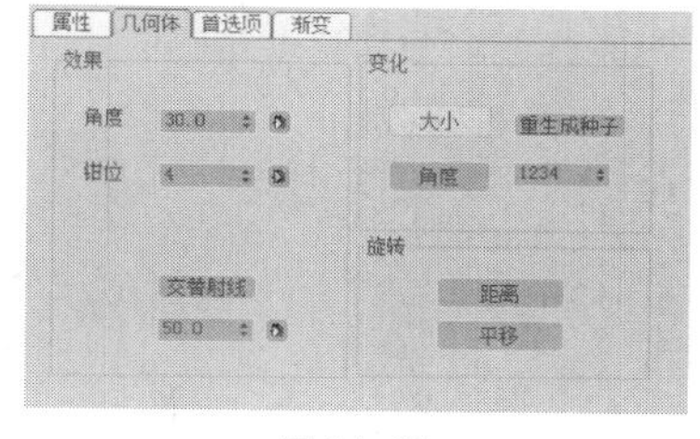

图 11-61

“变化”选项组：可以给高光效果增加随机性。

- 大小：变化单个高光效果的总体大小。
- 角度：变化单个高光效果的初始方向。
- 重生成种子：强制高光使用不同随机数来生成其效果的各部分。
- “旋转”选项组：其中的两个按钮可用于使高光基于它们在场景中的相对位置自动旋转。
- 距离：单个高光效果逐渐随距离模糊时自动旋转。高光效果模糊得越快，其旋转的速度就越快。

- 平移：单个高光效果横向穿过屏幕时自动旋转。如果场景中的对象经过摄影机，这些对象会根据其位置自动旋转。高光效果穿过屏幕的移动速度越快，其旋转的速度就越快。

课堂练习——制作光效

知识要点：学习使用泛光灯和“视频后期处理”窗口来制作镜头光效，参考效果如图 11-62 所示。

效果所在位置：云盘/场景/Ch11/光效 o.max。

图 11-62

微课视频

制作光效

课后习题——制作烛火效果

知识要点：创建球体 Gizmo，并为球体 Gizmo 添加“火效果”，通过设置“火效果”参数制作燃烧的火苗，参考效果如图 11-63 所示。

效果所在位置：云盘/场景/Ch11/烛火 o.max。

图 11-63

微课视频

制作烛火效果

第 12 章 高级动画设置

通过高级动画设置可以制作更加复杂的运动。这些复杂的运动都有一个共同点，那就是复杂形体中的各个组成部分之间具有特殊的链接关系，各个组成部分通过这些链接关系形成一个有机整体。3ds Max 2020 是以层级关系来定义对象间的关联和运动的。本章将介绍正向运动学及反向运动学的相关知识。

学习目标

- 掌握用正向运动学制作动画的方法和技巧。
- 掌握用反向运动学制作动画的方法和技巧。

技能目标

- 掌握风铃动画的设置方法。

素养目标

- 培养学生不惧困难的学习精神。

12.1 正向运动学

通过链接，可以在对象之间建立父子关系。对父对象进行变换操作，会影响其子对象。许多子对象可以分别链接到相同的或者不同的父对象上，建立各种复杂的复合父子链接。相互链接在一起的对象之间的称谓、关系如下。

- 父对象：控制一个或多个子对象的对象。一个父对象通常也被另一个更高级的父对象控制。
- 子对象：父对象控制的对象。子对象也可以是其他子对象的父对象。默认情况下，没有任何父对象的子对象是世界的子对象（世界是一个虚拟对象）。
- 祖先对象：一个子对象的父对象，以及该父对象的所有父对象。

- 派生对象：一个父对象的子对象，以及该子对象的所有子对象。
- 层级：在一个单独结构中相互链接在一起的所有父对象和子对象。
- 根对象：层级中比所有其他对象的层级都高的父对象（唯一），所有其他对象都是根对象的派生对象。
- 子树：所选父对象及其所有派生对象所形成的结构。
- 分支：在层级中从一个父对象到一个单独派生对象的路径。
- 叶对象：没有子对象的子对象，即分支中最低层级的对象。
- 链接：父对象和它的子对象之间的联系。链接是父对象与子对象之间变换位置、旋转和缩放信息的“管道”。
- 轴点：为每一个对象定义局部中心和坐标系统。

12.1.1 课堂案例——制作风铃动画

学习目标：学会使用“交互式 IK”功能创建动画。

知识要点：打开原始场景，原始场景中已创建了链接并调整了轴心，在此基础上单击“自动关键点”按钮，并使用“交互式 IK”功能来设置 IK 动画，分镜头效果如图 12-1 所示。

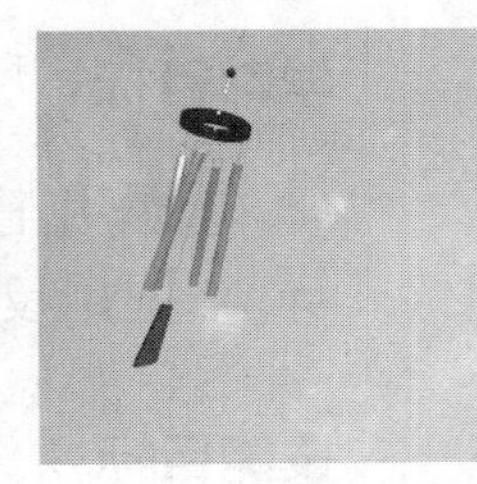

微课视频

制作风铃动画

图 12-1

原始场景所在位置：云盘/场景/Ch12/风铃.max。

效果所在位置：云盘/场景/Ch12/风铃 o.max。

贴图所在位置：云盘/贴图。

（1）打开原始场景文件“风铃.max”，如图 12-2 所示。

（2）在工具栏中单击（图解视图）按钮，可以看到创建好的层级效果，如图 12-3 所示。

图 12-2

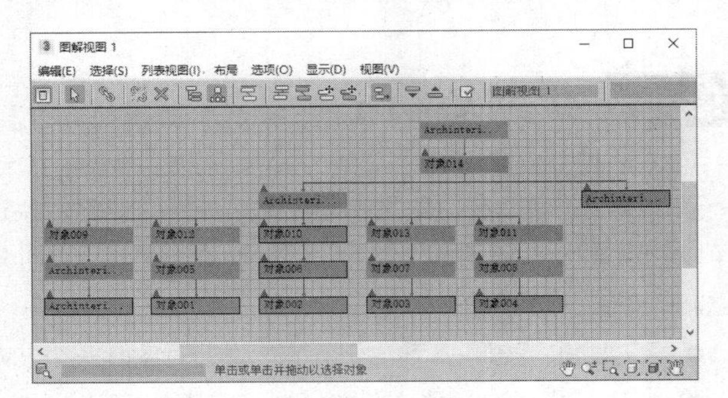

图 12-3

（3）切换到（层级）命令面板，单击“轴”按钮，在“调整轴”卷展栏中单击“仅影响轴”按钮，在场景中调整轴到父对象与子对象的链接处，如图 12-4 所示。

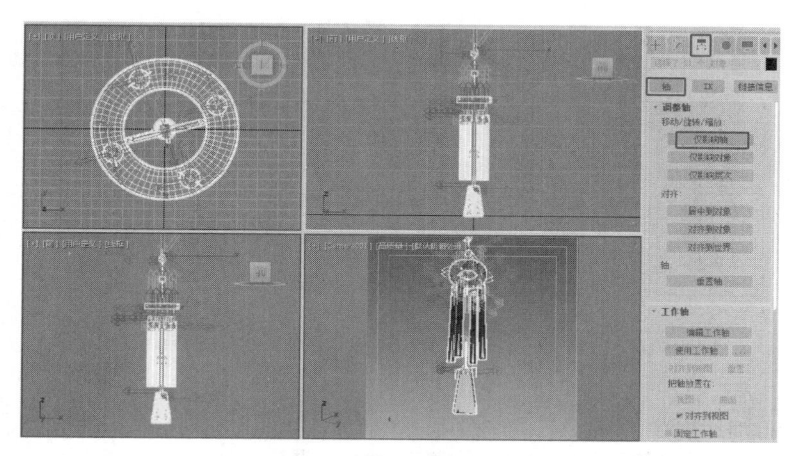

图 12-4

（4）单击“IK”按钮，在“反向运动学”卷展栏中单击“交互式 IK”按钮，单击“自动关键点”按钮，拖动时间滑块到第 20 帧处，在场景中调整底端的模型，如图 12-5 所示。

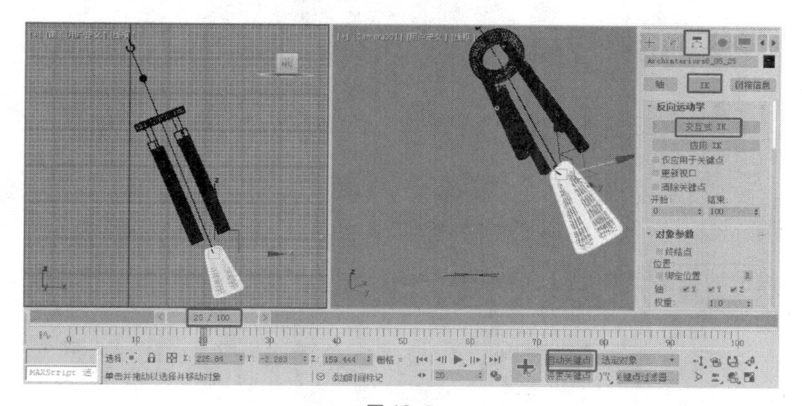

图 12-5

（5）保持时间滑块在第 20 帧处，在场景中调整风铃模型的子对象，如图 12-6 所示。

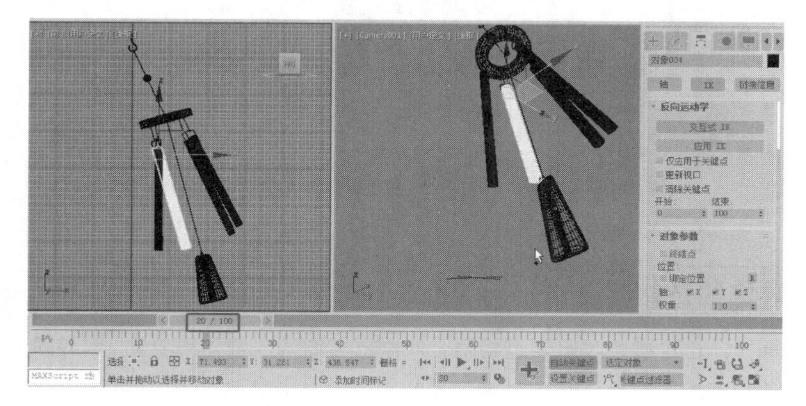

图 12-6

（6）拖动时间滑块到第 50 帧处，在场景中移动模型，如图 12-7 所示。

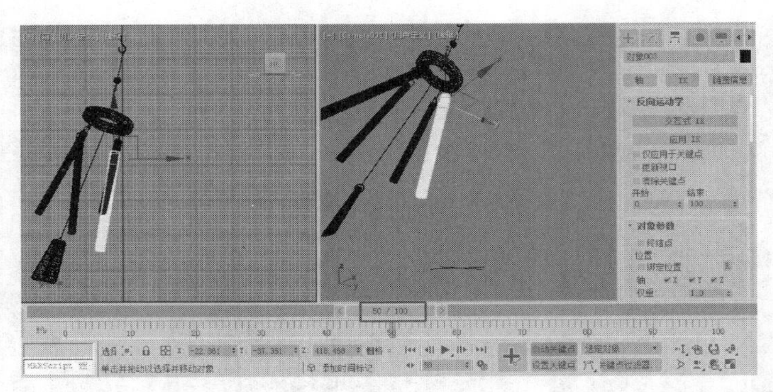

图 12-7

（7）拖动时间滑块到第 80 帧处，在场景中调整模型，如图 12-8 所示。

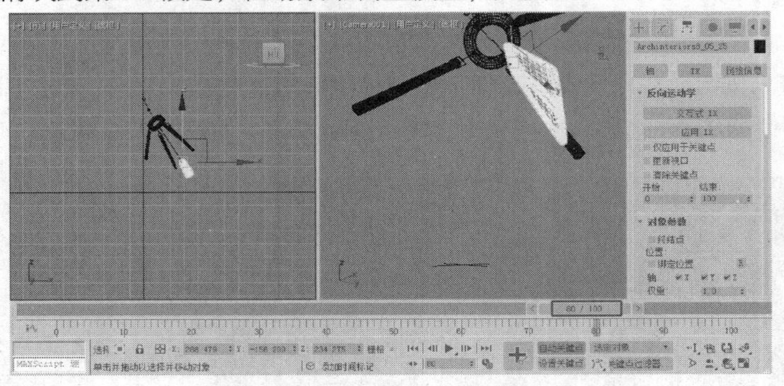

图 12-8

（8）拖动时间滑块到第 100 帧处，在场景中调整模型，如图 12-9 所示。最后将动画渲染输出，完成风铃动画的制作。

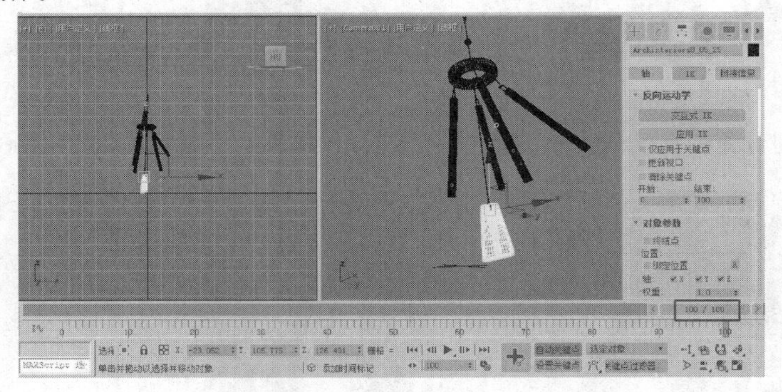

图 12-9

12.1.2 对象的链接

使用（选择并链接）按钮可以通过将两个对象链接作为“子”和“父”，定义它们之间的层级关系。用户可以将当前选定对象（子）链接到其他相关对象（父）。

创建对象的链接前要确定谁是谁的父级，谁是谁的子级，如车轮是车体的子级、四肢是身体的子级。正向运动学中父级影响子级的运动、旋转及缩放，但子级只能影响它的下一级而不能影响父级。

对多个对象进行父子关系的链接，可形成层级关系，从而创建复杂运动或模拟关节结构。例如，将手链接到手臂上，再将手臂链接到躯干上，这样它们之间就产生了层级关系。使用正向运动学或反向运动学操作时，层级关系就会带动所有链接的对象，并且可以逐层发生关系。

1. 链接对象

使用 （选择并链接）按钮可以将两个对象进行链接来定义它们之间的父子层级关系。

（1）单击工具栏中的 （选择并链接）按钮。

（2）在场景中选择作为“子”的对象，进行拖曳，此时会引出一条虚线。

（3）将链接标志拖至“父”对象上，释放鼠标左键，父对象的边框会闪烁一下，表示链接成功。在工具栏中单击 （图解视图）按钮，打开“图解视图”窗口即可看见对象的层级结构，如图 12-10 所示。

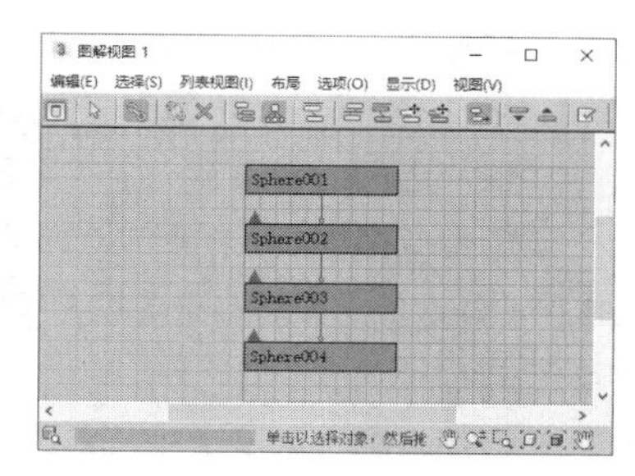

图 12-10

另一种方法就是在“图解视图”窗口中单击 （连接）按钮，在“图解视图”窗口中选择子对象并将其拖至父对象上。这与 （选择并链接）按钮的作用是一样的。

2. 断开当前链接

要取消两个对象之间的层级关系，也就是拆散父子链接关系，使子对象恢复独立，不再受父对象的约束，可以通过 （取消链接选择）按钮实现。这个按钮是针对子对象的。

（1）在场景中选择链接对象的子对象。

（2）单击工具栏中的 （取消链接选择）按钮，当前选择的子对象与父对象的层级关系将被断开。

与链接对象一样，也可以在“图解视图”窗口中进行断开链接操作，操作方法与在场景中断开链接一样，效果如图 12-11 所示。

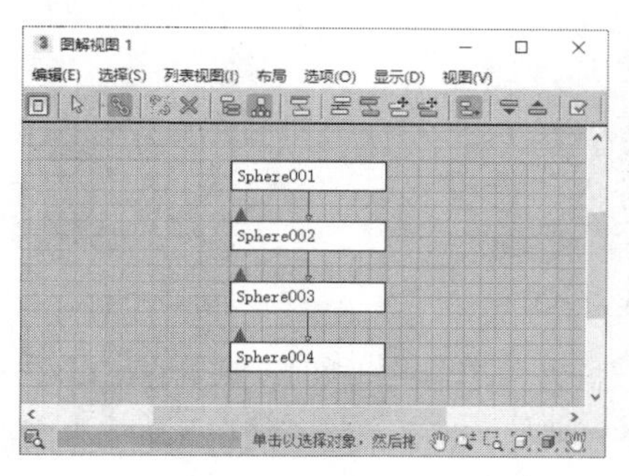

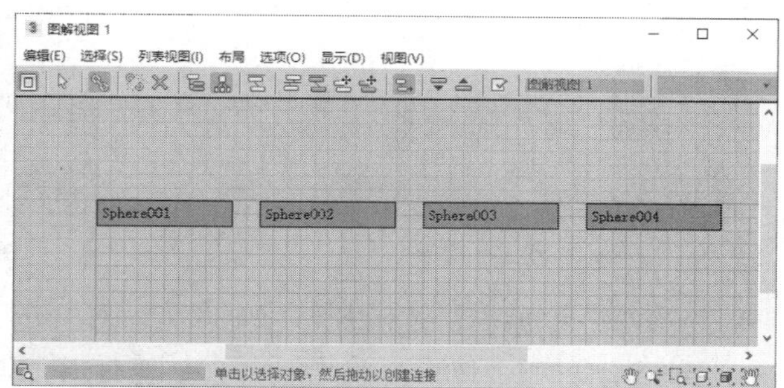

图 12-11

12.1.3 “轴”和“链接信息”选项卡

“轴”和“链接信息”选项卡都位于 （层次）命令面板中。其中“轴”选项卡用来调整对象的轴心，“链接信息”选项卡用来在层级中设置运动的限制。

对象的轴心不是对象的几何体中心或质心，而是可以处于空间任何位置的人为定义的轴心。作为自身坐标系统，它不仅是一个点，还是一个可以自由变换的坐标系。轴心的作用主要有以下 4 点。

（1）轴心可以作为转换中心，因此可以方便地控制旋转、缩放的中心点。

（2）设置修改器的中心位置。

（3）为链接定义转换关系。

（4）为 IK 定义结合位置。

利用“轴”选项卡中的“调整轴”卷展栏可以调整轴心的位置、角度和比例。其中的“移动/旋转/缩放”选项组中提供了以下 3 个调整选项。

（1）仅影响轴：仅对轴心进行调整操作，操作不会对对象产生影响。

（2）仅影响对象：仅对对象进行调整操作，操作不会对该对象的轴心产生影响。

（3）仅影响层次：仅对对象的子层级产生影响。

“对齐”选项组用来设置对象轴心的对齐方式。单击“仅影响轴”按钮，“对齐”选项组中的按钮如图 12-12 左图所示。单击“仅影响对象”按钮，“对齐”选项组中的按钮如图 12-12 右图所示。

“轴”选项组中只有一个“重置轴”按钮，单击该按钮可以将轴心恢复到创建对象时的状态。

“调整变换”卷展栏用来在不影响子对象的情况下进行对象的调整操作。“移动/旋转/缩放”选项组下只有一个“不影响子对象”按钮，如图 12-13 所示，单击该按钮后执行的任何调整操作都不会影响子对象。

“链接信息”选项卡中包含两个卷展栏，即“锁定”和“继承”卷展栏，如图 12-14 所示。其中“锁定”卷展栏中有可以限制对象在特定轴中移动的控件，“继承”卷展栏中有可以限制子对象继承其父对象的变换的控件。

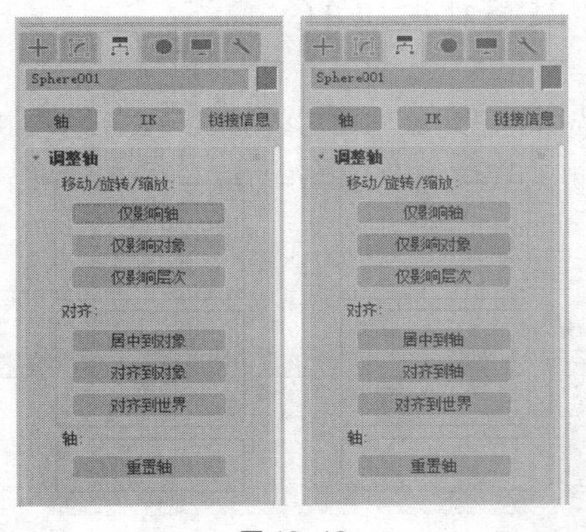

图 12-12

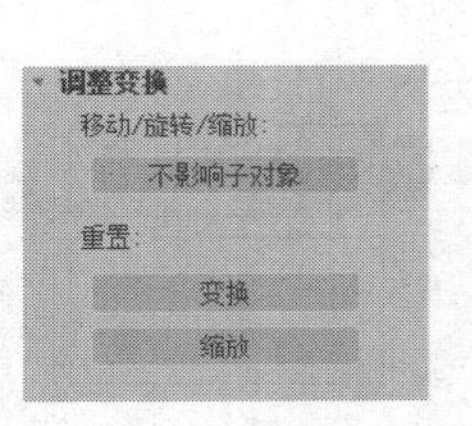

图 12-13

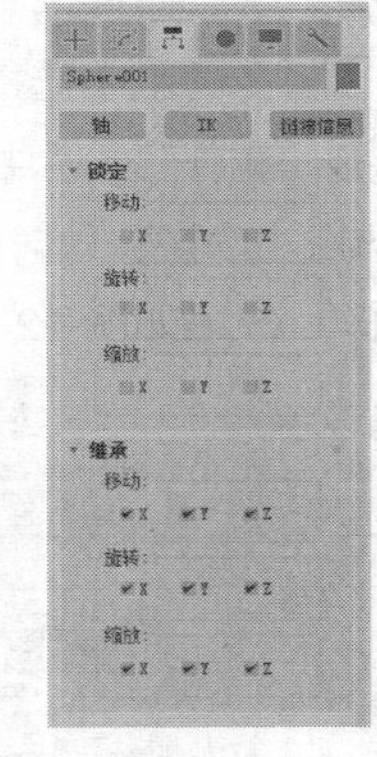

图 12-14

- “锁定”卷展栏：用于控制对象的轴向。对象进行移动、旋转或缩放时，默认它可以在各个轴向上变换；但如果在这里勾选了某个轴向相应的复选框，那么它将不能在此轴向上变换。
- “继承”卷展栏：用于设置当前选择对象继承其父对象的各项变换的情况。默认全部勾选，即父对象的任何变换都会影响其子对象；如果取消勾选了某复选框，则相应的变换不会向下传递给其子对象。

12.1.4 图解视图

在工具栏中单击（图解视图）按钮可以打开“图解视图”窗口，如图 12-15 所示。“图解视图”是基于节点的场景图，通过它可以访问对象属性、材质、控制器、修改器、层次和不可见的场景关系，如关联参数和实例等。同时，在此处可以查看、创建并编辑对象间的关系，也可以创建层次、指定控制器、材质、修改器或约束。

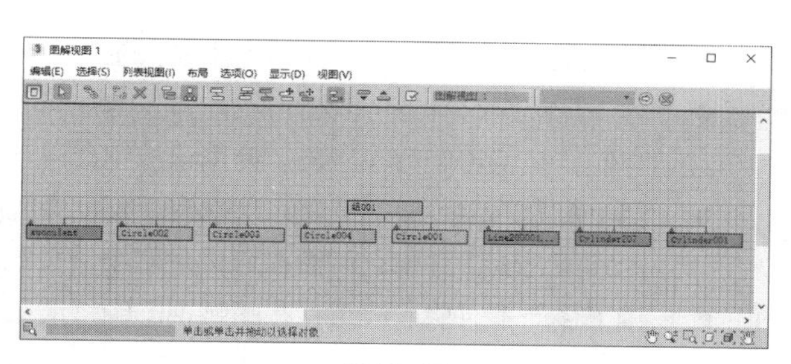
图 12-15

具体来说，通过“图解视图”窗口可以完成以下操作。

（1）快速选择场景中的对象及对对象进行重命名。

（2）使用背景图像或栅格。

（3）快速选择修改器堆栈中的修改器。

（4）在对象之间复制修改器。

（5）重新排列修改器堆栈中修改器的顺序。

（6）检视和选择场景中所有共享修改器、材质或控制器的对象。

（7）将一个对象的材质复制给另外的对象，但不支持拖动指定。

（8）对复杂的合成对象进行层级导航，如多次进行布尔运算后的对象。

（9）链接对象，定义层级关系。

（10）提供大量的 MAXScript 曝光。

对象在“图解视图”窗口中以长方形的节点形式表示，在“图解视图”窗口中可以随意安排节点的位置，移动时拖曳节点即可。

“图解视图”窗口中的名称框的介绍如下。

- Box001：表明对象已安置好。
- Box001：表明对象处于自由状态。
- Box001：表明已对对象设置动画。
- Box002：表明对象已被选中。
- ：将弹出的对象“塌陷”回原来的地方，并将所有子对象“塌陷”到父对象中。
- ：从箭头弹出的对象向下扩展到下一个子对象。

下面介绍“图解视图”窗口的各部分。

1. 工具栏

- （显示浮动框）按钮：激活该按钮意味着开启浮动框，取消激活该按钮意味着隐藏浮动框。
- （选择）按钮：使用该工具按钮可以在“图解视图”窗口和视口中选择对象。
- （连接）按钮：允许创建层次。
- （断开选定对象链接）按钮：断开“图解视图”窗口中选定对象的链接。
- （删除对象）按钮：删除在“图解视图”窗口中选择的对象。删除的对象将从视口和“图解视图”窗口中消失。
- （层次模式）按钮：用级联方式显示父对象及子对象的关系。父对象位于左上方，而子对象在右下方缩进显示。
- （参考模式）按钮：基于实例和参考（而不是层级）来显示关系。使用该模式可查看材质和修改器。
- （始终排列）按钮：根据设置的排列规则（对齐选项）将“图解视图”窗口设置为始终排列所有对象。执行该操作之前将弹出一个警告信息。激活该按钮将激活工具栏按钮。
- （排列子对象）按钮：根据设置的排列规则（对齐选项）在选定父对象下列出子对象。

- （排列选定对象）按钮：根据设置的排列规则（对齐选项）在选定父对象下列出选定对象。
- （释放所有对象）按钮：从排列规则中释放所有对象，在它们的左侧使用一个孔图标标记它们，并将它们留在原位。使用该按钮可以自由排列所有对象。
- （释放选定对象）按钮：从排列规则中释放所有选择的对象，在它们的左侧使用一个孔图标标记它们，并将它们留在原位。使用该按钮可以自由排列选定对象。
- （移动子对象）按钮：在图解视图中移动父对象时，相应地移动所有的子对象。激活该按钮后，工具栏按钮处于活动状态。
- （展开选定项）按钮：显示选定对象的所有子对象。
- （折叠选定项）按钮：隐藏选定对象的所有子对象，选定的对象仍保持可见。
- （首选项）按钮：显示“图解视图首选项”对话框。使用该对话框可以按类别控制“图解视图”窗口中显示和隐藏的内容。其中有多个选项可以用于过滤和控制“图解视图”窗口中的内容。
- （转至书签）按钮：缩放并平移“图解视图”窗口以便显示书签名。
- （删除书签）按钮：移除显示在书签名称字段中的书签名。
- （缩放选定视口对象）按钮：放大在视口中选择的对象，可以在该按钮旁边的文本框中输入对象的名称。

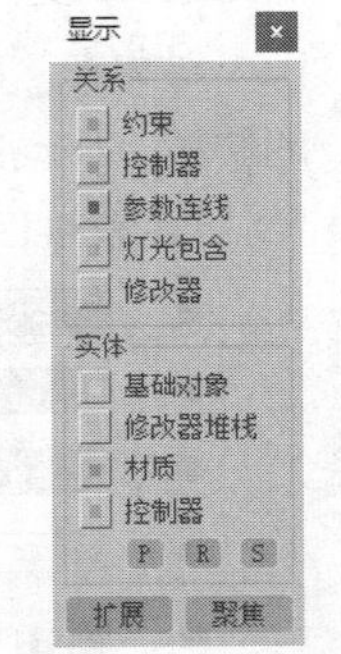

图 12-16

“图解视图”窗口的“显示”浮动框（见图 12-16）的介绍如下。

“关系”选项组：可以选择要显示或创建的关系，包括约束、控制器、参数连线、灯光包含和修改器。

“实体”选项组：选择要显示或编辑的对象类型。

- 基础对象：激活该按钮时，所有基础对象都显示为节点对象的子对象。启用“同步选择”功能并打开修改器堆栈后，在基本对象上单击会激活该级别的对象堆栈。
- 修改器堆栈：激活该按钮时，以修改基础对象开始，对象堆栈中的所有修改器都显示为子对象。
- 材质：激活该按钮时，指定到对象的所有材质和贴图都显示为对象的子对象。
- 控制器：激活该按钮时，除位置、旋转和缩放外，所有控制器都显示为对象变换控制器（也会显示）的子对象。当此按钮处于激活状态时，才可以向对象添加控制器。
- P/R/S：可以选择显示 3 种变换类型（位置、旋转或缩放）的任意组合。
- 扩展：激活该按钮时，激活的对象将在“图解视图”窗口中显示；取消激活该按钮后，将只显示节点底部的三角形子对象指示器。
- 聚焦：激活该按钮时，只有与其他对象有关且显示它们关系的对象才会使用自己的颜色着色，其他所有对象显示时都不着色。

2. 图解视图首选项

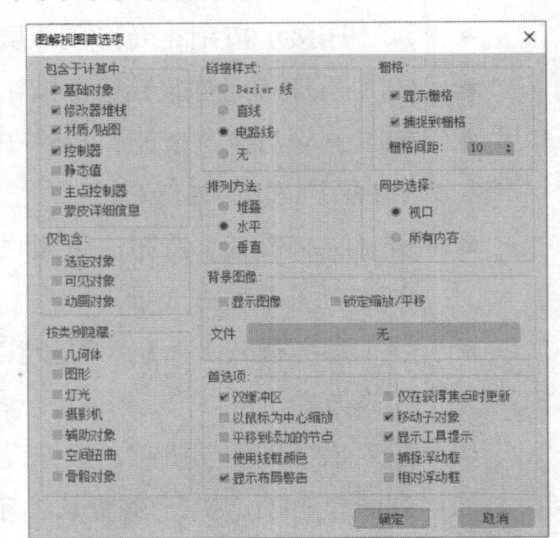

图 12-17

在“图解视图”窗口的工具栏中单击（首选项）按钮，将打开“图解视图首选项”对话框，如图 12-17 所示。“图解视图首选项”对话框根据类别控制显示的内容和隐藏的内容，可以过滤“图解视图”窗口中显示的对象，让用户只看到需要看到的对象。

通过在此对话框中选择相应的过滤设置，可以更好地控制“图解视图”窗口。下面就来详细介绍。

（1）“包含于计算中”选项组

“图解视图”窗口能够遍历整个场景，包括材质、贴图、控制器等。如果有一个很大的场景且只对使用“图解视图”窗口感兴趣，可以禁用除“基础对象”之外的其他组件；如果只对材质感兴趣，可以禁用控制器、修改器等。

- 基础对象：用于启用和禁用基础对象。使用该功能可移除“图解视图”窗口中的混乱项。
- 修改器堆栈：用于启用和禁用修改器节点。
- 材质/贴图：用于启用和禁用“图解视图”窗口中的材质节点。要创建动画且不需要看到材质时，可以隐藏材质；需要选择材质或对不同对象的材质进行更改时，需要显示材质。
- 控制器：勾选该复选框后，控制器数据包含在“显示”浮动框中；取消勾选该复选框后，“关系”选项组中的“控制器”“约束”“参数连线”及“实体”选项组中的“控制器”在“显示”浮动框中不可用。
- 静态值：勾选该复选框后，非动画的场景参数会包含在“图解视图”窗口的“显示”浮动框中。取消勾选该复选框可以避免“轨迹视图-曲线编辑器”窗口中的所有内容都显示在“图解视图”窗口中。
- 主点控制器：勾选该复选框后，子对象动画控制器包含在“图解视图”窗口的“显示”浮动框中。存在子对象动画的情况下，此功能可以避免“图解视图”窗口中显示过多的控制器。
- 蒙皮详细信息：勾选该复选框后，“蒙皮”修改器中每个骨骼的 4 个控制器都包含在“图解视图”窗口的“显示”浮动框中（修改器和控制器也包含在其中）。此功能可以避免“图解视图”窗口中展开过多正常使用“蒙皮”修改器的蒙皮控制器。

（2）“仅包含”选项组

- 选定对象：用于过滤选定对象的显示。如果有很多对象，但只需要“图解视图”窗口显示视口中选择的对象时，请勾选该复选框。
- 可见对象：用于将“图解视图”窗口中的显示内容限制为可见对象。
- 动画对象：勾选该复选框后，“图解视图”窗口中只显示包含具有关键点和父对象的对象。

（3）“按类别隐藏”选项组

利用该选项组可按类别控制对象及其子对象的显示。

- 几何体：用于隐藏或显示几何体对象及其子对象。
- 图形：用于隐藏或显示图形对象及其子对象。
- 灯光：用于隐藏或显示灯光及其子对象。
- 摄影机：用于隐藏或显示摄影机及其子对象。
- 辅助对象：用于隐藏或显示辅助对象及其子对象。
- 空间扭曲：用于隐藏或显示空间扭曲对象及其子对象。
- 骨骼对象：用于隐藏或显示骨骼对象及其子对象。

（4）“链接样式”选项组

- Bezier 线：可将参考线显示为带箭头的 Bezier 曲线，如图 12-18 所示。

- 直线：可将参考线显示为直线而不是 Bezier 曲线，如图 12-19 所示。

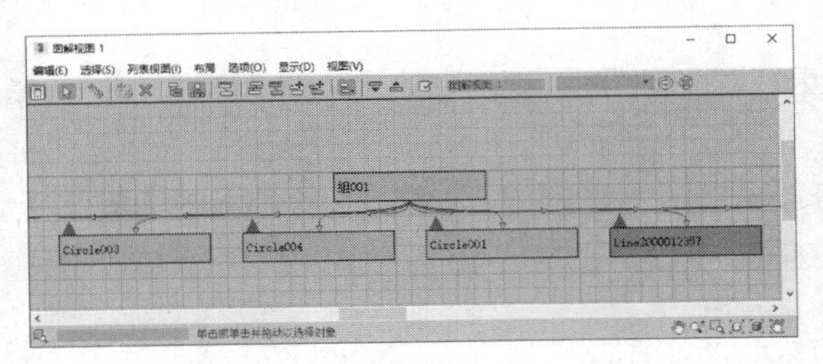

图 12-18

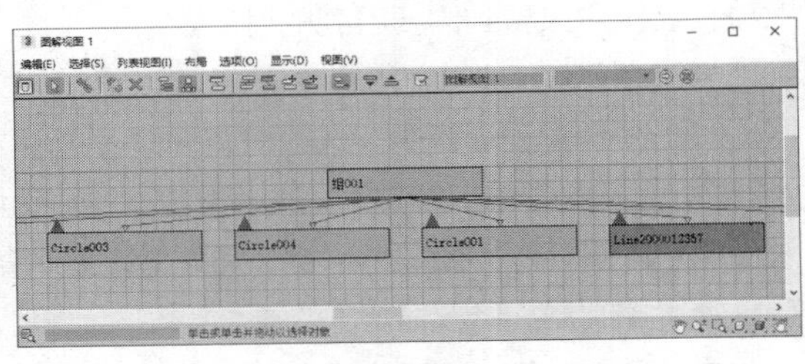

图 12-19

- 电路线：可将参考线显示为正交线而不是曲线，如图 12-20 所示。
- 无：选择该单选按钮后，“图解视图”窗口中将不显示链接关系，如图 12-21 所示。

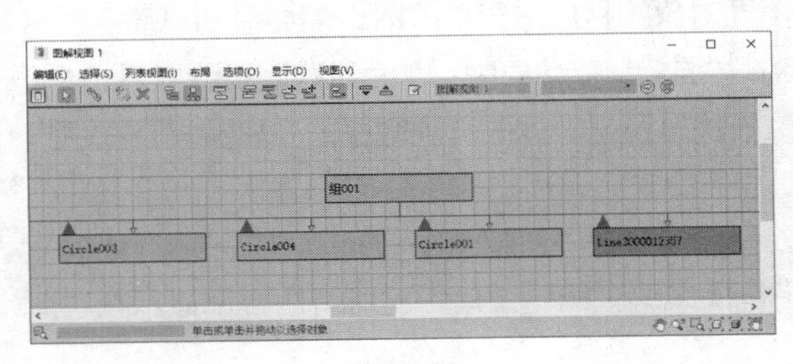

图 12-20

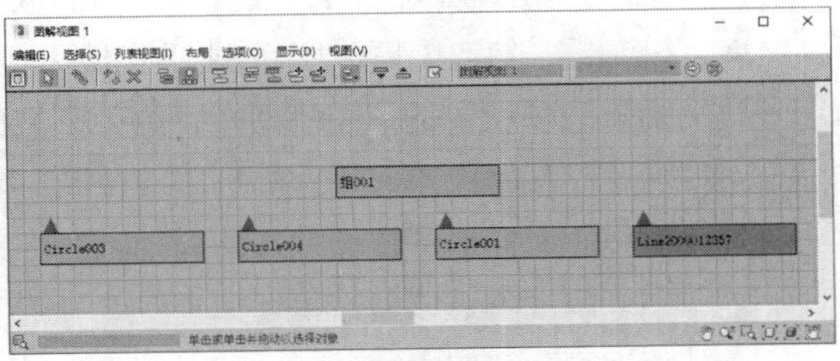

图 12-21

（5）“栅格”选项组

该选项组用于控制“图解视图”窗口中栅格的显示和使用。

- 显示栅格：用于在“图解视图”窗口的背景中显示栅格。
- 捕捉到栅格：勾选该复选框后，所有移动对象及其子对象都会被捕捉到最近的栅格点的左上角。启用捕捉功能后对象不会立即被捕捉到栅格点上，除非它们发生位移。
- 栅格间距：用于设置“图解视图”窗口中栅格的单位间距。该参数使用标准单位，高为 20 个栅格单位，长为 100 个栅格单位。

（6）“排列方法”选项组

在 x 正轴和 y 负轴限制的空间中（深色栅格线隔开）总会发生排列。

- 堆叠：选择该单选按钮后，将使层级堆叠到一个宽度内。
- 水平：选择该单选按钮后，将使层级沿 y=0 的直线分布并排列在该直线下方。
- 垂直：选择该单选按钮后，将使层级沿 x=0 的直线分布并排列在该直线右方。

（7）“同步选择”选项组

- 视口：选择该单选按钮后，在“图解视图”窗口中选择节点对象时对应场景中的模型也会被选中；同样，在场景中选择模型时“图解视图”窗口中对应的节点对象也会被选中。
- 所有内容：选择该单选按钮后，在“图解视图”窗口中选择的所有对象，在界面的合适位置（假设这些位置已开放）也会选择有相应的对象。

（8）“背景图像”选项组

- 显示图像：勾选该复选框后，将显示背景位图；取消勾选该复选框后，将不显示背景位图。
- 锁定缩放/平移：勾选该复选框后，会相应地缩放和平移，以调整背景图像的大小；取消勾选该复选框后，位图将保持或恢复为屏幕分辨率的真实像素。

- 文件：单击其右侧的长条按钮可选择“图解视图”窗口背景的图像文件。没有选择任何背景图像时，此按钮显示“无”；选择图像时，该按钮显示位图文件的名称。

（9）“首选项”选项组

- 双缓冲区：允许显示双缓冲区来控制视口性能。
- 以鼠标为中心缩放：勾选该复选框时，可以以鼠标指针为中心进行缩放，也可以使用鼠标滚轮进行缩放，或按住“Ctrl”键同时滚动鼠标滚轮进行缩放。
- 平移到添加的节点：勾选该复选框后，“图解视图”窗口中将调整并显示新添加到场景中的对象的对应节点；取消选择此复选框后，视口不发生变化。
- 使用线框颜色：勾选该复选框后，将使用线框颜色为“图解视图”窗口中的节点着色。
- 显示布局警告：勾选该复选框后，第 1 次启用“始终排列”时，“图解视图”窗口中将显示布局警告。
- 仅在获得焦点时更新：勾选该复选框后，“图解视图”窗口仅在获得焦点时更新场景中新增或更改的内容。此功能可以避免在视口中更改场景对象时不停地重绘“图解视图”窗口。
- 移动子对象：勾选该复选框后，移动父对象的同时也会移动子对象；取消勾选该复选框后，移动父对象时不会影响子对象。
- 显示工具提示：将鼠标指针移到“图解视图”窗口中的节点上时，会显示工具提示。
- 捕捉浮动框：可使浮动框捕捉到“图解视图”窗口的边缘。
- 相对浮动框：移动“图解视图”窗口并调整其大小时，移动浮动框并调整其大小。

3. 菜单栏

（1）“编辑”菜单（见图 12-22）的介绍如下。

- 连接：激活链接工具。
- 断开选定对象链接：断开选定对象的链接。
- 删除：从“图解视图”窗口和场景中移除对象，取消所选对象之间的链接。
- 指定控制器：用于将控制器指定给变换节点。只有选中控制器实体时，该命令才可用。选择该命令可打开“指定控制器”对话框。

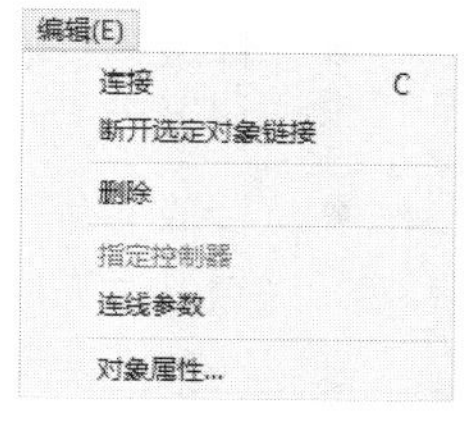

图 12-22

- 连线参数：使用“图解视图”窗口关联参数。只有对象被选中时，该命令才处于可用状态。选择该命令可打开“连线参数”对话框。
- 对象属性：显示选定节点的“对象属性”对话框。如果未选择节点，则不会产生任何影响。

（2）“选择”菜单（见图 12-23）的介绍如下。

- 选择工具：在“始终排列”模式下时，激活选择工具；不在“始终排列”模式下时，激活选择并移动工具。
- 全选：选择当前“图解视图”窗口中的所有对象。
- 全部不选：取消选择当前“图解视图”窗口中选择的所有对象。
- 反选：在当前“图解视图”窗口中取消选择选定的对象，然后选择未选定的对象。

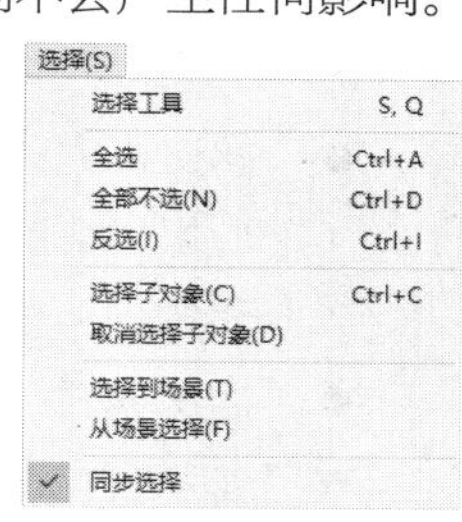

图 12-23

- 选择子对象：选择当前选定对象的所有子对象。

- 取消选择子对象：取消选择所有选择的对象的子对象。父对象和子对象必须同时被选择，才能取消选择子对象。
- 选择到场景：在视口中选择“图解视图”窗口中选定的所有节点所对应的对象。
- 从场景选择：在“图解视图”窗口中选择视口中选定的对象所对应的所有节点。
- 同步选择：选择此命令，在“图解视图”窗口中选择对象时，会同时在视口中选择它们。

（3）“列表视图”菜单（见图12-24）的介绍如下。

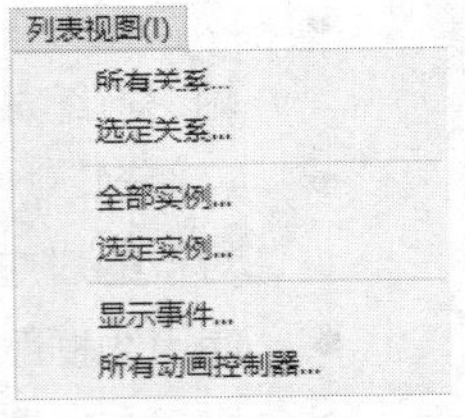

图12-24

- 所有关系：用当前显示的“图解视图”窗口中的对象的所有关系打开或重绘列表视图。
- 选定关系：用当前选中的“图解视图”窗口中的对象的所有关系打开或重绘列表视图。
- 全部实例：用当前显示的“图解视图”窗口中的对象的所有实例打开或重绘列表视图。
- 选定实例：用当前选中的“图解视图”窗口中的对象的所有实例打开或重绘列表视图。
- 显示事件：用与当前选择的对象共享某一属性或关系类型的所有对象打开或重绘列表视图。
- 所有动画控制器：用拥有或共享动画控制器的所有对象打开或重绘列表视图。

（4）“布局”菜单（见图12-25）的介绍如下。

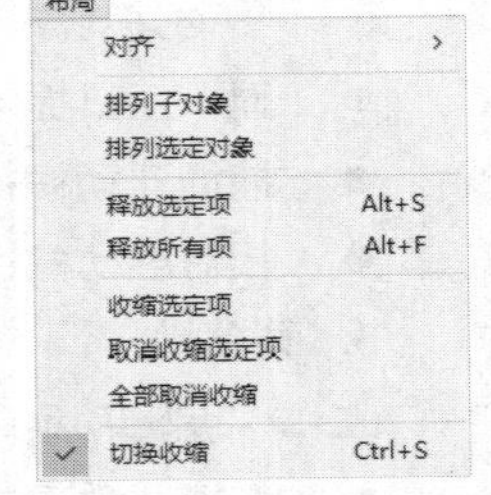

图12-25

- 对齐：用于在“图解视图”窗口中对齐选择的对象。
- 排列子对象：根据设置的排列规则（对齐选项）在选定的父对象下面排列子对象。
- 排列选定对象：根据设置的排列规则（对齐选项）在选定的父对象下面排列选定对象。
- 释放选定项：从排列规则中释放所有选定的对象，在其左侧标记一个孔图标，然后使其留在当前位置。选择该命令可以自由排列选定对象。

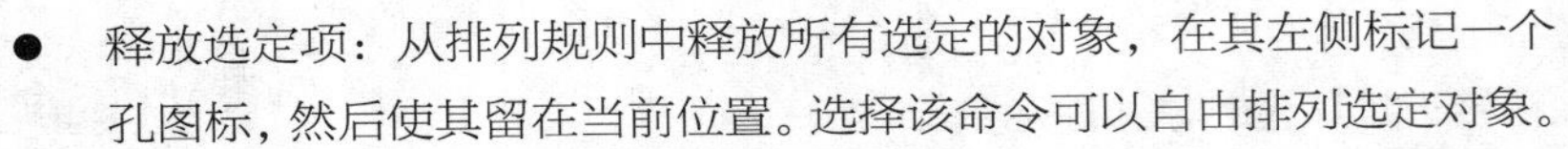

- 释放所有项：从排列规则中释放所有对象，在其左侧标记一个孔图标，然后使其留在当前位置。选择该命令可以自由排列所有对象。
- 收缩选定项：隐藏所有选择的对象的方框，保持排列和关系可见。
- 取消收缩选定项：使所有选定的收缩对象可见。
- 全部取消收缩：使所有收缩对象可见。
- 切换收缩：选择该命令时，会正常收缩对象；取消勾选此命令时，收缩对象完全可见，但是不取消收缩。默认勾选。

（5）“选项”菜单（见图12-26）的介绍如下。

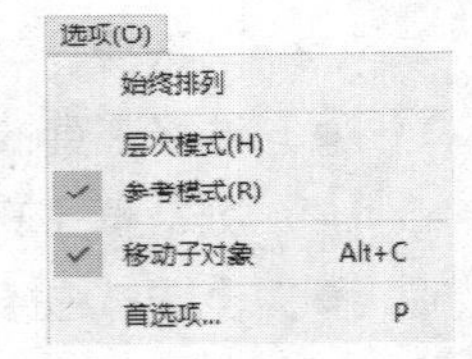

图12-26

- 始终排列：根据排列规则使“图解视图”窗口总是排列所有对象。执行此操作之前将弹出一个警告信息。选择该命令可激活工具栏上的（始终排列）按钮。
- 层次模式：将“图解视图”窗口设置为显示对象层级，而不是参考图。
- 参考模式：设置“图解视图”窗口以显示作为参考图的对象，不显示作为层级的对象。在“层次”模式和“参考”模式之间进行切换不会造成损坏。
- 移动子对象：设置“图解视图”窗口来移动所有父对象的子对象。选择该命令后，工具栏按钮处于活动状态。

- 首选项：选择该命令可打开“图解视图首选项”对话框。在其中通过过滤类别及设置显示选项，可以控制“图解视图”窗口中的显示内容。

（6）“显示”菜单（见图 12-27）的介绍如下。

- 显示浮动框：显示或隐藏“显示”浮动框。
- 隐藏选定对象：隐藏“图解视图”窗口中选定的所有对象。
- 全部取消隐藏：将隐藏的所有对象显示出来。
- 扩展选定对象：显示选定的对象的所有子对象。
- 塌陷选定项：隐藏选定的对象的所有子对象，选定的对象仍然可见。

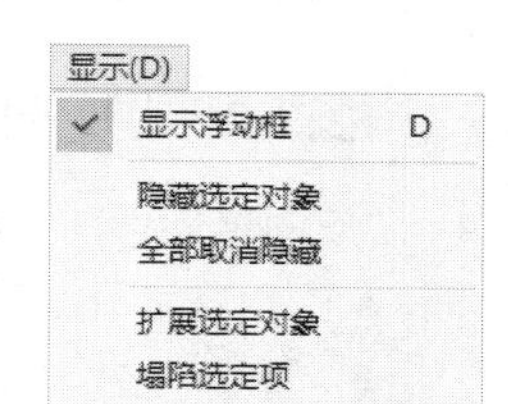

图 12-27

（7）“视图”菜单（见图 12-28）的介绍如下。

- 平移：激活平移工具，可通过拖曳鼠标在窗口中水平和垂直移动对象。
- 平移至选定项：使选定的对象在窗口中居中。如果未选择对象，将使所有对象在窗口中居中。
- 缩放：激活缩放工具，可通过拖曳鼠标移近或移远对象。
- 缩放区域：在窗口中拖曳鼠标框选特定区域，释放鼠标左键后，该区域会被缩放。

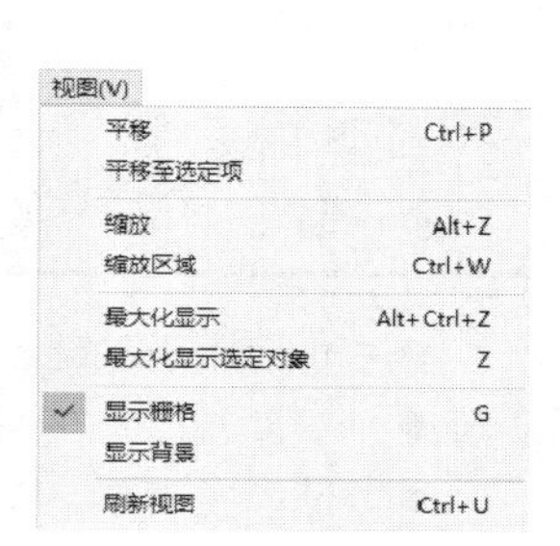

图 12-28

- 最大化显示：缩放“图解视图”窗口以便可以看到其中的所有节点。
- 最大化显示选定对象：缩放“图解视图”窗口以便可以看到所有选定的节点。
- 显示栅格：在“图解视图”窗口的背景中显示栅格。默认选中。
- 显示背景：在“图解视图”窗口的背景中显示图像。通过“图解视图首选项”对话框设置图像。
- 刷新视图：更改“图解视图”窗口或场景时，重绘“图解视图”窗口中的内容。

除上述内容之外，在“图解视图”窗口中单击鼠标右键，可弹出快捷菜单，其中包含了用于选择、显示和操纵节点的命令。使用其中的命令可以快速访问列表视图和“显示”浮动框，还可以在“参考”模式和“层次”模式间快速切换。

12.2 反向运动学

“反向运动学”是一种设置动画的方法，它可翻转链接的方向，从“叶子”而不是“根”开始工作。

12.2.1 使用反向运动学制作动画

反向运动学（IK）建立在层级链接的概念上，要了解 IK 是如何工作的，必须先了解层级链接和正向运动学的原则（上节所讲）。使用反向运动学制作动画有以下几个操作步骤。

（1）确定场景中的层级关系。

生成计算机动画时，最有效的方式之一是将对象链接在一起以形成“链”。通过将一个对象与另一个对象相链接，可以创建父子关系。应用于父对象的变换会同时传递给子对象。“链”即上节讲的层级。

（2）使用链接工具或在“图解视图”窗口中由子级向父级对模型创建链接。

（3）调整轴心。

建立层级关系的一项重要任务就是调整轴心所在的位置，通过轴心设置对象依据中心运动的位置。

（4）在“IK”选项卡中设置动画。

（5）单击“应用 IK”按钮完成动画的制作。

12.2.2 “反向运动学”卷展栏

“反向运动学”卷展栏如图 12-29 所示。

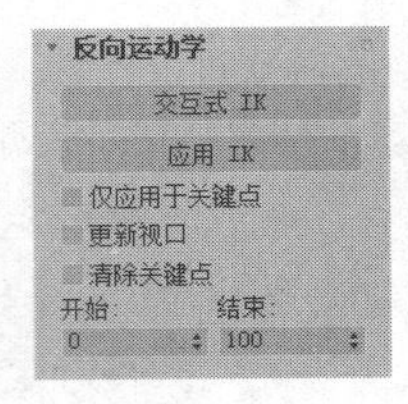

图 12-29

- 交互式 IK：允许对层级进行 IK 操纵，而无须应用 IK 解算器。
- 应用 IK：为动画的每一帧创建 IK 解决方案，并为 IK 链中的每个对象创建变换关键点。

提 示

“应用 IK”是 3ds Max 从早期版本开始就具有的一项功能。建议先应用 IK 解算器，并且仅当 IK 解算器不能满足需要时，再使用“应用 IK”功能。

- 仅应用于关键点：为末端效应器的现有关键帧创建 IK 解决方案。
- 更新视口：在视口中按帧查看应用 IK 帧的进度。
- 清除关键点：在应用 IK 帧之前，从选定 IK 链中删除所有移动和旋转关键点。
- 开始/结束：设置帧的范围以计算应用的 IK 解决方案。

12.2.3 “对象参数”卷展栏

“对象参数”卷展栏如图 12-30 所示，该卷展栏只适用于“交互式 IK”。

IK 系统中的子对象会使父对象运动，因此移动一个子对象会引起某些祖先对象不必要的运动。例如，移动一个人的手指也会移动他的头部。为了防止这种情况的发生，可以选择系统中的一个对象作为“终结点”。终结点是 IK 系统中最后一个受子对象影响的对象。例如把大臂作为一个终结点，就可以使手指的运动不影响大臂以上的身体对象。

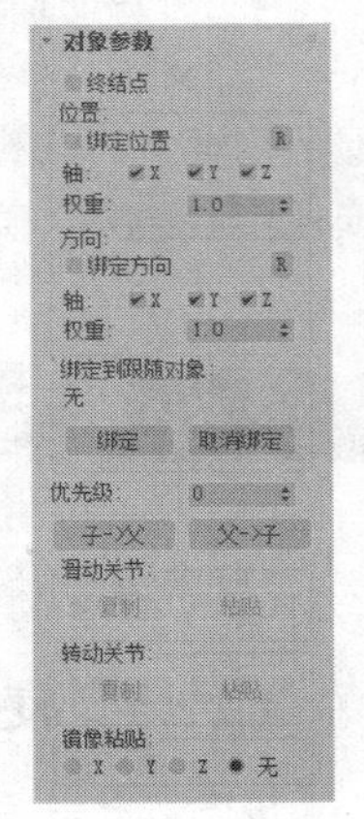

图 12-30

- 终结点：是否使用终结点功能。
- 绑定位置：将 IK 链中的选定对象绑定到世界对象（尝试着保持它的位置），或者绑定到跟随对象。如果已经指定了跟随对象，则跟随对象的变换会影响 IK 解决方案。
- 绑定方向：将层级中选定的对象绑定到世界对象（尝试保持它的方向），或者绑定到跟随对象。如果已经指定了跟随对象，则跟随对象的旋转会影响 IK 解决方案。

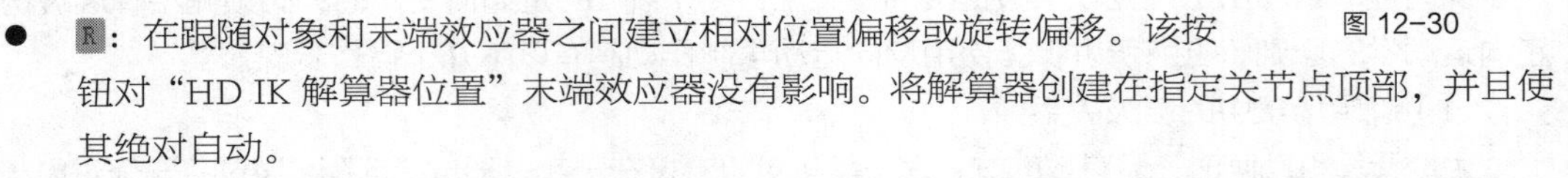

- R：在跟随对象和末端效应器之间建立相对位置偏移或旋转偏移。该按钮对“HD IK 解算器位置”末端效应器没有影响。将解算器创建在指定关节点顶部，并且使其绝对自动。

提 示

如果移动关节远离末端效应器，并要重新设置末端效应器的绝对位置，可以删除并重新创建末端效应器。

- 轴：如果其中一个轴相应的复选框处于取消勾选状态，则该指定轴就不再受跟随对象或“HD IK 解算器位置”末端效应器的影响。例如，如果取消勾选“X”复选框，跟随对象或末端效应器沿 x 轴的移动就对 IK 解决方案没有影响，但是沿 y 轴或者 z 轴的移动仍然有影响。
- 权重：在跟随对象或末端效应器的指定对象和链接的其他部分上设置跟随对象或末端效应器的影响。设置为 0 时会关闭绑定。使用该参数可以设置多个跟随对象或末端效应器的相对影响和在 IK 解决方案中的“优先级”。“权重”值越大，“优先级”就越高。

“权重”设置是相对的，如果 IK 链仅有一个跟随对象或者末端效应器，就没必要使用它们。不过，如果单个关节上带有“位置”和“旋转”末端效应器的单个 HD IK 链，则可以给它们设置不同的“权重”值，将“优先级”赋予位置或旋转解决方案。

可以调整多个关节的平均“权重”值。在 IK 链中选择两个或多个对象，此时的“权重”值代表了选择的对象的共同状态。

- 绑定到跟随对象（标签）：显示选定的跟随对象的名称。如果没有设置跟随对象，则显示“无”。
- 绑定：将 IK 链中的对象绑定到跟随对象。
- 取消绑定：在 HD IK 链中从跟随对象上取消选定对象的绑定。
- 优先级：3ds Max 2020 在计算 IK 时，链接的处理次序决定了最终的结果。使用“优先级”值可设置链接的处理次序。要设置一个对象的“优先级”，选择这个对象，并在“优先级”右侧的数值框中输入一个值即可。3ds Max 2020 会先计算“优先级”值大的对象。IK 系统中所有对象的默认“优先级”值都为 0，它假定距末端效应器近的对象的移动距离大，这对大多数 IK 系统的求解是适用的。
- 子→父：自动设置选定的 IK 系统对象的“优先级”值。它把 IK 系统根对象的“优先级”值设为 0，根对象下每一级对象的“优先级”值都增加 10。它和使用默认值时的作用相似。
- 父→子：自动设置选定的 IK 系统对象的“优先级”值。它把 IK 系统根对象的“优先级”值设为 0，每降低一级，相应对象的“优先级”值都减 10。
- “滑动关节”和“转动关节”选项组：在其中可以为 IK 系统中的对象链接设定约束条件。使用“复制”按钮和“粘贴”按钮能够把设定的约束条件从 IK 系统的一个对象链接上复制到另一个对象链接上。“滑动关节”选项组用来复制对象链接的滑动约束条件，“转动关节”选项组用来复制对象链接的旋转约束条件。
- 镜像粘贴：用来在粘贴的同时进行镜像反转。镜像反转的轴向可以随意指定，默认为“无”，即不进行镜像反转。也可以使用主工具栏中的（镜像）工具来复制和镜像 IK 链，但必须要勾选“镜像：世界坐标”对话框中的“镜像 IK 限制”复选框，才能保证 IK 链镜像正确。

12.2.4 “转动关节”卷展栏

“转动关节”卷展栏（见图 12-31）用于设置子对象与父对象之间相对滑动的距离和摩擦力，分别通过 x、y、z 这 3 个轴向进行控制。

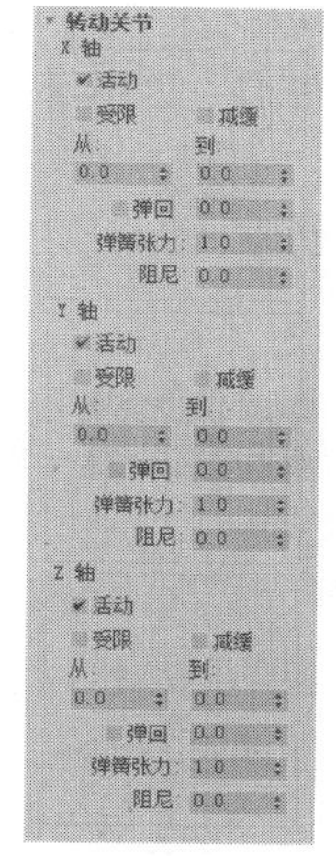

图 12-31

提 示

当对象的控制器为“Bezier 位置”控制器时，“转动关节”卷展栏才会出现。

- 活动：用于开启或关闭轴向的滑动和旋转。
- 受限：勾选此复选框时，其下的“从”和“到”有意义，用于设置滑动距离和旋转角度的限制范围，即从哪一处到哪一处之间允许此对象进行滑动或旋转。
- 减缓：勾选此复选框时，关节运动在指定范围中可以自由进行，但在接近“从”或“到”限定的范围边界时，滑动或旋转的速度会减缓。
- 弹回：设置滑动到边界时会反弹，右侧数值框用于确定反弹的范围。
- 弹簧张力：设置反弹的强度，值越大，反弹效果越明显；如果设置为 0，则没有反弹效果。
- 阻尼：设置整个滑动过程中受到的阻力，值越大，滑动越艰难。

12.2.5 “自动终结”卷展栏

“自动终结”卷展栏用于向终结点临时指定从选定对象开始的特定数量的上行层次链链路。这只适用于“交互式 IK”。图 12-32 所示为“自动终结”卷展栏。

图 12-32

- 交互式 IK 自动终结：设置自动终结的开关。
- 上行链接数：指定 IK 链向上传递的数目。如果将此值设置为 5，当操作一个对象时，沿此 IK 链向上第 5 个对象将作为终结器，阻挡 IK 链向上传递；当值为 1 时，将锁定此 IK 链。

课堂练习——制作蜻蜓动画

知识要点：创建蜻蜓的链接，并设置蜻蜓的轴心位置，通过调整翅膀的扇动和身体的移动制作出动画，分镜头效果如图 12-33 所示。

效果所在位置：云盘/场景/Ch12/蜻蜓 o.max。

图 12-33

微课视频

制作蜻蜓动画

课后习题——制作小狗动画

知识要点：创建小狗的骨骼，并设置骨骼的 IK 解算器，通过调整节点设置小狗摇尾巴的动画，分镜头效果如图 12-34 所示。

效果所在位置：云盘/场景/Ch12/小狗 o.max。

图 12-34

微课视频

制作小狗动画

第 13 章 综合设计实训

本章将综合使用前面讲解的内容来制作模型。通过本章的学习，读者可灵活掌握 3ds Max 2020 中各种命令和工具的使用方法，学会如何搭建产品级场景。

学习目标

- 掌握各类商业场景的制作方法。

技能目标

- 掌握小雏菊盆栽模型的制作方法。
- 掌握绽放的荷花动画的制作方法。
- 掌握亭子模型的制作方法。
- 掌握房子漫游动画的制作方法。

素养目标

- 培养学生学以致用的能力。
- 培养学生综合处理问题的能力。

13.1 模型库素材——制作小雏菊盆栽模型

1. 客户名称

柯西工作室。

2. 客户需求

本次按照客户需求，要制作一款小雏菊盆栽模型，需要包括鲜艳的花朵和绿色的小草，参考效果如图 13-1 所示。

微课视频

制作小雏菊盆栽模型

3. 设计要求

（1）要求花朵颜色鲜艳。

（2）要求必须为原创。

4. 素材资源

贴图所在位置：云盘/贴图。

5. 作品参考

效果所在位置：云盘/场景/Ch13/雏菊 o.max。

图 13-1

6. 制作要点

本案例主要使用“编辑面片”修改器来制作雏菊和叶子模型，使用“编辑多边形”修改器制作花盆模型，使用 VRay 的毛发效果制作草，然后分别赋上合适的材质。

7. 制作步骤

（1）单击“+（创建）> ●（几何体）> 面片栅格 > 四边形面片”按钮，在“前”视口中创建四边形面片，在“参数”卷展栏中设置“长度”为 180.0mm、“宽度”为 25.0mm、“长度分段”为 1、“宽度分段”为 1，如图 13-2 所示。

（2）切换到（修改）命令面板，为四边形面片施加“编辑面片”修改器，将选择集定义为“顶点”，可以发现顶点两端出现了控制柄，通过调整控制柄，调整模型的形状，效果如图 13-3 所示。

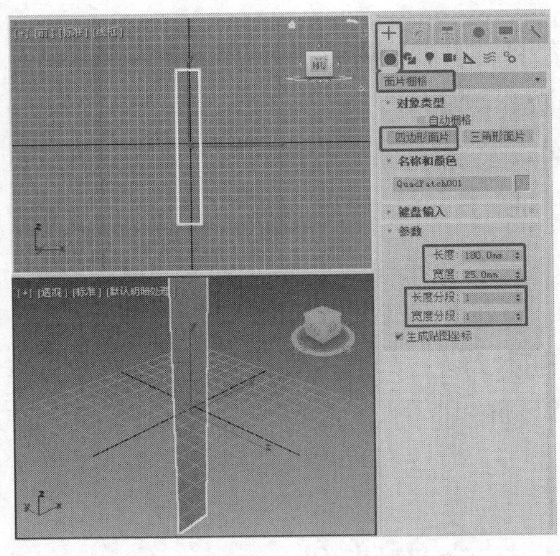
图 13-2

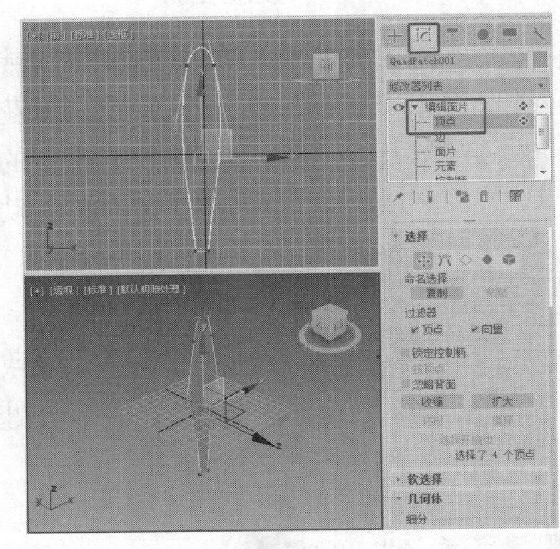
图 13-3

（3）将选择集定义为“顶点”，在“左”视口中调整控制柄，效果如图 13-4 所示。

（4）将选择集定义为“控制柄”，在“顶”视口中调整面片形状，如图 13-5 所示，使其像花瓣。

（5）在场景中复制出一个花瓣，调整花瓣的位置，将两个花瓣组合。切换到（层次）命令面板，单击“轴”按钮，在“调整轴”卷展栏中单击“仅影响轴”按钮，在场景中调整轴的位置，效果如图 13-6 所示。

（6）调整轴后再次单击“仅影响轴”按钮，在场景中旋转复制花瓣，效果如图 13-7 所示。

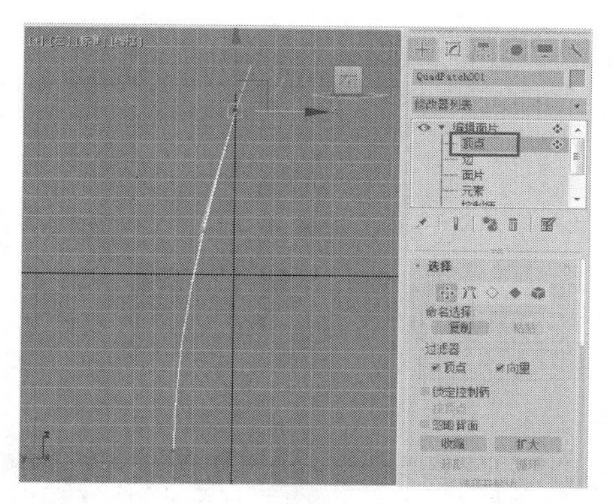

图 13-4

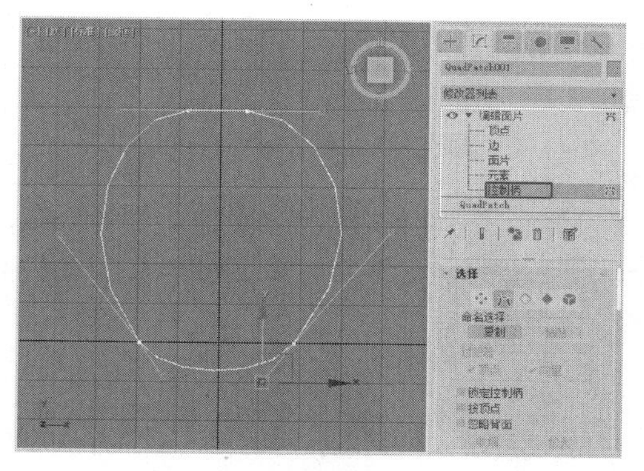

图 13-5

提 示

在复制花瓣的过程中需要注意不要将两个花瓣重叠，需将花瓣进行一前一后排列，可以制作出重瓣效果。

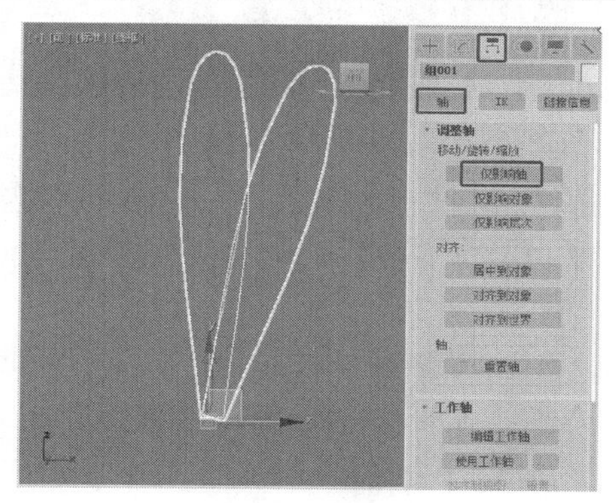

图 13-6

图 13-7

（7）在花瓣的中心创建圆柱体作为花芯，调整模型到合适的位置，在“参数”卷展栏中设置“半径”为 20.0mm、“高度”为 12.0mm、“高度分段”为 1，如图 13-8 所示。

（8）创建圆柱体作为茎，在“参数”卷展栏中设置“半径”为 6.0mm、“高度”为 1200.0mm、“高度分段”为 10，在场景中调整模型的位置，如图 13-9 所示。

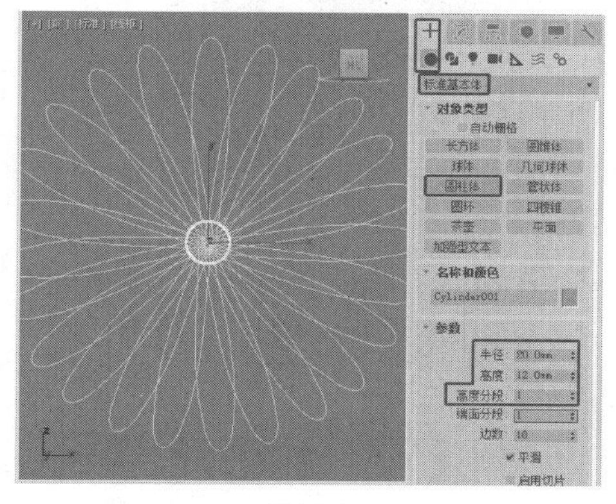

图 13-8

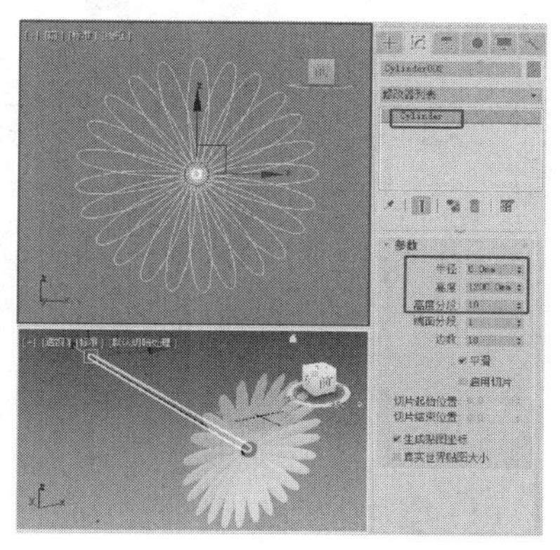

图 13-9

（9）创建四边形面片，为其添加“编辑面片”修改器，通过调整顶点，调整出叶子的形状，如图 13-10 所示。

（10）在场景中复制叶子模型，如图 13-11 所示。

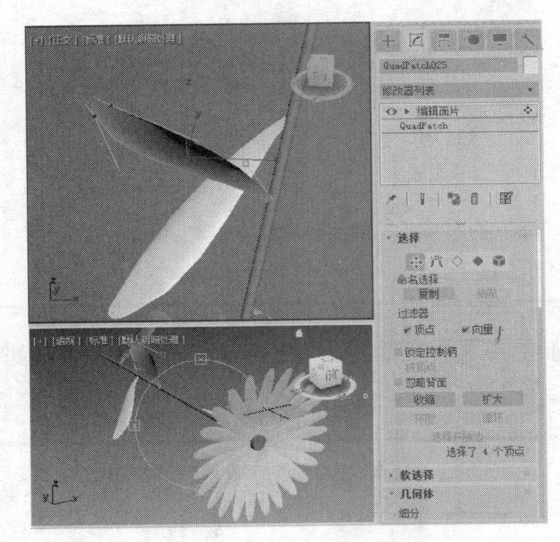

图 13-10

图 13-11

（11）设置雏菊模型的材质。在场景中选择花瓣模型，打开“材质编辑器”窗口，将材质设置为“VRayMtl”，在“贴图”卷展栏中为“漫反射”指定位图，位图为“花瓣 01.jpg”文件，如图 13-12 所示，将材质指定给场景中的花瓣模型。

（12）在场景中选择花芯模型，选择一个新的材质球，将材质设置为“VRayMtl”，在“贴图”卷展栏中为“漫反射”指定位图，位图为“花蕊 01.jpg”文件，如图 13-13 所示，将材质指定给场景中的花芯模型。

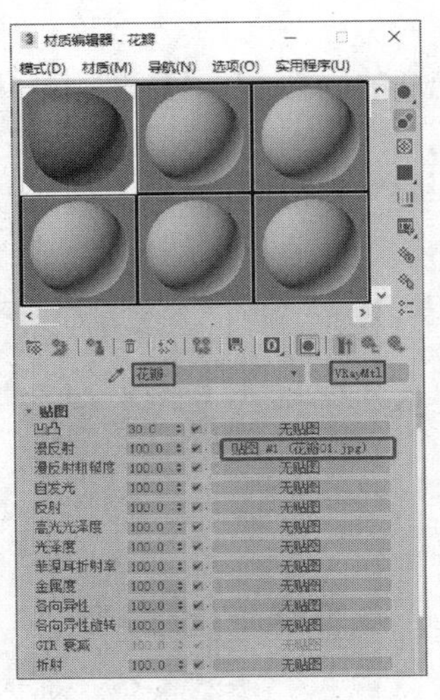

图 13-12

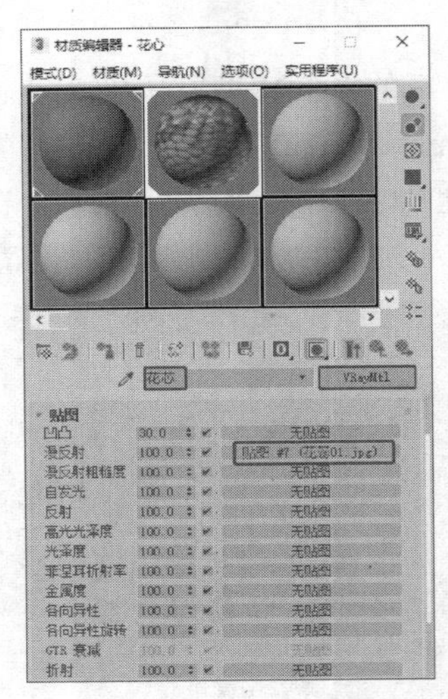

图 13-13

（13）指定材质后，为场景中的花芯模型添加“UVW 贴图”修改器，如图 13-14 所示。

（14）在场景中选择茎，选择一个新的材质球，使用默认的标准材质，在“明暗器基本参数”卷展栏中勾选“双面”复选框，在“贴图”卷展栏中为“漫反射颜色”指定位图，位图为“花茎 01.jpg”文件，如图 13-15 所示，将材质指定给场景中的茎。

图 13-14

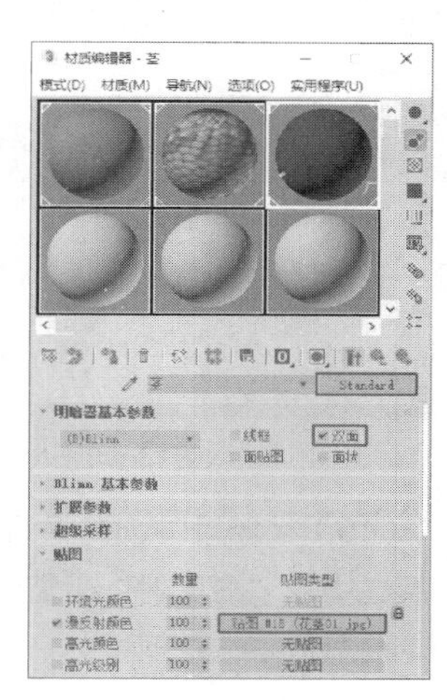

图 13-15

（15）在场景中选择叶子模型，选择一个新的材质球，使用默认的标准材质，在“明暗器基本参数”卷展栏中勾选“双面”复选框，在“贴图”卷展栏中为“漫反射颜色”指定位图，位图为“花叶 01.jpg”文件，如图 13-16 所示。

（16）将材质指定给场景中的叶子模型，效果如图 13-17 所示。

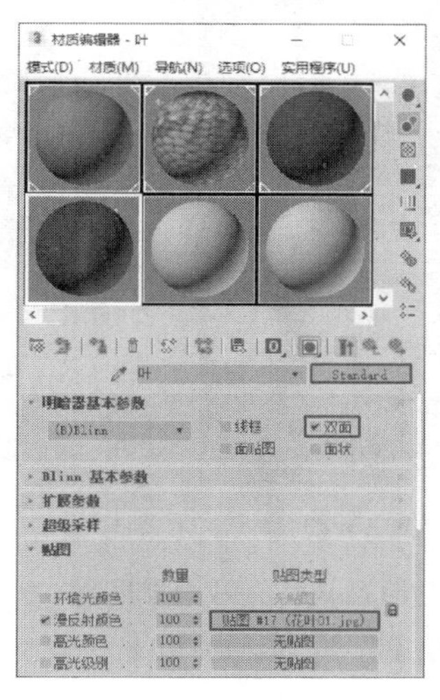

图 13-16

图 13-17

（17）在“顶”视口中创建平面模型，在“参数”卷展栏中设置“长度”为 1200.0mm、“宽度”为 2000.0mm，如图 13-18 所示。

（18）选择平面模型，创建“VRayFur”，在“参数”卷展栏中设置“长度”为 200.0mm、“厚度”为 0.2mm、“重力”为-1mm、“弯曲”为 1.0、“锥度”为 0.0，如图 13-19 所示。

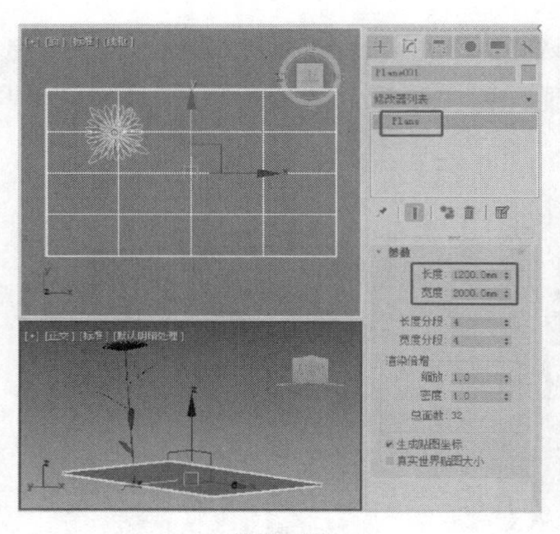
图 13-18

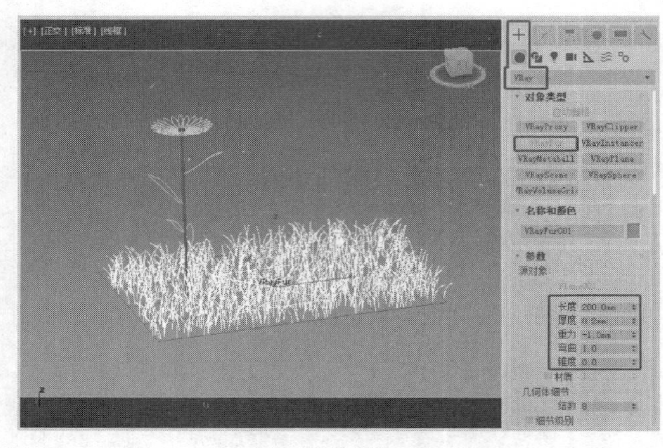
图 13-19

（19）在场景中选择平面和“VRayFur”，打开“材质编辑器”窗口，使用标准材质，在“贴图”卷展栏中为“漫反射”指定位图，位图为“GRAS07L.JPG”文件，如图 13-20 所示，将设置的材质指定给场景中的草模型。

（20）在场景中选择花朵，将其组合起来，并为其添加“弯曲”修改器，设置合适的参数，如图 13-21 所示。

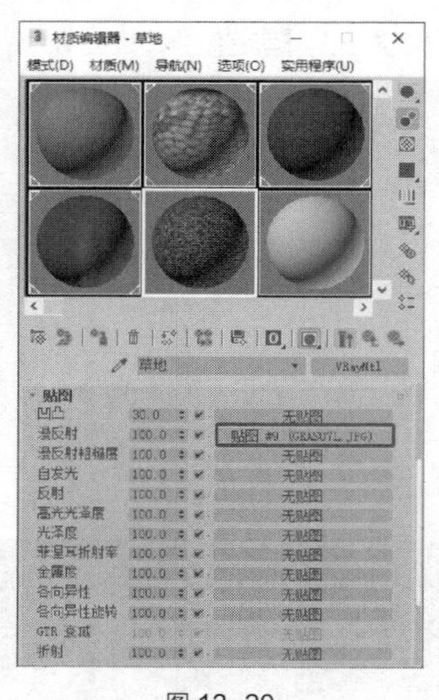
图 13-20

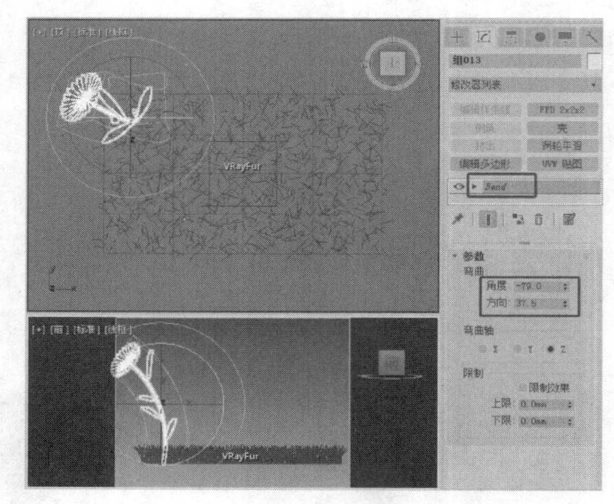
图 13-21

（21）在场景中调整模型的位置和角度，并设置合适的弯曲参数以及大小，效果如图 13-22 所示。

（22）在场景中创建长方体，在“参数”卷展栏中设置“长度”为 1400.0mm、“宽度”为 2200.0mm、“高度”为 500.0mm，如图 13-23 所示。

（23）为长方体添加“编辑多边形”修改器，将选择集定义为“多边形”。选择顶部的多边形，在“编辑多边形”卷展栏中单击“倒角”按钮右侧的■（设置）按钮，在弹出的助手小盒中设置“轮廓”为-70.0mm，单击确定按钮，如图 13-24 所示。

（24）单击“挤出”按钮右侧的■（设置）按钮，在弹出的助手小盒中设置“挤出”的高度为-400.0mm，单击确定按钮，如图 13-25 所示。

图 13-22

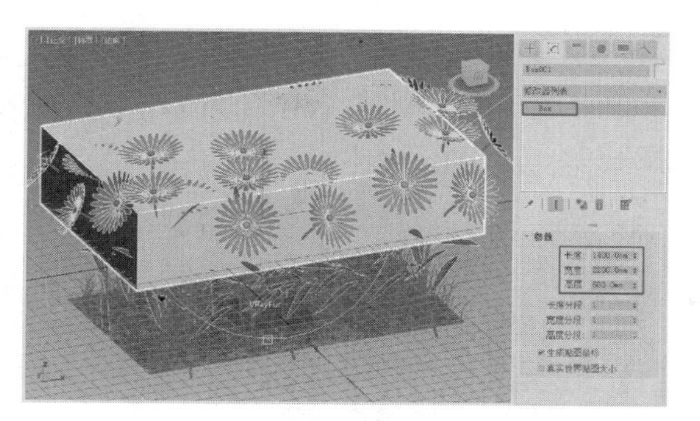

图 13-23

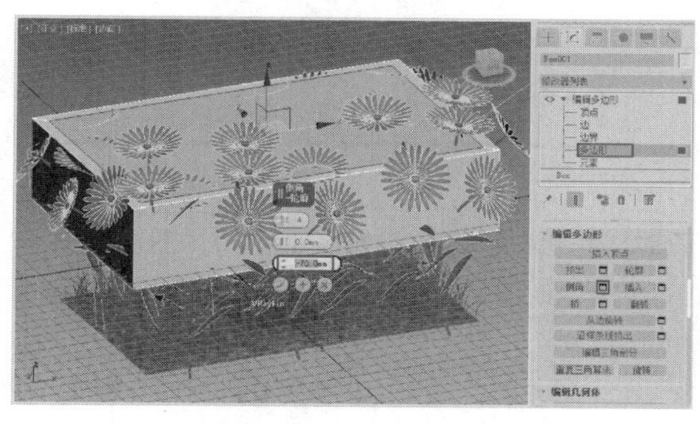

图 13-24

图 13-25

（25）将选择集定义为“边”，按“Ctrl+A”快捷键全选边，在“编辑边”卷展栏中单击“切角”按钮右侧的（设置）按钮，在弹出的助手小盒中设置合适的切角量，并设置“切角分段”为 2，单击确定按钮，如图 13-26 所示。

（26）模型设置完成后，打开“材质编辑器”窗口，从中选择一个新的材质球，将材质设置为“VRayMtl”，在“基本参数”卷展栏中设置一个喜欢的“漫反射”颜色；设置“反射”的颜色为白色，设置“光泽度”为 0.86，勾选“菲涅耳反射”复选框，如图 13-27 所示。

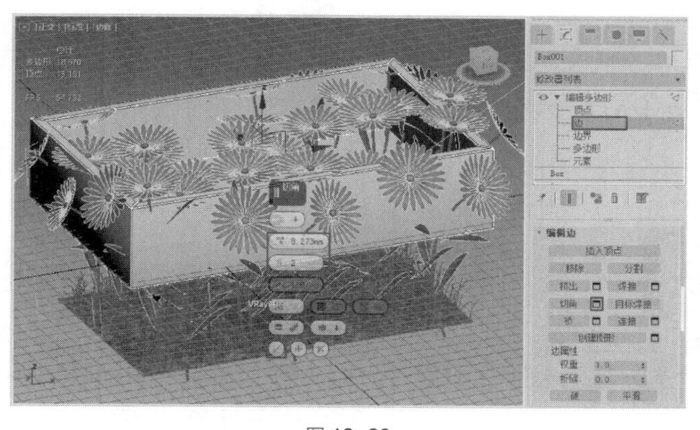

图 13-26

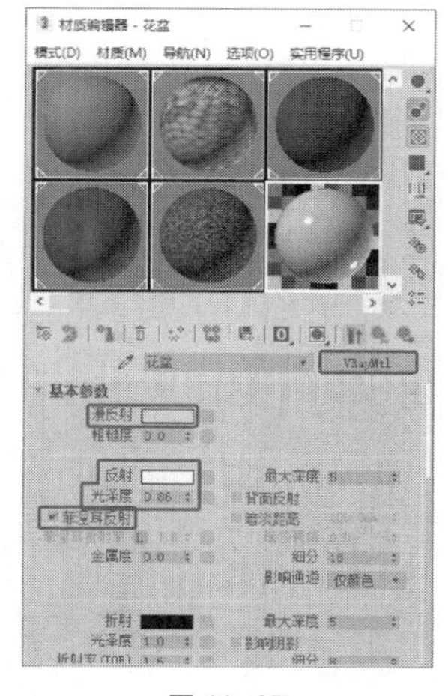

图 13-27

（27）在场景中创建并调整样条线，为样条线添加“挤出”修改器，设置合适的挤出参数，将该模型作为背景板，如图 13-28 所示。

（28）在场景中调整各个模型的位置，调整到合适的“透视”视口角度，按“Ctrl+C”快捷键创建摄影机视口，如图 13-29 所示。

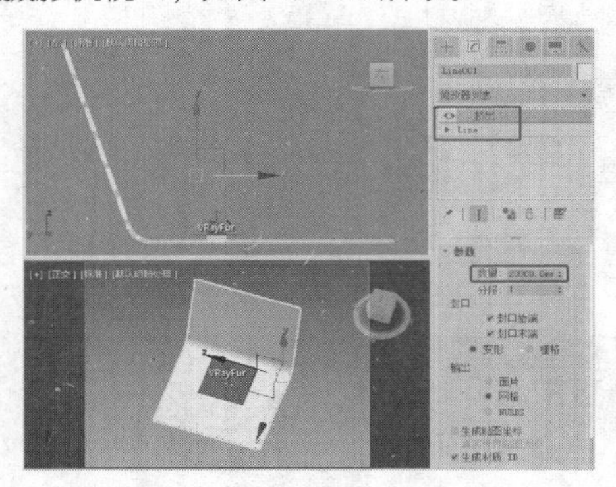

图 13-28

图 13-29

（29）在场景中创建 3 盏 VRay 灯光，设置合适的灯光参数和颜色，如图 13-30、图 13-31 和图 13-32 所示。调整灯光和场景后，设置最终渲染的参数，如图 13-33 所示，渲染场景，完成小雏菊盆栽模型的制作。

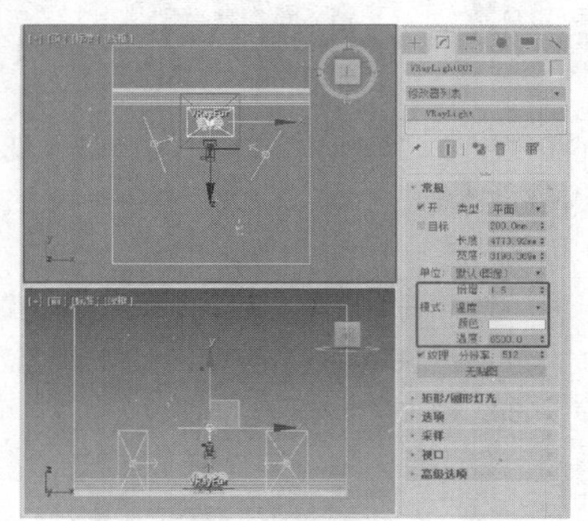

图 13-30

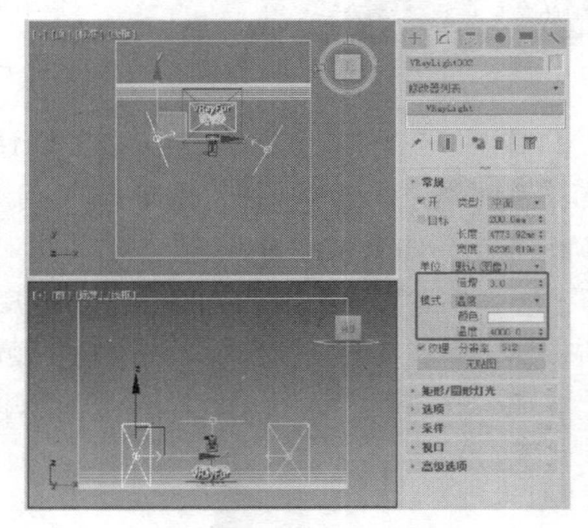

图 13-31

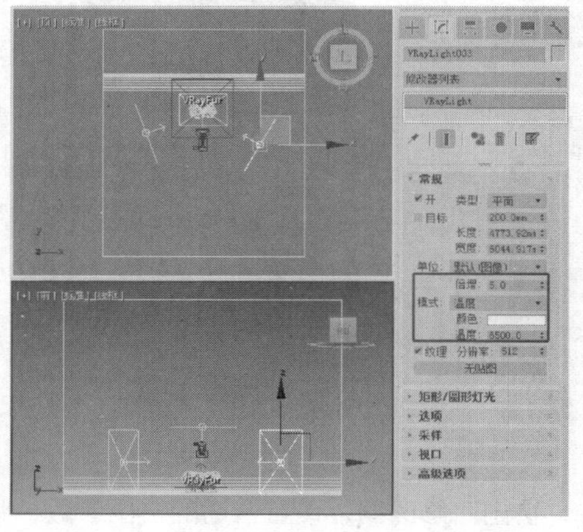

图 13-32

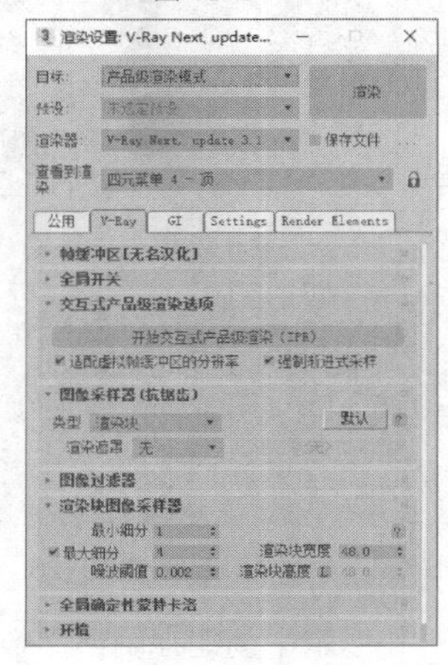

图 13-33

13.2 简单动画——制作绽放的荷花动画

微课视频

制作绽放的荷花动画

1. 客户名称

影响游戏工作室。

2. 客户需求

根据客户要求，需要制作一个场景中的荷花绽放的简单动画。只需一个镜头的绽放动画，不需要特别精细，分镜头效果如图 13–34 所示。

3. 设计要求

（1）要求制作一个镜头的荷花绽放动画。

（2）模型不需要很精致。

（3）要求必须是原创。

图 13–34

4. 素材资源

贴图所在位置：云盘/贴图。

5. 作品参考

原始场景所在位置：云盘/场景/Ch13/绽放的荷花.max。

效果所在位置：云盘/场景/Ch13/绽放的荷花 o.max。

6. 制作要点

主要使用“变形”工具。

7. 制作步骤

（1）打开原始场景文件“绽放的荷花.max”，在场景中选择变形模型和目标模型，如图 13–35 所示。

（2）按“Alt+Q”快捷键将其孤立出来，便于观察，如图 13–36 所示。

图 13–35

图 13–36

（3）选择变形模型，单击“+（创建）> ●（几何体）> 复合对象 > 变形”按钮，单击“自动关键点”按钮记录动画，将时间滑块拖动至第 60 帧处，在“拾取目标”卷展栏中单击“拾取目标”按钮，如图 13–37 所示。

提 示

“Alt+Q”快捷键与状态栏中的（孤立当前选择）按钮的作用相同，都是将未选择的对象进行隐藏。如果要显示隐藏的孤立模型，可以取消激活（孤立当前选择）按钮。

（4）在场景中单击目标模型将其拾取，拾取后的效果如图 13-38 所示。取消激活“自动关键点”按钮。

图 13-37

图 13-38

（5）退出孤立模式，将目标模型隐藏，为变形模型复制一个茎秆。使用移动复制法复制变形模型和茎秆模型，在“顶”视口中调整模型的角度以做变化，如图 13-39 所示。在动画控制区中框选第 0 帧和第 60 帧处的关键点，将关键点整体向后调整 20 帧做一个时间变化。

（6）使用同样的方法再复制出一组模型，调整模型的位置和角度，将开始帧设置为第 50 帧，结束帧设置为第 100 帧，如图 13-40 所示。

图 13-39

图 13-40

提 示

为了不使编辑的动画出现错误，在编辑动画之后一定要取消激活“自动关键点”按钮，以免系统记录了“变形”工具或参数的动画，致使整个动画出现偏差。

（7）单击▶（播放动画）按钮播放动画，查看动画效果。

（8）打开“渲染设置”窗口，在“公用”选项卡中设置“活动时间段”为 0 到 100，并设置“输出大小”，如图 13-41 所示。

（9）单击“渲染输出”选项组中的“文件”按钮，在弹出的对话框中选择一个存储路径，为文件命名，设置“保存类型”为 AVI 文件，单击“保存”按钮，如图 13-42 所示，在弹出的“存储格式”

对话框中使用默认参数。最后，单击“渲染设置”窗口中的“渲染”按钮，对场景动画进行渲染输出。

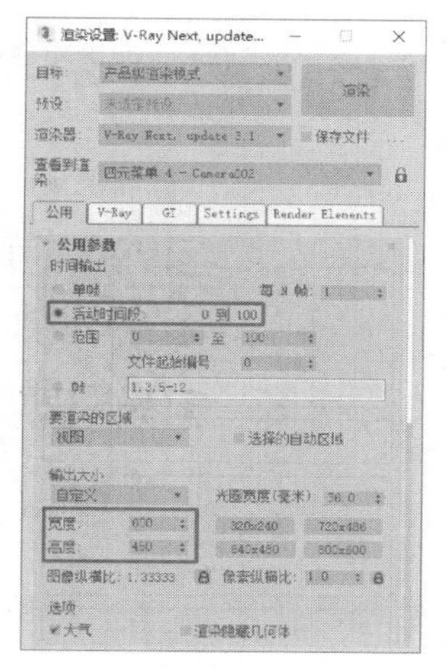

图 13-41

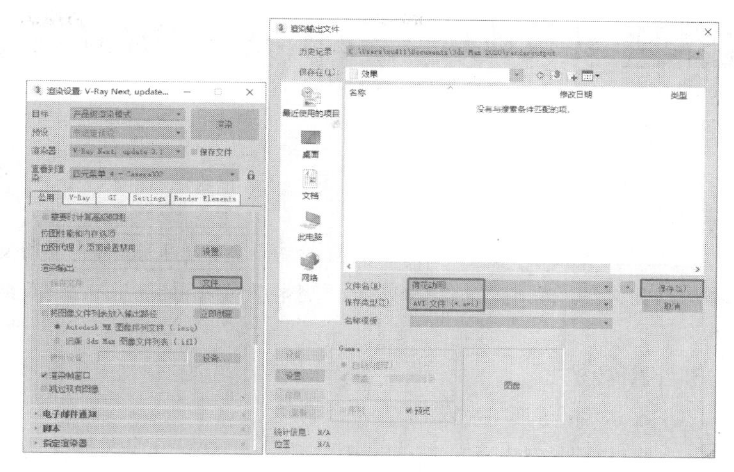

图 13-42

13.3 模型库素材——制作亭子模型

1. 客户名称

彼岸工作室。

2. 客户需求

根据客户要求制作一款具有中式古风特点的亭子模型，还需要设计周围环境，最后渲染出效果图。

3. 设计要求

（1）要求是中式风格。

（2）要求制作模型和环境。

（3）要求必须是原创。

4. 素材资源

贴图所在位置：云盘/贴图。

5. 作品参考

场景所在位置：云盘/场景/Ch13/亭子.max。

6. 制作要点

创建基本图形和几何体，结合使用各种学过的工具来制作亭子模型。亭子模型看起来复杂，其实只是由基本图形和几何体堆砌而成的。最后导入环境素材，设置合适的材质和灯光，完成该模型的制作，参考效果如图 13-43 所示。

微课视频　　微课视频

制作亭子模型 1

制作亭子模型 2

图 13-43

13.4 建筑动画——制作房子漫游动画

微课视频

制作房子漫游动画

1. 客户名称

彼岸工作室。

2. 客户需求

该工作室现需要设计一个房子的漫游动画。在客户提供的场景文件的基础上制作镜头由前面到后面的漫游动画效果，使客户可以看到房子的外观结构，最后渲染输出。

3. 设计要求

（1）要求制作房子漫游动画。

（2）要求漫游镜头由房子的前面到后面。

（3）要求必须是原创。

4. 素材资源

贴图所在位置：云盘/贴图。

5. 作品参考

原始场景所在位置：云盘/场景/Ch13/房子.max。

效果所在位置：云盘/场景/Ch13/房子漫游 o.max。

6. 制作要点

打开场景文件后，创建摄影机并移动摄影机，设置摄影机的关键点动画，完成简单的漫游动画的制作。参考效果如图 13-44 所示。

图 13-44

扩展知识扫码阅读

设计基础
认识形体
透视原理
认识设计
认识构成
形式美法则
点线面
基本型与骨骼
认识色彩
认识图案
图形创意
版式设计
字体设计

>>>

>>>

>>>

设计应用
创意绘画
图标设计
装饰设计
VI设计
UI设计
UI动效设计
标志设计
包装设计
广告设计
文创设计
网页设计
H5页面设计
电商设计
MG动画设计
网店美工设计
新媒体美工设计